工业和信息化普通高等教育“十二五”规划教材立项项目
21世纪高等学校计算机规划教材
21st Century University Planned Textbooks of Computer Science

Access程序设计与应用

Access Programming and Applications

刘雨潇 项东升 主编
程建军 徐格静 副主编

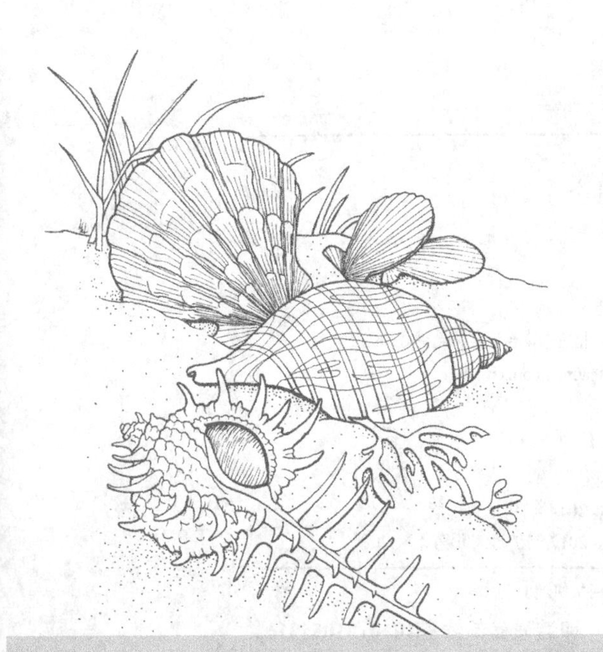

高校系列

人民邮电出版社
北京

图书在版编目（CIP）数据

Access程序设计与应用 / 刘雨潇，项东升主编. --
北京 ：人民邮电出版社，2014.9(2017.7重印)
21世纪高等学校计算机规划教材
ISBN 978-7-115-36177-6

Ⅰ. ①A… Ⅱ. ①刘… ②项… Ⅲ. ①关系数据库系统
－程序设计－高等学校－教材 Ⅳ. ①TP311.138

中国版本图书馆CIP数据核字(2014)第177668号

内 容 提 要

本书参照教育部高等学校文科计算机基础课程教学指导委员会提出的数据库与程序设计课程的教学基本要求，同时兼顾全国计算机等级考试二级 Access 数据库程序设计的考试新要求，以 Microsoft Access 2010 为平台，详细介绍数据库的基本原理及操作。全书共分为 8 章，主要内容包括：数据库基础知识、数据库与表、查询、窗体、报表、宏、模块与 VBA 程序设计以及数据库编程。

本书内容全面、由浅入深、详略得当，注重实践及应用，每章都附有适量的习题和上机实训，既可作为高等院校文科类专业数据库应用课程的教材，又可供社会各类计算机应用人员与参加各类计算机等级考试的读者阅读参考。

◆ 主　　编　刘雨潇　项东升
　副 主 编　程建军　徐格静
　责任编辑　马小霞
　执行编辑　喻智文
　责任印制　张佳莹　焦志炜
◆ 人民邮电出版社出版发行　北京市丰台区成寿寺路 11 号
　邮编　100164　电子邮件　315@ptpress.com.cn
　网址　http://www.ptpress.com.cn
　固安县铭成印刷有限公司印刷
◆ 开本：787×1092　1/16
　印张：20　2014 年 9 月第 1 版
　字数：554 千字　2017 年 7 月河北第 4 次印刷

定价：45.00 元

读者服务热线：(010)81055256　印装质量热线：(010)81055316
反盗版热线：(010)81055315

目前，数据处理已经成为计算机应用的主要领域。作为当今数据处理主流技术的数据库技术更是得到了广泛应用和发展，其在计算机应用领域的作用和地位日益重要。许多应用，如企业资源管理、财务管理、人力资源管理、客户关系管理、地理信息系统、数据仓库和数据挖掘等都离不开数据库技术的支持。可以说，数据库技术已经成为计算机信息技术的核心，掌握数据库知识已经成为各类科技人员和管理人员的基本要求。

典型的数据库管理系统有很多，如甲骨文公司的 Orcal、MySQL，微软公司的 SQL Server、Access 等。相对于其他数据库管理系统而言，Access 作为一种桌面数据库管理系统，具有功能强大、界面友好、操作方便、应用广泛的优点。Access 2010 是 Access 的较新版本，与原来的版本相比，Access 2010 除了继承和发扬了以前版本的优点外，在界面的易操作性方面、数据库操作与应用方面进行了很大改进。本书采用 Access 2010 作为操作平台介绍数据库的基本原理及操作。

近年来，数据库技术相关知识已经成为高等学校文科类专业学生信息技术素养不可缺少的方面，该类课程已经成为继《大学计算机基础》课程之后的核心课程。教育部高等学校文科计算机基础课程教学指导委员会 2011 年出版的《高等学校文科类专业大学计算机教学要求第 6 版》中明确提出了数据库课程的教学基本要求：掌握数据库系统和关系模型的基本概念，掌握常用的 SQL 语句，掌握数据库设计的步骤和方法，掌握计算机程序设计的基本知识，提高逻辑思维能力和计算机应用能力，掌握程序设计、分析和调试的基本技能，掌握开发数据库应用系统的过程和基本技术，能够开发一个小型数据库应用系统。

本书在编写过程中参照了教育部高等学校文科计算机基础课程教学指导委员会提出的数据库课程的教学基本要求，同时兼顾了全国计算机等级考试二级 Access 数据库程序设计的考试新要求。全书共 8 章，主要内容有：数据库基础知识、数据库与表、查询、窗体、报表、宏、模块与 VBA 程序设计以及数据库编程。本书的前 6 章介绍了关系数据库的基本原理以及各个 Access 数据库对象的概念、特点及操作。在第 7 章介绍了程序设计的基本知识，以及各种程序语句的使用，培养学生逻辑思维能力。第 8 章介绍了利用 VBA 进行数据库程序设计的基本理论和方法，使学生了解如何使用 VBA 对数据库进行操作。全书以“教学管理”数据库贯穿始终，围绕“教学管理”数据库设计编排了大量详实的实例，实例全面、系统，具有启发性，而且相互呼应，也具有综合性。实例涵盖表、查询、窗体、报表、宏、模块等 Access 数据库对象的创建和使用方法，以及 Access 数据库程序设计等内容，便于读者学习、巩固和提高，为进一步学习和使用大型数据库系统打下良好的基础。

为了方便教学和读者上机操作练习，作者还编写了《Access 程序设计与应用实践教程》一书，作为与本书配套的实验教材。另外，还有与本书配套的教学课件、各章习题答案、案例数据库等教学资源，可从人民邮电出版社教学服务与资源网（http://www.ptpedu.com.cn）下载使用。

本书由湖北文理学院数学与计算机科学学院刘雨潇、项东升主编，其中，刘雨潇编写了第 2 章、第 3 章、第 7 章、第 8 章和附录，项东升编写了第 1 章、第 4 章、第 5 章和第 6 章。全书由刘雨潇和项东升定稿。此外，参与部分编写工作的还有程建军、徐格静、王敏、丁函、任丹、詹彬、郭堂瑞等。

在本书的编写过程中参阅了一些著作和资料，在此对这些作者和编著人员表示感谢。由于编者学识水平有限，加之计算机技术的发展日新月异，书中难免存在疏漏或不当之处，敬请广大读者批评指正。如果您在学习中发现任何问题，或者有更好的建议欢迎致函，E-mail：hbwllyx1982@163.com。

编 者

2014 年 6 月

目录

CONTENTS

第1章 数据库基础知识

1.1 数据库基本概念

1.1.1 数据管理

1. 数据

数据（data）是对客观事物的符号表示，是用于表示客观事物的未经加工的原始素材，如图形、符号、数字、字母等。或者说，数据是通过物理观察得来的事实和概念，是关于现实世界中的地方、事件、其他对象或概念的描述。

综上所述，数据就是指能够客观反映事实的数字和资料。

2. 信息

信息是人类通过文字、图像、声音、符号、数据等获知的知识。信息来源于数据，信息与数据是不可分离的。数据是信息的表现形式，而信息则是数据内涵的意义，是数据的内容和解释。

3. 数据管理

数据管理是利用计算机硬件和软件技术对各种类型的数据进行有效的收集、存储、处理和应用的过程。其目的在于充分有效地发挥数据的作用，一方面，从原始数据中得到有用的信息；另一方面，科学的保存和管理复杂的、大量的数据，以方便用户使用。

1.1.2 数据管理技术

随着计算机技术的发展，数据管理技术经历了人工管理、文件系统和数据库系统 3 个发展阶段。

1. 人工管理阶段

20 世纪 50 年代中期，随着计算机的出现，人们开始使用计算机管理数据，但是当时既没有专门的数据管理软件，也没有磁盘等外部存储设备，数据必须依赖于处理它的应用程序，数据与应用程序是一一对应的，如图 1.1 所示。

此阶段数据管理的主要特点如下。

（1）数据无法长期保存。程序运行时，创建或输入数据，程序结束后数据即被撤销。

（2）程序复杂。由于没有专门的数据管理软件，程序员编写应用程序时，需要在应用程序中设计和说明数据的存储结构、存取方法和输入方法等。

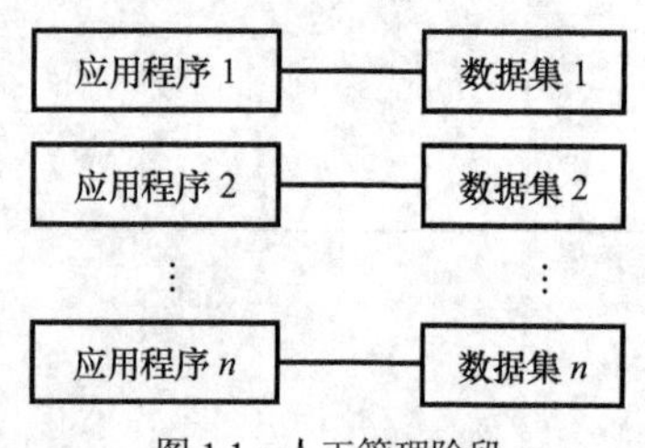

图 1.1 人工管理阶段

（3）数据缺乏独立性。如果数据的类型、格式或输入/输出方式等逻辑结构或物理结构发生了变化，则对应的应用程序也必须做出相应的修改。

（4）数据不能共享，冗余度高。数据是面向程序的，一组数据只能对应一个程序，当一个程序要用到另一个程序的数据时，必须重新输入这些数据，而且一个程序的多次运行，也会导致对应的数据的重复输入。

2．文件系统阶段

20 世纪 50 年代后期到 60 年代中期，随着计算机技术的发展（硬件方面，已经出现了磁盘等外部存储设备；软件方面，操作系统中已经有了专门的数据管理软件，即：文件系统），将计算机中的数据组织成相互独立的数据文件，可按文件名进行访问、查询、修改、插入和删除等操作，如图 1.2 所示。

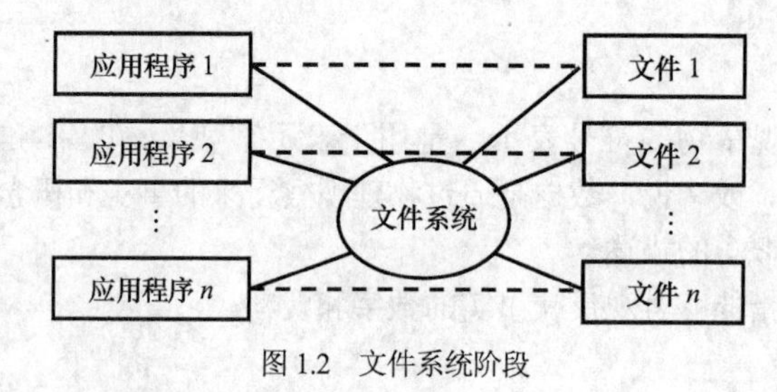

图 1.2 文件系统阶段

此阶段数据管理的主要特点如下。

（1）数据可以长期保存。数据以文件的形式保存在外部存储设备上，可长期、反复对数据进行访问、管理。

（2）数据共享性差，冗余度高。数据以为文件的形式存在，不再依赖于应用程序，有了一定的独立性。但是文件系统只是简单的存放数据，数据的存取仍然依赖于应用程序，不同程序仍难以共享同一数据文件，而必须建立各自的数据文件。

3．数据库系统阶段

20 世纪 60 年代后期以来，计算机应用范围越来越广泛，数据量急剧增长，多个用户、多个应用程序共享数据的要求越来越强烈，数据库技术应运而生，出现了统一管理数据的专门 软件系统——数据库管理系统。将具有统一的结构形式的数据存放于统一的存储介质内，形成一个数据中心，实行统一规划管理，并可被各个应用程序共享，如图 1.3 所示。

此阶段数据管理的主要特点如下。

（1）数据结构化。采用统一的数据结构，用数据模型描述。在描述数据时不仅要描述数据本身，还要描述数据之间的联系。

（2）数据共享性好，冗余度低。数据不再针对某一个具体的应用，而是面向整个系统的，数据可被多个用户和多个应用共享使用，从而大大降低了数据的冗余（但无法避免一切冗余）。

（3）数据独立性高。数据由数据库管理系统统一管理和控制。数据与应用程序之间互不依赖，完全独立。即：数据的逻辑结构、存储结构与存取方式的改变不会影响应用程序。

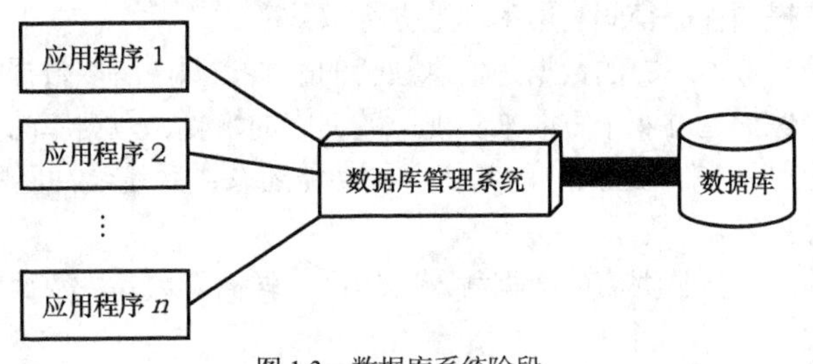

图 1.3 数据库系统阶段

1.1.3 数据库系统

数据库系统（DataBase System，DBS），是指带有数据库并利用数据库技术进行数据管理的计算机系统，是存储介质、处理对象和管理系统的集合体。一个数据库系统应由计算机硬件、数据库、数据库管理系统、应用程序和数据库管理员 5 个部分构成。

1．数据库

数据库（DataBase，DB）是按照数据结构来组织、存储和管理数据的仓库。其数据结构独立于使用它的应用程序，对数据的增、删、改和检索由统一软件进行管理和控制，使得它们可以被不同的应用程序共享，具有尽可能小的冗余度。

在日常工作中，常常需要把某些相关的数据放在一起，并根据管理的需要进行相应的处理。例如，学校教务管理部门常常要对教师、学生、课程、成绩等信息进行处理，就需要将教师（教师编号、姓名、性别、工作时间、职称等）、学生（学号、姓名、专业等）、课程（课程编号、课程名称、学分等）、成绩（学号、课程编号、成绩等）等相关的数据存放在一起，这些数据的集合就是一个数据库。在这个数据库里，我们可以根据需要实现各种数据管理操作，如查询某门课程不及格的学生的姓名、添加某个学生某门课程的成绩、修改某个教师的职称、删除某个学生等。

2．数据库管理系统

数据库管理系统（DataBase Management System，DBMS）是专门用于管理数据库的计算机系统软件，也是数据库系统的核心软件。它在操作系统的支持下工作，为数据库提供数据的定义、建立、维护、查询、统计等操作功能。它可让多个应用程序和用户用不同的方法在同时或不同时刻去建立、修改和询问数据库。

其主要功能包括以下几方面。

（1）数据定义功能。数据库管理系统向用户提供了“数据定义语言 DLL（Data Definition Language）”，用于描述数据库的结构，用户通过它可以方便的对数据库中的相关内容进行定义，包括对数据库、表、索引等的定义。例如要在数据库中创建一个“教师信息表”，必须先说明表的结构，即确定该表的数据组成（教师编号、姓名、性别、工作时间、职称），这就需要通过数据定义语言来实现。

（2）数据操纵功能。数据库管理系统向用户提供了“数据操作语言 DML（Data Manipulation Language）”，用户通过它可实现对数据的追加、删除、更新、查询等操作。

（3）数据库的运行管理。这是数据库管理系统的核心部分，对数据库的建立、运行、维护进行统一管理，以保证数据的安全性、完整性、一致性及多个用户对数据库的并发使用。

（4）数据组织、存储与管理。数据库中需要存放多种数据，如数据字典、用户数据、存取路径等，需要数据库管理系统确定以何种文件结构和存取方式在存储级上组织这些数据，以及如何实现数据之间的联系，以便提高存储空间利用率和数据存取效率。

（5）数据库的保护。数据库中的数据是信息社会的战略资源，所以数据的保护至关重要。数据库管理系统对数据库的保护通过4个方面来实现：数据库的恢复、数据库的并发控制、数据库的完整性控制、数据库安全性控制。DBMS 的其他保护功能还有：系统缓冲区的管理以及数据存储的某些自适应调节机制等。

（6）数据库的维护。包括数据库的数据载入、转换、转储、恢复、数据库的重组和重构以及性能监控与分析等功能。

（7）通信。数据库管理系统需要提供与其他软件系统进行通信的功能，例如，与操作系统的联机处理、分时系统及远程作业输入的相关接口，负责处理数据的传送。对网络环境下的数据库系统，还需要提供与网络中其他软件系统的通信功能，以及数据库之间的互操作功能。

3．数据库管理员

数据库管理员（DataBase Administrator，DBA），专门负责数据库的规划、设计、维护的工作人员。数据库管理员的主要工作如下。

（1）数据库的设计。确定数据库中的信息内容和结构，决定数据库的存储结构和存取策略。

（2）数据库的维护。定义数据库的安全性要求和完整性约束条件，负责并发控制、系统恢复、数据定期转存等。

（3）改善系统性能。监控数据库的使用和运行，负责数据库的性能改进、数据库的重组和重构，以提高系统的性能，使系统保持最佳状态与最高效率。

4．数据库应用系统

数据库应用系统（DataBase Application System，DBAS）是指开发人员利用数据库系统开发的面向某一实际应用的软件系统。例如，图书管理系统、财务管理系统、教学管理系统等。一个数据库应用系统通常由数据库和应用程序两个部分组成，需要在数据库管理系统支持下开发。开发一个信息系统，一是要设计数据库，二是要开发应用程序，二者相互关联。

1.2 数据模型

数据模型是用来抽象的表示和处理现实世界中的数据和信息的工具。

把现实世界中的事物抽象成数据存储于计算机数据库中，是一个逐步转化的过程，它经历了二个阶段：对现实世界中事物特性的认识、概念化；进而转化为计算机数据库支持的数据；实现了从现实世界到概念世界再到数据世界的转化。

1.2.1 实体及其联系

1．实体术语

（1）实体：现实世界中的事物可以抽象为实体，实体是概念世界中的基本单位，它们是客观存在又能相互区别的事物，如一位教师、一位学生、一门课程。

（2）实体属性：将事物的特性称为实体属性，属性刻画出了实体的特征，一个实体一般都具有多个属性，如学生有学号、姓名、性别、专业等多个属性。

（3）实体属性值：实体属性的具体化表示。属性值的集合就表示一个具体的实体，如一个学生实体（学号：2010130101 姓名：张三 性别：男 专业：计算机）。

（4）实体类型：实体属性的集合，用实体名及实体所有属性来表示，一个实体类型表示一类实体。如教师实体类型（教师编号、姓名、性别、工作时间、职称）。

（5）实体集：具有相同属性的实体的集合，如：教师李四、教师王五等就构成了一个教师实体集。

2．实体之间的联系

不同的实体集之间存在着联系，如：教师、学生、课程 3 个实体之间的联系有：学生可以选择多门课程，各门课程又由不同的教师授课。实体之间的联系主要有一对一、一对多、多对多 3 种类型。

（1）一对一（1∶1）：一个实体与另一个实体之间是一一对应的关系，即一个实体集里的一条记录只与另一个实体集里的一条记录相关联。例如，班长与班级是一一对应联系、学校与校长也是一一对应联系。

（2）一对多（1∶*n*）：实体集里的一个实体可以对应另一个实体集里的多个实体，即一个实体集里的一条记录与另一个实体集里的多条记录相关联。例如，院系与专业之间是一对多的联系、寝室与学生之间也是一对多的联系。

（3）多对多（*m*∶*n*）：实体集里的多个实体可以对应另一实体集里的多个实体，即一个实体集里的多条记录与另一个实体集里的多条记录相关联。例如，教师与学生之间是多对多的联系、学生与课程之间也是多对多的联系。

1.2.2 三种主要的数据模型

数据库不仅要管理数据本身，还要使用数据模型表示出数据之间的联系，任何一个数据库管理系统都需要用数据模型进行描述。用于描述数据库管理系统的数据模型有：层次模型、网状模型、关系模型 3 种。

1．层次模型

用树型（层次）结构表示实体类型及实体间联系的数据模型称为层次模型，层次模型是数据库系统中最早出现的数据模型。

层次模型的表示方法：树中的结点表示实体集，结点之间的连线表示相连两实体集之间的联系，层次模型只能表示一对多（1∶*n*）联系，通常把表示 1 的实体集放在上方，称为父结点，表示 *n* 的实体集放在下方，称为子结点，如图 1.4 所示。

层次模型的结构特点如下。

（1）有且仅有一个根结点。

（2）根结点以外的其他结点有且仅有一个父结点。

2．网状模型

用网络结构表示实体类型及其实体之间联系的数据模型称为网状模型，网状模型的出现略晚于层次模型。在网状模型中，一个实体和另外的几个实体都有联系，这样构成一张网状图。如图 1.5 所示。

网状模型是一种可以灵活地描述事物及其之间复杂的联系的数据库模型。

网状模型的结构特点如下。

（1）有一个以上的结点无父结点。

（2）一个结点可以有多于一个的父结点。

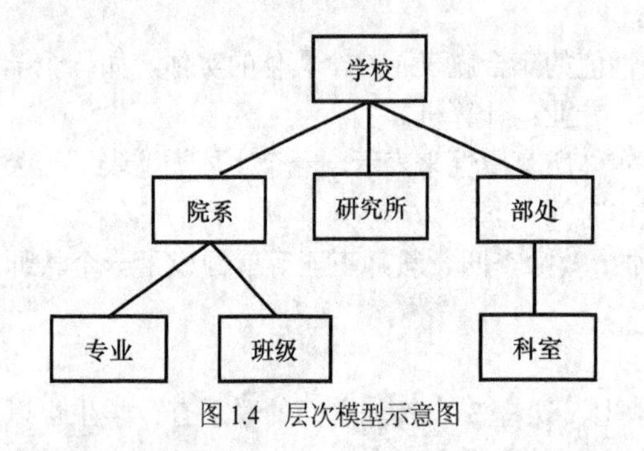

图 1.4 层次模型示意图

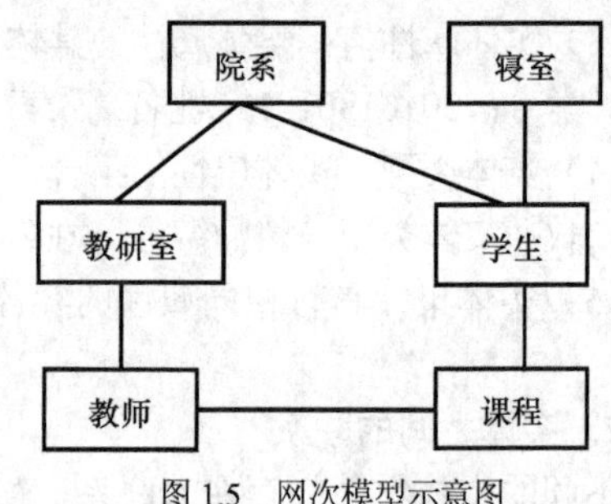

图 1.5 网次模型示意图

3. 关系模型

用二维表的形式表示实体和实体间联系的数据模型称为关系模型。一个关系模型的数据结构就是一张二维表，表中的一行描述一个实体，表中的一列描述实体的一个属性，通过表中具有相同意义的属性来建立实体型之间的联系，如表 1.1 所示。

表 1.1 学生信息表

学号	姓名	性别	出生日期	籍贯	民族	专业	团员否
2010130101	陈辉	男	1992/7/8	湖北	汉族	市场营销	TRUE
2010130102	何帆	男	1992/10/18	湖北	汉族	市场营销	FALSE
2010130103	柯希刚	男	1992/3/15	江苏	汉族	市场营销	TRUE
2010130104	鲁洁	女	1991/9/3	湖北	土家族	市场营销	TRUE
2010130105	肖刚	男	1992/4/7	湖北	土家族	市场营销	TRUE
2010130106	杨涵	女	1992/5/25	江苏	土家族	市场营销	FALSE
2010130107	刘强强	男	1990/6/24	河南	回族	市场营销	TRUE
2010130108	赵鑫	男	1991/10/15	河南	回族	市场营销	TRUE
2010130109	赵雪莹	女	1992/6/19	湖北	汉族	市场营销	TRUE

关系模型是建立在关系代数的基础之上的，在关系模型中操作的对象和结果都是二维表。目前绝大多数数据库系统的数据模型都采用关系模型。

1.3 关系数据库

关系数据库是建立在关系模型基础上的数据库，借助关系代数等数学概念和方法来处理数据库中的数据。

1.3.1 关系术语

1. 关系

关系就是一张二维表，每个关系有一个关系名，即表名。

2. 关系模式

对关系的描述称为关系模式，一个关系模式对应一个关系的结构，其格式为关系名（属性名 1，属性名 2，…，属性名 n），如：课程信息（课程编号，课程名称，课程类别，先修课程，学分）。

3. 元组

一张二维表（一个关系）中的一行称为元组，一个元组对应一个实体，也称为一条记录。

4. 属性

一张二维表（一个关系）中的一列称为属性，即实体的属性。每一列有一个名字即属性名，也称字段名。

5. 域

一个属性的取值范围称为域。如：性别的域为["男","女"]。

6. 候选关键字

在一个关系中，能够唯一标识一个元组的属性或属性的组合，称为候选关键字，简称关键字。一个关系中的候选关键字可能有多个，用户选用其中的一个作为主关键字，简称主键。例如，学生关系（学号、姓名、性别、身份证号）中，学号、身份证号均为关键字，用户可选择其中的一个作为主键；成绩关系（学号、课程号、成绩）中，由学号、课程号组合在一起作为关键字。

7. 外部关键字

一个关系中的某个属性不是本关系的关键字，但却是另一个关系的关键字，则称该属性为外部关键字，简称外键。如：成绩关系（学号、课程号、成绩）中，学号属性不是关键字，但却是学生关系（学号、姓名、性别、专业）的关键字，则称学号为成绩关系的外键。

8. 主表、从表

对以外键相关联的两张表，通常称以外键为主键的表为主表，称外键所在的表为从表。如：上例中学生表为主表，成绩表为从表。

9. 关系模型的特点

关系模型特点如下。

（1）关系中不允许出现相同的元组，即不允许出现相同的行。

（2）关系中不允许出现相同的属性，即属性名必须是唯一的。

（3）关系中不考虑元组之间的顺序，即行的顺序可以任意交换。

（4）元组中的属性也是无序的，即列的顺序也可以任意交换。

（5）关系中的每一个属性值都是不可分解的数据项。

1.3.2 关系运算

对关系数据库进行查询操作时，要找到满足用户需要的数据，就必须对关系进行相应的关系运算。关系运算有两类：一类是传统的集合运算，另一类是专门的关系运算。

1. 传统的集合运算

传统的集合运算主要有：并、差、交、笛卡尔积4种。其中并、差、交要求运算对象必须是两个关系模式完全相同的关系，即两张具有相同结构的表，两张表的属性都完全相同。如：关系 R（见表1.2）、关系 S（见表1.3）。

表 1.2 关系 R

学号	姓名	性别
140101	张山	男
140102	李师师	女
140103	王武	男

表 1.3 关系 S

学号	姓名	性别
140103	王武	男
140104	赵陆	男
140105	李花花	女

（1）并运算

对上述具有相同关系模式的两个关系 R、S 进行并运算的结果：先将 R、S 两个关系合并成一个关系，再去掉关系中相同的元组，记为 R∪S。结果如表1.4所示。

表 1.4 R∪S

学号	姓名	性别
140101	张山	男
140102	李师师	女
140103	王武	男
140104	赵陆	男
140105	李花花	女

（2）交运算

对上述具有相同关系模式的两个关系 R、S 进行交运算的结果：将既属于关系 R 又属于关系 S 的元组存放到一个关系中，记为 R∩S。结果如表 1.5 所示。

表 1.5 R∩S

学号	姓名	性别
140103	王武	男

（3）差运算

对上述具有相同关系模式的两个关系 R、S 进行差运算的结果：将属于关系 R 但不属于关系 S 的元组存放到一个关系中，记为 R－S。结果如表 1.6 所示。

表 1.6 R－S

学号	姓名	性别
140101	张山	男
140102	李师师	女

（4）笛卡尔积

对两个关系进行笛卡尔积运算时，不要求它们具有相同的关系模式。对于关系 M（有 a 个属性 m 个元组）、N（有 b 个属性 n 个元组），进行笛卡尔积运算的结果：由（$m \times n$）个元组构成，每个元组有（$a+b$）个属性，每个元组的前 a 个属性值来自关系 M 的一个元组，后 b 个属性值来自关系 N 的一个元组，记为 M×N，如表 1.7～表 1.9 所示。

表 1.7 关系 M

A	B	C
a	b	c
d	e	f
g	h	i

表 1.8 关系 N

D	E	F
1	2	3
4	5	6
7	8	9

表 1.9 M×N

A	B	C	D	E	F
a	b	c	1	2	3
a	b	c	4	5	6
a	b	c	7	8	9
d	e	f	1	2	3
d	e	f	4	5	6
d	e	f	7	8	9

续表

A	B	C	D	E	F
g	h	i	1	2	3
g	h	i	4	5	6
g	h	i	7	8	9

2. 专门的关系运算

专门的关系运算主要有：选择、投影、连接、除 4 种。其中选择、投影只有一个运算对象，连接、除则需两个运算对象，并且其运算对象是两个关系模式不完全相同的关系。

（1）选择

选择运算是按照某个逻辑条件（F）对关系（R）中的元组进行选择，选出满足条件的元组作为运算结果，记为 σ_F（R）。如：在关系 R 中查询性别为“男”的学生，结果如表 1.10 所示。

表 1.10　$\sigma_{性别=“男”}$（R）

学号	姓名	性别
140101	张山	男
140103	王武	男

（2）投影

投影运算是从关系（R）中挑选若干属性（A_i，A_j，…，A_k）组成一个新的关系，如果新关系中包含重复元组，则要删除重复元组，记为 $\pi_{A_i, A_j, \cdots, A_k}$（R）。如：在关系 R 中查询学生的学号、姓名，结果如表 1.11 所示。

表 1.11　$\pi_{姓名,性别}$（R）

学号	姓名
140101	张山
140102	李师师
140103	王武

（3）连接

连接运算是从两个关系的笛卡尔积中选取属性值满足连接条件的元组，记为 $\underset{i\theta j}{G|\times|K}$，也可记为 $\sigma_{i\theta j}$（G×K）。其中 i 为关系 G 的一个属性，j 为关系 K 的一个属性，θ 为比较符，可以是：>、<、≥、≤、=、≠。iθj 为连接条件，即：在 G 和 K 的笛卡尔积中，选择 G 的 i 属性值与 K 的 j 属性值满足 θ 条件的元组。对关系 G（见表 1.12）、K（见表 1.13）进行连接条件为 G.B>K.C 的连接运算的结果为表 1.15，即在 G、K 的笛卡尔积（见表 1.14）中选择满足条件 G.B>K.C 的元组。

在连接运算中有两种最为重要的连接：等值连接和自然连接。

① 等值联接。

当 θ 为“=”时的连接操作就称为等值连接，等值连接运算是从 G×K 中选取 G 的 i 属性与 K 的 j 属性值相等的元组。对关系 G、K 进行连接条件为 A=D 的等值连接运算的结果如表 1.16 所示，即在 G、K 的笛卡尔积中选择满足条件 A=D 的元组。

② 自然连接。

自然连接是一种特殊的等值连接，要求从 G×K 中选取 G 与 K 都具有的属性做等值连接，最后通过投影运算去掉重复的属性。对关系 G、K 进行自然连接运算的结果如表 1.17 所示，即在 G、K 的笛卡尔积中选择关系 G 的 B、C 属性与关系 K 的 B、C 均对应相等的元组，即 G.B=K.B 并且 G.C=K.C，再去掉重复的属性，两个关系的 B、C 字段重复，需去掉一组。

自然联接是最常用的连接运算。

表 1.12 关系 G

A	B	C
1	2	3
4	5	6
7	8	9

表 1.13 关系 K

B	C	D
2	3	4
5	6	7
1	8	9

表 1.14 G×K

A	G.B	G.C	K.B	K.C	D
1	2	3	2	3	4
1	2	3	5	6	7
1	2	3	1	8	9
4	5	6	2	3	4
4	5	6	5	6	7
4	5	6	1	8	9
7	8	9	2	3	4
7	8	9	5	6	7
7	8	9	1	8	9

表 1.15 $\sigma_{G.B>K.C}$（G×K）

A	G.B	G.C	K.B	K.C	D
4	5	6	2	3	4
7	8	9	2	3	4
7	8	9	5	6	7

表 1.16 $\sigma_{A=D}$（G×K）

A	G.B	G.C	K.B	K.C	D
4	5	6	2	3	4
7	8	9	5	6	7

表 1.17 G、K 的自然连接运算

A	B	C	D
1	2	3	4
4	5	6	7

（4）除

除运算是笛卡尔积的逆运算。设被除关系 T 为 *m* 元关系，除关系 E 为 *n* 元关系，那么它们的商为 *m-n* 元关系，记为 T÷E。商的构成原则是：将被除关系 T 中的 *m-n* 列，按其值分成若干组，检查每一组的 *n* 列值的集合是否包含除关系 E，若包含则取 *m-n* 列的值作为商的一个元组，否则不取。对关系 T（见表 1.18）、E（见表 1.19）进行除运算的结果如表 1.22 所示，对关系 T、W（见

表1.20）进行除运算的结果如表1.23所示，对关系T、V（见表1.21）进行除运算的结果如表1.24所示。

表1.18 关系T

A	B	C	D
1	2	3	4
1	2	4	2
1	2	5	6
7	8	3	4
7	8	5	6

表1.19 关系E

C	D
3	4
5	6

表1.20 关系W

C	D
3	4

表1.21 关系V

C	D
3	4
5	6
4	2

表1.22 T÷E

A	B
1	2
7	8

表1.23 T÷W

A	B
1	2
7	8

表1.24 T÷V

A	B
1	2

1.3.3 关系完整性约束

为了保证数据库中数据的正确性和相容性，对关系模型提出的某种约束条件或规则。完整性通常包括域完整性，实体完整性、参照完整性和用户定义完整性，其中域完整性、实体完整性和参照完整性，是关系模型必须满足的完整性约束条件。

1．实体完整性

实体完整性是指关系的主关键字不能重复，也不能为空值。在关系模型中，以主关键字作为实体的唯一性标识，如果主关键字中的属性为空值，则表明关系中存在着不可标识的实体；如果主关键字中的属性有重复，则主关键字就无法唯一标识实体了。

2．参照完整性

参照完整性是定义建立关系之间联系的主关键字与外部关键字引用的约束条件。如果属性集K是关系R1的主键，K也是关系R2的外键，那么在R2的关系中，K的取值只允许有两种可能：或为空值，或等于R1关系中某个主键值，即在关系中不能引用不存在的实体。

外键值是否允许为空，应视具体问题而定，如果K既是的R2的外键又是其主键，根据实体完整性要求，K不得取空值，因此，只能取R1中已经存在的主键值。如：学号是学生关系（学号、姓名、性别、专业）的主关键字，是成绩关系（学号、课程号、成绩）的外部关键字，所以成绩关系中的学号必须是学生关系中已经存在的学号。

3．用户定义完整性

用户定义完整性则是根据应用环境的要求和实际的需要，对某一具体应用所涉及的数据提出约束性条件。这一约束机制一般不应由应用程序提供，而应由关系模型提供定义并检验。用户定义完整性主要包括字段有效性约束和记录有效性约束，如某个属性的取值范围在0～100之间等。

1.4 数据库系统设计

1.4.1 数据库系统设计步骤

数据库应用系统的开发是一项软件工程，一般包括：需求分析、系统设计、系统实现、系统运行与维护4个阶段。

1．需求分析

通过对现实世界要处理的事物进行详细的调研，并与工作人员进行充分的沟通，来深入了解原系统的业务流程，准确把握用户的各种需求，从而确定所要开发的数据库应用系统的功能要求、性能要求、运行环境要求和将来可能的扩充要求等。

需求分析的重点是调查、收集与分析用户在数据管理中的信息要求、处理要求和安全性与完整性要求。

需求分析的最终结果是“软件需求分析说明书”，它包含了所开发系统完整的数据定义和处理说明，并用数据流图（DFD）描述出业务流程及业务中数据的联系，用数据字典（DD）详细描述出系统中的全部数据。

2．系统设计

系统设计包括数据库结构设计和软件结构设计两方面的内容。

（1）数据库结构设计

数据库结构设计，又分为概念结构设计、逻辑结构设计、物理结构设计三个阶段：

① 概念结构设计：概念结构设计是在需求分析所得结果的基础上，对用户需求进行综合、归纳与抽象，将业务流程中的各种对象抽象为实体，对象之间的关联抽象为联系，形成一个独立于具体DBMS的概念模型，通常使用实体-联系图（E-R图）来描述建立的概念模型。

② 逻辑结构设计：逻辑设计阶段的主要目标是把概念结构设计阶段获得的概念模型（E-R图）转换为具体计算机上 DBMS 所支持的数据模型，通常是转化为关系数据模型的基本表，并对其进行优化。

③ 物理结构设计：物理结构设计是为给定的逻辑数据模型配置一个最合适应用环境的物理存储结构，内容包括物理数据库结构、存储记录格式、存储记录位置分配及访问方法等，以提高数据库访问速度，有效利用存储空间。

（2）软件结构设计

软件结构设计用来解决用户如何操作数据库中数据的问题，主要包括：概要设计、详细设计两个部分。

① 概要设计：软件概要设计是从需求分析的结果出发，采用自顶向下、逐步求精的方法，把一个复杂问题分解和细化为由许多模块组成的层次结构，每个模块完成一个子功能，各模块既相对独立又相互联系，成为一个有机整体，共同完成系统的全部功能，概要设计也可以称为功能设计。

② 详细设计：软件详细设计阶段的关键任务是确定如何具体地实现各个模块所要求的功能，包括每个模块的实现算法、所需的局部数据结构。软件详细设计要求给出完成指定任务的程序蓝图，可用程序流程图、N-S 图和 PAD 图等来描述。软件详细设计还包括一项重要内容，即：设计人机界面，一个“友好的”人机界面应该至少满足可用性、灵活性、健壮性、安全性 4

个方面的要求。

3．系统实现

（1）根据数据库结构设计，安装关系数据库管理系统软件，使用 RDBMS 所支持的数据库语言（如 SQL）建立数据库，制定数据库系统的安全规范、故障恢复规范、重新组织的可行方案。

（2）根据软件结构设计的结果，安装应用程序开发平台，使用开发平台所支持的高级语言（如 C#、VB、Java 等），以软件详细设计阶段确定的程序流程图为依据，编制与调试应用程序。

（3）组织数据入库，进行系统测试，并进行系统试运行。

4．系统运行与维护

通过测试和试运行后的数据库应用系统，就可以交付用户投入使用了，这也标志着数据库设计与应用开发任务的基本完成，也标志着维护工作的开始。由于应用环境、需求的不断变化，加上系统自身的 Bug 在所难免，对数据库应用系统进行修改调整、功能扩充、转储恢复、性能监控、性能优化、安全性和完整性控制等维护工作是数据库管理员所面临的一个长期任务。

1.4.2 数据库系统设计实例——教学管理系统

教学管理系统的主要功能是实现对学生基本情况、教师基本情况、课程情况、选课成绩等数据进行输入、查询、统计、汇总、输出等操作。

1．需求分析

教学管理系统的主要目的就是对学生、教师、课程、成绩等数据进行全面的管理，应具备以下功能。

学生信息模块：能够方便的录入、修改、删除学生的基本信息；查询学生信息、选课成绩、已修学分；选修课程；输出成绩单；学生成绩统计与分析。

教师信息模块：能够方便的录入、修改、删除教师的基本信息；查询教师信息、任课情况；教师任课安排；教师任课课程成绩统计与分析。

课程信息模块：能够方便的录入、修改、删除课程的基本信息；查询课程信息、学生选修情况。

选课成绩录入模块：能够方便的录入、修改、删除学生选课成绩。

2．系统设计

（1）数据库设计

教学管理系统包括：学生表、教师表、课程表、选课成绩表 4 个表，各表结构如表 1.25～表 1.28 所示。

表 1.25 “学生表”结构

字段名	字段类型	备注
学号	文本	主键
姓名	文本	
性别	文本	
出生日期	日期	
入校日期	日期	
籍贯	文本	
民族	文本	
专业	文本	

续表

字段名	字段类型	备注
团员否	是否	
简历	备注	
照片	OLE 对象	

表 1.26 “教师表”结构

字段名	字段类型	备注
教师编号	文本	主键
姓名	文本	
性别	文本	
出生日期	日期	
工作时间	日期	
政治面貌	文本	
学历	文本	
职称	文本	
毕业院校	文本	
所在学院	文本	
联系电话	文本	

表 1.27 “课程表”结构

字段名	字段类型	备注
课程编号	文本	主键
课程名称	文本	
课程类别	文本	
选修课程	文本	
学分	数字	
任课教师编号	文本	

表 1.28 “选课成绩表”结构

字段名	字段类型	备注
选课 ID	自动编号	主键
学号	文本	
课程编号	文本	
成绩	数字	

（2）界面设计

学生信息模块界面，如图 1.6 所示。

教师信息模块界面，如图 1.7 所示。

课程信息模块界面，如图 1.8 所示。

选课成绩录入模块界面，如图 1.9 所示。

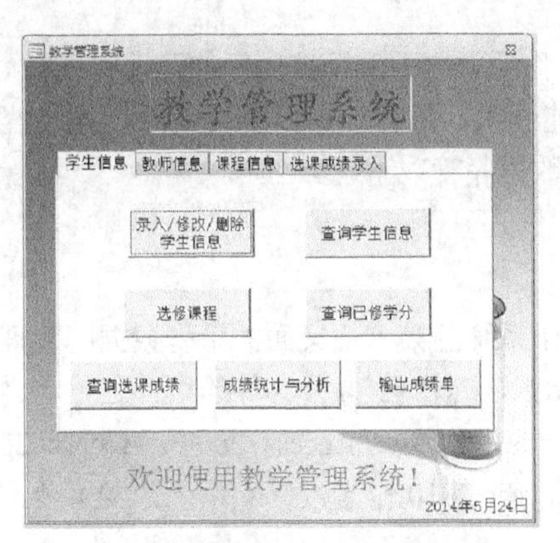

图 1.6 学生信息模块

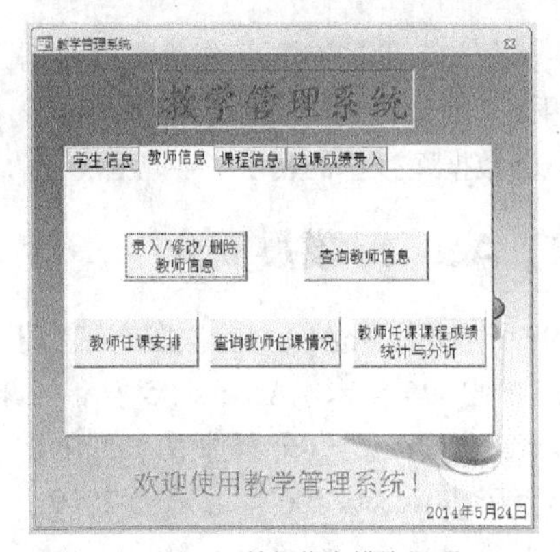

图 1.7 教师信息模块界面

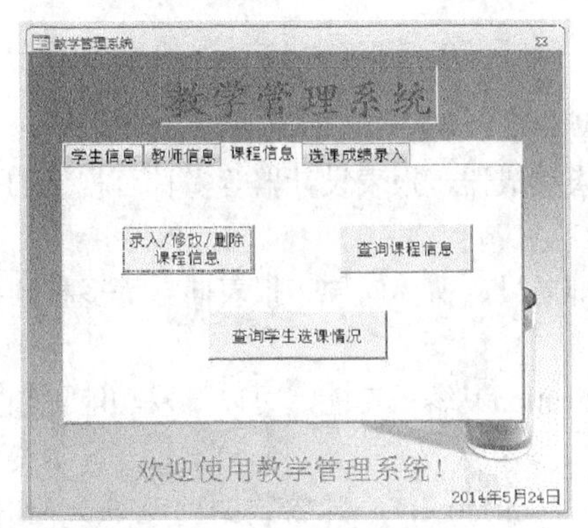

图 1.8 课程信息模块界面

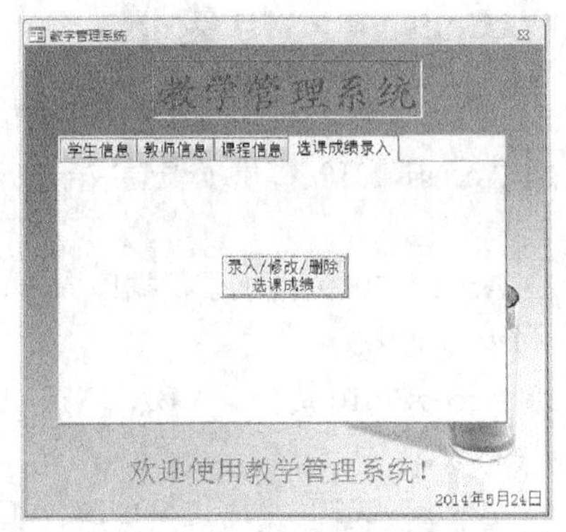

图 1.9 选课成绩录入模块界面

3．系统实现

创建数据库、表：创建教学管理数据库，然后在该数据库中创建学生表、教师表、课程表、选课成绩表，定义主键，建立表之间的关系（学生表与选课成绩表是一对多的关系，教师表与课程表是一对多的关系，课程表与选课成绩表是一对多的关系）。

创建查询：学生信息查询、教师信息查询、课程信息查询、学生已修学分查询、学生选课情况查询、学生选课成绩查询、教师任课情况查询。

创建窗体：创建教学管理系统主窗体、选修课程窗体、教师任课安排窗体。

创建报表：学生成绩统计与分析（按班）、学生成绩单、教师任课课程成绩统计与分析（按课程）。

创建宏：打开学生信息表、打开教师信息表、打开课程信息表、自动运行宏验证密码。

创建模块：选修课程、教师任课安排。

4．系统运行与维护

通过测试和试运行，对数据库应用系统进行修改调整，圆满实现各个模块的功能。

1.5 Access 关系数据库

Access 是美国 Microsoft 公司推出的一款运行于 Windows 平台上的关系型数据库管理系统（Relational Date Base Management System，RDBMS），它是 Microsoft Office 办公套件中的一个重要

组件，方便与其他的 Office 组件实现数据共享和协同工作，常用于小型数据库的开发和维护。

相比其他数据库管理系统，Access 简单易学，功能强大，操作简单，深受广大用户的喜爱，特别适合数据库技术的初学者，现已成为最流行的桌面数据库管理系统。

1.5.1 Access 发展简介

1992 年 Microsoft 公司首次发布了用于 Windows 操作系统的第一个桌面关系型数据库管理系统 Access1.0，1995 年末，Access 95 发布，并成为 Microsoft Office 95 办公套件的组件之一，之后随着 Microsoft Office 办公套件版本的升级，相继发布了 Access 97、Access 2000、Access 2002、Access 2003、Access 2007、Access 2010。本教材选用 Access 2010 作为数据库系统开发平台，介绍数据库系统的开发与设计。

1.5.2 Access 2010 简介

Access 2010 是一个面向对象的、采用事件驱动的新型关系型数据库，它具有以下功能特点。

（1）Access 2010 提供了表生成器、查询生成器、宏生成器、报表设计器等多种可视化的操作工具。

（2）Access 2010 提供了数据库向导、表向导、查询向导、窗体向导、报表向导等多种向导，使设计过程自动化。

（3）Access 2010 提供了 VBA（Visual Basic for Application）编程功能，可以开发功能更加完善的数据库系统。

（4）Access 2010 可通过 ODBC（Open Database Connectivity，开放数据库互联）与 SQL Server、Oracle、Sybase、FoxPro 等其他数据库相连，实现数据的交换和共享。

（5）Access 2010 能与 Word、Excel 等其他软件进行数据的交互与共享，能访问多种格式的数据，如 Excel 数据表和 txt 文本文件。

（6）可以使用 Internet 功能发布信息。

（7）采用 OLE 技术支持对象的嵌入与链接。

（8）具有较强的安全性。

1.5.3 Access 2010 基本对象

Access 2010 有 6 种对象：表、查询、窗体、报表、宏和模块。数据库是存放这些对象的容器，将这些对象有机地聚合在一起，就构成了一个完整的数据库应用程序。数据库应用系统就是利用这六大数据库对象来进行工作的。所有 Access 2010 数据库对象都保存在一个扩展名为.accdb 的数据库文件中。

1. 表

表是同一类数据的集合体，是数据库中最基本的对象，也是数据库中存储数据的唯一对象，它是整个数据库系统的基础，其他的几个对象（如：查询、窗体、报表等）都是以此为基础进行操作的。

表中可存放的数据种类有很多，包括：文本、备注、数字、日期/时间、货币、自动编号、是/否、OLE 对象（声音、图像等）、超级链接、附件、计算、查阅向导等，如图 1.10 所示。一个数据库中可以包含一个或多个表，表与表之间可以根据需要创建关系。

关于表的创建和操作，将在第 2 章中详细讲述。

教师编号	姓名	性别	工作时间	政治面貌	学历	职称	毕业院校	所在学院	联系电话
10001	董森	男	2005/6/26	党员	硕士	副教授	北京大学	管理学院	027-67845311
10002	涂利平	男	1990/9/4	党员	大学本科	教授	复旦大学	建筑工程学院	027-68983451
10003	雷保林	男	1989/7/14	党员	大学本科	教授	中国人民大学	管理学院	027-69845673
10004	柯志辉	男	1995/7/5	党员	硕士	副教授	武汉大学	外国语学院	027-69813451
10005	朱志强	男	1998/6/25	民盟	硕士	副教授	华中科技大学	物理与电子工程学院	027-65473289
10006	赵亚楠	女	2000/8/9	党员	硕士	讲师	武汉大学	管理学院	027-65473289
10007	苏道芳	女	2003/9/6	民盟	博士	副教授	华中师范大学	管理学院	027-69874563
10008	曾娇	女	2008/6/13	党员	硕士	助教	武汉大学	外国语学院	027-68912367
10009	施洪云	女	1993/7/5	党员	大学本科	讲师	武汉大学	物理与电子工程学院	027-67549011
10010	吴艳	女	2006/9/3	党员	博士	讲师	华中师范大学	外国语学院	027-64598732

图 1.10 Access 2010 中的表

2. 查询

查询是 Access 处理和分析数据的工具。查询就是按照一定条件从表中或已经建立的查询中筛选出符合条件的记录，并可对这些记录进行计算、分析、统计，将结果显示出来，供用户查看；还可对这些记录进行修改、插入、删除等操作。

例如，在上述教师表中查询 2000 年之后工作的副教授。该查询设计视图如图 1.11 所示，运行结果如图 1.12 所示。

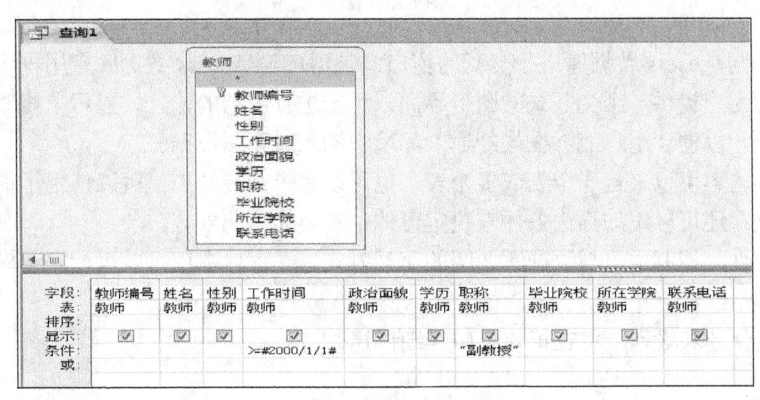

图 1.11 查询设计视图

查询的结果也是以二维表的形式显示，但它本身并没有保存在 Access 数据库中，是一个动态的数据集。查询的结果还可以作为数据库的其他对象（查询、窗体或报表）的数据来源。

Access 中的查询可分为 6 个类型：选择查询、查询计算、交叉表查询、参数查询和操作查询、SQL 查询。

关于查询的创建和操作，将在第 3 章中详细讲述。

查询1

教师编号	姓名	性别	工作时间	政治面貌	学历	职称	毕业院校	所在学院	联系电话
10001	董森	男	2005/6/26	党员	硕士	副教授	北京大学	管理学院	027-67845311
10007	苏道芳	女	2003/9/6	民盟	博士	副教授	华中师范大学	管理学院	027-69874563
10017	肖吴健	男	2000/5/8	党员	硕士	副教授	清华大学	管理学院	027-67890456
10022	张华林	男	2003/6/5	民盟	博士	副教授	中南财经政法大学	外国语学院	027-68732314
10026	陈金鑫	男	2002/7/8	党员	博士	副教授	武汉大学	管理学院	027-61235674
*									

图 1.12 查询运行结果

3. 窗体

一个良好的数据库应用系统，需要一个性能良好的输入、输出、操作界面，在 Access 中，有关界面的设计都是通过窗体对象来实现的，如图 1.13 所示。

图 1.13　窗体

窗体是用户同 Access 数据库进行交互的窗口，是用户与 Access 数据库应用程序进行数据传递的桥梁。窗体向用户提供一个交互式的图形界面，用于进行数据的输入、显示、修改、删除及应用程序的执行控制，以便让用户能够在最舒适的环境中输入或查阅数据。

窗体显示的内容可以来自一个表或多个表，也可以是查询的结果；可以使用子窗体来显示多个数据表里的数据；还可以添加筛选条件来决定窗体中所要显示的内容。

窗体通过控件，控制用户与数据库之间的交互方式。在窗体中还可以运行宏和模块，以实现更加复杂的功能。

关于窗体的创建和设计，将在第 4 章中详细讲述。

4．报表

报表用于将数据库中需要的数据提取出来，进行分析、整理和计算，并将数据以格式化的方式发送到打印机打印或在屏幕上显示，如图 1.14 所示。

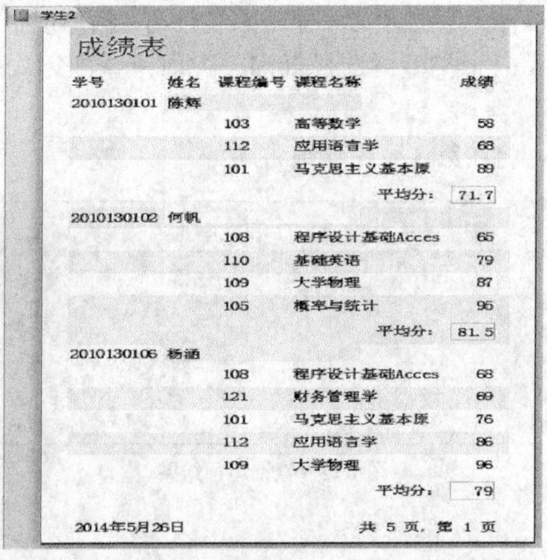

图 1.14　报表

利用报表还可以对数据进行分组统计（求和、求平均值、汇总等）。报表可以基于某一数据表，也可以基于某一查询结果，这个查询结果可以是在多个表之间的关系查询结果集。

报表是查阅和打印数据的方法，它不仅能提供快捷、功能强大的打印，而且能实现数据的格式化，可以帮助用户以更好的方式显示数据，使用户的报表更易于阅读和理解，还可以利用图表和图形来帮助说明数据的含义。

关于报表的创建和设计，将在第 5 章中详细讲述。

5．宏

宏是一个或多个命令的集合，其中每个命令都可以实现特定的功能，通过将这些命令组合起来，可以自动完成某些经常重复或复杂的操作，还可以由若干个宏组成一个宏组。如图 1.15 所示。

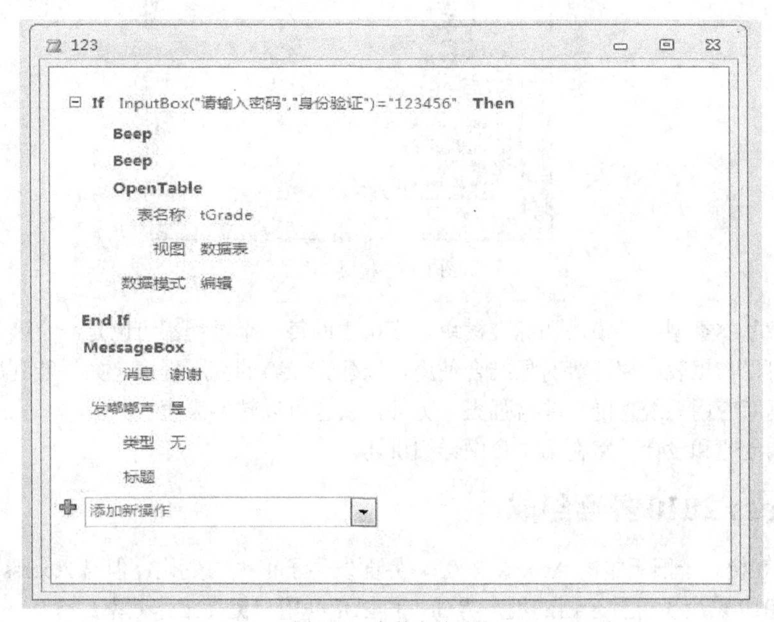

图 1.15 条件宏的设计

宏可以用来打开并执行查询、打开表、打开窗体、打印和显示报表、关闭数据库等操作，也可以运行另一个宏或模块。

通过触发一个宏可以更为方便地在窗体或报表中操作数据，这样，用户可以不必编写任何代码，就能实现一定的交互操作。当数据库中有大量重复性的工作需要处理时，使用宏是最佳的选择。

宏有多种类型，它们之间的差别在于用户触发宏的方式。如果创建了一个事件宏，当用户执行一个特定操作（即发生了某一事件）时，Access 2010 就会运行这个宏。如果创建了一个条件宏，当用户设置的条件得到满足时，条件宏就会运行。

关于宏的创建和设计，将在第 6 章中详细讲述。

6．模块

Access 虽然在不需要撰写任何程序的情况下，就可以满足大部分用户的需求，但对于较复杂的应用系统而言，只靠 Access 的向导及宏仍然稍显不足。所以 Access 提供 VBA（Visual Basic for Application）程序命令，让用户编写复杂的数据库操作程序，自如地控制细微或较复杂的操作。

模块就是用 Access 2010 所提供的 VBA（Visual Basic for Application）语言编写的程序段，用于保存 VB 应用程序的说明和过程。模块是声明、语句和过程的集合，它们作为一个单元存储在一起，如图 1.16 所示。

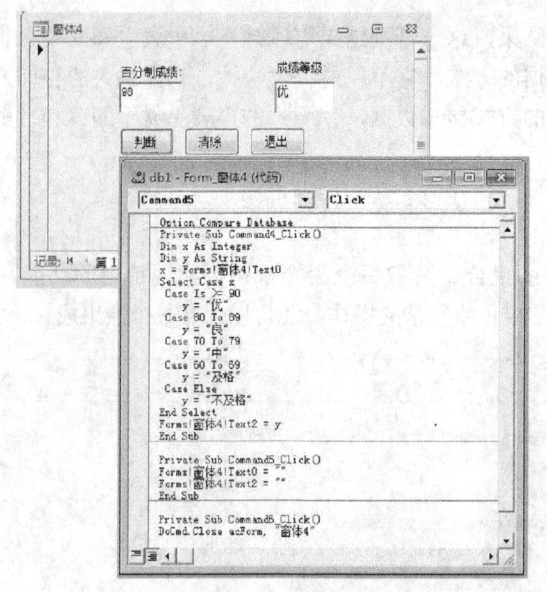

图 1.16 模块

模块有两种基本类型：类模块和标准模块。模块中的每一个过程都可以是一个函数过程或一个子程序。模块可以与报表、窗体等对象结合使用，以建立完整的应用程序。如果能利用好模块，您设计出来的数据库应用系统功能会非常强大。另外，宏也可以转换为模块。

关于模块的创建和设计，将在第 7 章中详细讲述。

1.5.4 Access 2010 界面组成

Access 2010 相对于旧版本的 Access 2003，界面发生了很大的变化，但与 Access 2007 却非常相似。Access 2010 采用了一种全新的用户界面，可以帮助用户提高工作效率。

1. Backstage 视图

运行 Microsoft Access 2010 后，看到的第一个界面称为“Backstage 视图”，这是 Access 2010 中的新增功能。Backstage 视图包含应用于整个数据库的命令，例如，新建、打开或保存数据库，如图 1.17 所示。

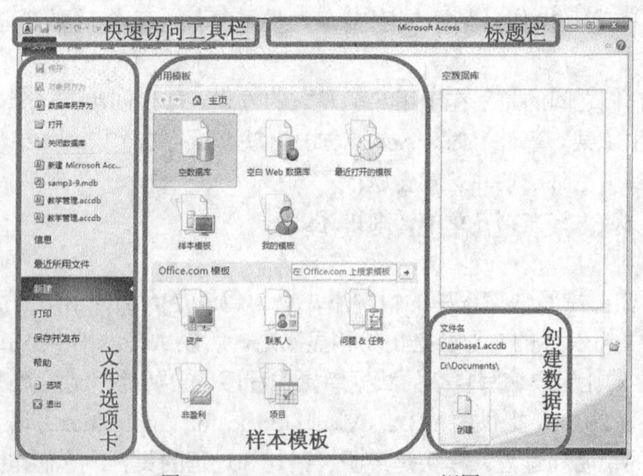

图 1.17 Access 2010 Backstage 视图

（1）标题栏

“标题栏”位于 Access 2010 界面的最上端，用于显示当前打开的数据库文件名。在标题栏的右侧有 3 个小图标，分别用以控制窗口的最小化、最大化（还原）和关闭应用程序。

（2）快速访问工具栏

快速访问工具栏是一个可自定义的工具栏，它包含一组独立于当前显示的功能区上选项卡的命令。通常，系统默认的快速访问工具栏位于窗口标题栏的左侧，但也可以显示在功能区的下方。用户可通过快速访问工具栏右侧按钮 自定义要在快速访问工具栏显示的命令。

（3）样本模板

用户可以创建一个空数据库，也可以根据样本模板创建一个数据库。Access 2010 提供的每个模板都是一个完整的应用程序，具有预先建立好的表、窗体、报表、查询、宏和表关系等。

（4）文件选项卡

提供了数据库的新建、打开、保存等功能。

2．工作界面

Access 2010 工作界面如图 1.18 所示，它由功能区、导航窗格、对象工作区、状态栏组成。

（1）功能区

Access 2010 使用称为“功能区”的标准区域来替代早期版本中的多层菜单和工具口，它提供了 Access 2010 中主要的命令界面。功能区位于程序窗口顶部的区域，用户可以在功能区中选择命令。

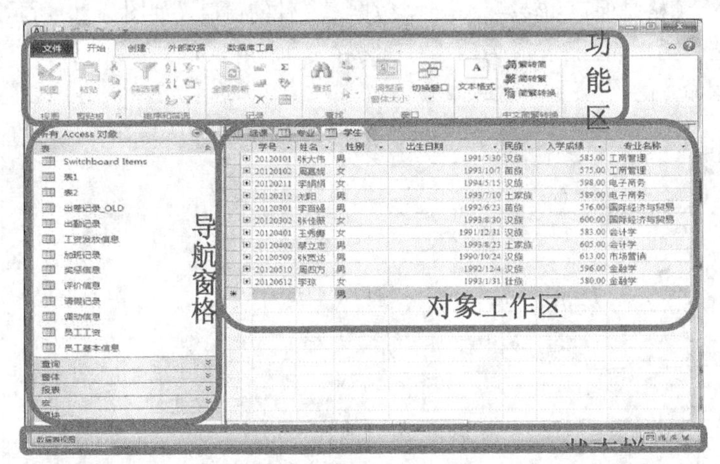

图 1.18 Access 2010 工作界面

功能区以选项卡的形式，将各种相关的功能组合在一起，以便更快地查找相关命令组。在功能区中包括的命令选项卡有：文件、开始、创建外部数据、数据库工具，如图 1.18 所示。

① “文件”选项卡是 Access 2010 新增加的一个选项卡，它与其他选项卡的结构、布局和功能完全不同。这个窗口的下方分成左右两个窗格，左侧窗口由：打开、关闭、新建、信息、最近所用文件、打印、保存并发布、帮助、选项、退出等命令按钮组成，可对数据库文件进行各种操作，以及对数据库进行设置；右侧窗口是显示选择不同命令后的结果。图 1.19 所示为选择“信息”命令后的“文件”选项卡窗口。

“信息”窗格提供了“压缩并修复数据库”和“用密码进行加密”等操作。

“最近所用文件”窗格显示最近打开的数据库文件。在最近打开的每个文件的后面有一个小命令按钮，单击这个按钮可以把该文档固定在打开的列表中。

“打印”窗格是打印 Access 报表的操作界面。在窗格中，包括“快速打印”、“打印”和“打印预览”三个按钮。

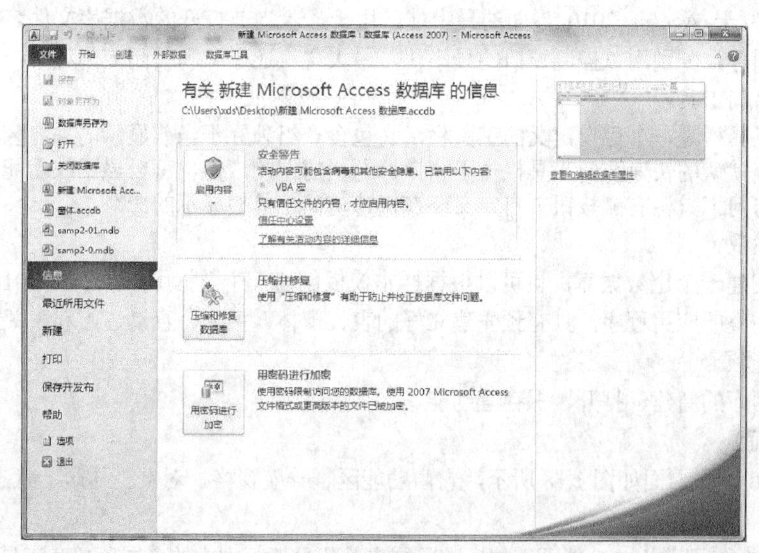

图 1.19　Access 2010 文件选项卡窗口

“保存并发布”窗格是保存和转换 Access 数据库文件的窗口，如图 1.20 所示。该窗口分为三个窗格，中间窗格包括“数据库另存为”、“对象另存为”和“发布”等几个命令。右侧窗格中显示对应中间窗格每个命令的下一级命令信息。

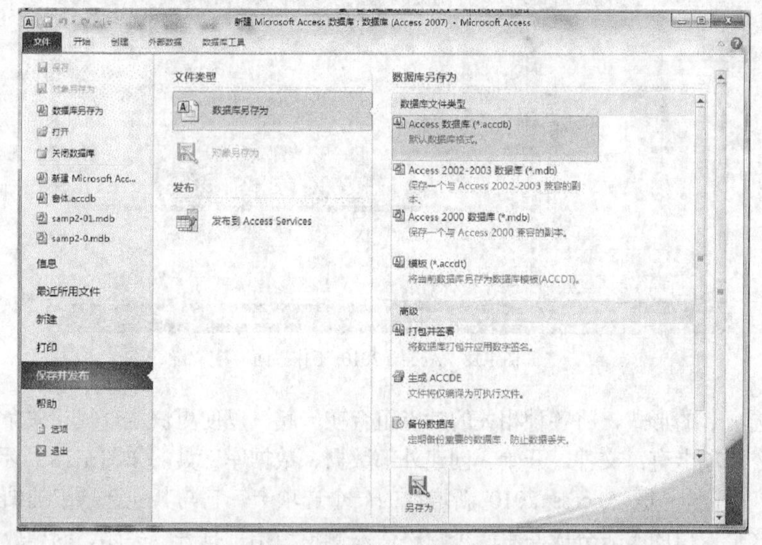

图 1.20 “保存并发布”窗格

在学习和使用 Access 2010 时，善用 Access 提供的帮助是解决问题的一种好方法、好习惯。Access 2010 有联机帮助和在线帮助（Office Online）两个帮助系统，如图 1.21 所示。

“帮助”窗格的上部是一个搜索栏组合框，可以在其中输入要搜索的关键词，然后单击“搜索”按钮，搜索到相关帮助内容；也可以从目录中，选择帮助主题，一步步进入到所要获取的帮助内容的位置；或者在某个对象窗口，选中要查找的关键字，然后单击 F1，打开帮助窗口，显示搜索的帮助信息。单击搜索栏组合框右侧下拉箭头，可以显示搜索的历史信息。

图 1.21 “帮助”窗格

“选项”窗格如图 1.22 所示。

图 1.22 “选项”窗格

“常规”：首次安装 Access 2010 后，默认文件格式为 ACCDB。用户可以更改默认文件格式，选用文件格式为 Access 2000、Access2002-2003 和 Access 2007 以便创建与旧版本 Access 兼容的 MDB 文件，但不能向所创建的老版本文件格式的文件中添加任何 Access 2010 新功能，如多值查阅字段、计算字段。

“自定义功能区”：允许对用户界面一部分的功能区进行个性化设置，例如，可以创建自定义选项卡和自定义组来包含经常使用的命令。

② “开始”选项卡用来对数据表进行各种常用操作的。如查找、筛选、文本设置等。当打开不同的数据库对象时，这些组的显示有所不同。每个组都有两种状态：可用和禁用。可用状态时图标和字体是黑色的，禁用状态时图标和字体是灰色的。当对象处于不同视图时，组的状态是不同的，如图 1.23 所示。

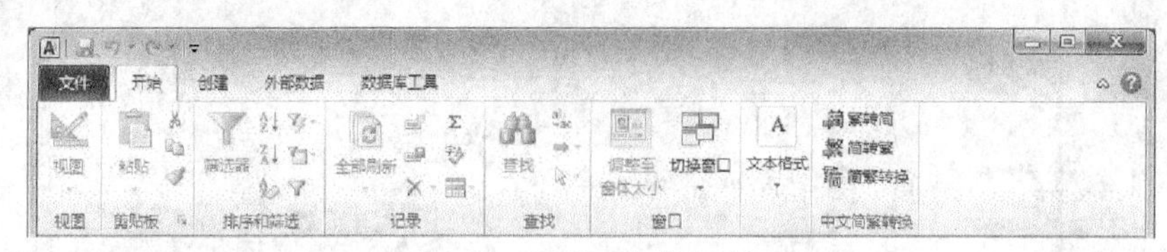

图 1.23 “开始”命令选项卡

③ “创建”选项卡包括：模板、表格、查询、窗体、报表、宏与代码 6 个组，如图 1.24 所示。Access 数据库中所有对象的创建都从这里进行。

图 1.24 “创建”命令选项卡

④ “外部数据”选项卡包括：导入并链接、导出、收集数据 3 个组，如图 1.25 所示。通过这个选项卡实现对内部/外部数据交换的管理和操作。

图 1.25 “外部数据”命令选项卡

⑤ “数据库工具”选项卡包括：工具、宏、关系、分析、移动数据、加载项、管理 7 个组，如图 1.26 所示。这是 Access 提供的一个管理数据库后台的工具。

图 1.26 “数据库工具”命令选项卡

⑥ 除前面所述的标准命令选项卡之外，Access 2010 还采用了“上下文命令选项卡”，这是一种新的 Office 用户界面元素。上下文命令选项卡可以根据上下文，即进行操作的对象以及正在执行的操作不同，在常规命令选项卡旁会显示一个或多个上下文命令选项卡。例如，如果在表的数据表视图中打开一个表，则在“数据库工具”选项卡旁将显示一个“表格工具”的上下文命令选项卡，包括：“字段”、“表”两个命令选项卡，如图 1.27 所示。这种上下文命令选项卡，根据所选对象的状态不同，自动弹出或关闭，具有智能功能，给用户带来极大的方便。

在设计视图中打开表、查询、或宏时，将分别显示“表格工具”、“查询工具”、或“宏工具”上下文命令选项卡，其中都包括：一个“设计”命令选项卡，但命令组内的命令各不相同。在设计视图中打开窗体、或报表时，将出现“窗体工具”、或“报表工具”上下文命令选项卡，其中都包括：“设计”、“排列”、“格式”命令选项卡，“报表工具”上下文命令选项卡中还多了一个“页面设置”命令选项卡。

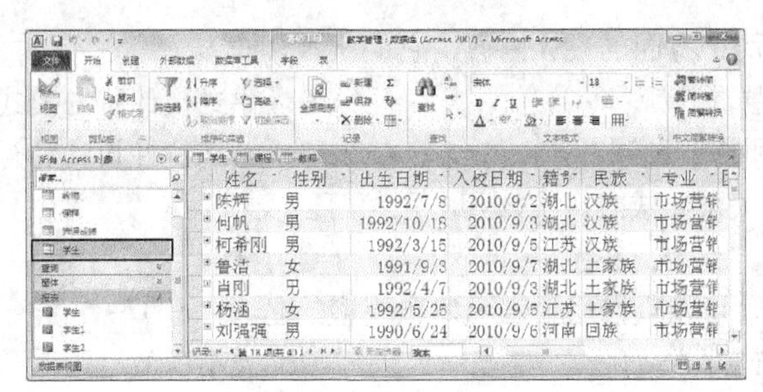

图 1.27 上下文命令选项卡

（2）导航窗格

“导航窗格”用以显示当前数据库中的各种数据库对象，如图 1.18 所示。在导航窗格中，还可以对对象进行分组。分组是一种分类管理数据库对象的有效方法。在一个数据库中，如果某个表绑定到一个窗体、两个查询和一个报表，则导航窗格将把这些对象归组在一起。

单击导航窗格右上方的小箭头，可弹出“浏览类别”菜单，供用户选择要浏览的对象类型。导航窗格中的对象还可以折叠和展开。在导航窗格中，右击任何对象就能打开快捷菜单，从中选择某个任务，以执行某个操作。

（3）对象工作区

“对象工作区”是用来设计、编辑、修改、显示以及运行表、查询、窗体、报表和宏等对象的区域。对 Access 所有对象进行的所有操作都是在工作区中进行的，操作结果也显示在工作区。

Access 2010 采用了选项卡式文档的形式取代重叠窗口来显示数据库对象，以方便用户查看和管理数据库对象，如图 1.18 所示。

（4）状态栏

在窗口底部显示状态栏，这是 Access 一贯的做法，继续保留此标准用户界面元素是为了查找状态信息、属性提示、进度指示以及操作提示等。Access 状态栏右下角有四个命令按钮，单击其中一个按钮，即切换到该对象相应的视图，如图 1.18 所示。

习题 1

1．下述关于数据库系统的叙述中正确的是（　　）。

A．数据库系统减少了数据冗余

B．数据库系统避免了一切冗余

C．数据库系统中数据的一致性是指数据类型一致

D．数据库系统比文件系统能管理更多的数据

2．关系数据库管理系统能实现的专门关系运算包括（　　）。

A．排序、索引、统计　　B．选择、投影、连接

C．关联、更新、排序　　D．显示、打印、制表

3．用树形结构来表示实体之间联系的模型是（　　）。

A．关系模型　　B．层次模型　　C．网状模型　　D．数据模型

4．在关系数据库中，用来表示实体之间联系的是（　　）。

A．树结构　　B．网结构　　C．线性表　　D．二维表

5. 数据库设计包括两个方面的设计内容，它们是（　　）。

A. 概念设计和逻辑设计　　B. 模式设计和内模式设计

C. 内模式设计和物理设计　　D. 结构特性设计和行为特性设计

6. 将 E-R 图转换到关系模式时，实体和联系都可以表示为（　　）。

A. 属性　　B. 关系　　C. 键　　D. 域

7. 下列 4 个选项中，可以直接用于表示概念模型的是（　　）。

A. 实体联系（E-R）模型　　B. 关系模型

C. 层次模型　　D. 网状模型

8. 层次型、网状型和关系型数据库划分原则是（　　）。

A. 记录长度　　B. 文件的大小

C. 联系的复杂程度　　D. 数据之间的联系方式

9. 公司中有多个部门和多名职员，每个职员只能属于一个部门，一个部门可以有多名职员，从职员到部门的联系类型是（　　）。

A. 多对多　　B. 一对一　　C. 多对一　　D. 一对多

10. 在数据管理技术的发展过程中，经历了人工管理阶段、文件系统阶段和数据库系统阶段。其中数据独立性最高的阶段是（　　）。

A. 数据库系统　　B. 文件系统　　C. 人工管理　　D. 数据项管理

11. 从关系中挑选出指定的属性组成新关系的运算称为（　　）。

A. 选取运算　　B. 投影运算　　C. 连接运算　　D. 交运算

12. 数据库系统的核心是（　　）。

A. 数据库　　B. 数据库管理系统　　C. 数据模型　　D. 软件工具

13. 把 E-R 模型转换成关系模型的过程，属于数据库的（　　）。

A. 需求分析　　B. 概念设计　　C. 逻辑设计　　D. 物理设计

14. 关系表中的每一横行称为一个（　　）。

A. 元组　　B. 字段　　C. 属性　　D. 码

15. 数据库中存储的是（　　）。

A. 数据　　B. 数据模型

C. 数据之间的联系　　D. 数据以及数据之间的联系

16. 反映现实世界中的实体及实体间联系的信息模型是（　　）。

A. 关系模型　　B. 层次模型　　C. 网状模型　　D. E-R 模型

17. 数据库管理系统是（　　）。

A. 操作系统的一部分　　B. 在操作系统支持下的系统软件

C. 一种编译系统　　D. 一种操作系统

18. 负责数据库中查询操作的数据库语言是（　　）。

A. 数据定义语言　　B. 数据管理语言

C. 数据操纵语言　　D. 数据控制语言

19. 数据库应用系统中的核心问题是（　　）。

A. 数据库设计　　B. 数据库系统设计

C. 数据库维护　　D. 数据库管理员培训

20. 在数据管理技术发展的三个阶段中，数据共享最好的是（　　）。

A. 人工管理阶段　　B. 文件系统阶段　　C. 数据库系统阶段　　D. 三个阶段相同

21．下列关于数据库设计的叙述中，正确的是（　　）。

A．在需求分析阶段建立数据字典　　B．在概念设计阶段建立数据字典、
C．在逻辑设计阶段建立数据字典　　D．在物理设计阶段建立数据字典

22．在数据库设计中，将E－R图转换成关系数据模型的过程属于（　　）。

A．需求分析阶段　B．概念设计阶段　C．逻辑设计阶段　D．物理设计阶段

23．设有表示学生选课的三张表，学生S（学号，姓名，性别，年龄，身份证号），课程C（课号，课名），选课SC（学号，课号，成绩），则表SC的关键字（键或码）为（　　）。

A．课号，成绩　　B．学号，成绩
C．学号，课号　　D．学号，姓名，成绩

24．数据库的基本特点是（　　）。

A．数据可以共享，数据冗余大，数据独立性高，统一管理和控制
B．数据可以共享，数据冗余小，数据独立性高，统一管理和控制
C．数据可以共享，数据冗余小，数据独立性低，统一管理和控制
D．数据可以共享，数据冗余大，数据独立性低，统一管理和控制

25．按数据的组织形式，数据库的数据模型可分为三种模型，它们是（　　）。

A．小型、中型和大型　　B．网状、环状和链状
C．层次、网状和关系　　D．独享、共享和实时

26．关系数据库管理系统中所谓的关系指的是（　　）。

A．各元组之间彼此有一定的关系　　B．各字段之间彼此有一定的关系
C．数据库之间彼此有一定的关系　　D．符合满足一定条件的二维表格

27．软件功能可以分为应用软件、系统软件和支撑软件（或工具软件）。下面属于应用软件的是（　　）。

A．学生成绩管理系统　　B．C语言编译程序
C．UNIX操作系统　　D．数据库管理系统

28．一间宿舍可住多个学生，则实体宿舍和学生之间的联系是（　　）。

A．一对一　B．一对多　C．多对一　D．多对多

29．一个工作人员可以使用多台计算机，而一台计算机可被多个人使用，则实体工作人员与实体计算机之间的联系是（　　）。

A．一对一　B．一对多　C．多对多　D．多对一

30．一个教师可讲授多门课程，一门课程可由多个教师讲授。则实体教师和课程间的联系是（　　）。

A．1∶1联系　B．1∶m联系　C．m∶1联系　D．m∶n联系

31．在E－R图中，用来表示实体联系的图形是（　　）。

A．椭圆形　B．矩形　C．菱形　D．三角形

32．在学生表中要查找所有年龄小于20岁且姓王的男生，应采用的关系运算是（　　）。

A．选择　B．投影　C．联接　D．比较

33．在满足实体完整性约束的条件下（　　）。

A．一个关系中应该有一个或多个候选关键字
B．一个关系中只能有一个候选关键字
C．一个关系中必须有多个候选关键字
D．一个关系中可以没有候选关键字

34. 在学生表中要查找所有年龄大于30岁姓王的男同学，应该采用的关系运算是（　　）。

A. 选择　　B. 投影　　C. 联接　　D. 自然联接

35. 在Access中要显示"教师表"中姓名和职称的信息，应采用的关系运算是（　　）。

A. 选择　　B. 投影　　C. 连接　　D. 关联

36. 有三个关系R、S和T如下：

R

A	B	C
a	1	2
b	2	1
c	3	1

S

A	B
c	3

T

C
1

则由关系R和S得到关系T的操作是（　　）。

A. 自然连接　　B. 交　　C. 除　　D. 并

37. 有三个关系R、S和T如下：

R

B	C	D
a	0	k1
b	1	n1

S

B	C	D
f	3	h2
a	0	k1
n	2	x1

T

B	C	D
a	0	k1

由关系R和S通过运算得到关系T，则所使用的运算为（　　）。

A. 并　　B. 自然连接　　C. 笛卡尔积　　D. 交

38. 有三个关系R、S和T如下：

R

A	B
m	1
n	2

S

B	C
1	3
3	5

T

A	B	C
m	1	3

由关系R和S通过运算得到关系T，则所使用的运算为（　　）。

A. 笛卡尔积　　B. 交　　C. 并　　D. 自然连接

39. 有两个关系R，S如下：

R

A	B	C
a	1	2
b	2	1
c	3	1

S

A	B	C
b	2	1

由关系R通过运算得到关系S，则所使用的运算为（　　）。

A. 选择　　B. 投影　　C. 插入　　D. 连接

40. 有三个关系R、S和T如下：

R

A	B	C
a	1	2
b	2	1
c	3	1

S

A	B	C
d	3	2

T

A	B	C
a	1	2
b	2	1
c	3	1
d	3	2

则关系 T 是由关系 R 和 S 通过某种操作得到，该操作为（　　）。

A．选择　　B．投影　　C．交　　D．并

41．有三个关系 R、S 和 T 如下：

R

A	B	C
a	1	2
b	2	1
c	3	1

S

A	B	C
a	1	2
b	2	1

T

A	B	C
c	3	1

则由关系 R 和 S 得到关系 T 的操作是（　　）。

A．自然连接　　B．差　　C．交　　D．并

42．有三个关系 R，S 和 T 如下：

R

A	B	C
a	1	2
b	2	1
c	3	1

S

A	D
c	4

T

A	B	C	D
c	3	1	4

则由关系 R 和 S 得到关系 T 的操作是（　　）。

A．自然连接　　B．交　　C．投影　　D．并

43．在 Access 数据库对象中，体现数据库设计目的的对象是（　　）。

A．报表　　B．模块　　C．查询　　D．表

44．在 Access 中，可用于设计输入界面的对象是（　　）。

A．窗体　　B．报表　　C．查询　　D．表

45．Access 数据库最基础的对象是（　　）。

A．表　　B．宏　　C．报表　　D．查询

46．下列关于 Access 数据库特点的叙述中，错误的是（　　）。

A．可以支持 Internet/Intranet 应用

B．可以保存多种类型的数据，包括多媒体数据

C．可以通过编写应用程序来操作数据中的数据

D．可以作为网状型数据库支持客户机/服务器应用系统

47．在 ACCESS 数据库中，表是由（　　）。

A．字段和记录组成　　B．查询和字段组成

C．记录和窗体组成　　D．报表和字段组成

第2章 数据库与表

Access 作为一种数据库管理系统，可以组织、存储和处理文字、数字、图形图像、声音、视频等多种类型的计算机数据。本章将介绍 Access 数据库的创建、表的建立和表的编辑等内容。

2.1 数据库的创建

Access 数据库以单独文件的形式保存在磁盘中，其文件类型名为.accdb。每个 Access 数据库文件均存储 Access 数据库所有对象。Access 数据库包含的对象有表、查询、窗体、报表、宏和模块等。因此，利用 Access 进行数据的组织、存储和处理时，必须先创建数据库，然后在该数据库中创建所需的各种数据库对象。

2.1.1 创建数据库

Access 提供了两种创建数据库的方法。一种是创建空数据库，然后根据需要在数据库中创建各个数据库对象。另一种是利用模板创建数据库，创建数据库后，可以对数据库进行修改和扩展。

1．创建空数据库

例 2-1 建立“教学管理”数据库，并将数据库文件保存在桌面上。

（1）启动 Access 后，单击“文件”选项卡，在下拉窗格中选择“新建”按钮，在“可用模板”中选择“空数据库”选项。

（2）在窗口右下角的“文件名”中输入“教学管理”，单击 按钮，如图 2.1 所示。

（3）在弹出的“文件新建数据库”对话框中选择保存位置为“桌面”，如图 2.2 所示。

（4）单击“确定”按钮，返回图 2.1 所示界面，单击“创建”按钮，完成“教学管理”空数据库的创建。

2．利用模板创建数据库

使用模板可以快速方便的创建数据库。Access 自身提供了多种数据库模板，如“学生数据库”、“教职员数据库”、“销售渠道数据库”、“营销项目数据库”等。如果这些模板不能满足需要，用户还可以在创建后自行修改。

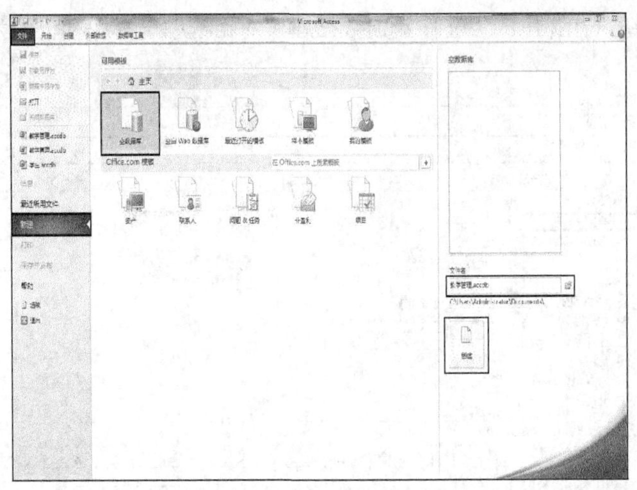

图 2.1 创建“教学管理数据库”

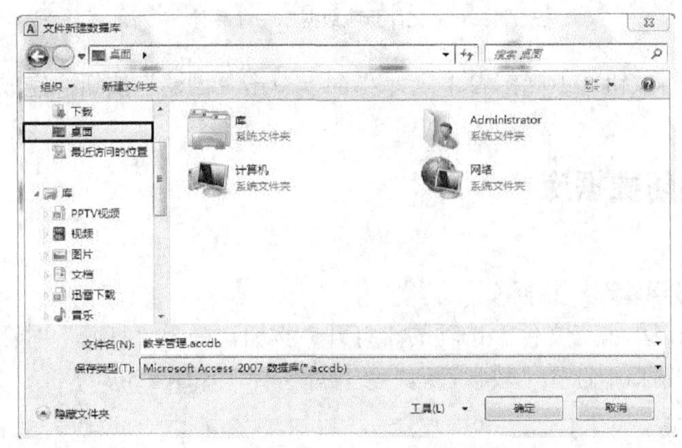

图 2.2 “教学管理”数据库保存至桌面

例 2-2 利用“样本模板”创建“学生”数据库。

（1）启动 Access 后，单击“文件”选项卡，在下拉窗格中选择“新建”命令，在“可用模板”中选择“样本模板”选项，弹出“可用模板”界面，如图 2.3 所示。

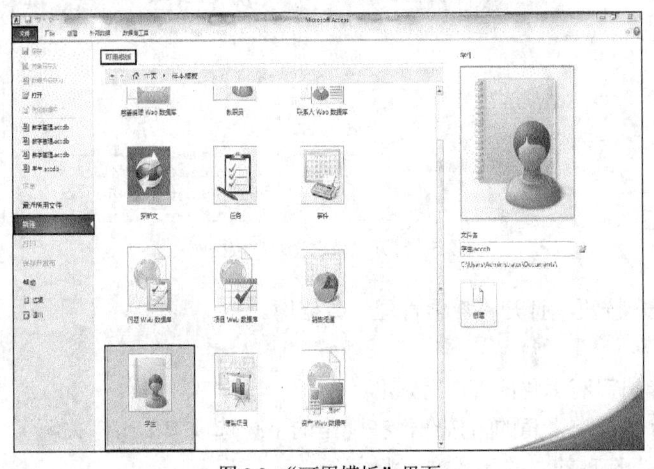

图 2.3 “可用模板”界面

（2）单击 按钮，在弹出的“文件新建数据库”对话框中选择保存位置为“桌面”，如图 2.4 所示。

图 2.4 “文件新建数据库”对话框

（3）单击“确定”按钮，返回图 2.3 所示界面，单击“创建”按钮，完成“学生”数据库的创建。

2.1.2 打开和关闭数据库

1. 打开数据库

例 2-3 打开“教学管理”数据库。

（1）启动 Access，单击“文件”选项的“打开”按钮，弹出“打开”对话框，在右侧导航栏选择“桌面”，在左侧窗口中选择“教学管理”数据库文件，如图 2.5 所示。

图 2.5 打开“教学管理”数据库

（2）单价“打开”按钮，打开“教学管理”数据库。

2. 关闭数据库

（1）单击 Access 窗口右上角的 按钮。

（2）单击 Access 窗口左上角的按钮，在弹出的下拉选项中单击“关闭”。

（3）单击“文件”选项的“关闭数据库”命令。

2.1.3 数据库系统安全

1. 启用内容

在 Access2010 版本中，对部分可能影响数据库安全的内容进行了禁用，这会影响数据库中的部分操作。

例 2-4 启用“教学管理”数据库所有内容。

（1）单击“文件”选项的“信息”按钮，打开“教学管理”数据库信息界面，如图 2.6 所示。

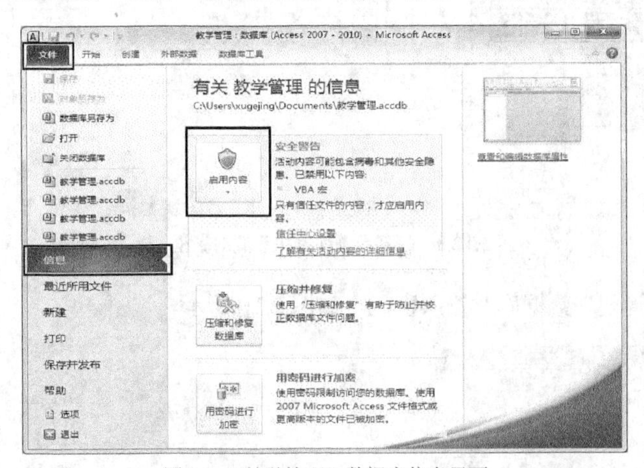

图 2.6 “教学管理”数据库信息界面

（2）单击“启用内容”按钮，在弹出的下拉列表中选择“启用所有内容”选项。

2. 设置数据库密码

为了保证数据库系统的安全，在创建数据库后可以对数据库设置密码。

例 2-5 对“教学管理”数据库设置密码。

（1）启动 Access，单击“文件”选项的“打开”按钮，以“独占”方式打开数据库，如图 2.7 所示。

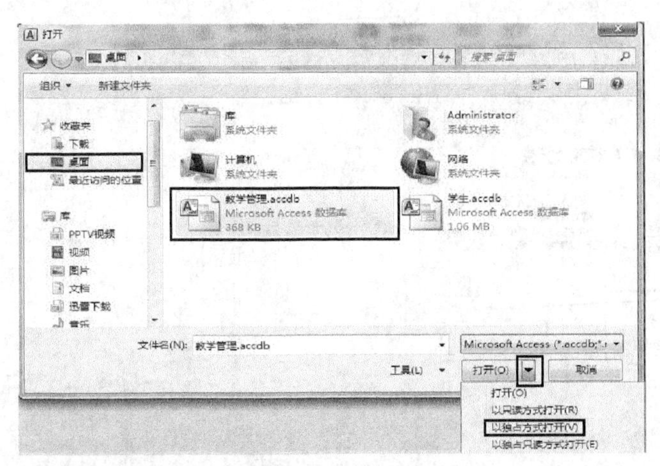

图 2.7 以“独占方式打开”数据库

（2）单击“文件”选项的“信息”按钮，在“有关教学管理信息”中选择“用密码进行加密”按钮，弹出“设置数据库密码”对话框，在“设置数据库密码”对话框中设置数据库密码，如图

2.8 和图 2.9 所示。

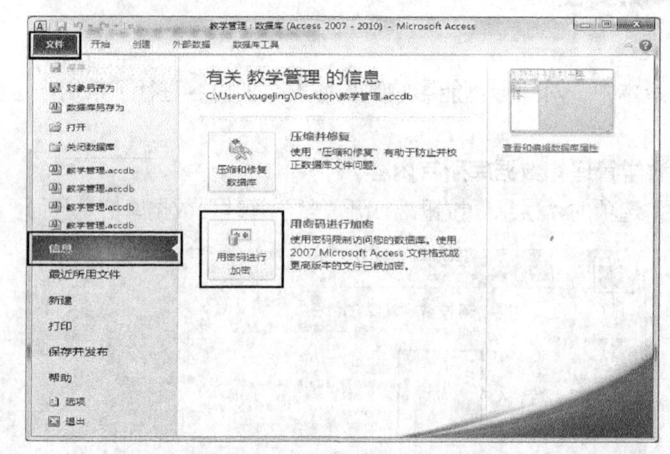

图 2.8　打开数据库密码设置对话框

（3）打开“教学管理”数据库时输入密码，如图 2.10 所示。

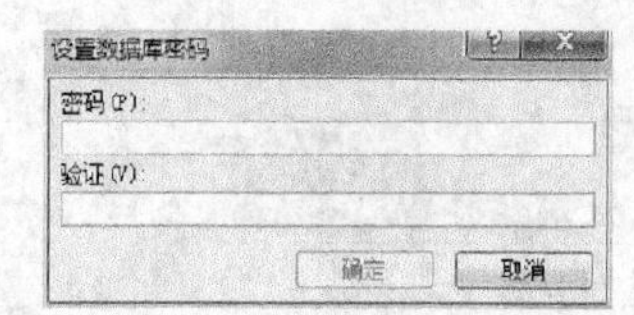

图 2.9　输入数据库密码

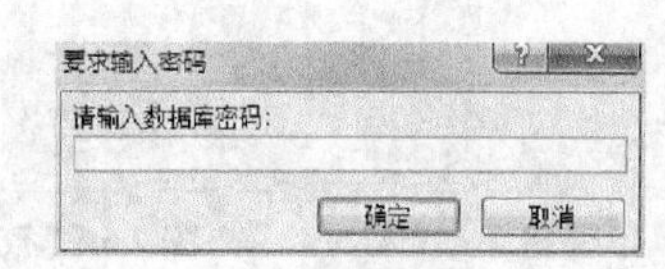

图 2.10　打开数据库时输入密码

3．取消数据库密码

例 2-6　取消“教学管理”数据库密码。

（1）启动 Access，单击“文件”选项的“打开”按钮，以“独占”方式打开数据库，如图 2.7 所示。

（2）单击“文件”选项的“信息”按钮，在“有关教学管理信息”中选择“解密数据库”按钮，如图 2.11 所示。

（3）输入数据库密码，解密“教学管理”数据库，如图 2.12 所示。

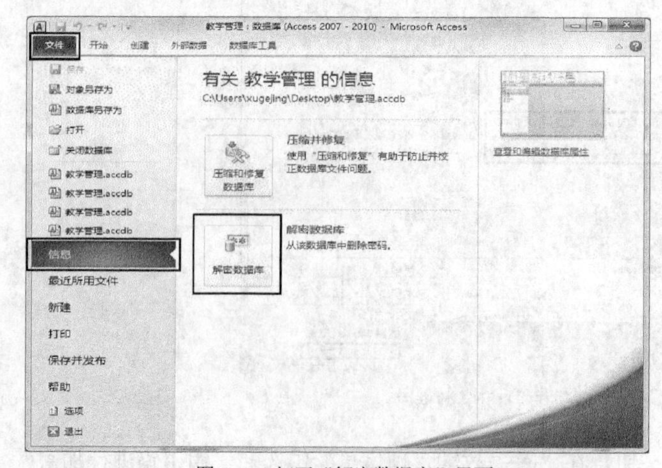

图 2.11　打开“解密数据库”界面

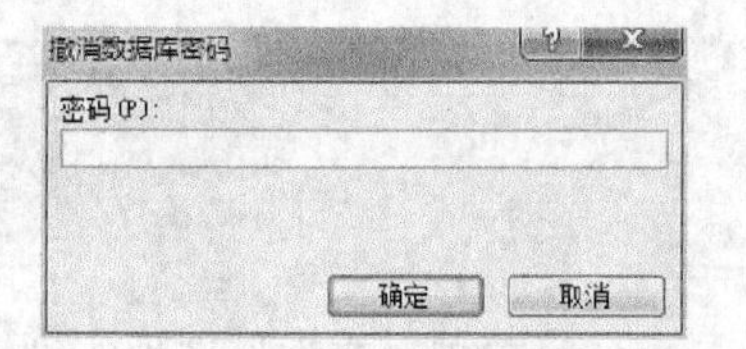

图 2.12　取消“教学管理”数据库密码

2.2 表的创建

表是 Access 数据库最基本的对象。在 Access 数据库中，用表来组织、存放数据。Access 数据库中的其他对象，如查询、窗体、报表等，都是在表的基础上建立的。创建数据库后，首先要做的是建立表以及表间的关系，然后逐步建立其他的数据库对象，最终形成完整的数据库。

2.2.1 表的组成

Access 中的表是二维表，由表的结构和表的内容组成。其中，表的结构是指表的框架，包括字段的名称及其数据类型。表的内容是指表中的元组或记录。

1．字段名称

表中每个列具有唯一的名字，称为字段名或属性名。在 Access 中，字段名称具有以下命名规则。

（1）字段名称长度为 1～64 个字符。

（2）可以包含字母、汉字、数字、空格等字符，但是不能以空格开头。

（3）不能包含点号“.”、感叹号“!”、方括号“[]”和单引号“ ' ”。

（4）不能使用 ASCII 码为 0～32 的 ASCII 字符。

2．数据类型

数据类型决定了数据在表中的存储方式和使用方式。表中的一列数据应该具有相同的数据类型。在 Access2010 中提供了 12 种数据类型，包括文本、备注、数字、日期/时间、货币、自动编号、是/否、OLE 对象、超链接、附件、计算、查阅向导等。

（1）文本

文本类型可以存储字符。注意，数字也可以认为是一种字符。例如，姓名、性别、籍贯等数据是文本类型，学生编号、教师编号、联系电话、邮政编码等不需要计算的数字也是文本类型。文本类型数据最大可以存储 255 个字符，默认情况下为 50 字符。

（2）备注

备注类型也是文本型数据。备注类型可以保存较多的字符和数字。例如，简历、备忘录、说明等数据长度可能超过 255 个字符，应设置为备注型数据。备注型数据最大可以保存 65535 个字符。注意，不能对备注型数据进行排序或索引。

（3）数字

数字型数据用来存储进行算术运算的数据。数字类型可分为字节、整数、长整数、单精度和双精度等类型。通过字段属性中的字段大小选项可以进行不同数字类型的设置。数字类型的种类和取值范围如表 2.1 所示。

表 2.1 数字型数据的分类及取值范围

数字类型	取值范围	小数位数	存储空间
字节	0~255	无	1 字节
整数	−32768～32767	无	2 字节
长整数	−2147483648～2147483647	无	4 字节
单精度	-3.4×10^{38}～3.4×10^{38}	7	4 字节
双精度	-1.797×10^{308}～-1.797×10^{308}	15	8 字节

（4）日期/时间

日期/时间型数据用于存储日期和时间。存储空间固定为 8 个字节。注意，日期数据的分隔符为“/”，时间数据的分隔符为“:”。

（5）货币

货币型数据是一种特殊的数字型数据，等价于具有双精度属性的数字型数据。货币型数据的精度为小数点左边 15 位和小数点右边 4 位，默认情况下保留 2 位小数，最大可以精确到 4 位小数。输入货币型数据时不需要输入货币符号以及千位分隔符。货币型数据可以和数字型数据进行算术运算。货币型数据占用 8 个字节的存储空间。

（6）自动编号

自动编号型数据的取值范围等价于自然数。当向表中添加记录时，Access 会自动对输入的记录从 1 开始进行递增编号，即在自动编号字段中的值是唯一的。自动编号型数据占用 4 个字节的存储空间。

需要注意的是，自动编号值一旦被指定，就会永久的与记录连接。当删除表中含有自动编号类型的一行数据时，该行自动编号值会被永久性删除，继续添加新的一行数据时，Access 不再使用已经删除的自动编号值，而是按被删除的自动编号值的下一个递增值进行编号。还应注意，不能人为的输入或修改自动编号值，每个表中只能包含一个自动编号型字段。

（7）是/否

是/否型数据专门针对于只有两种取值的字段。例如，Yes/no、True/False、On/Off、是/否、真/假、开/关等。是/否型数据占用 1 个字节的存储空间。

（8）OLE 对象

OLE 对象用于存储或嵌入 Windows 所支持的对象。这些对象以文件的形式存在，其类型可以是图形图像、声音、视频、Word、Excel、演示文稿等其他形式的二进制数据。OLE 对象数据的存储空间为 1GB。

（9）超链接

超链接类型数据以文本形式保存超链接的地址，用来链接到 Web 页、文件、电子邮箱地址等。当单击某一个链接时，Access 会打开该链接所指定的目标。

（10）查阅向导

在向表中输入数据时，查阅向导可以实现从一个列表中选择数据，也可以查阅其他表里的数据来进行输入。

（11）附件

附件类型用于存储所有的文档或二进制文件。例如，将 Word 文件、Excel 文件、PPT 文件、图形图像文件等保存到表中。附件类型数据的存储空间最大为 2GB。

（12）计算

计算型数据用于在表中保存计算公式的结果，计算的数据必须是表中其他字段的数据。可以使用表达式生成器来创建计算公式。计算型数据的存储空间为 8 个字节。

2.2.2 建立表结构

建立表结构包括定义字段名称、字段的数据类型、字段属性以及主键等。建立表结构的方法有两种，使用数据表视图或使用设计视图。

1．使用数据表视图创建表结构

数据表视图是以行和列的形式显示表中数据的视图。在数据表视图中，可进行字段的添加、编辑和删除，也可以完成记录的添加、修改、删除、筛选、查找等操作。图 2.13 中给出了教师表的数据表视图。

教师编号	姓名	性别	工作时间	政治面	学历	职称	毕业院校	所在学院	联系电话
10001	董森	男	2005/6/26	党员	硕士	副教授	北京大学	管理学院	027-6784531
10002	涂利平	男	1990/9/4	党员	大学本科	教授	复旦大学	建筑工程学院	027-6898345
10003	雷保林	男	1989/7/14	党员	大学本科	教授	中国人民大	管理学院	027-6984567
10004	柯志辉	男	1995/7/5	党员	硕士	副教授	武汉大学	外国语学院	027-6981345
10005	朱志强	男	1998/6/25	民盟	硕士	副教授	华中科技大	物理与电子工	027-6547328
10006	赵亚楠	女	2000/8/9	党员	硕士	讲师	武汉大学	管理学院	027-6547328
10007	苏道芳	女	2003/9/6	民盟	博士	副教授	华中师范大	管理学院	027-6987456
10008	曾娇	女	2008/6/13	党员	硕士	助教	武汉大学	外国语学院	027-6891236
10009	施洪云	女	1993/7/5	党员	大学本科	讲师	武汉大学	物理与电子工	027-6754901
10010	吴艳	女	2006/9/3	党员	博士	讲师	华中师范大	外国语学院	027 6459873
10011	王兰	女	2005/6/27	党员	博士	教授	清华大学	外国语学院	027-6980125
10012	王业伟	男	1992/6/8	民盟	大学本科	副教授	中国人民大	物理与电子工	027-6986091
10013	周青山	男	1985/7/3	党员	大学本科	副教授	浙江大学	建筑工程学院	027-6456782
10014	蔡朝阳	男	1987/8/10	民盟	大学本科	副教授	武汉大学	物理与电子工	027-6581723
10015	张晚霞	女	1980/6/4	党员	大学本科	教授	中南财经政	建筑工程学院	027-6987122
10016	杨代英	女	1988/5/6	党员	硕士	教授	华中科技大	外国语学院	027-6192345
10017	肖吴健	男	2000/5/8	党员	硕士	副教授	清华大学	管理学院	027-6789045
10018	黎志杰	男	1998/7/6	民盟	硕士	讲师	复旦大学	管理学院	027-6890345
10019	李江文	男	1997/7/9	党员	硕士	讲师	北京人学	外国语学院	027-6783192
10020	李志明	男	2010/6/17	民盟	硕士	助教	华中科技大	建筑工程学院	027-6598430
10021	文国霞	女	2005/8/7	党员	博士	教授	武汉大学	建筑工程学院	027-6698345

记录：第 1 项(共 30 项) 无筛选器 搜索

图 2.13 教师表的数据表视图

例 2-7 在“教学管理”数据库中使用数据表视图创建“教师”表，“教师”表结构如表 2.2 所示。

表 2.2 “教师”表结构

字段名称	数据类型	字段名称	数据类型
教师编号（主键）	文本	学历	文本
姓名	文本	职称	文本
性别	文本	毕业院校	文本
工作时间	日期/时间	所在学院	文本
政治面貌	文本	联系电话	文本

（1）打开“教学管理”数据库。

（2）单击“创建”选项卡，单击“表格”组中的“表”按钮，创建名为“表 1”的新表，如图 2.14 所示。

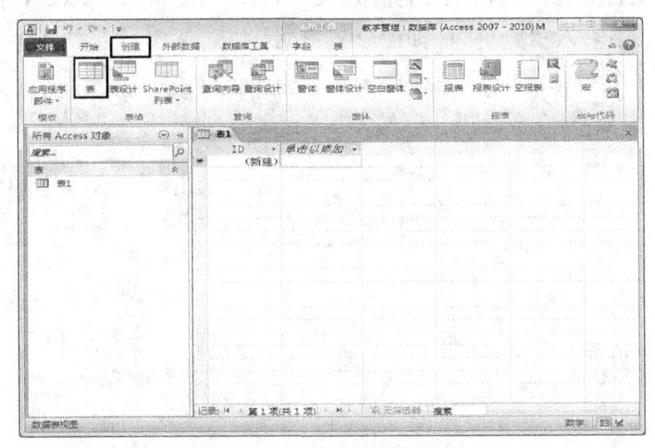

图 2.14 表 1 的数据表视图

（3）选中“ID”字段，在“表格工具”中的“字段”选项中单击“名称和标题”按钮，弹出

"输入字段属性"对话框。

（4）在"输入字段属性"对话框的"名称"文本框中输入"教师编号"，单击"确定"按钮，如图 2.15 所示。

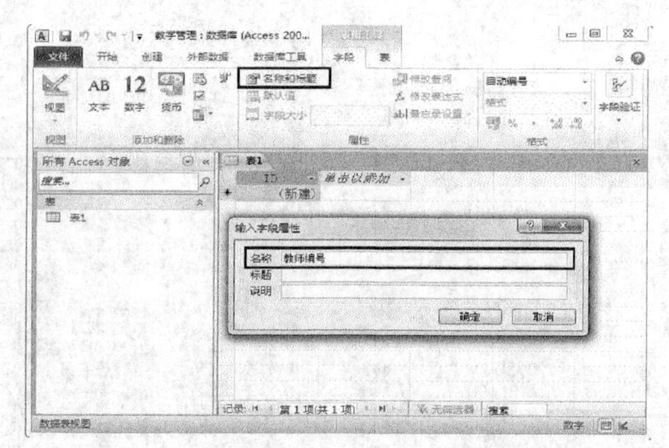

图 2.15 "输入字段属性"对话框

（5）选中"教师编号"字段，在"字段"选项卡的"格式"组中，单击"数据类型"下拉列表中的"文本"选项，如图 2.16 所示。

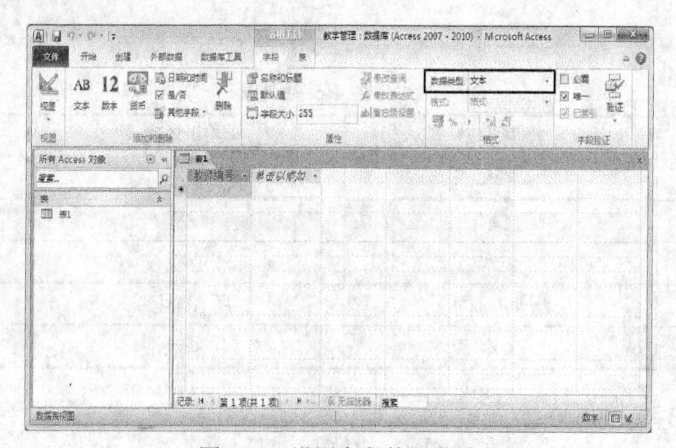

图 2.16 设置字段数据类型

（6）单击"单击以添加"，从弹出的下拉列表中选择"文本"，Access 自动为新字段命名为"字段 1"，在"字段 1"中输入"姓名"，如图 2.17 所示。

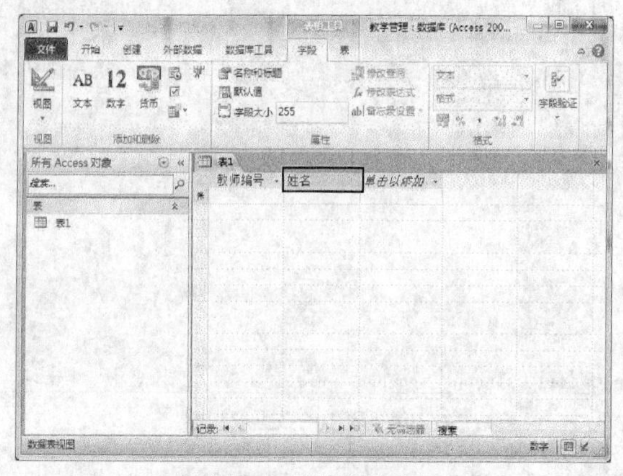

图 2.17 添加新字段

（7）按照“教师”表结构，参照以上步骤添加字段，结果如图2.18所示。

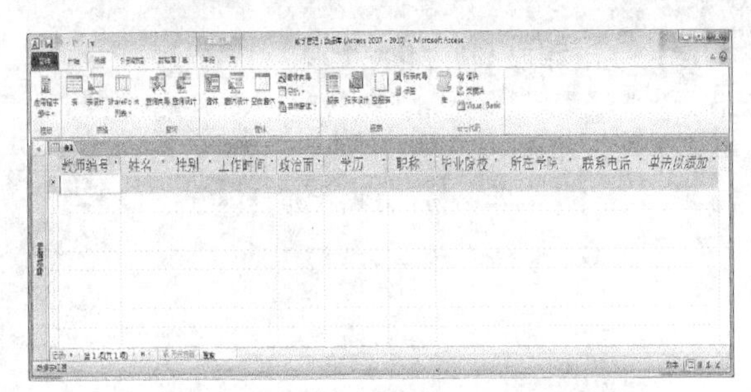

图2.18 在数据表视图中建立“教师”表结构

使用数据表视图建立表结构时，无法对表的字段属性进行更加详细的设置。对于复杂的表结构，可在表创建完毕后，切换到设计视图进行修改。

2. 使用设计视图创建表结构

使用“设计视图”建立表结构，需要详细的说明字段名称，字段类型及字段属性。表的设计视图如图2.19所示。

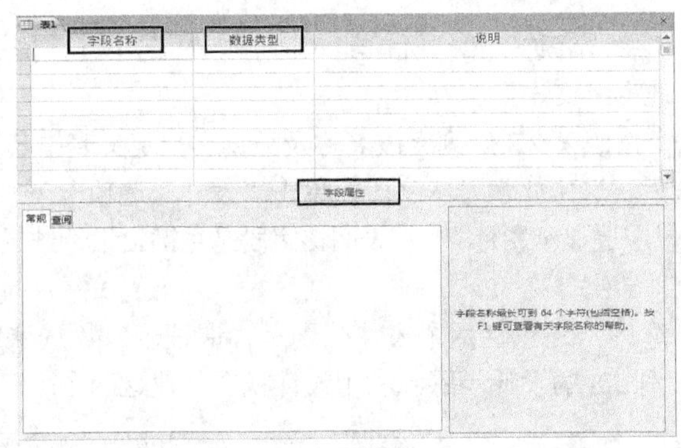

图2.19 表的设计视图

表的设计视图分成三个部分，字段名称、数据类型、字段属性。字段名称用来输入表中字段的名称。数据类型用来定义每个字段的数据类型，如果需要说明可在说明区域内对字段进行必要的说明。字段属性用来设置字段的属性值。

例2-8 在“教学管理”数据库中使用设计视图创建“学生”表，“学生”表结构如表2.3所示。

表2.3 “学生”表结构

字段名称	数据类型	字段名称	数据类型
学号（主键）	文本	民族	文本
姓名	文本	专业	文本
性别	文本	团员否	是/否
出生日期	日期/时间	简历	备注
入校时间	日期/时间	照片	OLE对象
籍贯	文本		

（1）在“教学管理”数据库窗口中，单击“创建”选项卡，单击“表格”组中的“表设计”按钮，打开表的设计视图，如图2.20所示。

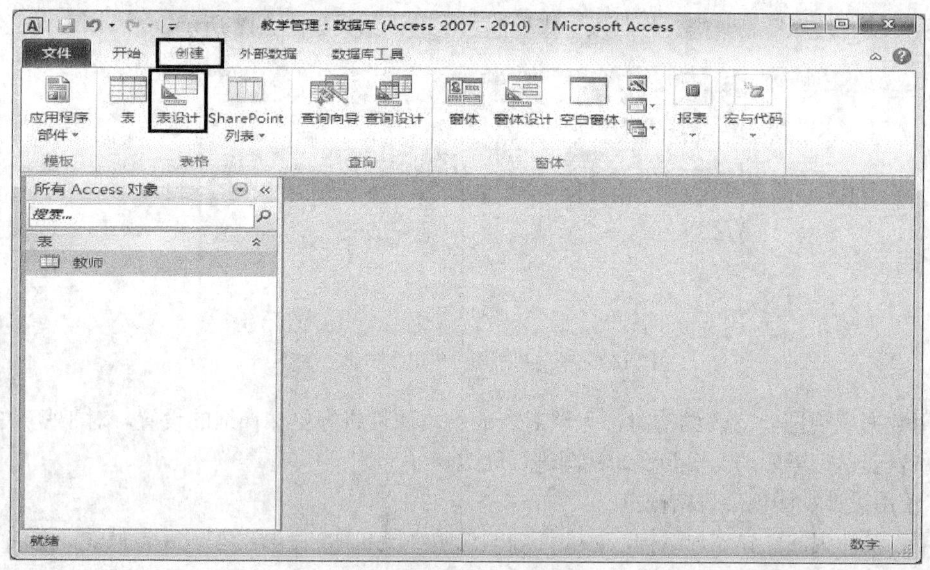

图 2.20　打开表的设计视图

（2）将鼠标光标移入“字段名称”第一行，输入“学号”。选中“数据类型”，单击其右侧下拉箭头按钮，从下拉列表中选择“文本”。

（3）使用相同的方法，按照表 2.3 所列字段名称及数据类型定义表中其他字段。

（4）定义完全部字段后，选中“学号”字段，单击“设计”选项卡下“工具”组中的“主键”按钮。这时在“学号”字段左边显示图标，表明该字段是主键。设计结果如图 2.21 所示。

（5）保存表并命名为“学生”。

在“教学管理”数据库中，还包括两个表，分别是“课程表”，“选课成绩”表。表结构如表 2.4 和表 2.5 所示。请参考例 2-8 的设计步骤，利用设计视图创建这两个表。

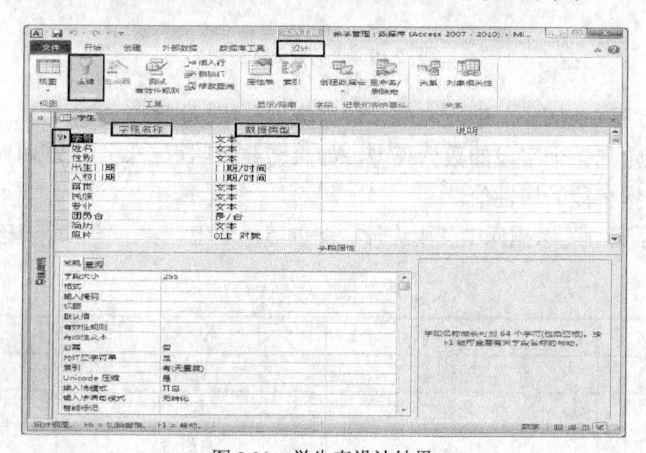

图 2.21　学生表设计结果

表 2.4　“课程”表结构

字段名称	数据类型	字段名称	数据类型
课程编号（主键）	文本	先修课程	文本
课程名称	文本	任课教师编号	文本
课程类别	文本	学分	数字

表 2.5 “选课成绩”表结构

字段名称	数据类型	字段名称	数据类型
选课 ID（主键）	自动编号	课程编号	文本
学号	文本	成绩	数字

3．定义主键

一般情况下，应该给每个表定义一个主键，但是主键不是必须的。主键在表中是能够唯一标识一个元组的字段或字段的组合。只有定义了主键，表与表之间才能建立起联系，从而能够利用查询、窗体、报表查找和组合不同表之间的信息。

在 Access 中，主键有两种类型：单字段主键和复合主键。单字段主键是以某一个字段来唯一标识表中的记录。复合主键是由两个或多个字段组合在一起来唯一标识表中的记录。如果表中某一字段值可以唯一的标识一条记录，如“学号”，“教师编号”，“课程编号”，“选课 ID”等，那么就可以将该字段设置为主键。如果表中没有一个字段的值可以唯一的标识一条记录，那么就要考虑设置复合主键。

2.2.3 建立表间关系

在数据库中，表和表之间并不是完全孤立的。各个表之间的内容通常存在关联性，这些具有关联性的内容往往是表中的主键和外键。

1．表间关系

表与表之间的关系有三种：一对一、一对多、多对多。

如果表 1 中的一条记录只能与表 2 中的一条记录相匹配，反之亦然，这种对应关系就是一对一的联系。

如果表 1 中的一条记录与表 2 中的多条记录相匹配，但是表 2 中的一条记录只能与表 1 中的一条记录相匹配，这种对应关系就是一对多的联系。

如果表 1 中的多条记录与表 2 中的多条记录相匹配，并且表 2 中的多条记录也与表 1 中的多条记录相匹配，这种对应关系就是多对多的联系。

2．参照完整性

参照完整性是指在表间关系建立后，在输入、修改、删除数据时，必须遵循的一种约束规则。如果在表间关系中设置了参照完整性，那么就不能在主表中没有相关记录时，将记录添加到相关表中；也不能在相关表中有相关记录时更改表中的主键值。从主表中删除记录时。相关表中的匹配记录也会随之删除。

例如，在“选课成绩”表的“学号”字段输入学生的学号时，输入的学号值必须参照于“学生”表中学号的值。这就相当于在学生表中必须有该学生的学号，那么才能在“选课成绩”表中出现该学生的学号。

3．表间关系的建立

表间关系是通过主键和外键建立的。在建立表间关系时，必须把所有已打开的表关闭。在建立表间关系时如果出现错误，需检查并修改相关表的结构及表的内容。

例 2-9 建立“教学管理”数据库中的表间关系。

（1）关闭所有已打开的表。

（2）单击“数据库工具”选项卡，单击“关系”组中的“关系”按钮，打开“关系”窗口，如图 2.22 所示。

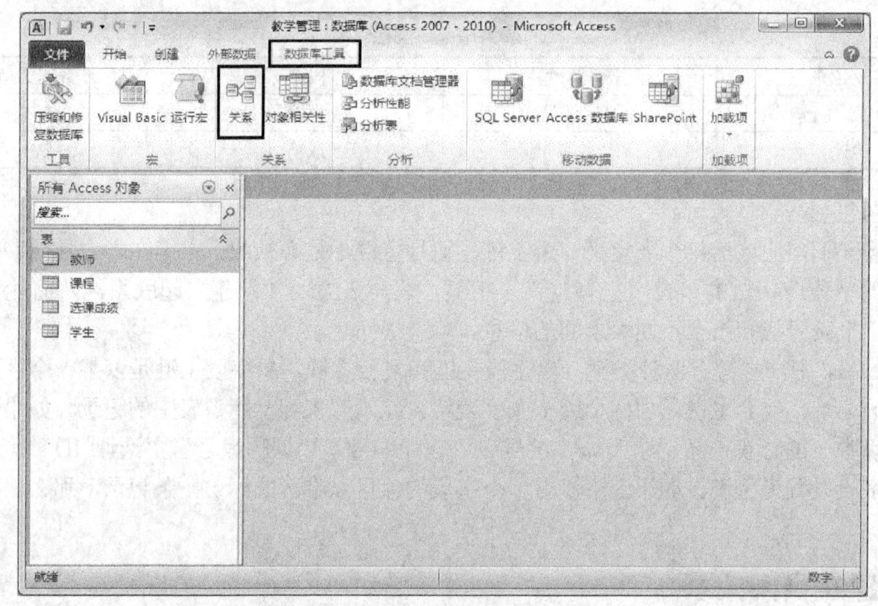

图 2.22　打开关系窗口

（3）单击“关系”组中的“显示表”按钮，打开“显示表”对话框，如图 2.23 所示。

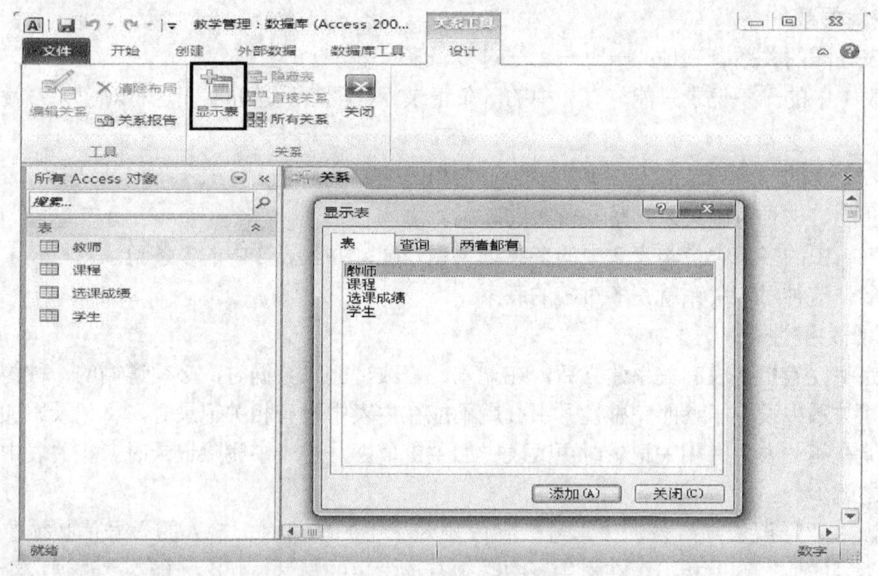

图 2.23　打开显示表对话框

（4）在“显示表”对话框中将所有的表添加到“关系”窗口中。

（5）判断各个表中的外键，并将外键字段拖到相应的主键字段上，松开鼠标左键，弹出“编辑关系”对话框，将“实施参照完整性”、“级联更新相关记录”、“级联删除相关记录”选中。例如，“选课成绩”表中具有外键“学号”，将其拖动到“学生”表主键“学号”上，松开鼠标左键，如图 2.24 所示。

（6）单击“创建”按钮，创建“学生”表与“选课成绩”表间关系。参考以上步骤，创建其他表间关系并保存，结果如图 2.25 所示。

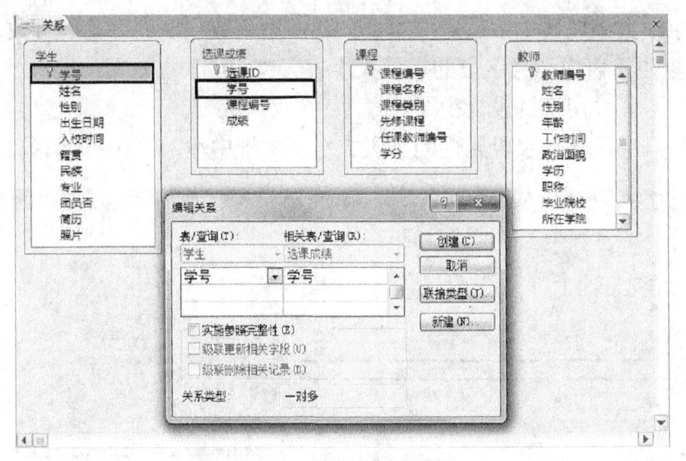

图 2.24 编辑关系对话框

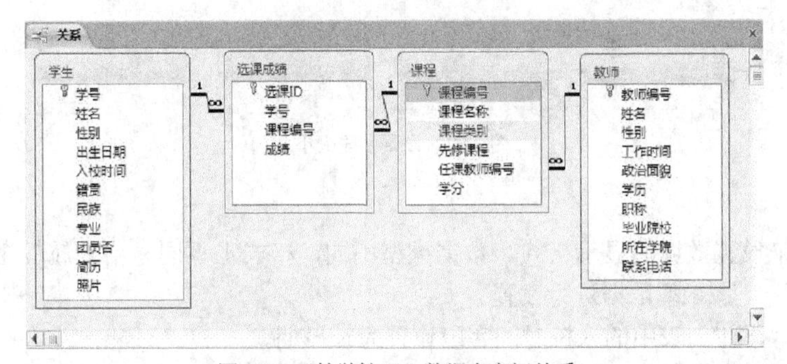

图 2.25 “教学管理”数据库表间关系

建立关系后，两个表间相关联字段间出现一条关系线，主键的一端显示“1”，外键的一端显示“∞”，表示一对多的联系。注意，在建立表间关系时，相关联的字段名称可以不同，但是数据类型必须相同，并且字段值之间必须具有匹配关系。

2.2.4 字段属性

设置字段属性可以定义数据的输入、处理、保存及显示方式。根据字段类型的不同，字段属性区显示不同的属性设置，如图 2.26 所示。

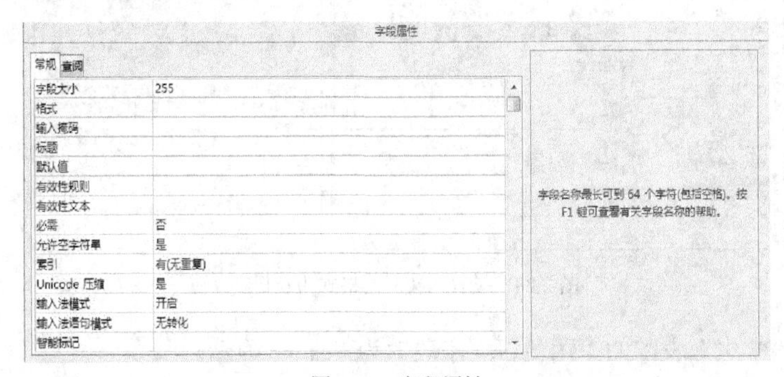

图 2.26 字段属性

1. 字段大小

字段大小属性用于限制输入到该字段的数据的长度，当输入的数据超过该字段设置的字段大小时，将无法输入。字段大小属性主要针对文本型、备注型、数字型、自动编号数据进行设置。

例 2-10 将“学生”表中学号字段的字段大小设置为 10。

（1）打开“学生”表并切换到设计视图。

（2）选择“学号”字段，在字段属性的字段大小文本框中输入“10”，如图 2.27 所示。

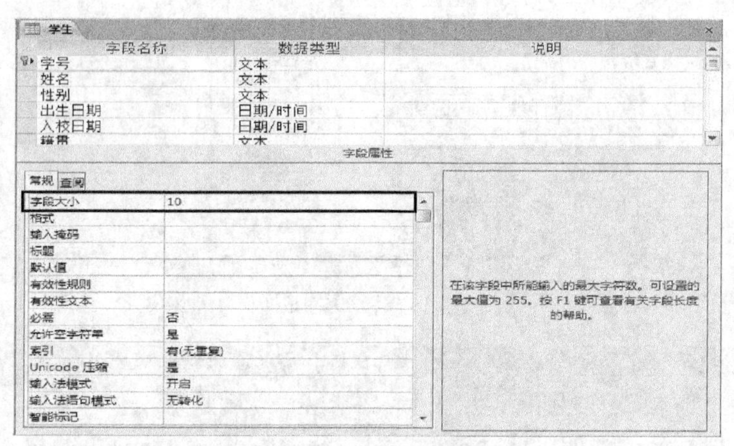

图 2.27 设置字段大小

2．格式

格式属性用来设置数据的显示格式。数据类型不同，格式也不同。格式属性主要针对日期/时间、数字、货币型、是/否型数据进行设置。

例 2-11 将“学生”表中的入校时间字段设置为长日期。

（1）以设计视图打开“学生”表。

（2）选择“入校时间”字段，单击字段属性中的“格式”文本框，单击右侧的下拉箭头，选择“长日期”，如图 2.28 所示。

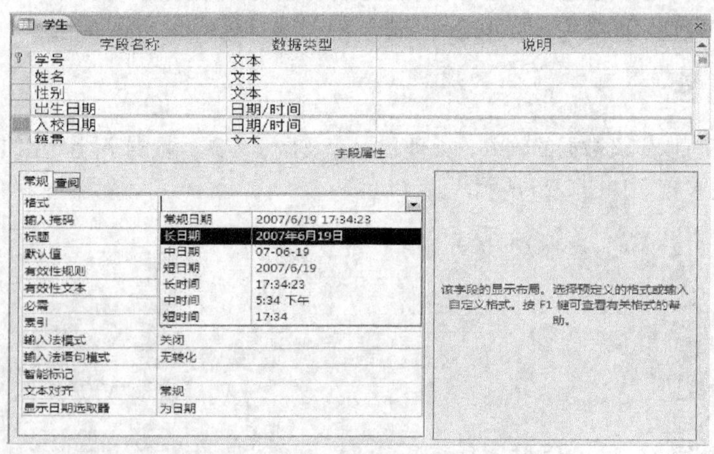

图 2.28 设置入校时间格式为长日期

例 2-12 将“学生”表中的“团员否”字段改为 Yes/No 显示。

（1）以设计视图打开“学生”表。

（2）选择“团员否”字段，单击字段属性中的“查阅”选项卡，单击右侧的下拉箭头，选择“文本框”，如图 2.29 所示。

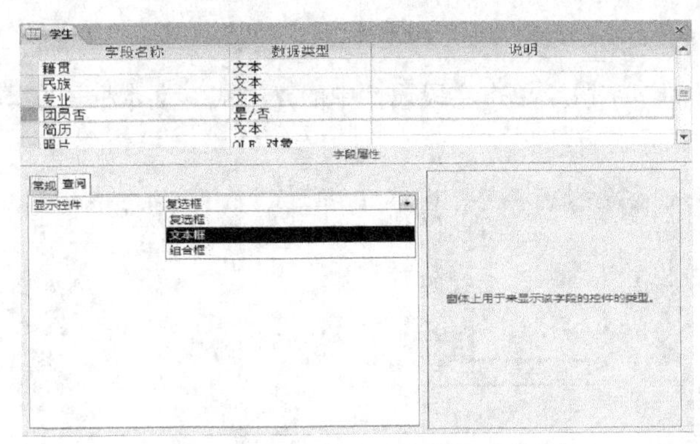

图 2.29 设置“是/否”型数据的显示控件

（3）单击“常规”选项卡，单击“格式”文本框，单击右侧的下拉箭头，选择“是/否”选项，如图 2.30 所示。

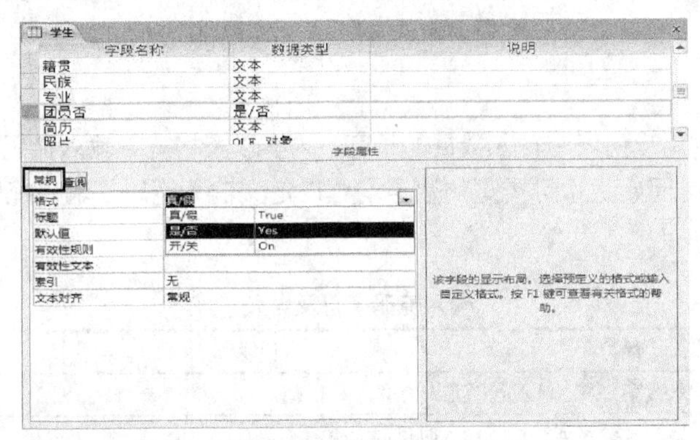

图 2.30 设置“是/否”型数据显示为 Yes/No

例 2-13 设置“选课成绩”表成绩字段数据保留 2 位小数。

（1）以设计视图打开“选课成绩”表。

（2）选择“成绩”字段，单击字段属性中的“字段大小”文本框，单击右侧的下拉箭头，选择“单精度”。单击“格式”文本框，单击右侧的下拉箭头，选择“固定”选项，如图 2.31 所示。

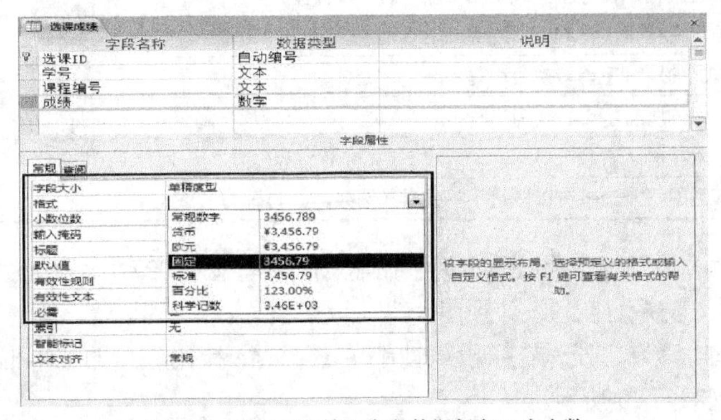

图 2.31 设置“成绩”字段数据保留 2 为小数

例 2-14 设置“学生”表“入校时间”字段的格式为“××月××日××××”的形式。

（1）以设计视图打开“学生”表。

（2）选择“入校时间”字段，单击字段属性中的“格式”文本框，在本文框中输入“mm\月dd\日\yyyy”，如图2.32所示。

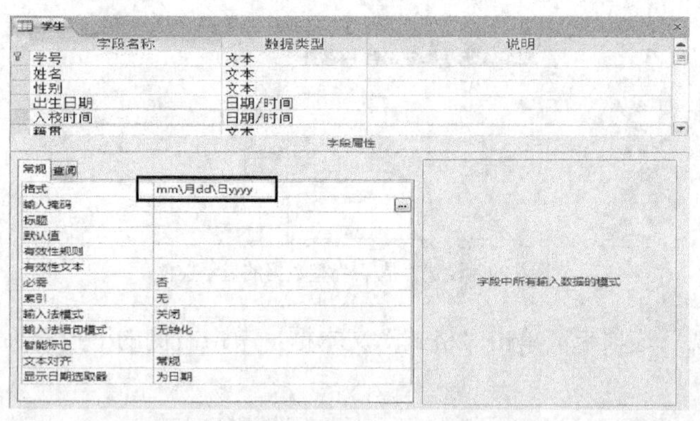

图2.32 设置“入校时间”格式为××月××日××××

3. 输入掩码

输入掩码可以控制用户向表中输入数据的长度、内容以及格式。输入掩码由一些字符组成。对于文本、数字、日期/时间、货币等类型的数据均可以定义输入掩码。输入掩码所用字符及含义如表2.6所示。

表2.6 输入掩码字符及含义

字符	说明
0	必须输入数字0~9，输入时不允许为空
9	可以选择输入数字或空格，输入时可以为空
#	可以选择输入数字、空格、加号、减号，输入时可以为空
L	必须输入英文字母，大小写均可，输入时不能为空
?	可以选择输入字母或空格，输入时可以为空
A	必须输入大小写英文字母或数字，输入时不能为空
a	可以选择输入大小写英文字母或数字，输入时可以为空
&	必须输入任意字符或空格，输入时不能为空
C	可以选择输入任意字符或空格，输入时可以为空
. : , - /	小数点占位符，日期/时间分隔符，千位分隔符
<	将输入的所有字母转换为小写
>	将输入的所有字母转换为大写
!	使输入掩码从右到左显示
\	将其后的第一个字符以原义字符显示（例如，\L显示为L）

例2-15 设置“教师”表中“联系电话”在输入时自动显示027-，后八位为0~9的数字。

（1）打开“教师”表并切换到设计视图。

（2）选择“联系电话”字段，在字段属性中单击“输入掩码”后的文本框，在文本框中输入“"027-"00000000”，如图2.33所示。

例2-16 设置“教师”表中“教师编号”字段的输入掩码为只能输入8位数字或字母。

（1）打开“教师”表并切换到设计视图。

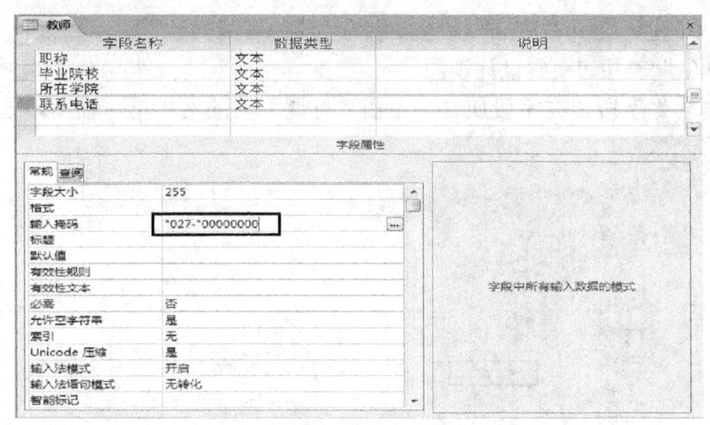

图 2.33 设置联系电话的输入掩码

（2）选择“教师编号”字段，在字段属性中单击“输入掩码”后的文本框，在文本框中输入“AAAAAAAA”，如图 2.34 所示。

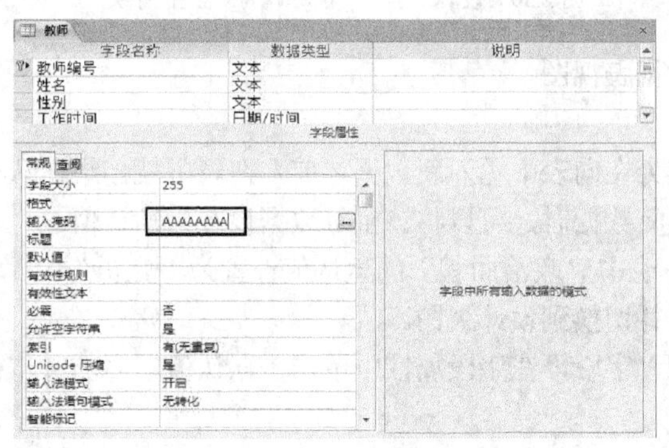

图 2.34 设置教师编号的输入掩码

例 2-17 设置“教师”表中“联系电话”字段为************显示。

（1）打开“教师”表并切换到设计视图。

（2）选择“联系电话”字段，在字段属性中单击“输入掩码”，单击右侧的[...]，弹出“输入掩码向导”对话框，选择“密码“选项，单击“下一步”完成，如图 2.35 所示。

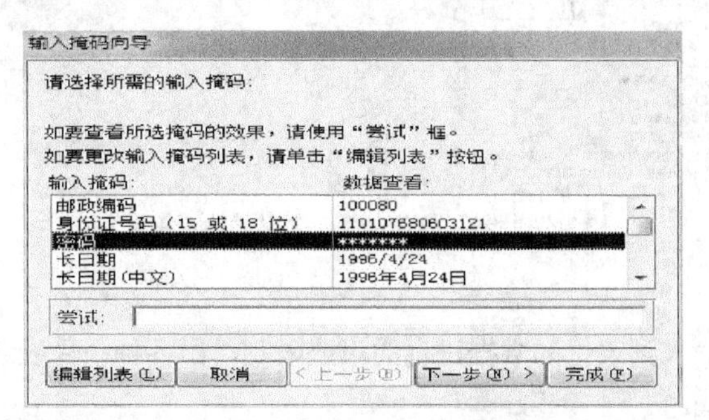

图 2.35 设置“联系电话”以*号显示

4．标题

标题属性的内容可以在表中作为列的名称显示。标题中有内容时，表中列名称显示为标题内容。标题中没有内容时，表中列名称显示为字段名称。

例 2-18 将“学生”表中“学号”字段显示为“学生编号”。

（1）打开“学生”表并切换到设计视图。

（2）选择“学号”字段，在字段属性中单击“标题”后的文本框，在文本框中输入“学生编号”，如图 2.36 所示。

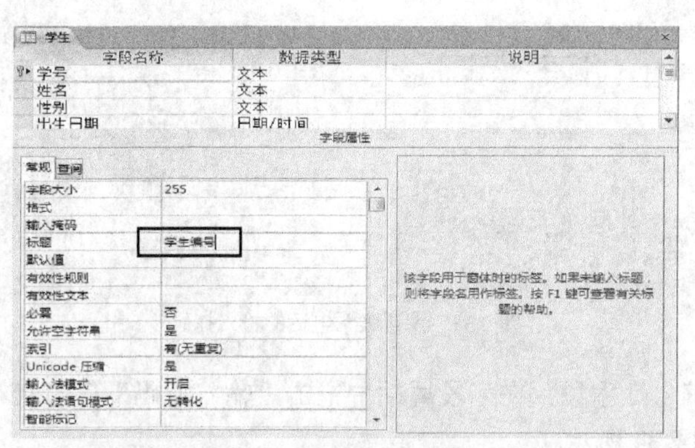

图 2.36 设置“学号”的标题为“学生编号”

（3）保存并切换到数据表视图。

5．默认值

默认值属性中的内容为在向表中输入新数据之前，在表中就已经默认存在的内容。该属性非常有用，当需要输入大量重复数据时，可以将该重复数据设置为默认值。

例 2-19 将“教师”表中“政治面貌”的默认值设置为“党员”。

（1）打开“教师”表并切换到设计视图。

（2）选择“政治面貌”字段，在字段属性中单击“默认值”后的文本框，在文本框中输入“党员”，如图 2.37 所示。

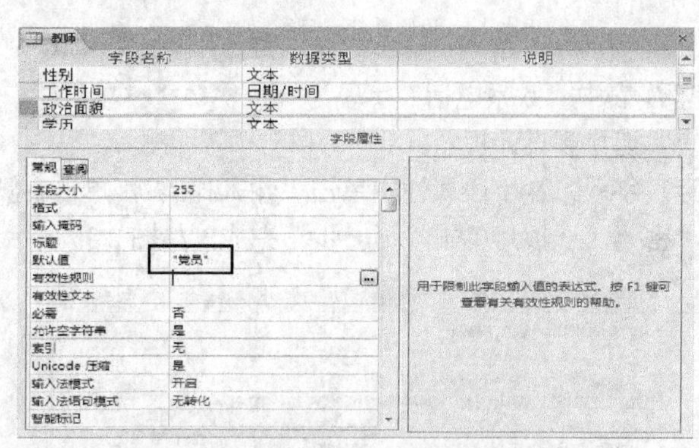

图 2.37 设置“政治面貌”默认值为“党员”

6．有效性规则

有效性规则用来对输入到表里的数据进行约束或限制，由各种条件表达式组成。有效性规则中只能具有一个条件表达式。

例 2-20 设置“选课成绩”表中的“成绩”字段的值为只能输入 0～100 之间的数据。

（1）打开“选课成绩”表并切换到设计视图。

（2）选择“成绩”字段，在字段属性中单击“有效性规则”后的文本框，在文本框中输入">=0 and <=100"，如图 2.38 所示。

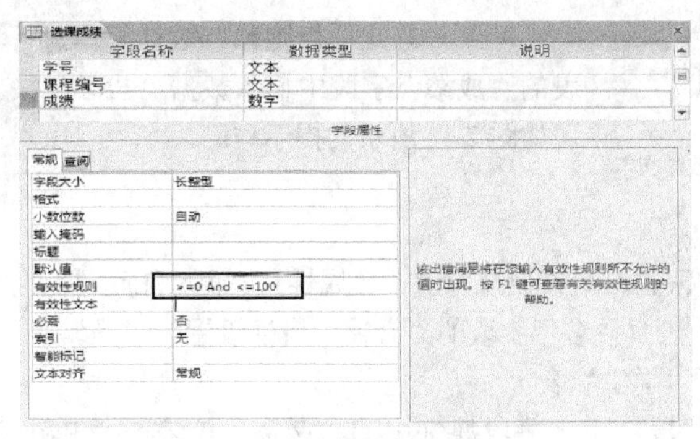

图 2.38 设置成绩值只能输入 0～100

例 2-21 设置“学生”表中“性别”字段的值为只能输入“男”或“女”。

（1）以设计视图打开“学生”表。

（2）选择“性别”字段，在字段属性中单击“有效性规则”后的文本框，在文本框中输入"男"或"女"，如图 2.39 所示。

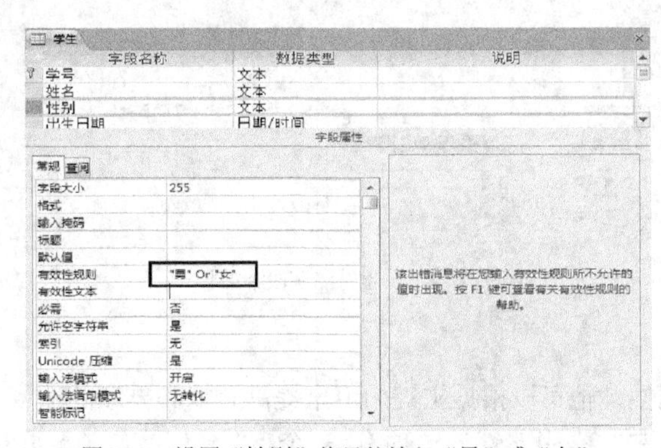

图 2.39 设置“性别”值只能输入“男”或“女”

7．有效性文本

当输入的数据违反了有效性规则，Access 系统所给出的提示信息称之为有效性文本。

例 2-22 设置“选课成绩”表中“成绩”字段的有效性规则为“请输入 0～100 之间的数据!!!”。

（1）以设计视图打开“选课成绩”表。

（2）选择“成绩”字段，在字段属性中单击“有效性文本”后的文本框，在文本框中输入“请输入 0 到 100 之间的数据!!!”，如图 2.40 所示。

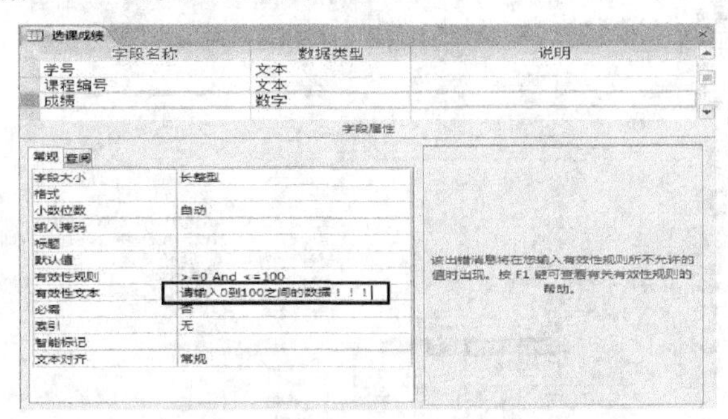

图 2.40 设置“成绩”字段的有效性文本

图 2.41 测试有效性规则和有效性文本

可以对有效性规则和有效性文本进行测试。在“选课成绩”表的“成绩”字段中输入数据“120”，按 Enter 键，屏幕上会出现如图 2.41 所示的提示框。

8．必需

必需属性用来设置字段是否允许出现空值。该属性只有两个值可选，“是”和“否”。

例 2-23 将“学生”表“姓名”字段的“必需”属性设置为“是”。

（1）以设计视图打开“学生”表。

（2）选择“姓名”字段，单击字段属性中的“必需”文本框，单击右侧的下拉箭头，选择“是”，如图 2.42 所示。

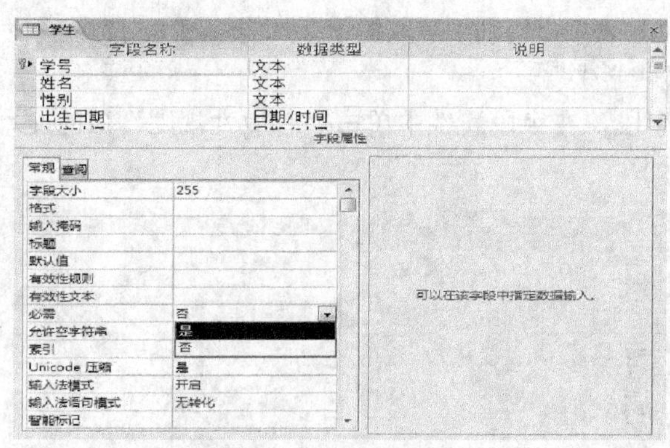

图 2.42 设置姓名字段为必填

9．索引

索引是非常重要的属性，他可以根据主键的值来提高查找和排序的速度，并且能对表中的记录实施唯一性。在 Access 中，索引属性的选项有 3 个，“无”、“有（无重复）”、“有（有重复）”。“无”表示该字段不建立索引，“有（无重复）”表示该字段建立索引，且字段内容不能重复，“有（有重复）”表示该字段建立索引，且字段内容可以重复。

例 2-24 设置“教师”表中“姓名”字段的索引为“有（有重复）”。

（1）以设计视图打开“教师”表。

（2）选择“姓名”字段，单击字段属性中的“索引”文本框，单击右侧的下拉箭头，选择“有（有重复）”，如图 2.43 所示。

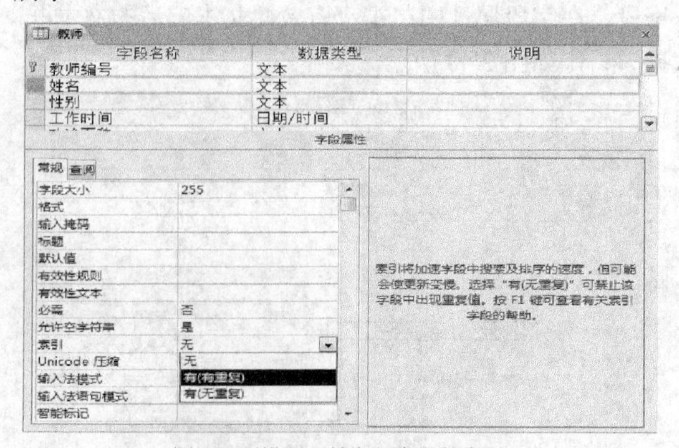

图 2.43 设置“姓名”字段的索引

2.2.5 表中数据的输入

1．使用数据表视图输入数据

例 2-25 将表 2.7 中的数据输入到“学生”表中。

表 2.7 学生表数据

学号	姓名	性别	出生日期	入校时间	籍贯	民族	专业	团员否
2010130409	叶硕	男	1992-1-14	2010-9-5	广西	壮族	电子信息工程	是
2010130410	许灿	女	1992-2-6	2010-9-7	湖南	汉族	电子信息工程	是

（1）以数据表视图打开“学生”表。

（2）将鼠标移到待输入行，输入数据，如图 2.44 所示。

学生

学号	姓名	性别	出生日期	入校时间	籍贯	民族	专业	团员否
2010130308	李志威	男	1992/7/14	2010/9/3	湖北	汉族	对外汉语	☐
2010130309	李复龙	男	1992/6/26	2010/9/6	山东	汉族	对外汉语	☑
2010130310	黎玉莹	女	1992/5/6	2010/9/7	河南	汉族	对外汉语	☐
2010130401	李筱	女	1992/1/16	2010/9/4	山西	汉族	电子信息工程	☐
2010130402	李梦	女	1992/7/19	2010/9/3	山西	汉族	电子信息工程	☑
2010130403	高虎	男	1992/8/17	2010/9/5	山东	汉族	电子信息工程	☑
2010130404	马腾飞	男	1992/9/5	2010/9/5	湖北	土家族	电子信息工程	☐
2010130405	张晓青	男	1992/1/10	2010/9/2	湖北	汉族	电子信息工程	☐
2010130406	李航	男	1991/8/6	2010/9/2	湖南	土家族	电子信息工程	☑
2010130407	丁华阳	男	1992/9/6	2010/9/3	广东	汉族	电子信息工程	☐
2010130408	刘讲	男	1990/7/16	2010/9/7	广西	壮族	电子信息工程	☑
*								☐

图 2.44 向“学生”表中输入数据

2．使用查阅向导输入数据

当某一字段值是一组固定数据时，可以将这组固定值设置为一个列表。输入数据时直接从列表中进行选择。

例 2-26 将“教师”表中“职称”字段的输入值设置为列表选择。

（1）打开“教师”表并切换到设计视图。

（2）单击“职称”字段，单击右侧的下拉箭头，选择“查询向导”选项，打开“查询向导”对话框，如图 2.45 所示。

（3）选择“自行键入所需的值”，单击“下一步”按钮，打开“查阅向导”第 2 个对话框。

（4）在第一列的每行中依次输入“助教”、“讲师”、“副教授”、“教授”，如图 2.46 所示。

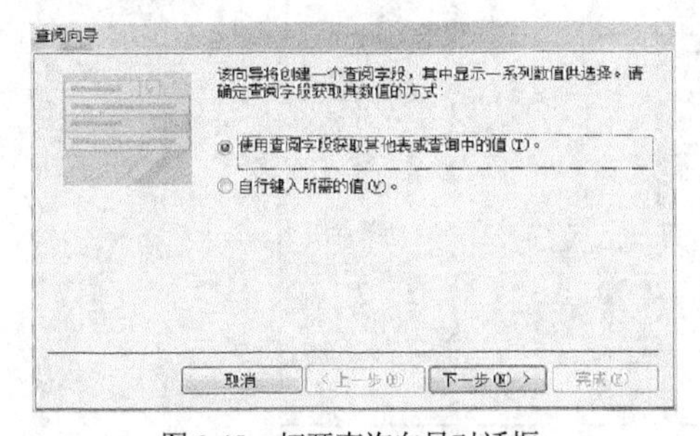

图 2.45 打开查询向导对话框

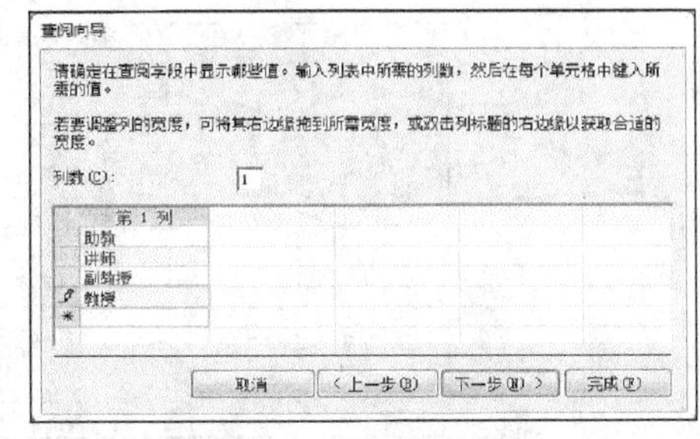

图 2.46 列表设置结果

（5）单击“下一步”按钮，单击“完成”按钮。

设置完成后，切换到“教师”表的数据表视图，单击“职称”字段，可以看到字段右侧出现下拉箭头，单击下拉箭头，会弹出一个下拉列表，可以选择列表中的值，如图 2.47 所示。

教师编号	姓名	性别	工作时间	政治面	学历	职称	毕业院校	所在学院	联系电话	单击以添加
10001	董森	男	2005/6/26	党员	硕士	副教授	北京大学	管理学院	027-6784531	
10002	涂利平	男	1990/9/4	党员	大学本科	助教	复旦大学	建筑工程学院	027-6898345	
10003	雷保林	男	1989/7/14	党员	大学本科	讲师	中国人民大	管理学院	027-6984567	
10004	柯志辉	男	1995/7/5	党员	硕士	副教授	武汉大学	外国语学院	027-6981345	
10005	朱志强	男	1998/6/25	民盟	硕士	教授	华中科技大	物理与电子工	027-6547328	
10006	赵亚楠	女	2000/8/9	党员	硕士	讲师	武汉大学	管理学院	027-6547328	
10007	苏谊芳	女	2003/9/6	民盟	博士	副教授	华中师范大	管理学院	027-6987456	
10008	曾娇	女	2003/6/13	党员	硕士	助教	武汉大学	外国语学院	027-6891236	
10009	旅洪云	女	1993/7/5	党员	大学本科	讲师	武汉大学	物理与电子工	027-6754901	
10010	尤艳	女	2006/9/3	党员	博士	讲师	华中师范大	外国语学院	027-6159873	
10011	王兰	女	2005/6/27	党员	博士	教授	清华大学	外国语学院	027-6980125	
10012	王业伟	男	1992/6/8	民盟	大学本科	副教授	中国人民大	物理与电子工	027-6986091	
10013	周青山	男	1985/7/3	党员	大学本科	副教授	浙江大学	建筑工程学院	027-6456782	
10014	蔡朝阳	男	1987/8/10	民盟	大学本科	副教授	武汉大学	物理与电子工	027-6581723	

图 2.47 “查阅向导”设置结果

例 2-27　用“查阅”选项卡，将“学生”表中“性别”字段输入值设置为“男”,“女”列表选择。

（1）使用设计视图打开“学生”表，单击“性别”字段。

（2）单击字段属性中的“查阅”选项卡。

（3）单击“显示控件”右侧的下拉箭头，选择“列表框”；单击“行来源类型”右侧的下拉箭头，选择“值列表”；在“行来源”中输入“男”；“女”。设置结果如图 2.48 所示。

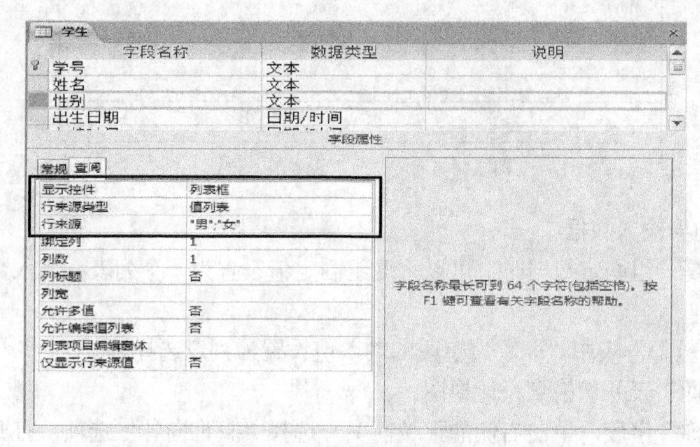

图 2.48　查询列表参数设置

切换到“学生”表的数据表视图，单击“性别”字段，可以看到字段右侧出现下拉箭头，单击下拉箭头，会弹出一个下拉列表，列表中出现了“男”和“女”两个值，如图 2.49 所示。

学号	姓名	性别	出生日期	入校日期	籍贯	民族	专业	团员否	简历
2010130101	陈辉	男	1992/7/8	2010/9/2	湖北	汉族	市场营销	☑	爱好：篮球，书法，绘画，计算机，唱歌
2010130102	何帆	男	1992/10/18	2010/9/3	湖北	汉族	市场营销	☐	爱好：组织能力强，善于表现自己
2010130103	柯希刚	女	1992/3/15	2010/9/5	江苏	汉族	市场营销	☑	组织能力强，善于交际，有上进心
2010130104	鲁洁	女	1991/9/3	2010/9/7	湖北	土家族	市场营销	☑	爱好：摄影
2010130105	肖刚	男	1992/4/7	2010/9/3	湖北	土家族	市场营销	☑	爱好：书法
2010130106	杨涵	女	1992/5/25	2010/9/5	江苏	土家族	市场营销	☐	有组织，有纪律，爱好：相声，小品
2010130107	刘强强	男	1990/6/24	2010/9/6	河南	回族	市场营销	☑	有上进心，学习努力
2010130108	赵鑫	男	1991/10/15	2010/9/7	河南	回族	市场营销	☑	爱好：绘画，摄影，运动，有上进心
2010130109	赵雪莹	女	1992/6/19	2010/9/2	湖北	汉族	市场营销	☑	组织能力强，善于交际，有上进心组织能
2010130110	周永华	男	1992/8/20	2010/9/3	湖北	汉族	市场营销	☐	善于交际，工作能力强
2010130201	朱旭	男	1992/2/12	2010/9/3	四川	壮族	工程管理	☑	工作能力强，有领导才能，有组织能力
2010130202	卓浩	女	1990/6/12	2010/9/4	山东	汉族	工程管理	☑	工作能力强，爱好绘画，摄影，运动
2010130203	袁苑	女	1991/12/10	2010/9/5	山东	汉族	工程管理	☐	组织能力强，善于交际，有上进心

图 2.49　查询列表设置结果

3．使用计算型字段输入数据

计算型字段可以将计算公式的结果保存在表中，用于计算的数据必须来自于表中其他的字段。

例 2-28 在“教学管理”数据库中建立“选课成绩”表结构的副本，删除“成绩”字段。在表中增加两个字段“平时成绩”、“考试成绩”，数据类型为“数字”，再增加一个“总成绩”字段，数据类型为“计算”。其中“总成绩”字段中的数据由计算得到。计算公式为：总成绩=平时成绩*0.3+考试成绩*0.7。

（1）用设计视图打开“选课成绩”表副本，增加“平时成绩”和“考试成绩”字段，数据类型设置为“数字”。

（2）增加“总成绩”字段，数据类型设置为“计算”，弹出“表达式生成器”对话框，在“表达式类别”窗口中双击“平时成绩”，输入“*0.3+”；在“表达式类别”窗口中双击“考试成绩”，输入“*0.7”。设置结果如图 2.50 所示。

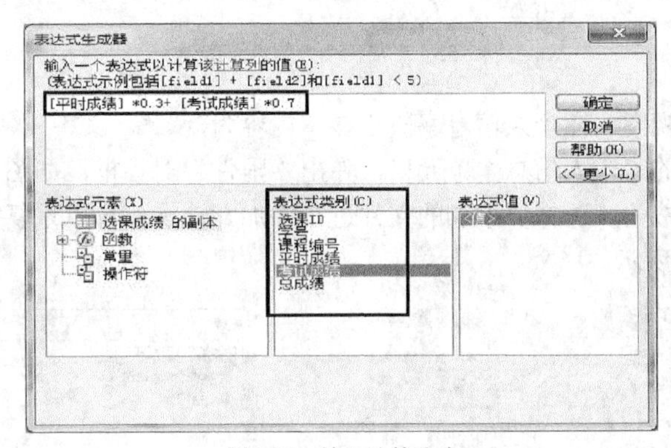

图 2.50 输入计算公式

（3）单击“确定”按钮，返回“选课成绩”表副本设计视图，在字段属性中查看设计结果，如图 2.51 所示。

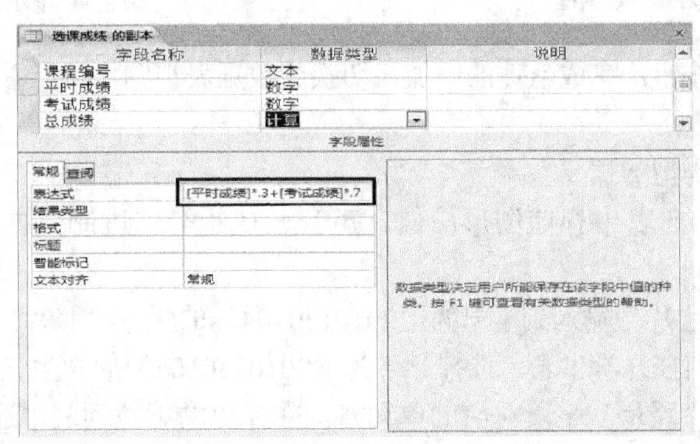

图 2.51 “表达式”属性设置结果

（4）切换到数据表视图，输入平时成绩和考试成绩，Access 系统会自动计算出总成绩。

4. 使用附件型字段输入数据

附件型字段可以将各种文档或二进制数据文件保存到表中，例如 Word 文件、Excel 文件、演示文稿文件、图片等。附件类型可以在一个字段中存储多个文件。

例 2-29 在“教师”表中增加一个“个人信息”字段，字段类型为“附件”。将教师个人信息.docx 文件和教师的照片添加到“个人信息”字段中。

（1）打开“教师”表并切换到设计视图，增加“个人信息”字段，数据类型设置为“附件”，在字段属性的“标题”中输入“个人信息”，如图 2.52 所示。

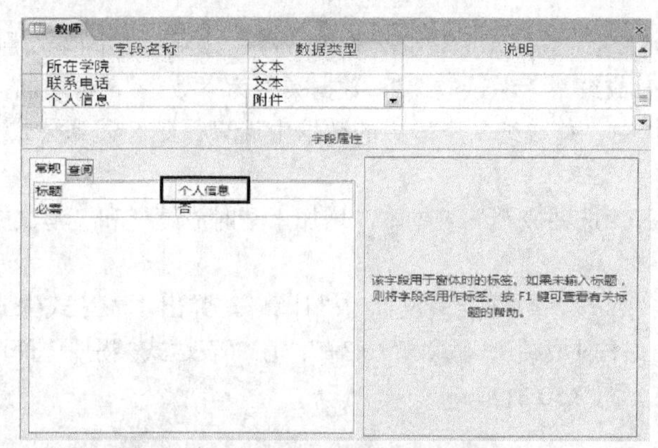

图 2.52 添加“个人信息”字段

（2）切换到数据表视图，在个人信息字段中显示内容为 (0)，其中“(0)”表是附件为空。

（3）双击第一记录的“个人信息”单元格，弹出“附件”对话框，如图 2.53 所示。

（4）单击“添加”按钮，选择要添加的文件进行添加。该操作可以重复完成，用于添加多个文件。添加结果如图 2.54 所示。

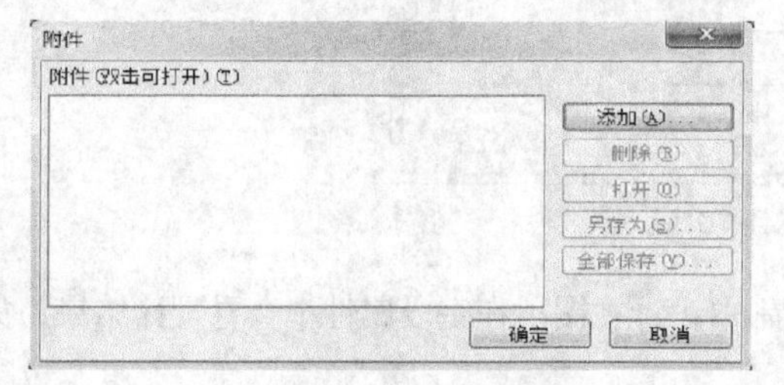

图 2.53 “附件”对话框

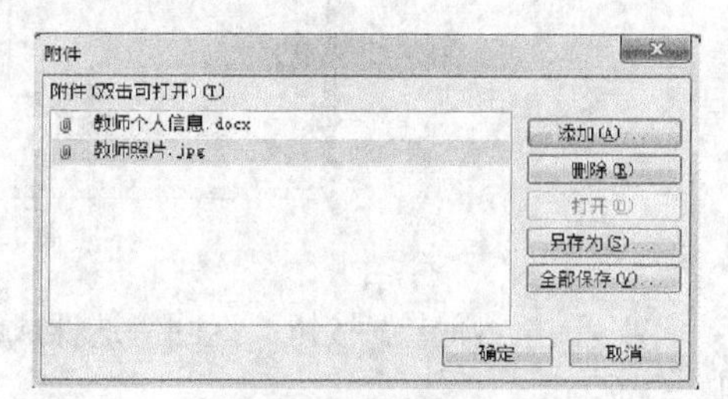

图 2.54 添加附件后的结果

（5）单击“确定”按钮，完成附件的添加，切换到数据表视图。可以看到个人信息的第一个单元格显示为 (2)。

5．输入 OLE 对象类型数据

OLE 对象类型用于向表中存储图形图像、声音、视频等二进制数据，也可以存储 Word、Excel、演示文稿等文件。

例 2-30 将“学生照片”输入到学号为“2010130104”的学生“照片”字段中。

（1）使用数据表视图打开学生表。选择学号为“2010130104”的学生记录。

（2）鼠标右键单击“照片”字段对应的单元格，在弹出的下拉列表中选择“插入对象”，弹出“插入对象文本框”，如图 2.55 所示。

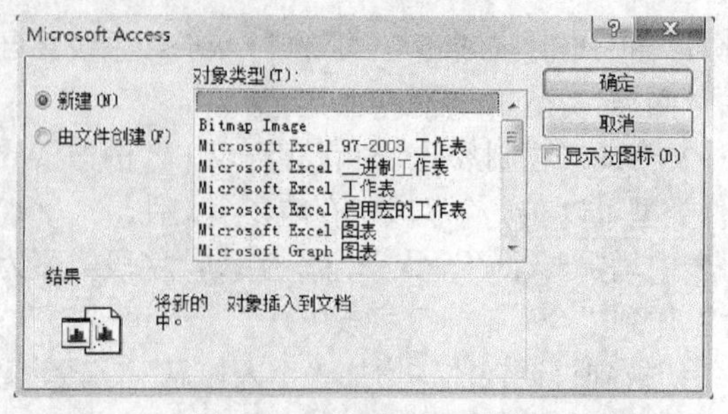

图 2.55 “插入对象”对话框

（3）选择由“文件创建”选项，单击“浏览”按钮，找到“学生照片”，单击“确定”按钮完成。

2.2.6 数据的导入与导出

1．数据的导入

数据的导入是指从 Access 数据库以外的文件中获取数据后形成 Access 数据库中的表。

例 2-31 将“学生.xlsx”导入到“教学管理”数据库中，表的名称保存为“student”。

（1）打开“教学管理”数据库，单击“外部数据”选项卡，在“导入并链接”组中单击“Excel”按钮，打开“获取外部数据-Excel 电子表格”对话框，如图 2.56 和图 2.57 所示。

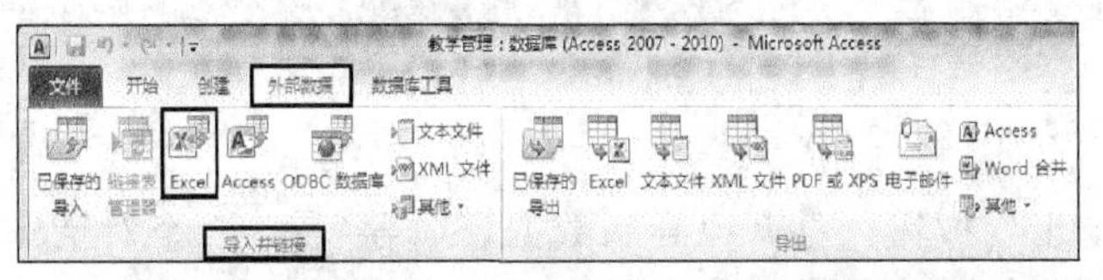

图 2.56 打开“获取外部数据-Excel 电子表格”对话框

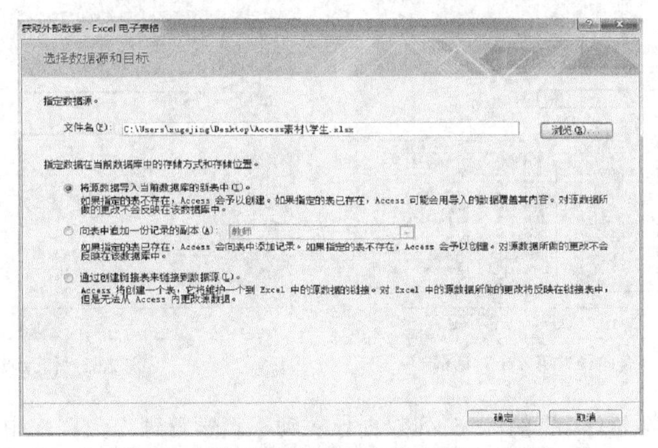

图 2.57 “获取外部数据-Excel 电子表格”对话框

（2）选择“将源数据导入当前数据库的新表中”，单击“浏览”按钮，找到“学生.xlsx”文件，单击“确定”按钮，打开“导入数据表向导”第 1 个对话框，如图 2.58 所示。

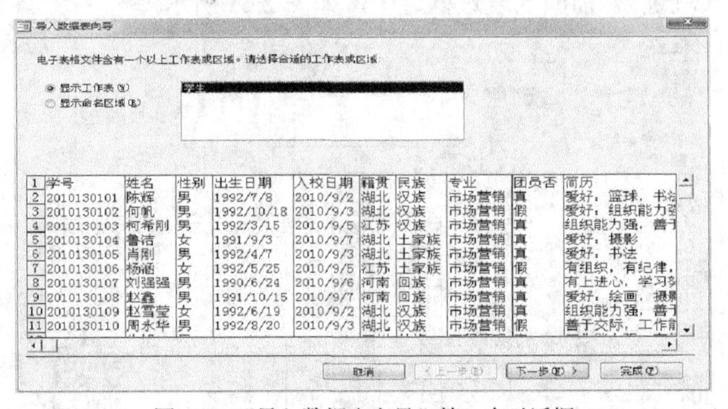

图 2.58 “导入数据表向导”第 1 个对话框

（3）该对话框列出了要导入的数据，单击“下一步”按钮，打开“导入数据表向导”第 2 个对话框，选中“第一行包含列标题”复选框，如图 2.59 所示。

（4）单击“下一步”按钮，打开“导入数据表向导”第 3 个对话框；单击“下一步”按钮，打开“导入数据表向导”第 4 个对话框，选择“让我自己选择主键”选项，将“学号”设为表的主键，如图 2.60 和图 2.61 所示。

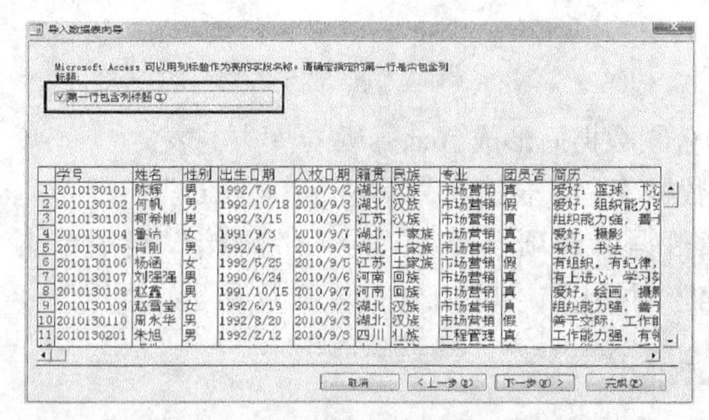

图 2.59 “导入数据表向导”第 2 个对话框

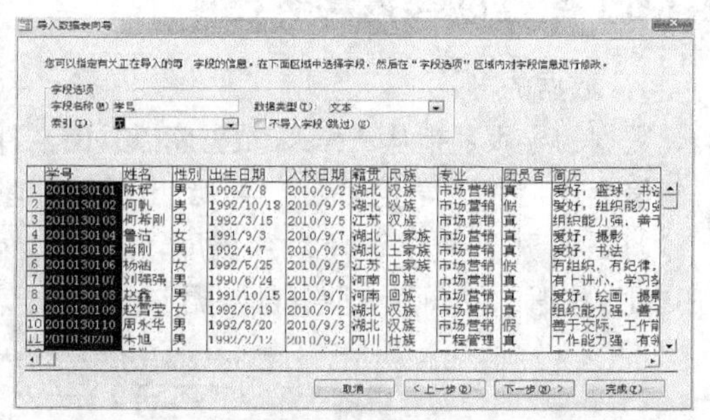

图 2.60 “导入数据表向导”第 3 个对话框

（5）单击“下一步”按钮，打开“导入数据表向导”第 5 个对话框，修改表的名称为“student”。单击“完成”按钮，如图 2.62 所示。

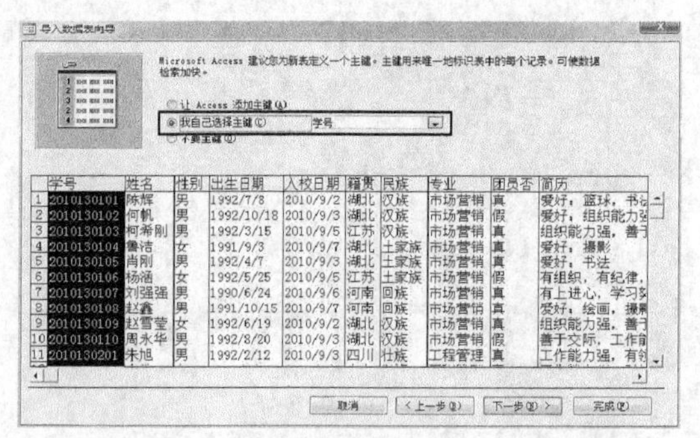

图 2.61 “导入数据表向导”第 4 个对话框

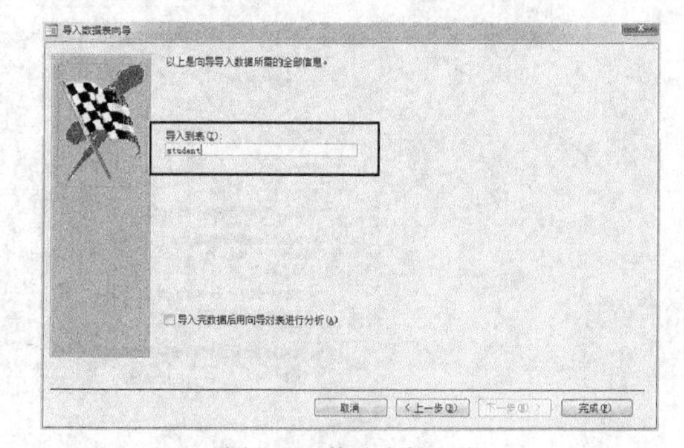

图 2.62 修改表的名称

例 2-32 将“学生.xlsx”的前 5 列数据导入到“教学管理”数据库中，表的名称保存为“stud”。

操作步骤的前 3 步请参考例 2-31 第（1）～第（3）步。

（1）单击“下一步”按钮，打开“导入数据表向导”第 3 个对话框，选择第 6 个列“籍贯”，然后将“不导入字段（跳过）”前面的复选框选中，如图 2.63 所示。

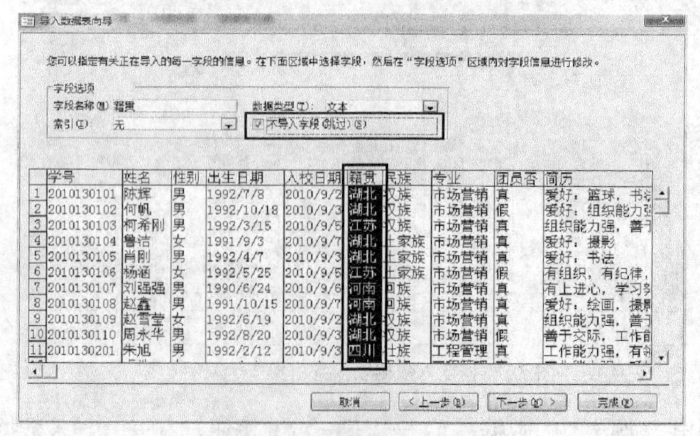

图 2.63 设置不导入字段

（2）用同样的方法，将后续字段设置为不导入。单击“下一步”按钮，打开“导入数据表向导”第4个对话框，选择“让我自己选择主键”选项，将“学号”设为表的主键，如图2.61所示。

（3）单击“下一步”按钮，打开“导入数据表向导”第5个对话框，修改表的名称为“stud”。

单击“完成”按钮。

例2-33 将“学生.xlsx”链接到“教学管理”数据库中，链接的名称保存为“stu”。

（1）打开“教学管理”数据库，单击“外部数据”选项卡，在“导入并链接”组中单击“Excel”按钮，打开“获取外部数据-Excel 电子表格”对话框，如图2.57所示。

（2）选择“通过创建连接表来链接到数据源”，单击“浏览”按钮，找到“学生.xlsx”文件，单击“确定”按钮，打开“导入数据表向导”第1个对话框。后续操作请参考例2-31第（3）～第（5）步。

在实际应用中，也可以把文本文件、Access 数据库中的对象导入或链接到当前数据库中，操作步骤与前面所讲例子大致相同，这里不再重复描述。需要注意的是，导入的数据表对象就如同在Access 数据库中建立的表一样，一旦导入完成，这个表就不在与外部数据源存在任何联系。而链接则不同，它只是在 Access 数据库中创建一个表的链接，当链接打开时获取外部数据源中的数据，即数据本身并没有保存在 Access 数据库中，而是保存在外部数据源处。因此，通过链接对数据所做的修改，实质上都是在修改外部数据源里的数据。同样，对外部数据源中数据做的任何改动也会直接反映到Access数据库中。

2．数据的导出

在 Access 数据库中也可以将数据库中的内容导出到其他格式的文件中。例如，可以将数据库中的表导出到Excel文件、文本文件、其他Access数据库中。

例2-34 将“教师”表中的数据导出到 Excel 文件中，并以“教师.xlsx”文件名保存在桌面上。

（1）打开“教学管理”数据库，选中“教师”表，单击“外部数据”选项卡，在“导出”组中单击“Excel”按钮，打开“导出-Excel 电子表格”对话框，如图2.64所示。

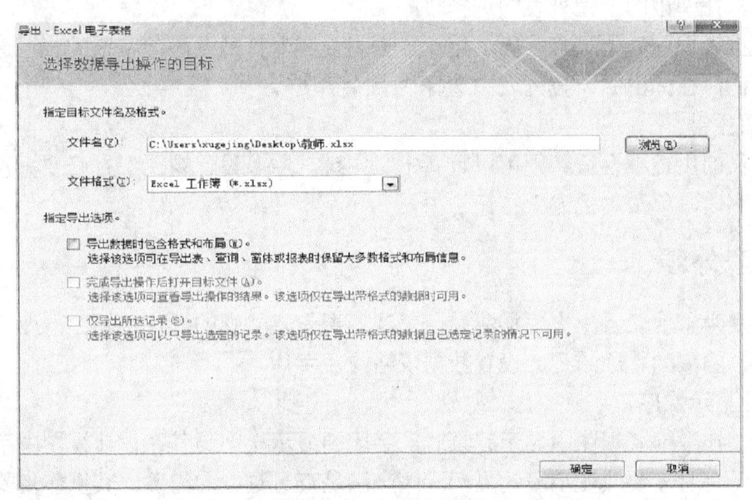

图2.64 “导出-Excel 电子表格”对话框

（2）单击“浏览”按钮，选择保存位置为“桌面”，单击“确定”按钮，单击“关闭”按钮。

其他导出操作请参考例2-34中的操作步骤。

2.3 表的编辑

在创建数据表时，由于种种原因，可能觉得表的结构设计不够合理，或表的内容不能满足实际需要。这时可能会对表的结构进行一些修改，在表中增加或删除某些记录，从而使表的结构更加合理，内容更加有效。

2.3.1 修改表结构

修改表结构的操作一般包括添加字段、删除字段、修改字段、重新设置主键等。

1. 添加字段

在 Access 中添加字段有两种方法。

（1）在“设计视图”中添加。用“设计视图”打开需要添加字段的表，将鼠标光标移动到要添加字段的位置，单击“设计”选项卡下“工具”组中的“插入行”按钮 插入行 ，在新出现的行上输入字段名称并设置数据类型和相关字段属性。

（2）在“数据表视图”中添加。用“数据表视图”打开需要添加字段的表，在字段名称行需要添加字段的位置单击鼠标右键，从弹出的下拉列表中选择“插入字段”命令，在新出现的列中输入字段名称，单击“表格工具”组中的“字段选项”，在“数据类型”选择字段数据类型。

2. 修改字段

修改字段的操作包括修改字段名称、数据类型、字段属性等。用“设计视图”打开要修改字段的表，在“字段名称”，“数据类型”，“字段属性”中进行相应的修改。

3. 删除字段

与添加字段相似，删除字段也有两种方法。

（1）在“设计视图”中删除字段。用“设计视图”打开要删除字段的表，然后将要删除的字段选中，鼠标右击，在弹出的下拉列表中选择“删除行”。

（2）在“数据表视图”中删除字段。用“数据表视图”打开要删除字段的表，选择要删除的字段，单击鼠标右键，在弹出的下拉列表中选择“删除字段”。

4. 重新设置主键

如果已经定义的主键不合适，则可以重新定义主键。用“设计视图”打开要重设主键的表，选中要设置主键的字段，单击“主键”按钮 。

2.3.2 调整表外观

调整表外观是为了使表看上去更加清楚、美观。调整表外观的操作包括：改变字段显示次序、调整行高和列宽、隐藏列、冻结列、设置数据表格式及字体。

1. 改变字段显示次序

默认情况下，在数据表视图中显示记录时，字段的显示次序与其在设计视图中字段的创建顺序是一致的。但是，有时需要改变字段的显示次序来满足查看数据的需要。其操作步骤如下：

（1）用“数据表视图”打开需要改变字段显示次序的表。将鼠标移动到要改变次序的字段名称上，鼠标会变成向下的粗体黑色箭头。单击鼠标左键，选中该字段。

（2）按住鼠标左键，拖动该字段到所需显示位置。

2. 调整行高

调整表中行高有两种方法：鼠标和菜单命令。

（1）使用鼠标调整。用“数据表视图”打开要调整的表，将鼠标移动到两行记录之间的横线上，鼠标变成上下双箭头时，按住鼠标左键，上下移动。调整完成后，松开鼠标左键。

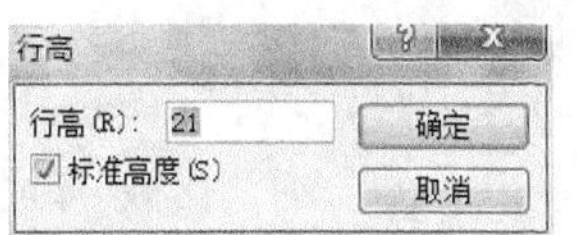

图 2.65 “行高”对话框

（2）使用菜单命令。用“数据表视图”打开要调整的表，鼠标右击记录左侧的记录选定器，在弹出的下拉列表中选择“行高”命令，在打开的“行高”对话框中输入所需的行高值，单击“确定”按钮，如图 2.65 所示。

3. 调整列宽

与调整行高一样，调整表中列宽也有两种方法：鼠标和菜单命令。

（1）使用鼠标调整。用“数据表视图”打开要调整的表，将鼠标移动到两列字段名称之间的竖线上，鼠标变成左右双箭头时，按住鼠标左键，左右移动。调整完成后，松开鼠标左键。

（2）使用菜单命令。用“数据表视图”打开要调整的表，鼠标右击要调整列的字段名称，在弹出的下拉列表中选择“字段宽度”命令，在打开的“列宽”对话框中输入所需的列宽值，单击“确定”按钮，如图 2.66 所示。

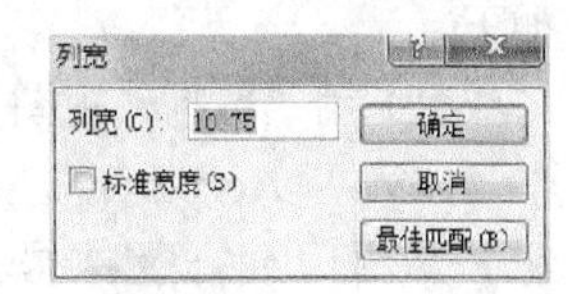

图 2.66 “列宽”对话框

调整行高与列宽也可以使用“其他”按钮。单击 Access 窗口上的“开始”选项卡，单击“记录”组中的“其他”按钮，在弹出的下拉列表中选择“行高”或“字段宽度”命令进行相关设置，如图 2.67 所示。

图 2.67 使用“其他”按钮设置行高和列宽

4. 隐藏列

在 Access 表中，可以将某些字段隐藏，需要时再显示。

例 2-35 将“教师”表中“姓名”字段列隐藏起来。

（1）用“数据表视图”打开“教师”表。

（2）选中“姓名”字段，单击 Access 窗口上的“开始”选项卡，单击“记录”组中的“其他”按钮，在弹出的下拉列表中选择“隐藏字段”命令，如图 2.68 所示。

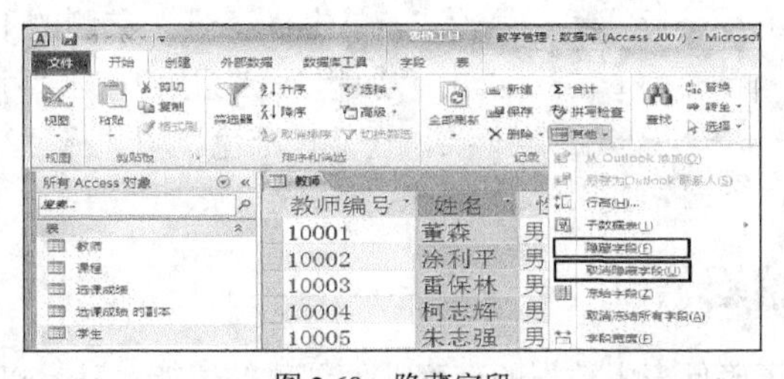

图 2.68 隐藏字段

在需要时，可以将隐藏的字段显示出来。操作步骤请参考例 2-35。

5．冻结列

如果表中的字段很多，那么在查看表数据时就必须通过移动滚动条才能看到。若希望一直看到某些字段，可以将这些字段冻结。这样当移动水平滚动条时，冻结的字段将在窗口中固定不动。

例 2-36　将“教师”表中“教师编号”字段冻结。

（1）用“数据表视图”打开“教师”表。

（2）选中“教师编号”字段，单击 Access 窗口上的“开始”选项卡，单击“记录”组中的“其他”按钮，在弹出的下拉列表中选择“冻结字段”命令，如图 2.69 所示。

在需要时，可以将冻结的字段取消冻结。操作步骤请参考例 2-36。

6．设置数据表格式

在默认情况下，“数据表视图”中的单元格效果、网格线、网格线颜色、背景色、替换背景色、边框和线型等均采用系统默认颜色和样式。如果需要，可以对以上项目进行更改。其操作步骤如下。

（1）用“数据表视图”打开需要设置格式的表。

（2）在 Access 窗口上单击“开始”选项卡，单击“本文格式”组中的“设计数据表格式”按钮 ，打开“设置数据表格式”对话框进行相应的设置，如图 2.70 所示。

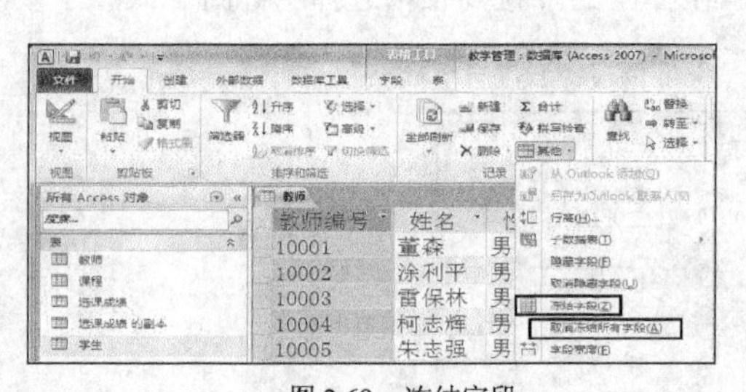

图 2.69　冻结字段

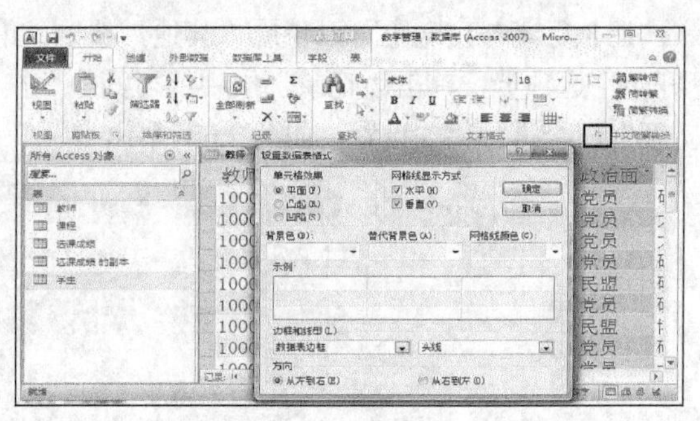

图 2.70　设置“数据表格式”对话框

7．改变字体

为了使表中数据的显示更加美观、醒目，可以改变数据表中数据的字体、字形和字号。

例 2-37　将“学生”表中的字体改为“华文楷体”，字型改为加粗，字号改为 20，颜色改为红色。

（1）用“数据表视图”打开学生表。

（2）单击“开始”选项卡，在“文本格式”组中，单击“字体”右侧的下拉箭头，选择“华文楷体”；单击“字号”右侧的下拉箭头，选择“20”；单击“加粗”按钮；单击“字体颜色”右侧的下拉箭头，在“标准色”中选择“红色”。设置结果如图 2.71 所示。

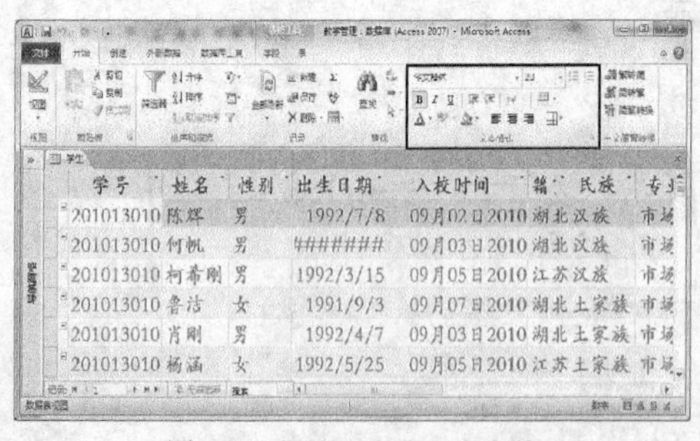

图 2.71　设置“学生”表字体

2.3.3　表中记录的编辑

编辑表中的内容是为了确保表中数据的准确，使创建的表能够满足实际应用。编辑表内容的操作包括定位记录、添加记录、删除记录、修改数据等操作。

1．定位记录

数据表中有了数据以后，对数据进行操作首先需要定位记录。定位记录有鼠标直接选择、“记录导航栏”定位、快捷键定位。

（1）“记录导航栏”如图2.72所示。可以通过记录导航栏上的按钮进行记录的定位。

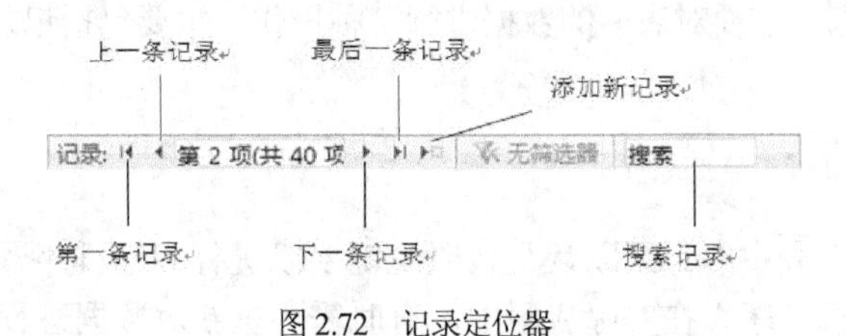

图2.72 记录定位器

（2）通过快捷键快速定位记录。快捷键及其功能如表2.8所示。

表2.8 快捷键及定位功能

快捷键	定位功能
Tab、Enter 键、右箭头	下一字段
Shift+Tab、左箭头	上一字段
Home	当前记录中的第一个字段
End	当前记录中的最后一个字段
Ctrl+上箭头	第一条记录中的当前字段
Ctrl+下箭头	最后一条记录中的当前字段
Ctrl+Home	第一条记录中的第一个字段
Ctrl+End	最后一个记录中的最后一个字段
上箭头	上一个记录中的当前字段
下箭头	下一个记录中的当前字段
PageDown	下移一屏
PageUp	上移一屏
Ctrl+ PageDown	左移一屏
Ctrl+ PageUp	右移一屏

2．添加记录

添加新记录时，使用“数据表视图”打开要添加记录的表，将光标移动到表的最后一行“待输入行”直接输入数据；也可以单击“记录导航”上“添加新记录”按钮 ，或单击“开始”选项卡下“记录”组中“新建”按钮 新建，待光标移动到最后一行后输入数据。

3．删除记录

删除记录时，使用“数据表视图”打开要删除记录的表，鼠标右击待删除记录左侧的记录选定器，在弹出的下拉列表中选择“删除记录”选项；也可以单击“开始”选项卡下“记录”组中“删除”按钮 删除，在弹出的下拉列表中选择“删除记录”选项。

在数据表中，可以一次删除多条连续记录。删除方法是，选中第一条要删除的记录，按住鼠标左键下拉，将要删除的多条连续记录选中，按住“Ctrl”键，单击鼠标右键，选择“删除记录”选项。

注意，删除记录是不可恢复的操作。在删除记录前要确认该记录是否需被删除。为了避免误删记录，在删除之前最好对表进行备份。

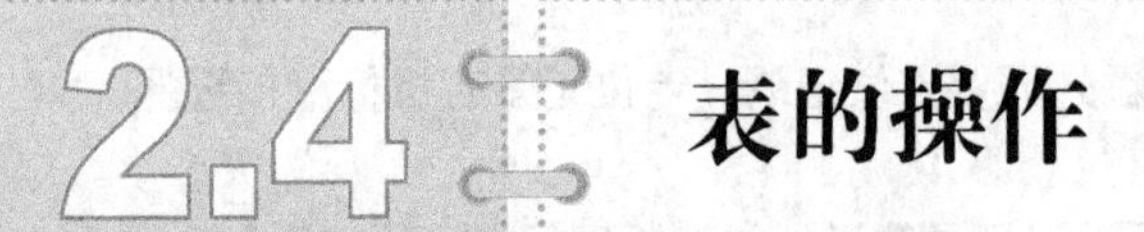

2.4 表的操作

创建数据表之后，通常需要对表中的数据进行各种操作。主要包括记录的排序、筛选、查找和替换等。

2.4.1 记录排序

在浏览表中数据时，表中的记录默认是按照主键字段进行升序排序。当未定义主键时，则按输入记录的先后顺序进行排序。在实际应用中，有时需要重新对数据进行排序，方便数据的查找和操作。

1．记录的排序规则

排序是按照一个字段或多个字段值对整个表中的所有记录进行重新排序。排序有两种方式：升序和降序。不同的字段类型，其排序规则是不同的。

（1）文本型数据。英文按字母 A 到 Z 进行排序，且同一字母的大小写视为相同。升序为 A 到 Z，降序为 Z 到 A。中文按拼音字母的顺序排序，升序为 A 到 Z，降序为 Z 到 A。文本中的其他字符按照 ASCII 码值得大小进行排序。

（2）数字型、货币型数据按照值的大小进行排序。

（3）日期型/时间型数据。日期型数据首先比较年的值，年的值相同比较月的值，月的值相同比较日的值。时间型数据的比较和日期型数据比较方法相同。

（4）备注型、超链接型、OLE 对象型、附件型数据不能进行排序。

（5）若字段值为空，在升序排列时，将包含空值的记录排在最前面。

（6）排序后的数据将与表一起保存。

2．按一个字段排序

按一个字段的值进行排序，可以在“数据表视图”中进行。操作步骤是：用“数据表视图”打开要排序的表，选中要排序的字段，单击“开始”选项卡下“排序和筛选”组中的升序按钮 或降序按钮 。还可以单击“清除所有排序”按钮 取消排序。

3．按多个字段排序

按多个字段进行排序，首先根据第一个字段值按指定顺序进行排序，若第一个字段有相同值再按第二个字段进行排序，以此类推，直到按照全部字段排序完成为止。

例 2-38　在“学生”表中先按“性别”升序排序，再按“入校时间”降序排序。

（1）使用“数据表视图”打开“学生”表。在“开始”选项卡的“排序和筛选”组中，单击“高级筛选选项”按钮 右侧的下拉箭头，在弹出的下拉列表中选择“高级筛选/排序”选项，打开“筛选”窗口。

（2）打开的“筛选”窗口分为上下两个部分，上半部分显示被打开表的字段列表；下半部分是设计网格，用来设置排序的字段以及排序方式。分别双击字段列表中的“性别”和“入校时间”2个字段，将其添加到设计网格中。

（3）单击设计网格中“性别”字段下的“排序”单元格右侧的下拉箭头，在弹出的下拉列表中选择“升序”。用相同的方法将“入校时间”的排序方式设置为“降序”，如图 2.73 所示。

（4）单击“开始”选项卡下“排序和筛选”组中“高级筛选选项”按钮右侧的下拉箭头，在弹出的下拉列表中选择“应用筛选/排序”选项，显示排序结果。

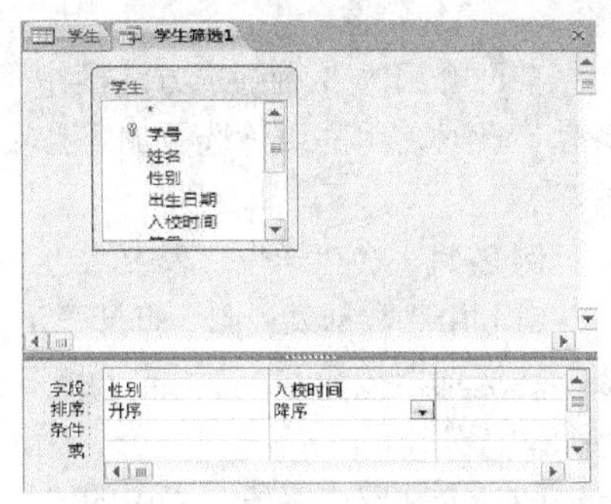

图 2.73 在“筛选”窗口中设置排序

2.4.2 记录筛选

在实际应用中，经常需要从表中挑选出满足条件的记录进行各种操作。经过筛选后的表中只保留满足筛选条件的记录，不满足条件的记录将被隐藏起来。在 Access2010 中提供了 4 种筛选记录的方法：按选定内容筛选、按条件筛选、按窗体筛选和高级筛选。

1．按选定内容筛选

按选定内容筛选是一种最简单的筛选方法，使用该方法可以很容易的找到所需记录。其操作步骤如下。

（1）用设计视图打开要进行筛选的表。选择要进行筛选的字段。

（2）单击“开始”选项卡下“排序和筛选”组中“筛选器”按钮 选择 右侧的下拉箭头，在弹出的下拉列表中直接选择所需数据；也可以在表中单击所要筛选字段的字段名称右侧的下拉箭头，在弹出的下拉列表中直接选择所需数据。

2．按条件筛选

按条件筛选可以根据用户输入的条件来筛选记录，是一种比较灵活的筛选方法。

例 2-39 在“选课成绩”表中筛选出成绩在 80 分以上的记录。

图 2.74 “自定义筛选”对话框

（1）用“数据表视图”打开“选课成绩”表，单击“成绩”字段右侧的下拉箭头，在弹出的下拉列表中选择“数字筛选器”。

（2）在“数字选择器”的二级子菜单中选择“大于”选项，打开“自定义筛选”对话框。在“成绩大于或等于”右侧的文本框中输入 80，单击“确定”按钮，如图 2.74 所示。

3．按窗体筛选

按窗体筛选可以对 2 个以上字段设置筛选条件。

例 2-40 使用窗体筛选在“学生”表中筛选出非 1992 年出生的男生记录。

（1）用“数据表视图”打开“学生”表，在“开始”选项卡的“排序和筛选”组中，单击“高级筛选选项”按钮右侧的下拉箭头，在弹出的下拉列表中选择“按窗体筛选”选项。此时，数据表视图变为“学生：按窗体筛选”窗口。

（2）在“学生：按窗体筛选”窗口的“性别”字段中输入“男”；在“出生日期”字段输入 >#1992-12-31# OR <#1992-1-1#，该条件表达式是一个逻辑表达式，表示出生日期大于 1992-12-31 或小于 1992-1-1。设置结果如图 2.75 所示。

图 2.75 “学生：按窗体筛选”窗口

（3）单击“开始”选项卡的“排序和筛选”组中的“切换筛选”按钮 切换筛选，完成筛选操作。

4．高级筛选

前面介绍的 3 种筛选方法操作简单，筛选条件单一。在实际应用中经常涉及更加复杂的筛选条件，此时使用高级筛选更加容易实现。高级筛选在完成筛选操作的同时也可以对筛选结果进行排序。

例 2-41　在“学生”表中筛选 1991 年出生的男生，并按“专业”升序排序。

（1）用“数据表视图”打开“学生”表，在“开始”选项卡的“排序和筛选”组中，单击“高级筛选选项”按钮右侧的下拉箭头，在弹出的下拉列表中选择“高级筛选/排序”选项，打开“筛选”窗口。

（2）分别双击字段列表中的“性别”、“出生日期”和“专业”3 个字段，将其添加到设计网格中。

（3）在“性别”字段的“条件”单元格内输入“男”；在“出生日期”字段的“条件”单元格内输入>=#1992-1-1# and <=#1992-12-31#；单击“专业”字段下的“排序”单元格右侧的下拉箭头，在弹出的下拉列表中选择“升序”。设置结果如图 2.76 所示。

（4）单击“开始”选项卡的“排序和筛选”组中的“切换筛选”按钮 切换筛选，完成筛选操作。

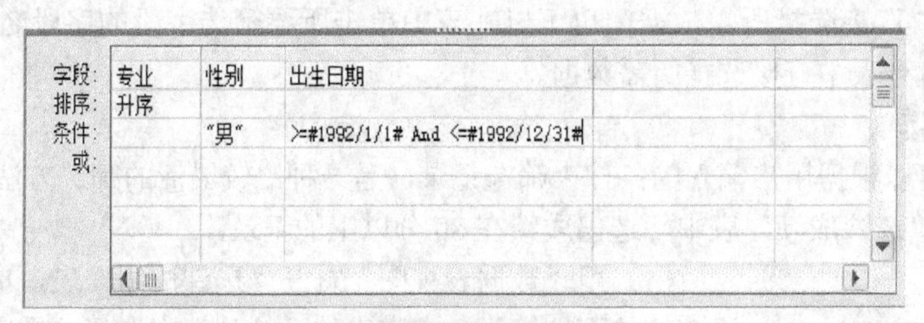

图 2.76　高级筛选设置

2.4.3　记录的查找和替换

在表中的记录较多时，若要快速找到某个数据就比较困难。Access2010 提供了非常方便的查找和替换功能，使用它可以快速找到所需数据，必要时，还可以将查找到的数据替换为新数据。

1．查找

例 2-42　在“学生”表中查找姓李的学生。

（1）用“数据表视图”打开“学生”表，选中“姓名”字段。

（2）单击“开始”选项卡下“查找”组中的“查找”按钮，打开“查找和替换”对话框，在对话框的“查找内容”文本框中输入“李*”，如图 2.77 所示。

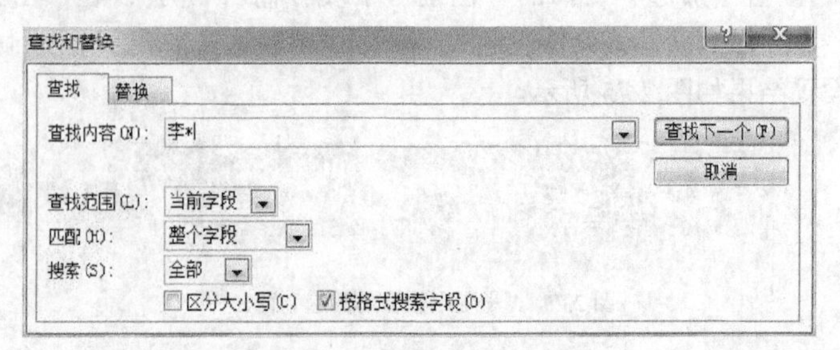

图 2.77　“查找和替换”对话框

（3）单击“查找下一个”按钮，将查找下一个满足条件的内容。

2．替换

例 2-43 将“学生”表中专业为“电子信息工程”的学生专业替换为“电子信息”。

（1）用“数据表视图”打开“学生”表，选中“专业”字段。

（2）单击“开始”选项卡下“查找”组中的“查找”按钮，打开“查找和替换”对话框，在对话框的“查找内容”文本框中输入“电子信息工程”。

（3）单击“替换”选项卡，在“替换为”后面的文本框中输入“电子信息”，单击“全部替换”按钮，如图 2.78 所示。

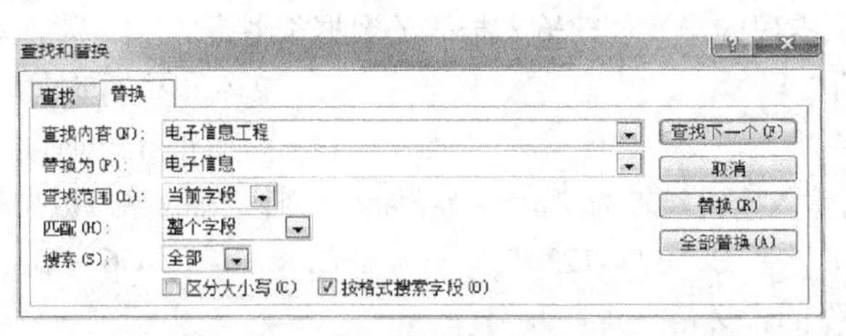

图 2.78 设置查找和替换内容

在对表进行操作时，如果要修改多个相同数据，可以使用替换操作，自动将查找到的数据替换为指定数据。

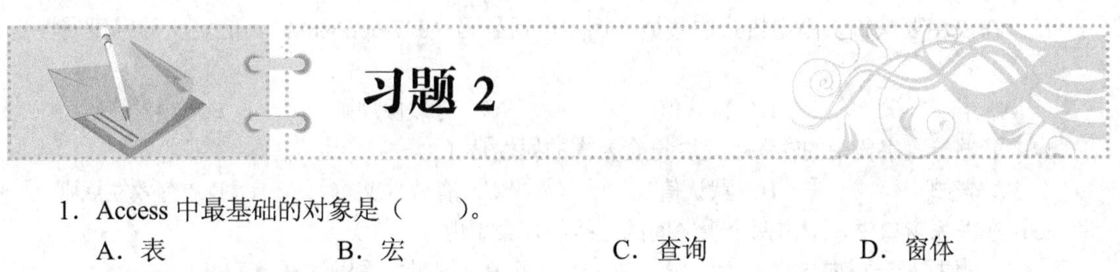

习题 2

1．Access 中最基础的对象是（ ）。

A．表　　B．宏　　C．查询　　D．窗体

2．下列关于数据表的描述，正确的是（ ）。

A．数据表之间存在联系，但用独立的文件名保存

B．数据表相互之间存在联系，用表名表示相互间的联系

C．数据表相互之间不存在联系，完全独立

D．数据表即相互联系，又相互独立

3．Access 字段名称中不能包含的符号是（ ）。

A．@　　B．%　　C．!　　D．&

4．下列不属于 Access 提供的数据类型是（ ）。

A．文字　　B．备注　　C．附件　　D．计算

5．如果在创建表时要建立“性别”字段，并要求用汉字表示，其数据类型应该是（ ）。

A．是/否　　B．数字　　C．文本　　D．备注

6．下列关于货币型数据描述错误的是（ ）。

A．货币型数据占用 8 个字节的存储空间

B．货币型数据可以与数字型数据进行混合计算，结果为货币型

C．向货币型字段输入数据时，系统自动将其设置为 4 位小数

D．向货币型字段输入数据时，不必输入货币符号和千位分隔符

7．下列关于 OLE 对象数据描述正确的是（ ）。

A．用于输入超连接数据　　B．用于输入数字型数据
C．用于输入文本型数据　　D．用于链接或嵌入 Windows 支持的对象

8．下列关于字段属性叙述中正确的是（　　）。
A．可以对任意类型的字段设置“默认值”属性
B．设置字段默认值是规定该字段值不能为空
C．只有文本型数据能够使用“输入掩码向导”
D．“有效性规则”属性只允许定义一个条件表达式

9．能够使用“输入掩码向导”创建输入掩码的数据类型是（　　）。
A．文本和货币　　B．文本和日期/时间
C．文本和数字　　D．数字和日期/时间

10．文本型字段的输入掩码设置为“####-######”，则正确的输入数据是（　　）。
A．0755-abcdef　　B．077 -12345　　C．a cd-123456　　D．####-######

11．输入掩码“&”的含义是（　　）。
A．必须输入字母或数字　　B．可以选择输入字母或数字
C．必须输入一个任意字符或空格　　D．可以选择输入一个任意字符或空格

12．在设计表示，若输入掩码设置为 LLLL，则能够输入的数据是（　　）。
A．abcd　　B．1234　　C．AB+C　　D．Aba9

13．在表中要求输入固定格式的数据，例如电话号码“027-66668888”，应定义的字段属性是（　　）。
A．格式　　B．默认值　　C．有效性规则　　D．输入掩码

14．能够检查字段中的输入值是否符合要求的属性是（　　）。
A．格式　　B．默认值　　C．有效性文本　　D．有效性规则

15．在关系窗口中，双击两个表之间的连接线，会出现（　　）。
A．数据表分析向导　　B．编辑关系对话框
C．连接线变粗　　D．数据关系图窗口

16．下列关于空值的叙述中，正确的是（　　）。
A．空值等同于空字符串　　B．空值表示字段值未知
C．空值等同于数值 0　　D．Access 不支持空值

17．在 Access 的数据表中删除一条记录，被删除的记录（　　）。
A．不能恢复　　B．可以恢复到原来的位置
C．被恢复为第一条记录　　D．被恢复为最后一条记录

18．定位到同一字段的最后一条记录中的快捷键是（　　）。
A．End　　B．Ctrl +End　　C．Ctrl+下箭头　　D．Ctrl+Home

19．商品表中有“编号”字段，其数据类型为“文本”。现有 5 条数据分别为:129、97、75、131、118，若按该字段进行升序排序，则排序后的结果是（　　）。
A．75、97、118、129、131　　B．118、129、131、75、97
C．97、75、131、129、118　　D．131、129、118、97、75

20．在 Access 表中，如果不想显示某些字段，可以使用的命令是（　　）。
A．隐藏　　B．删除　　C．冻结　　D．筛选

第3章

查询

查询是 Access 处理和分析数据的工具。利用查询能够从表中抽取数据，供用户查看，计算、分析、统计。本章将介绍查询的基本概念和功能，查询的创建及使用。

3.1 查询的基本概念

查询是 Access 的重要对象，它体现了 Access 数据库的设计目的。查询是按照一定条件从表中或已经建立的查询中查找所需数据的主要方法，这些表和已经建立的查询称为查询的数据来源。查询运行时，从查询数据来源中获取符合查询条件的数据，称为查询的结果。查询的结果本身并没有保存在 Access 数据库中，在数据库中保存的是查询的设计，也就是说，查询的设计和查询的数据来源是相对独立的。当查询设计不变，查询数据来源中的数据发生变化时，查询的结果也会发生相应的变化。

3.1.1 查询的功能

查询的目的是根据查询的条件从表或查询中找出满足条件的记录构成一个新的数据集合，以方便对数据进行查询和分析。在 Access 中，利用查询可以实现多种功能。

1．选择字段

在查询中，可以不设置查询条件。例如，从“学生”表中选择学号、姓名、性别、出生日期和籍贯来作为查询的结果。利用此功能，可以只选择表中的若干字段来组成新的数据集合。

2．选择记录

在查询中可以根据指定的条件从查询的数据来源中获取满足查询条件的记录。例如，建立一个查询，在“学生”表中查找 1992 年出生的男生。

3．编辑记录

记录的编辑包括添加记录、修改记录和删除记录等。在 Access 中可以对查询的结果进行添加、修改和删除等操作。例如，将教师表中 2000 年以前参加工作的教师职称改为“副教授”。

4．实现计算

在查询的建立过程中还可以实现一些统计计算功能，这些统计计算功能有利于用户对数据进行分析。例如，求教师的平均工龄。另外，还可以在查询中建立计算字段，利用计算字段来保存计算的结果。例如，根据“学生”中的“出生日期”字段求每个学生的年龄。

5．建立新表

可以将查询的结果生成一个表永久的保存在数据库中。例如，将“选课成绩”表中成绩在 60 分以上的学生记录生成一个“选课成绩合格”表。

3.1.2 查询的类型

在 Access 中将查询分为 5 个类型，分别是选择查询、查询中进行计算、交叉表查询、参数查询和操作查询。这 5 类查询的特点、创建方式、应用目的各不相同，对数据来源的操作方式、操作结果也不同。

1．选择查询

选择查询是根据查询设计的条件，从一个数据源或多个数据源中获取满足条件的数据。选择查询可以不设置条件，只从数据源中选择若干列组成结果。

2．查询中进行计算

在查询设计过程中可以进行一些统计计算。例如，对记录进行分组、求平均值、累计求和、计数等。也可以自己来设计一个计算公式，将计算公式的结果放入计算字段保存。

3．交叉表查询

交叉表查询可以对数据源里的数据进行分组，把分组的数据分别显示在查询结果的行与列中。对分组后的数据可以进行计数、求和、求平均值、最大值和最小值等统计计算。

4．参数查询

参数查询根据输入的查询条件或参数来进行查询。参数查询在设计时并没有设计查询条件，而是给出查询条件的提示信息，参数查询运行时，要求用户按照提示信息输入查询条件。在参数查询中，可以输入多个参数作为条件。

5．操作查询

操作查询是在选择查询的基础上完成的，或者说操作查询的前半部分操作就是选择查询。在选择查询的结果上，操作查询可以做 4 种操作，分别是生成表、删除、更新、追加。

3.2 查询条件

在 Access 数据库中创建查询的关键是设计查询的条件。查询条件的设计是运用常量、运算符、函数以及字段名建立一个条件表达式。因此，掌握查询条件的各个组成部分非常重要，是学习查询的基础。

3.2.1 查询中的常量

常量有数字型常量（也称数字型常量）、文本型常量（也称字符型常量或字符串常量）、日期/时间型常量、是/否型常量（也称逻辑型常量）。不同类型的常量有不同的表示方法，其运算规则也各不相同。

1．数字型常量

数字型常量分为整数和实数，其表示方法和运算规则与数学中的类似。

2．文本型常量

文本型常量包括文字、符号等，需要注意的是，数字也可以看成是一种文字。在查询条件中，文本型常量左右两边必须加上英文双引号或英文单引号作为定界符。例如“教授”、“市场营销”等。

3．日期/时间型常量

日期/时间型常量在输入时要注意使用日期时间分隔符“/”、“-”和“:”。在查询条件中，文本型常量左右两边必须加上“#”号作为定界符。例如，#2014-5-8#或#2014/5/8#。

4．是/否型常量

是/否型常量只有两个，True/False 或 Yes/No。True 和 Yes 表示逻辑真，False 和 No 表示逻辑假。需要注意的是，True 可以表示成-1，False 可以表示成 0。

3.2.2 查询中的运算符

运算符是构成查询的基本元素。在 Access 查询中提供了算术运算、关系运算、逻辑运算、日期运算、连接运算、特殊运算 6 种运算符。

1．算术运算

算术运算包括加法（+）、减法（-）、乘法（*）、除法（/）、整除（\）、乘方（^）、求余数或求模运算（Mod）7 种运算。其中加法（+）、减法（-）、乘法（*）和除法（/）的运算规则和数学中的算术运算规则完全相同。

（1）对于整除（\）运算。用两个数作除法，结果只保留整数部分，舍去小数部分，不做四舍五入运算。如果整除运算的被除数和除数包含小数部分，则直接舍去小数部分后再作运算。例如，7\2=3，7.7\3.4=2。

（2）对于乘方（^）运算。其运算规则与数学中的运算规则一致，需要注意的是乘方运算的写法。例如，2^2^2 等价于（2^2）^{2}而不是 2×2×2，表达式的结果是 16 而不是 8。

（3）对于求余运算（Mod）。用两个数作除法，结果为商的余数。如果求余运算的被除数和除数包含小数部分，则四舍五入取整数后再作运算。如果被除数是负数，结果也是负数；如果被除数是正数，结果也是正数。例如 10 Mod 4=2，10.5 Mod 2.4=1，-10 Mod -3=-1，12 Mod -5=2，3 Mod 7=3，-3 Mod -10=-3。

2．关系运算

关系运算用来比较两个数据的大小关系，其结果为逻辑值 True 或 False。关系运算包括等于(=)、不等于（<>）、大于（>）、大于或等于（>=）、小于（<）和小于或等于（<=）等 6 种运算。需要注意的是，大于或等于（>=）中的大于或等于只要满足其中一个关系，表达式结果即为True，小于或等于（<=）运算规则和大于或等于（>=）中的运算规则类似。例如，10>=10 结果为True，1=2 结果为 False，“ab” <> “abc”结果为 True。

3．逻辑运算

逻辑运算符可以将逻辑型数据连接起来，表示更复杂的条件，其结果仍是逻辑值。常用的逻辑运算符有 3 个，与（And）、或（Or）和非（Not）。

（1）逻辑与运算将两个逻辑值连接起来，只有两个逻辑值同时为 True 时，结果才为 True。只要其中有一个 False，结果即为 False。例如，7>=7 And 8<10 结果为 True，10>=4 And 7<>7 结果为False。

（2）逻辑或运算将两个逻辑值连接起来，只有两个逻辑值同时为 False 时，结果才为 False。只要其中有一个 True，结果即为 True。例如，7>7 Or 8=10 结果为 False，10>=4 Or 7<>7 结果为True。

（3）逻辑非运算只作用于其后的第一个逻辑值。若该逻辑值为 True，则结果为 False；若该逻辑值为 False，则结果为 True。例如，Not（7<>6）结果为 False，Not（7=6） 结果为 True。

逻辑运算符的运算规则如表 3.1 所示。

表 3.1　　逻辑运算规则

A	B	A And B	A Or B	Not A
True	True	True	True	False
True	False	False	True	False
False	True	False	True	True
False	False	False	False	True

4．连接运算

连接运算可以将两个字符串从左至右连接成一个新的字符串。连接运算符有（+）和（&）两个。

“+”运算要求连接的两个数据都是字符型时，才能将两个字符串连接成一个新字符串。例如，“Access 程序”+“设计与应用”的结果是“Access 程序设计与应用”。

“&”运算可以做强制连接，连接的两个数据可以是字符型也可以不是字符型。当连接数据不是字符型时，可以将其转换成字符型再进行连接。例如，123 & 456 结果为“123456”，“2+3=” & (2+3)结果为“2+3=5”。

当一个表达式由多种运算符组成时，需要考虑运算符之间的优先级。表 3.2 列出了算术运算、关系运算、逻辑运算和连接运算之间的优先级以及各类运算符中所包含运算符的优先级。

表 3.2　　运算符的优先级

优先级	高 ← 低			
高	算术运算符	连接运算符	关系运算符	逻辑运算符
↑	乘方（^）	字符串连接（&）	等于（=）	非（Not）
	乘法和除法（*、/）	字符串连接（+）	不等于（<>）	与（And）
	整数除法（\）		小于（<）	或（Or）
	求余数（Mod）		大于（>）	
	加法和减法（+、-）		小于或等于（<=）	
低			大于或等于（>=）	

关于表 3.2 中的运算符优先级作如下说明。

（1）优先级：算术运算>连接运算>关系运算>逻辑运算。

（2）所有关系运算符和所有连接运算符的优先级相同，按从左至右顺序运算。

（3）所有算术运算符和所有逻辑运算符必须按照表 3.2 所示优先顺序运算。

（4）括号优先级最高。

在 Access 查询中，还提供了两种专有运算，日期运算以及特殊运算。

5．日期运算

日期型运算通常有加法（+）和减法（-）两种，其运算规则如下。

（1）两个日期型常量相减，得到的结果为两个日期间隔的天数，这个结果是一个整数。例如，#2014-5-8#-#2014-5-1#=7、#2014-5-8#-#2013-5-8#=365。

（2）日期型常量加或减一个整数，相当于给该日期加上或减少整数所表示的天数。例如，#2014-5-8#+10=#2014-5-18#、#2014-5-8#+30=#2014-6-7#。

（3）日期型常量大小的比较。日期型常量首先比较年的值，年的值相同比较月的值，月的值相同比较日的值。

6．特殊运算

（1）Between … and …

用于指定一个字段值得范围。Between A and B 表示的是>=A 并且<=B 这样的一个范围。字段值在这个范围内，结果为 True，超出这个范围，结果为 False。例如，Between 0 and 100 表示的是[0,100]的范围，Between #2014-1-1# and #2014-12-31#表示的是 2014 年一整年。

（2）In

用于指定一个字段值的列表。判断字段值是等于列表中的值，如果相等，结果为 True，否则结果为 False。例如，In（“男”，“女”），可判断字段值是否等于“男”或”女”中的一个，只要与其中的一个值相等，结果就为 True，与列表中的值都不相等，结果为 False。

（3）Like

用于指定查找文本型数据的字符模式。在查询中，判断字段值是否符合 Like 右侧所给出的字符模型，如果符合，结果为 True，否则结果为 False。Like 右侧的字符模式通常由通配符和字符组成。表 3.3 给出了通配符的使用方法。

表 3.3 通配符的用法

通配符	用法	示例
*	一个*号表示 0 个或多个字符	“王*”表示第一个字为“王”，后续字符个数为 0 到多个，字符取值任意的文本数据
?	一个?表示任意单个字符	“王?”表示第一个字为“王”，后续只有一个字符且字符取值任意的文本数据
[]	表示方括号内的任意单个字符	[1-5]表示一个字符，并且该字符的取值只能是“1”、“2”、“3”、“4”、“5”
!	表示不在方括号的任意单个字符	[!1-5]表示一个字符，并且该字符的取值为除了“1”、“2”、“3”、“4”、“5”之外的任意字符
—	表示范围内的任意单个字符	[1-5]表示“1”、“2”、“3”、“4”、“5”之间的任意一个字符
#	一个#号表示任意单个数字字符	“10#”表示“100”、“101”、“102”……“109”

（4）Is Null/Is Not Null/ Not Is Null

Is Null 用于判断一个字段是否为“空值”。Is Not Null/ Not Is Null 用于判断一个字段是否“非空”。需要注意的是，空格也是字符的一种，空值指的是没有任何数据。文本型数据的空值也可以用“”来表示。

3.2.3 查询中的函数

在 Access 中提供了大量的标准函数，这些函数是设计查询条件时不可或缺的组成部分。利用这些函数为更好的表示查询条件提供了方便，也为查询中进行数据的统计、计算和处理提供了方便有效的方法。

标准函数的使用格式如下：

函数名称（参数 1，参数 2，参数 3，……）

其中，函数名称必不可少，函数名称用来表示函数的功能。函数的参数放在函数后的小括弧中，参数可以是常量或表达式，可以有一个或多个，少数函数没有参数，为无参函数。每个函数执行时，都会有一个返回值。查询中常用函数包括算术函数、字符函数、日期/时间函数和条件函数等。

1．算术函数

（1）绝对值函数

函数格式：Abs（数值表达式）

返回数值表达式的绝对值。例如：Abs（-7）返回值为7。

（2）开平方函数

函数格式：Sqr（数值表达式）

返回数值表达式的平方根。例如：Sqr（16）返回值为4。

（3）向下取整函数

函数格式：Int（数值表达式）

返回不大于数值表达式的最大整数。例如：Int(3.7)返回值为3，Int(-3.7))返回值为-4。

（4）取整函数

函数格式：Fix（数值表达式）

返回数值表达式的整数部分。例如：Fix(3.7))返回值为3，Fix(-3.7))返回值为-3。

（5）四舍五入函数

函数格式：Round（数值表达式，N）

返回按照指定小数位数进行四舍五入后的结果。N 表示要保留的小数位数。例如：Round(3.574，1))返回值为3.6，Round(3.574，2)返回值为3.57，Round(3.574，0)返回值为4。

（6）产生随机数函数

函数格式：Rnd（数值表达式）

返回一个大于等于0小于1之间的随机数。随机数为单精度类型。例如：

```
Int(100*Rnd)          产生[0,99]之间的随机整数
Int(101*Rnd)          产生[0,100]之间的随机整数
Int(1+100*Rnd)        产生[1,100]之间的随机整数
```

（7）符号函数

函数格式：Sgn（数值表达式）

返回数值表达式的符号值，数值表达式为正数时，返回 0；数值表达式为负数时，返回-1；数值表达式为0时，返回0。例如：

```
Sgn(-10)=-1
Sgn(10)=1
Sgn(0)=0
```

2．字符函数

（1）字符串检索函数

函数格式：InStr（[Start]，字符串表达式1，字符串表达式2，[Compare]）

检索字符串 2 在字符串 1 中第一次出现的位置，返回一个整型数。方括弧内的参数 Start 和 Compare为可选参数。Start表示在字符串1中检索的起始位置。Compare表示字符串的检索方式，其值可以为0、1和2。值为0（默认）作二进制比较，值为1表示不区分大小的文本比较，值为2表示基于数据库中包含信息的比较。

注意，如果字符串1的长度为0，或字符串2检索不到，则返回值为0。如果字符串2的串长度为0，返回Start的值。

例如：n=InStr（"abcdab"，"ab"）返回值为1

n= InStr（3，"ABcdab"，"ab"，1）返回值为 5

（2）字符串长度检测函数

函数格式：Len（字符串表达式）

返回字符串所含字符数量。例如：Len（"Access"）返回值为 6，Len（“数据库管理”）返回值为 5。

（3）字符串截取函数

函数格式：Left（字符串表达式，N）

从字符串左边第一个字符开始向右边截取 N 个字符。

函数格式：Right（字符串表达式，N）

截取字符串右边最后 N 个字符。

函数格式：Mid（字符串表达式，N1，N2）

从字符串中间第 N1 个字符开始向右边截取 N2 个字符。

注意，对于 Left 和 Right 函数，如果 N 值为 0，则返回 0 长度的字符串；如果 N 的值大于或等于字符串的字符数，则返回整个字符串。对于 Mid 函数，如果 N1 值大于字符串的字符数，则返回 0 长度字符串；如果省略 N2，则返回字符串中左边第 N1 个字符开始起右边所有字符。

例如，Left（"Access 数据库"，6）返回值为“Access”

Right（"Access 数据库"，3）返回值为“数据库”

Mid（"Access 数据库程序设计"，7，7）返回值为“数据库程序设计”。

（4）生成空格字符函数

函数格式：Space（数值表达式）

返回数值表达式的值所指定的空格字符数。例如：Space（5）返回 5 个空格字符。

（5）大小写转换函数

函数格式：Ucase（字符串表达式）

将字符串中小写字母转换成大写字母。

函数格式：Lcase（字符串表达式）

将字符串中大写字母转换成小写字母。

例如：Ucase（"aBcDE"）返回值为“ABCDE”

Lcase（"aBcDE"）返回值为“abcde”

（6）删除空格函数

函数格式：LTrim（字符串表达式）

删除字符串的前导空格。

函数格式：RTrim（字符串表达式）

删除字符串的尾部空格。

函数格式：Trim（字符串表达式）

删除字符串的前导空格和尾部空格。

例如：LTrim（" ab cdef "）返回值为"ab cdef "

RTrim（" ab cdef "）返回值为" ab cdef"

Trim（" ab cdef "）返回值为"ab cdef"

3. 日期/时间函数

（1）获取系统日期和时间函数

函数格式：Date()

返回当前系统日期。

函数格式：Time()

返回当前系统时间。

函数格式：Now()

返回当前系统日期和时间。

例如：Date()　　返回当前系统日期#2014-5-12#

　　　Time()　　返回当前系统时间#13:20:36#

　　　Now()　　返回当前系统日期和时间#2014-5-12 13:20:36#

（2）截取日期分量函数

函数格式：Year（日期表达式）

返回日期表达式表示年份的整数。

函数格式：Month（日期表达式）

回日期表达式表示月份的整数。

函数格式：Day（日期表达式）

返回日期表达式表示日期的整数。

函数格式：Weekday（日期表达式）

返回日期表达式表示的日期是星期几。该函数的返回值为 1-7，默认情况下，1 表示星期天，2 表示星期一，3 表示星期二……。

例如：Year(#2014-5-12#)返回值为 2014

　　　Month(#2014-5-12#)返回值为 5

　　　Day(#2014-5-12#)返回值为 12

　　　Weekday(#2014-5-12#)返回值为 2

（3）截取时间分量函数

函数格式：Hour（时间表达式）

返回时间表达式表示小时的整数。

函数格式：Minute（时间表达式）

返回时间表达式表示分钟的整数。

函数格式：Day（时间表达式）

返回时间表达式表示秒的整数。

例如：Hour(#13:20:36#)返回值为 13

　　　Minute(#13:20:36#)返回值为 20

　　　Second(#13:20:36#)返回值为 36

（4）日期/时间增加或减少一个时间间隔函数

函数格式：DateAdd（间隔类型，间隔值，日期表达式）

对日期表达式按照间隔类型增加或减少指定的时间间隔值。间隔类型为一个字符串，其值的设定如表 3.4 所示。间隔值可以为正数或负数。

表 3.4　　“间隔类型”值

间隔类型	含义	间隔类型	含义
yyyy	年	w	一周的天数
q	季度	ww	周

续表

间隔类型	含义	间隔类型	含义
m	月	h	时
y	一年的天数	n	分钟
d	日	s	秒

例如：DateAdd（"yyyy"，3，#2014-5-12#）返回值为#2017-5-12#

DateAdd（"q"，1，#2014-5-12#）返回值为#2014-8-12#

DateAdd（"ww"，-2，#2014-5-12#）返回值为#2014-4-28#

（5）计算两个日期之间的时间间隔函数

函数格式：DateDiff（间隔类型，日期表达式 1，日期表达式 2）

返回日期表达式 1 和日期表达式 2 之间按照时间间隔类型所指定的时间间隔数量。注意，间隔类型为一个字符串，其值的设定见表 3.4 所示。

例如：DateDiff（"yyyy"，#2013-9-12#，#2014-5-12#）返回值为 1

DateDiff（"q"，#2013-9-12#，#2014-5-12#）返回值为 3

DateDiff（"m"，#2014-5-12#，#2013-9-12#）返回值为-9

（6）返回日期指定时间部分函数

函数格式：DatePart（间隔类型，日期表达式）

返回日期表达式中按照时间间隔类型所指定的时间部分值。注意，间隔类型为一个字符串，其值的设定见表 3.4 所示。

例如：DatePart（"yyyy"，#2014-5-12#）返回值为 2014

DatePart（"m"，#2014-5-12#）返回值为 5

DatePart（"w"，#2014-2-12#）返回值为 8

（7）返回包含指定年月日的日期函数

函数格式：DateSerial（数值表达式 1，数值表达式 2，数值表达式 3）

返回由数值表达式 1 为年、数值表达式 2 为月、数值表达式 3 为日组成的日期值。其中，数值表达式 1-3 为整数数值。

例如：DateSerial（2010，2，29）返回值为#2010-3-1#

DateSerial（2015-1，5+1，0）返回值为#2014-5-31#

4．条件函数

函数格式：IIf（条件表达式，表达式 1，表达式 2）

如果条件表达式的值为真，函数返回值为表达式 1。如果条件表达式的值为假，函数返回值为表达式 2。例如：IIf（a>b，a，b），该例子的功能是求 a 和 b 两个数中的最大数。

3.2.4 查询条件示例

1．使用数字型数据作为查询条件

在创建查询时可以使用数值加上运算符组成查询条件。常见示例如表 3.5 所示。

表 3.5 数值作为查询条件示例

字段名	条件	功能
成绩	<60	查询成绩小于 60 分的记录
	Between 80 and 100	查询成绩在 80-100 分之间的记录
	>=80 and <=100	

续表

字段名	条件	功能
年龄	<=22 Or >=24	查询年龄小于22或年龄大于24的记录
	[年龄] Mod 2=1	查询年龄为奇数的记录

2．使用文本型数据作为查询条件

在创建查询时使用文本值作为查询条件可以限定查询的文本值范围。常见示例如表3.6所示。注意，查询条件中的文本型常量要加上定界符双引号“""”或单引号“''”。

表3.6　文本值作为查询条件示例

字段名	条件	功能
姓名	Like "王*"	查询姓“王”的学生记录
	Left（[姓名],1）="王"	
	InStr（[姓名],"王"）=1	
	Mid（[姓名],1,1）="王"	
	Not Like "王*"	查询不姓“王”的学生记录
	Left（[姓名],1）<>"王"	
	Len（[姓名]）=2	查询姓名为两个字的学生记录
籍贯	"湖北" Or "湖南"	查询籍贯为“湖南”或“湖北”的学生记录
	In（"湖北","湖南"）	
课程名称	Right（[课程名称],2）="设计"	查询课程名称最后两个字为“设计”的记录
	Like"计算机*"	查询课程名称开始三个字为“计算机”的记录
	Left（[课程名称],3）="计算机"	
	InStr（[课程名称],"计算机"）=1	
	Like"*计算机*"	查询课程名称包含“计算机”三个字的记录
职称	"教授"	查询职称为“教授”的记录
	Right（[职称],2）="教授"	查询职称为“教授”的记录
职称	"教授" Or "副教授"	查询职称为“教授”或“副教授”的记录
	InStr（[职称],"教授"）=1 Or InStr（[职称],"教授"）=2	
学号	Mid（[学号],7,2）="09"	查询学号第7、8位为“09”的记录
	InStr（[学号],"09"）=7	

3．使用日期型数据作为查询条件

使用日期型数据作为查询条件可以限定查询时日期的范围。常见示例如表3.7所示。注意，查询条件中的日期型常量要加上定界符“#”。

表3.7　日期值作为查询条件示例

字段名	条件	功能
出生日期	Year（[出生日期]）=1992	查询1992年出生的学生记录
	Between #1992-1-1# and #1992-12-31#	
	Year(Date())-Year([出生日期])<=22	查询年龄小于等于22岁的学生记录
	Date()-[出生日期]<=22*365	
工作时间	<Date()-15	查询15天之前参加工作的记录
	Date()-[工作时间]<=15	查询15之内参加工作的记录
	Between Date()-15 and Date()	

续表

字段名	条件	功能
工作时间	Year（[工作时间]）>2008	查询2008年以后参加工作的记录
	Year（[工作时间]）=2010 And Month（[工作时间]）=6	查询2010年6月参加工作的记录

4．使用空值作为查询条件

空值是用 Null 或空白来表示字段的值。空字符串是用双引号括起来的字符串，且双引号中间没有任何字符。使用空值作为查询条件的示例如表3.8所示。

表3.8　　空值或空字符串作为查询条件示例

字段名	条件	功能
联系电话	Is Null	查询联系电话为空的记录
	Is Not Null	查询联系电话为非空的记录
姓名	""	查询姓名为空的记录

注意，在查询条件中出现的字段名称必须用方括号括起来，而且数据类型应与对应字段定义的数据类型相符合。

3.3 选择查询

从一个或多个数据源中获取数据的查询称为选择查询。创建选择查询的方法有两种，使用查询向导和设计视图。查询向导能够引导用户顺利的创建查询，详细说明了每一个操作步骤。设计视图不仅可以创建查询，可以对已有查询进行修改。需要注意的是，查询向导不能设置查询条件。如查询中需要设置条件，则需用设计视图来设计。

3.3.1 使用查询向导

使用查询向导创建查询较为简单，用户可以在向导引导下选择一个表或多个表中的字段设计查询。

1．使用简单查询向导

例 3-1 利用查询向导，查询学生所选课程的成绩，并显示“学号”、“姓名”、“课程名称”和“成绩”，所建查询命名为“学生选课成绩”。

（1）在 Access 窗口中，单击“创建”选项卡下“查询”组中的“查询向导”按钮，打开“简单查询向导”第 1 个对话框。在该对话框中的“表/查询”下拉列表中选择“学生”表，双击“可用字段”列表框中的“学号”、“姓名”字段，将它们添加到“选定字段”中。

（2）利用相同的方法，将“课程”表中的“课程编号”字段、“选课成绩”表中的“成绩”字段添加到“选定字段”列表框中，如图3.1所示。

（3）单击“下一步”按钮，打开“简单查询向导”第2个对话框。在该对话框中可以选择“明细”和“汇总”两个选项。“明细”选项表示查看详细信息。“汇总”选项表示对一组或全部记录进行统计。本例中选择“明细”选项。

（4）单击“下一步”按钮，打开“简单查询向导”第3个对话框，在“请为查询指定标题”文本框中输入查询名称“学生选课成绩”。

（5）单击“完成”按钮，显示查询结果，如图3.2所示。

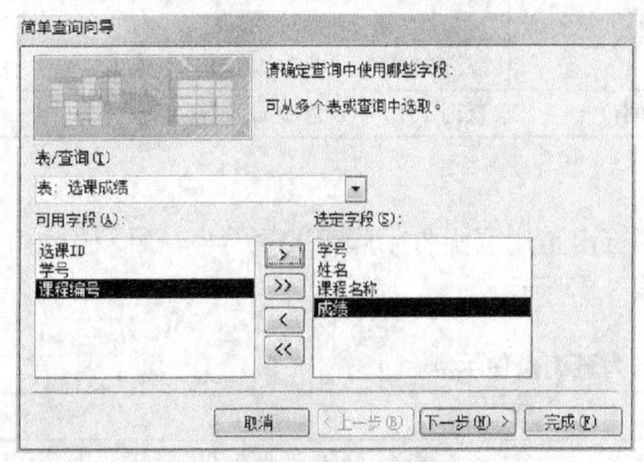

图3.1 选定查询字段

学号	姓名	课程名称	成绩
2010130101	陈辉	马克思主义基本原理理论	89
2010130101	陈辉	应用语言学	68
2010130101	陈辉	高等数学	58
2010130102	何帆	概率与统计	95
2010130102	何帆	程序设计基础Access	65
2010130102	何帆	大学物理	87
2010130102	何帆	基础英语	79
2010130106	杨涵	马克思主义基本原理理论	76
2010130106	杨涵	应用语言学	86
2010130106	杨涵	程序设计基础Access	68
2010130106	杨涵	大学物理	96
2010130106	杨涵	财务管理学	69
2010130109	赵雪莹	马克思主义基本原理理论	68
2010130109	赵雪莹	大学英语	74
2010130109	赵雪莹	高等数学	71
2010130109	赵雪莹	概率与统计	72
2010130203	袁苑	财务管理学	85
2010130203	袁苑	文化语言学	86
2010130204	耿玉函	文化语言学	69

图3.2 学生选课成绩查询结果

2．使用查找不匹配项查询向导

在关系数据库的表之间建立关系后，通常表中的一条记录和另一个表中的多条记录相匹配。但是也可能存在另一个表中没有记录与之匹配的情况。例如，在“教学管理”数据库中可能会出现某些学生没有选修课的情况。

例 3-2 创建一个查询，查找没有选修课的学生记录，并显示学生的“学号”和“姓名”，所建查询命名为“没有选修课的学生”。

分析：查询要查找的是没有选修课的学生，那么就是要查找学生表中“学号”字段有并且“选课成绩”表中“学号”字段没有的学生学号。本例可以通过“查找不匹配项查询向导”来实现。

（1）在Access窗口中，单击“创建”选项卡下“查询”组中的“查询向导”按钮，打开“查找不匹配项查询向导”第1个对话框。

（2）选择查询结果中要求显示记录的表。这里查询结果要显示“学号”和“姓名”，在该对话框中，选择“表：学生”选项，如图3.3所示。

（3）单击“下一步”按钮，打开“查找不匹配项查询向导”第2个对话框，选择“表：选课成绩”选项，如图3.4所示。

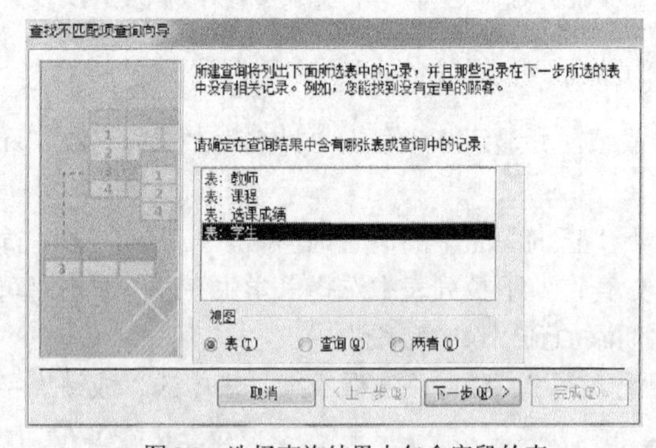

图3.3 选择查询结果中包含字段的表

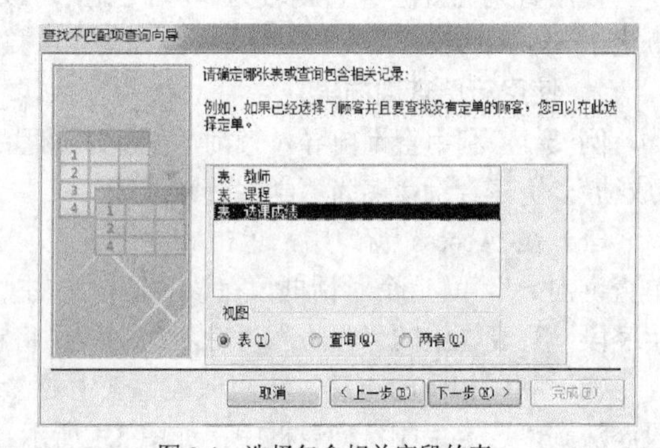

图3.4 选择包含相关字段的表

（4）单击“下一步”按钮，打开“查找不匹配项查询向导”第3个对话框。确定两个表中都有的信息为“学号”字段。选中两个表的“学号”，单击对话框上的 <=> 按钮进行字段匹配。

（5）单击“下一步”按钮，打开“查找不匹配项查询向导”第4个对话框。选择查询结果要显示的字段，这里选择“学号”和“姓名”，如图3.5所示。

（6）单击“下一步”按钮，打开“查找不匹配项查询向导”最后一个对话框。在“指定查询名称”文本框中输入“没有选修课的学生”，单击“完成”按钮查看结果，如图3.6所示。

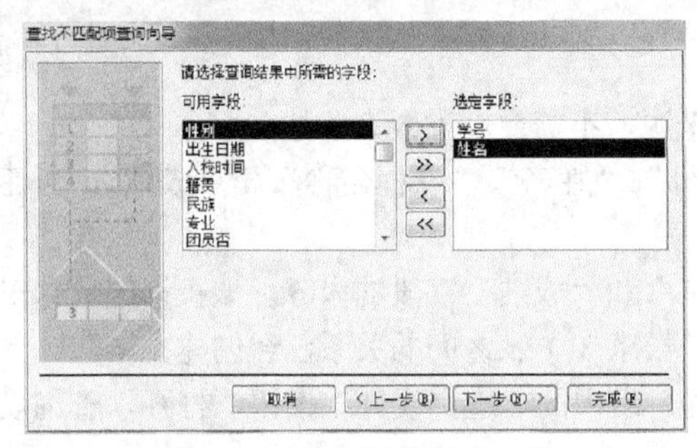

图3.5 确定查询结果中的字段

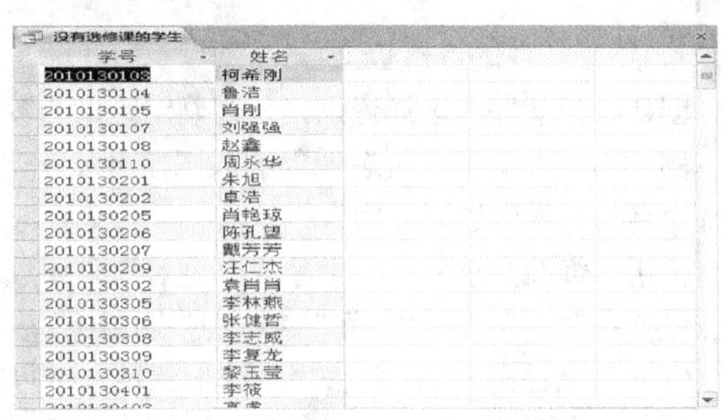

图3.6 没有选修课的学生查询结果

3.3.2 使用设计视图

1. 查询的视图

Access 查询有 5 种视图，分别是设计视图、数据表视图、SQL 视图、数据透视表视图和数据透视图视图。查询设计视图用来设计查询，数据表视图用于显示查询的运行结果。在实际应用中，查询的设计多种多样，在 Access 中虽然提供了查询向导功能，但是利用查询向导只能创建不带条件的简单查询，而对于带条件的查询，或复杂的查询，则需要利用查询设计视图来完成设计。查询设计视图的组成如图3.7所示。

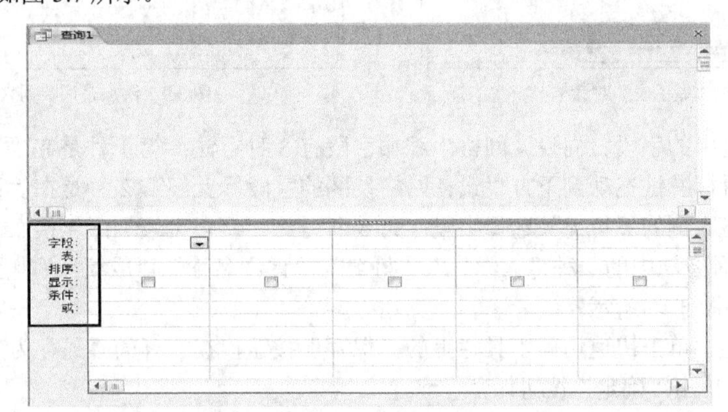

图3.7 查询设计视图

查询设计视图分为上下两个部分。上半部分为“字段列表”区，显示所选数据来源中的所有字段。下半部分为“设计网格”区，用来设计查询。设计网格中每行的功能如表3.9所示。

表3.9 设计网格中每行的功能

行的名称	功能
字段	查询结果中所需要的字段
表	查询中字段的数据来源
排序	定义字段的排序方式
显示	定义字段是否在查询数据表视图中显示
条件	设置查询条件
或	设置查询条件

注意，当查询需要设置多个条件时，如果多个条件设置在同一行内，各个条件之间为“与”的逻辑关系；如果多个条件分别设置在“条件”行和“或”行内，各个条件之间为“或”的逻辑关系。

2．不带条件的选择查询

创建不带条件的选择查询，只需确定查询的数据来源，不需要设置查询条件。

例 3-3　查询学生所选课程的成绩，并显示“学号”、“姓名”、“课程名称”和“成绩”，所建查询命名为“学生选课成绩”。

分析：查询要求显示“学号”、“姓名”、“课程名称”和“成绩”字段的内容，该查询的数据来源应包括“学生”表、“课程”表、“选课成绩”表，并要求 3 个表之间的关系已经创建完毕。

（1）在 Access 中，单击“创建”选项卡下“查询”组中的“查询设计”按钮，打开“查询设计视图”窗口和“显示表”对话框，如图 3.8 所示。

（2）选择查询数据来源。在“显示表”对话框中双击“学生”表、“课程”表和“选课成绩”表，添加到查询设计视图的“字段列表”区，如图 3.9 所示。

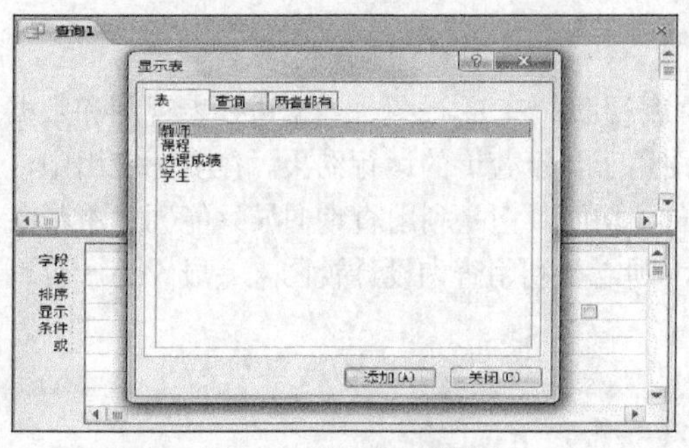

图 3.8 “显示表”对话框

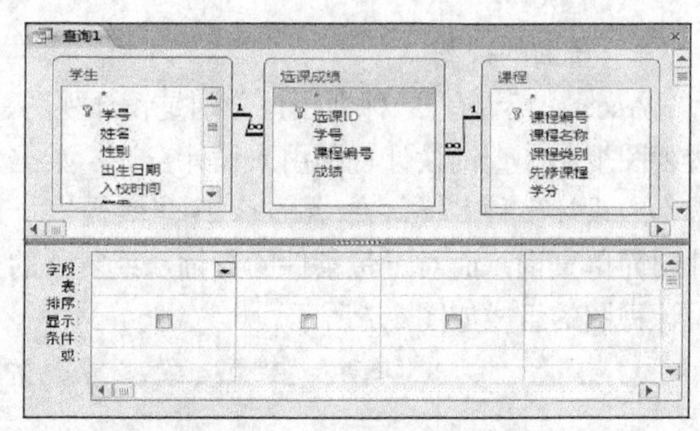

图 3.9　添加查询数据来源

（3）添加查询中的字段。向设计网格中添加字段有 3 种方法：第 1 种是在“字段列表”区中选中该字段按住鼠标左键拖动到下方“设计网格”区的字段行上；第 2 种是在“设计网格”区字段行上单击单元格右侧的下拉箭头选择字段；第 3 种是在“字段列表”区直接双击需要添加的字段。按照上述 3 种方法中的一种将“学号”、“姓名”、“课程名称”、“成绩”添加到“设计网格”区的字段行上，如图 3.10 所示。

（4）保存查询。单击快速访问工具栏上的“保存”按钮，在打开的“另存为”对话框中输入“学生选课成绩”，单击“确定”按钮保存查询。

（5）运行查询。单击“设计”选项卡下“结果”组中的“运行”按钮 ！，切换到“数据表视图”。可以查看“学生选课成绩”查询的运行结果，如图 3.11 所示。

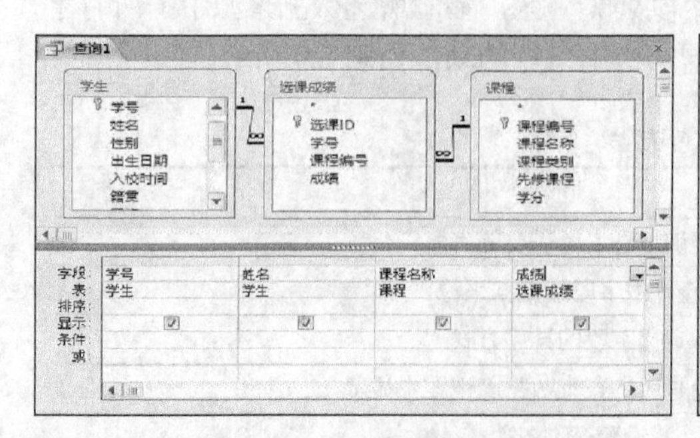

图 3.10　添加查询所需字段

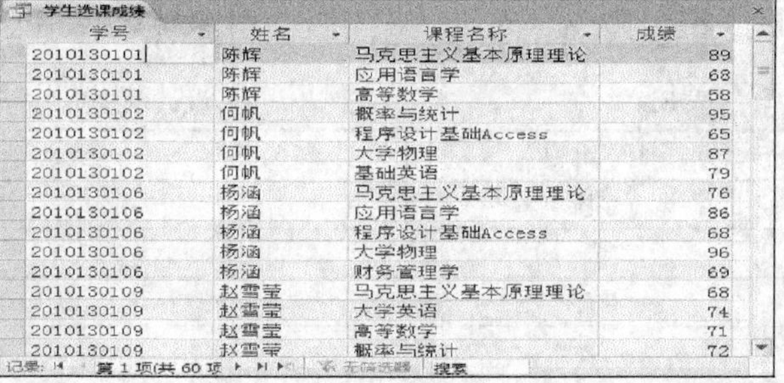

学生选课成绩

学号	姓名	课程名称	成绩
2010130101	陈辉	马克思主义基本原理理论	89
2010130101	陈辉	应用语言学	68
2010130101	陈辉	高等数学	58
2010130102	何帆	概率与统计	95
2010130102	何帆	程序设计基础Access	65
2010130102	何帆	大学物理	87
2010130102	何帆	基础英语	79
2010130106	杨涵	马克思主义基本原理理论	76
2010130106	杨涵	应用语言学	86
2010130106	杨涵	程序设计基础Access	68
2010130106	杨涵	大学物理	96
2010130106	杨涵	财务管理学	69
2010130109	赵雪莹	马克思主义基本原理理论	68
2010130109	赵雪莹	大学英语	74
2010130109	赵雪莹	高等数学	71
2010130109	赵雪莹	概率与统计	72

记录：第 1 项(共 60 项　无筛选器　搜索

图 3.11 “学生选课成绩”结果

3．带条件的选择查询

创建带条件的选择查询，不仅要确定查询的数据来源，还需要设计查询的条件。如果查询中出现多个条件时，还需考虑各个条件之间的逻辑关系。

例 3-4 创建一个查询，查找 2000 年参加工作的教师，并显示“教师编号”、“姓名”、“性别”、“职称”和“所在学院”，所建查询命名为“2000 年参加工作的教师”。

分析：查询结果要求显示“教师编号”、“姓名”、“性别”、“职称”和“所在学院”字段信息，确定查询数据来源为“教师”表。注意，查询结果没有要求显示“工作时间”，但是查询条件需要使用这个字段，所以在确定查询所需字段时必须选择该字段。查询条件为 2000 年参加工作的教师，利用 3.1 节中所介绍的函数或运算符来表示查询条件 Year（[工作时间]）=2000 或 Between #2000-1-1# And #2000-12-31#。

（1）打开“查询设计视图”，将“教师”表添加到设计视图上半部分“字段列表”区。

（2）添加查询字段并设置显示字段。分别双击“教师编号”、“姓名”、“性别”、“职称”、“所在学院”和“工作时间”字段，将它们添加到“设计网格”区的字段行上。查询结果没有要求显示“工作时间”字段，将“工作时间”字段“显示”行上复选框内的√去掉。

（3）输入查询条件。在“工作时间”字段的“条件”行中输入 Year（[工作时间]）=2000，如图 3.12 所示。

（4）保存查询。单击快速访问工具栏上的“保存”按钮，在打开的“另存为”对话框中输入“2000 年参加工作的教师”，单击“确定”按钮保存查询。

（5）切换到数据表视图，查看查询结果，如图 3.13 所示。

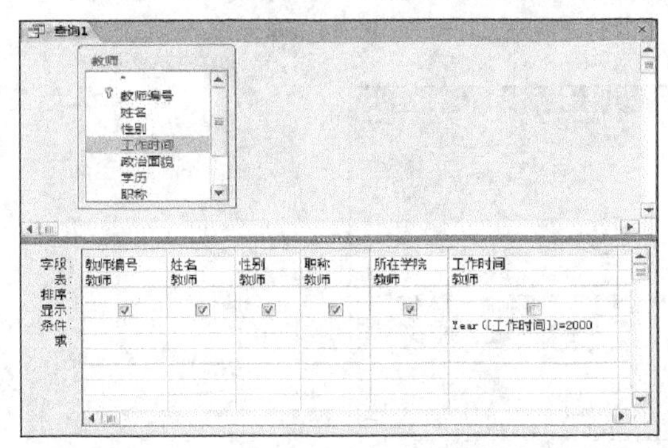

图 3.12　设置查询条件

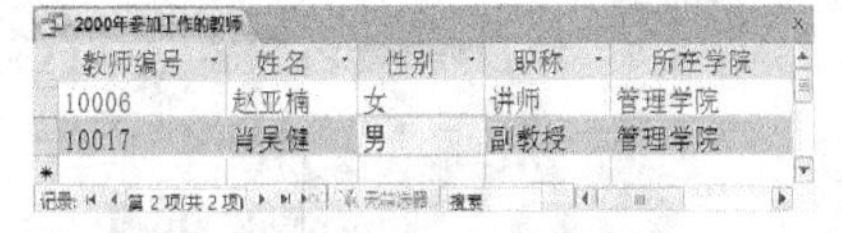

图 3.13　2000 年参加工作的教师

例 3-5 创建一个查询，查找姓名为 3 个字姓“李”的学生记录，显示“学号”、“姓名”、“性别”、“专业”字段内容，所建查询命名为“姓名为 3 个字的李姓同学”。

分析：根据查询结果所要求的字段确定查询数据来源为“学生”表。查询中包括两个条件：姓名为 3 个字、姓氏为“李”。两个条件都是针对于“姓名”字段，两个条件之间是“与”的逻辑关系，查询条件表达式为 Len（[姓名]）=3 And Like “李*”。

（1）打开“查询设计视图”，将“学生”表添加到“字段列表”区。

（2）添加查询字段并设置显示字段。分别双击“学号”、“姓名”、“性别”和“专业”字段，将它们添加到“设计网格”区的字段行上。

（3）输入查询条件。在“姓名”字段的“条件”行中输入 Len（[姓名]）=3 And Like“李*”，如图 3.14 所示。

（4）保存查询并切换到数据表视图，运行结果如图 3.15 所示。

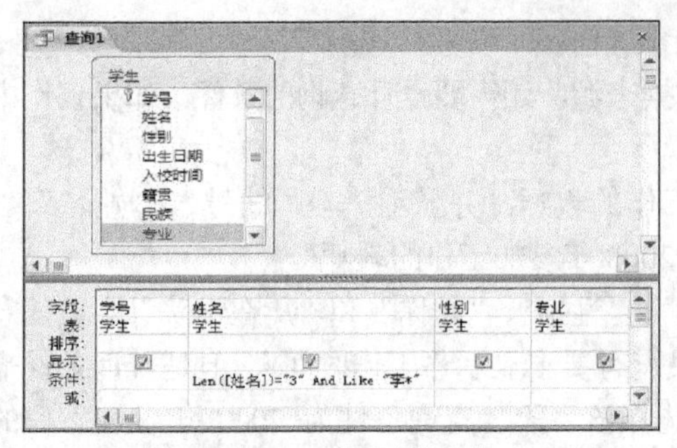

图 3.14　设置查询条件

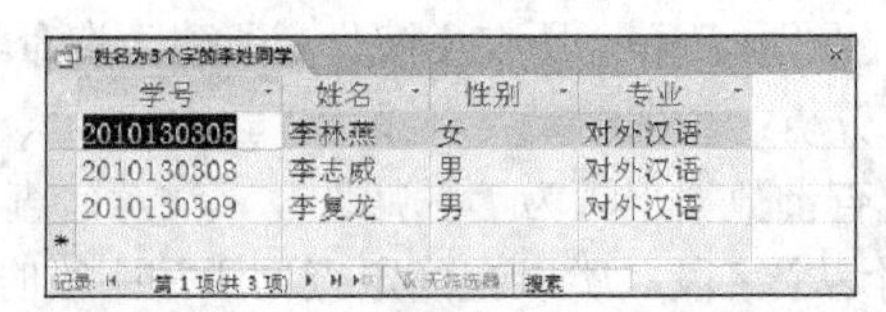

姓名为3个字的李姓同学

学号	姓名	性别	专业
2010130305	李林燕	女	对外汉语
2010130308	李志威	男	对外汉语
2010130309	李复龙	男	对外汉语

图 3.15　姓名为 3 个字的李姓同学

例 3-6　创建一个查询，查找没有“运动”爱好的女生记录，显示“学号”、“姓名”、“性别”、“籍贯”字段内容，所建查询命名为“没有运动爱好的女生”。

分析：根据查询所要求的字段确定查询的数据来源为“学生”表。查询中包括两个条件：没有运动爱好、性别为女。没有运动爱好对于简历字段进行条件设置，其条件表达式为 Not Like　“*运动*”。两个条件之间的逻辑关系为“与”，设计时写在同一条件行上。

（1）打开“查询设计视图”，将“学生”表添加到“字段列表”区。

（2）添加查询字段并设置显示字段。分别双击“学号”、　“姓名”、“性别”、“籍贯”和“简历”字段，将它们添加到“设计网格”区的字段行上。将“简历”字段“显示”行上复选框内的“ √”去掉。

（3）输入查询条件。在“简历”字段的“条件”行中输入 Not Like　“*运动*”，在“性别”字段的“条件”行中输入“女”，如图 3.16 所示。

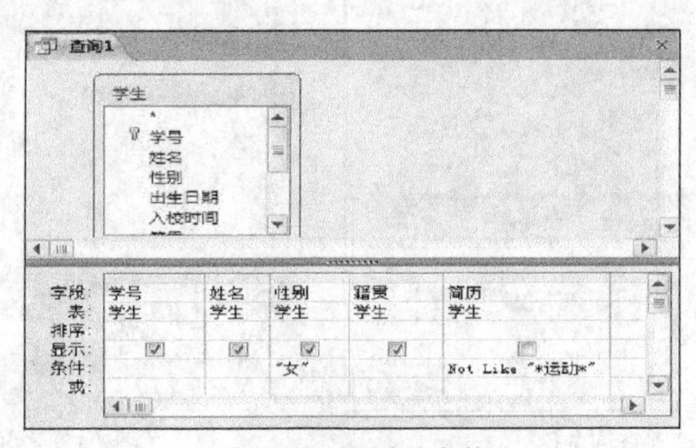

图 3.16　设置查询条件

（4）保存查询并切换到数据表视图，运行结果如图 3.17 所示。

没有运动爱好的女生

学号	姓名	性别	籍贯
2010130104	鲁洁	女	湖北
2010130106	杨涵	女	江苏
2010130109	赵雪莹	女	湖北
2010130203	袁苑	女	山东
2010130204	耿玉函	女	四川
2010130205	肖艳琼	女	山东
2010130207	戴芳芳	女	江苏
2010130301	闫珊珊	女	湖南

图 3.17　没有运动爱好的女生

例 3-7　查询成绩大于等于 80 分的女生和成绩小于 60 分的男生。显示“学号”、“姓名”、“性别”和“成绩”。所建查询命名为“成绩优秀女生和不及格男生”。

分析：根据查询所要求的字段确定查询的数据来源为“学生”表和“选课成绩”表。查询中共有4个条件，条件之间同时存在“与”和“或”的逻辑关系。

（1）打开“查询设计视图”，将“学生”表和“选课成绩”表添加到“字段列表”区。

（2）添加查询字段并设置显示字段。分别双击“学号”、“姓名”、“性别”和“成绩”字段。

（3）输入查询条件。在“性别”字段的“条件”行和“或”中分别输入“男”和“女”，在“成绩”字段的“条件”行和“或”行分别输入"<60"和">=80"，如图3.18所示。

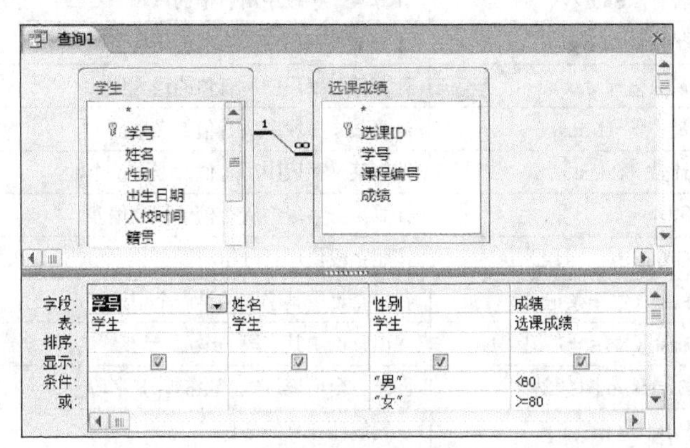

图3.18 使用“或”行设置条件

（4）保存查询并切换到数据表视图，运行结果如图3.19所示。

成绩优秀女生和不及格男生

学号	姓名	性别	成绩
2010130101	陈辉	男	58
2010130106	杨涵	女	86
2010130106	杨涵	女	96
2010130203	袁苑	女	85
2010130203	袁苑	女	86
2010130204	耿玉函	女	83
2010130204	耿玉函	女	84
2010130301	闫珊珊	女	93
2010130301	闫珊珊	女	82
2010130304	余超	男	59
2010130304	余超	男	57
2010130307	陈洋	男	56
2010130402	李梦	女	86
2010130404	马腾飞	男	59
2010130404	马腾飞	男	57
2010130404	马腾飞	男	58

图3.19 成绩优秀女生和不及格男生

3.4 查询计算

前面介绍的查询，仅仅是从数据源中获取符合条件的记录，并没有对查询结果进行更深入的分析和利用。在实际应用中，可以利用查询对查询结果进行统计计算，如合计、计数、平均值、最大值和最小值等。Access 允许利用查询设计网格中的“总计”行进行各种统计计算，通过创建计算字段进行任意类型的计算。

查询中的计算功能可以分为两大类：预定义计算和自定义计算。预定义计算利用 Access 所提供的计算功能进行计算。自定义计算可由用户设置计算公式对查询中的一个或多个字段进行计算。

3.4.1 预定义计算

在查询设计视图中，单击“显示/隐藏”组中的“汇总”按钮Σ，可以在“设计网格”中增加一个“总计”行。单击“总计”行单元格右侧的下拉箭头，可以在列表中选择各计算功能来对查询结果中的字段进行统计计算。表3.10中列出了Access中所提供的统计计算功能。

表3.10 “总计”项中各统计计算名称及功能

总计项		功能
函数	合计（Sum）	计算某一字段中所有值的总和
	平均值（Avg）	计算某一字段中所有值的平均值
	最大值（Max）	计算某一字段中所有值的最大值
	最小值（Min）	计算某一字段中所有值的最小值
	计数（Count）	计算某一字段中所有值的非空值个数
	StDev	计算某一字段中所有值的标准偏差
其他选项	Group By（分组）	按照字段值进行分组
	First（第一条记录）	找出查询中某字段的第一个记录
	Last（最后一条记录）	找出查询中某字段的最后一记录
	Expression（表达式）	创建一个由表达式产生的计算字段
	Where（条件）	设置统计计算的条件

例3-8 统计男女教师人数，所建查询命名为“男女教师人数”。

分析：根据查询要求确定查询数据来源为教师表。该查询中需按“性别”字段值进行分组，利用“总计”项中“计数”功能按照“教师编号”字段进行计数。

（1）打开“查询设计视图”，将“教师”表添加到“字段列表”区。

（2）将“性别”字段和“教师编号”字段添加到“设计网格”中。

（3）单击“显示/隐藏”组中的“汇总”按钮Σ，在“设计网格”中增加一个“总计”行，并自动将“总计”行显示为“Group By”。

（4）保留“性别”字段“总计”行中的“Group By”，单击“教师编号”字段“总计”行右侧的下拉箭头，从打开的下拉列表中选择“计数”，如图3.20所示。

（5）保存查询。切换到数据表视图，查看查询结果，如图3.21所示。

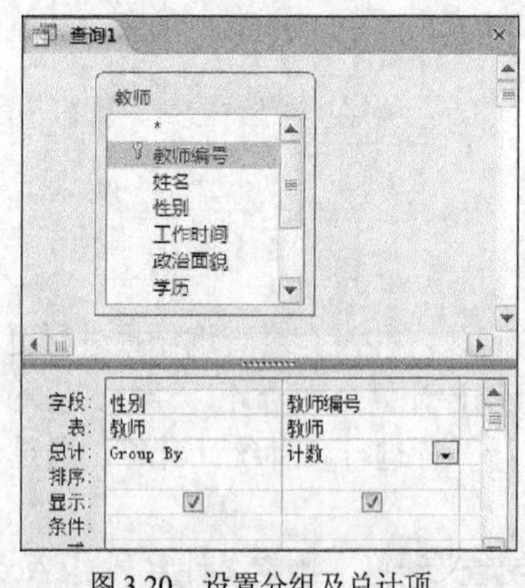

图3.20 设置分组及总计项

图3.21 男女教师人数

例3-9 创建一个查询，查找教师工龄为10年以上（含10年）的教师人数，所建查询命名为“工作10年以上的教师”。

分析：根据查询要求查询数据来源为“教师”表。查询条件为工龄在10年（含10年）以上，该条件的表达式为 Year(Date())-Year([工作时间])>=10。利用“总计”项的“计数”功能统计教师人数。

（1）打开“查询设计视图”，将“教师”表添加到“字段列表”区。

（2）将“工作时间”字段和“教师编号”字段添加到“设计网格”中。

（3）在“工作时间”字段的“条件”行中输入 Year(Date())-Year([工作时间])>=10

（4）单击“显示/隐藏”组中的“汇总”按钮Σ，在“教师编号”字段的“总计”行选择“计数”，在“工作时间”字段的“总计”行选择“Where”，如图 3.22 所示。

（5）保存查询。切换到数据表视图，查看查询结果，如图 3.23 所示。

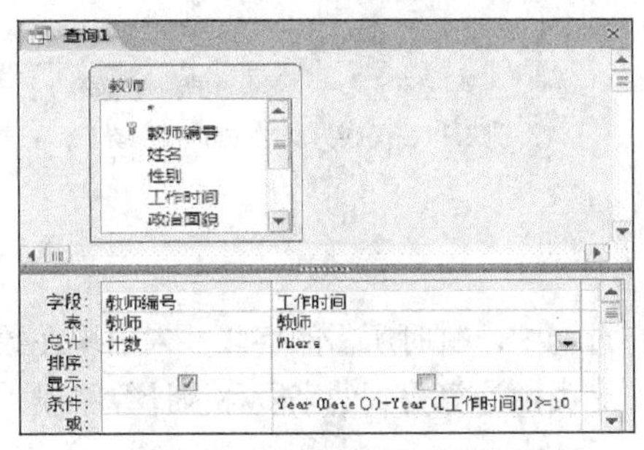

图 3.22 设置查询条件及总计项

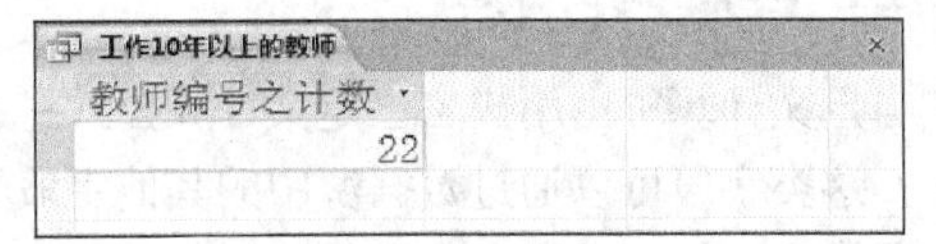

图 3.23 工作 10 年以上的教师

例 3-10 统计汉族男女学生选修课成绩的平均值，并显示“性别”和“平均成绩”字段，所建查询命令为“汉族男女学生平均成绩”。

分析：查询数据来源为“学生”表和“选课成绩”表。查询条件为民族是汉族。按“性别”字段值进行分组，利用“总计”项中的“平均值”选项对“成绩”字段求平均值。

（1）打开“查询设计视图”，将“学生”表和“选课成绩”表添加到“字段列表”区。

（2）将“民族”字段、“性别”和“成绩”字段添加到“设计网格”中。

（3）在“民族”字段的“条件”行中输入“汉族”。

（4）单击“显示/隐藏”组中的“汇总”按钮Σ，在“民族”字段的“总计”行选择“Where”，在“性别”字段的“总计”行选择“Group By”，在“成绩”字段的“总计”行选择“平均值”，如图 3.24 所示。

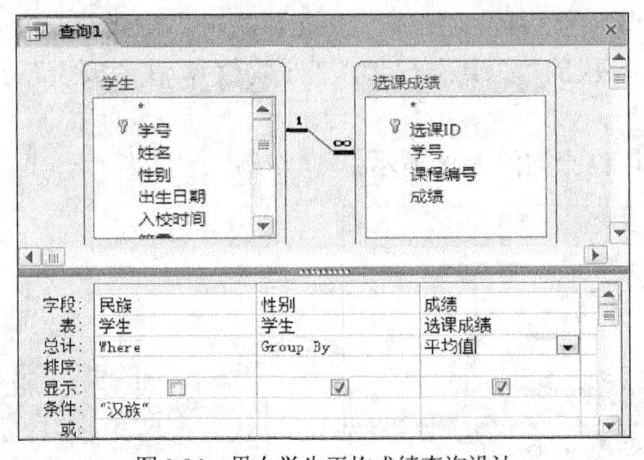

图 3.24 男女学生平均成绩查询设计

（5）查询中最后一个字段要显示为“平均成绩”，在“设计网格”中第 3 个字段“成绩”前输入“平均成绩:”，如图 3.25 所示。

（6）保存查询并运行，查询结果如图3.26所示。

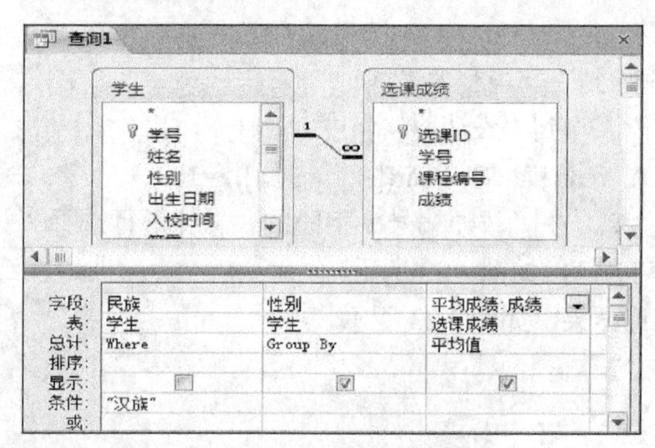

图3.25 命名字段标题

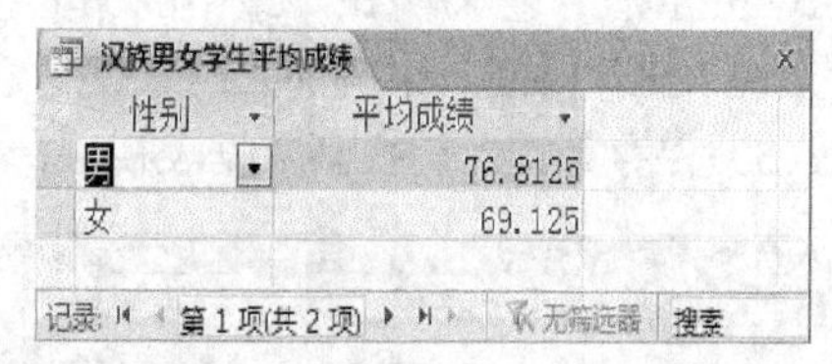
汉族男女学生平均成绩

性别	平均成绩
男	76.8125
女	69.125

记录：第1项(共2项) 无筛选器 搜索

图3.26 汉族男女学生平均成绩

3.4.2 自定义计算

自定义计算可由用户自己定义计算公式进行计算。在查询中，有时所需的字段并未出现在数据源中，这类字段可以通过数据源中的其他字段计算得到，这类由计算得到的字段称为计算字段。计算字段格式：计算字段名称:计算公式。

例 3-11 创建一个查询，查找各班学生选修课成绩的平均值，并显示“班级编号”和“平均成绩”两个字段，所建查询命名为“班级平均成绩”。注意，“班级编号”为“学号”的前8位。

分析：查询数据来源为“学生”表和“选课成绩”表。在“学生”表中没有“班级编号”字段，在查询结果中要求显示“班级编号”，那么“班级编号”字段的值由计算得到，其格式为：班级编号:Left（[学生]![学号]，8）。由于两个表中都有“学号”字段，所以，在学号字段左边加上“[学生]!”指定是对“学生”表中的“学号”字段取前 8 为字符构成“班级编号”字段的值。对“班级编号”字段值进行分组，对“成绩”字段求平均值。“成绩”字段名称的左边需加上计算字段名称“平均成绩:”。

（1）打开“查询设计视图”，将“学生”表和“选课成绩”表添加到“字段列表”区。

（2）在“设计网格”的第 1 列“字段”行中输入：班级编号:Left（[学生]![学号]，8）。添加“成绩”字段到“设计网格”中。

（3）单击“显示/隐藏”组中的“汇总”按钮Σ，在“班级编号”字段的“总计”行选择“Group By”，在“成绩”字段的“总计”行选择“平均值”，在“成绩”字段的左侧加上“平均成绩:”，如图3.27所示。

（4）保存查询并运行。结果如图3.28所示。

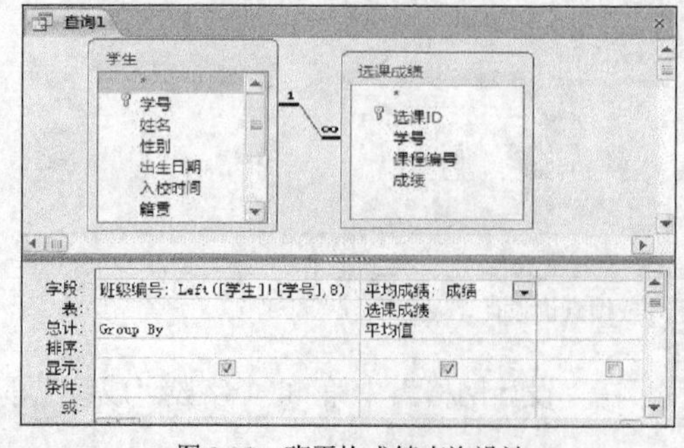

图3.27 班平均成绩查询设计

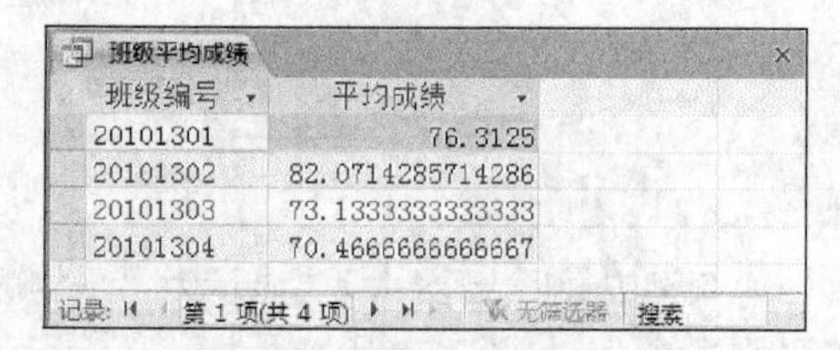
班级平均成绩

班级编号	平均成绩
20101301	76.3125
20101302	82.0714285714286
20101303	73.1333333333333
20101304	70.4666666666667

记录：第1项(共4项) 无筛选器 搜索

图3.28 各班平均成绩

例 3-12 创建一个查询，计算并输出最大教师工龄与最小工龄的差值，字段名称显示“最大工龄”、“最小工龄”和“work_age”。所建查询命名为“教师工龄差值”。

分析：该查询数据来源为“教师”表。在“教师”表中并没有“工龄”字段，“工龄”字段的值可由计算公式 Year(Date())-Year([工作时间])得到。利用“总计”项的“最大值”和“最小值”功能分别对“工龄”字段求最大值和最小值，并分别在年龄计算公式的左侧加上“最大工龄：”和“最小工龄：”。“work_age”字段的值由计算达式 work_age:[最大工龄]-[最小工龄]得到。

（1）打开“查询设计视图”，将“教师”表添加到“字段列表”区。

（2）在“设计网格”的第 1 列和第 2 列“字段”行中输入：最大工龄:Year(Date())-Year([工作时间])和最小工龄:Year(Date())-Year([工作时间])。

（3）单击“显示/隐藏”组中的“汇总”按钮Σ，将“最大工龄”字段的“总计”行设置为“最大值”，“最小工龄”字段的“总计”行设置为“最小值”。

（4）在“设计网格”第 3 列“字段”行中输入 work_age:[最大工龄]-[最小工龄]，在“总计”行设置为“Expression”，如图 3.29 所示。

（5）保存并运行查询。结果如图 3.30 所示。

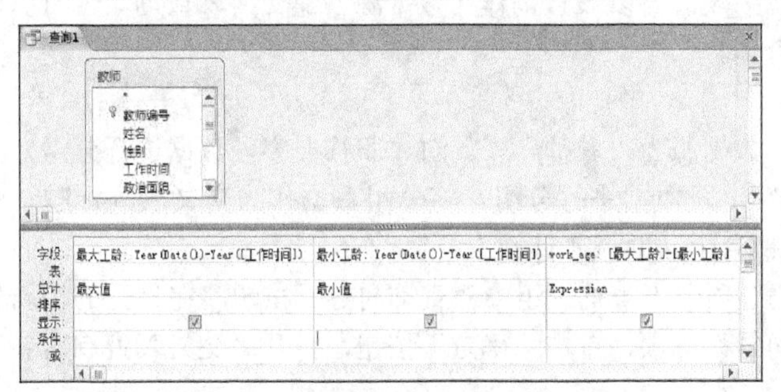

图 3.29 教师工龄差值查询设计

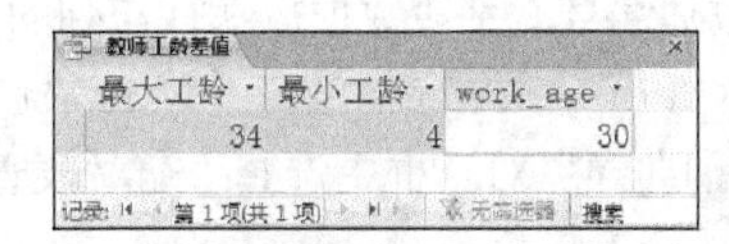

图 3.30 教师工龄差值

例 3-13 创建一个查询，查找教师的“编号”、“姓名”和“联系电话”，然后将其中的“编号”和“姓名”两个字段合二为一，这样，查询的 3 个字段内容以两列形式显示，字段名称分别为“编号姓名”和“联系电话”，所建查询命名为“教师信息”。

分析：查询数据来源为教师表。将“编号”字段值和“姓名”字段值合二为一在一个字段中显示需使用计算字段。表达式：编号姓名:[教师编号]+[姓名]，其中“+”号表示连接。

（1）打开“查询设计视图”，将“教师”表添加到“字段列表”区。

（2）在“设计网格”的第 1 列“字段”行中输入：编号姓名:[教师编号]+[姓名]。将“联系电话”字段添加到“设计网格”第 2 列，如图 3.31 所示。

（3）保存并运行查询。结果如图 3.32 所示。

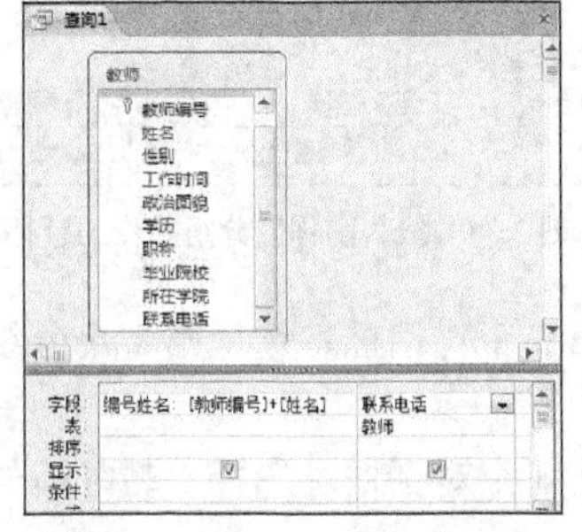

图 3.31 合并编号和姓名的值

图 3.32 教师信息

3.5 交叉表查询

交叉表查询对数据源中数据进行分组，分组的数据一组显示在行，一组显示在列，并对分组后的数据进行计数、合计、求平均值、求最大值和最小值等统计计算。利用交叉表查询可以方便的对数据源中的数据进行分析和统计，用户可以从大量的数据中直接查看分析结果。

在 Access 中提供了两种创建交叉表查询的方法：交叉表查询向导和查询设计视图。在创建交叉表查询时，需要指定 3 个字段：一个字段的分组数据放在行中作为行标题，一个字段的分组数据放在列中作为列标题，最后一个字段作为统计计算数据放在行与列的交叉位置上。

3.5.1 交叉表查询向导

使用交叉表查询向导创建交叉表查询，数据来源只能是一个表或一个查询。如果要包含多个表中的字段，可以先创建一个查询包含这些字段，再以该查询作为数据源创建交叉表查询。也可以使用设计视图对多个表中字段创建交叉表查询。

例 3-14 统计各职称男女教师人数。

分析：该查询可用交叉表查询实现，数据源为“教师”表。对“职称”字段数据进行分组，将分组数据作为交叉表行标题；对“性别”字段数据进行分组，将分组数据作为交叉表列标题。将“教师编号”字段数据放在行与列的交叉位置上，并做“计数”计算。

（1）在 Access 窗口中单击“创建”选项卡“查询”组中“查询向导”按钮，在打开的“新建查询向导”对话框中选择“交叉表查询向导”选项，单击“确定”按钮，打开“交叉表查询向导”第 1 个对话框。

（2）在“交叉表查询向导”第 1 个对话框中选择查询的数据来源“教师”表，如图 3.33 所示。

（3）单击“下一步”按钮。打开“交叉表查询向导”第 2 个对话框，选择第 1 个分组字段“职称”并作为行标题，如图 3.34 所示。

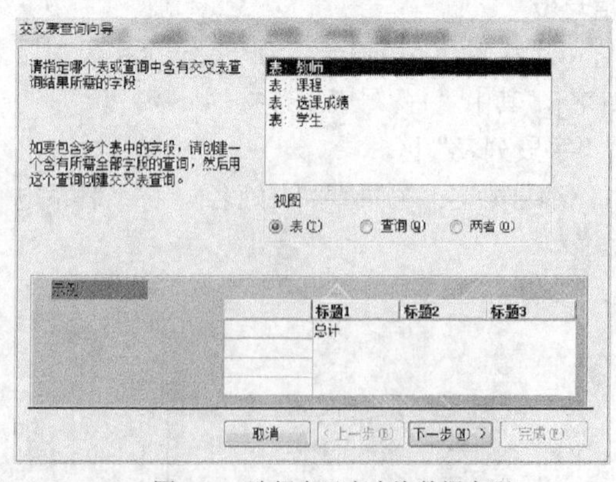

图 3.33 选择交叉表查询数据来源

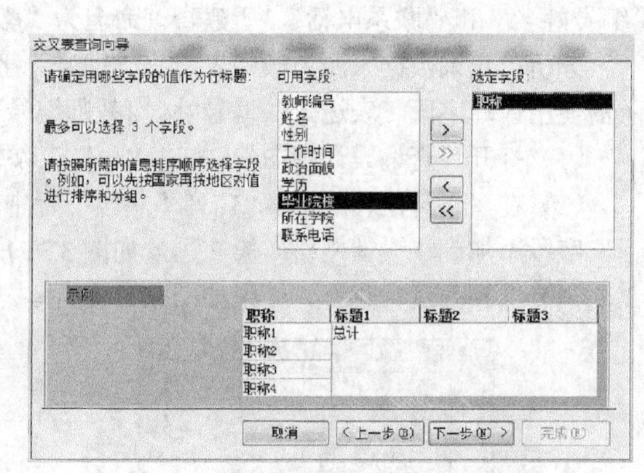

图 3.34 按“职称”分组并作为行标题

（4）单击“下一步”按钮。打开“交叉表查询向导”第 3 个对话框，选择第 2 个分组字段“性别”并作为列标题，如图 3.35 所示。

（5）单击“下一步”按钮。打开“交叉表查询向导”第 4 个对话框，选择“教师编号”字段，在“函数”框中选择“Count”，如图 3.36 所示。

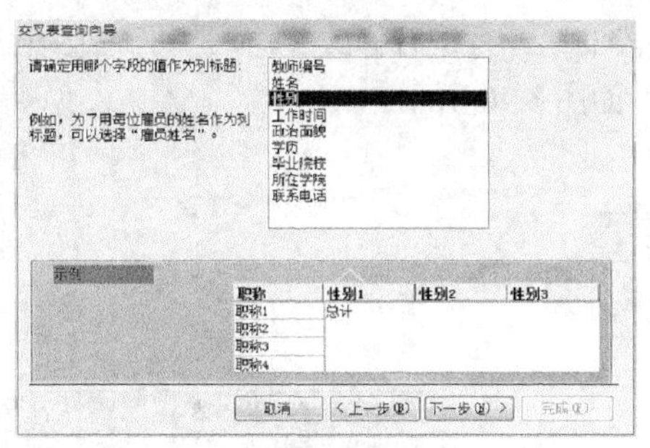

图 3.35 按“性别”分组并作为列标题

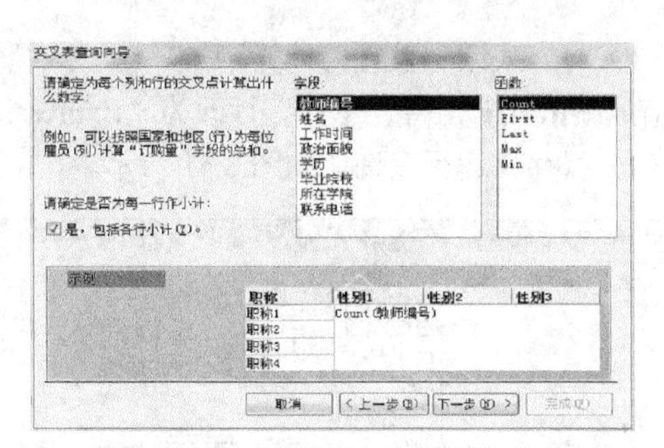

图 3.36 对“教师编号”字段进行计数

（6）单击“下一步”按钮，打开“交叉表查询向导”第 5 个对话框，在该对话框中可更改查询名称。单击“完成按钮”，查看查询结果，如图 3.37 所示。

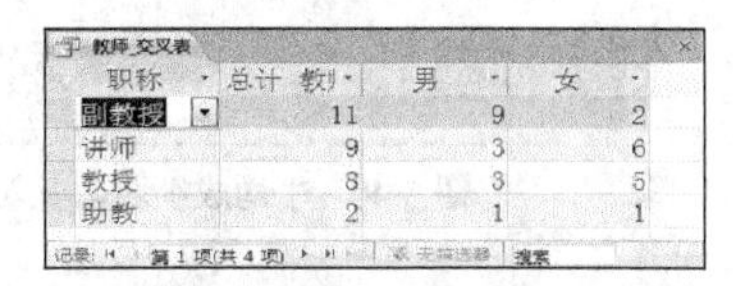

职称	总计 教	男	女
副教授	11	9	2
讲师	9	3	6
教授	8	3	5
助教	2	1	1

图 3.37 各职称男女教师人数

3.5.2 设计试图创建交叉表查询

使用设计视图，可以对多个数据源中的字段创建交叉表查询。

例 3-15 创建一个查询，统计各班男女学生选修课成绩的平均值，将班级编号值作为行标题，性别值作为列标题，所建查询命名为“各班男女学生平均成绩”。注意，班级号为学生编号的前 8 位。

分析：查询数据源为“学生”表和“选课成绩”表。查询中需要两次分组，对“班级编号”字段值进行分组作为行标题，对“性别”字段值进行分组作为列标题。“班级编号”字段值由计算得到，表达式：班级编号:Left([学生]![学号], 8)。分组后对“成绩”字段值求平均值。

（1）打开“查询设计视图”，将“学生”表和“选课成绩”表添加到“字段列表”区。

（2）在“设计网格”的第 1 列“字段”行中输入：班级编号:Left（[学生]![学号]，8）。添加“性别”字段和“成绩”字段到“设计网格”中。

（3）单击“查询类型”组中的“交叉表”按钮，在“设计网格”中增加一个“总计行”和一个“交叉表”行。在“班级编号”字段和“性别”字段的“总计”行选择“Group By”，在“成绩”字段的“总计”行选择“平均值”。在“班级编号”字段的“交叉表”行选择“行标题”，在“性别”字段的“交叉表”行选择“列标题”，在“成绩”字段的“交叉表”行选择“值”，如图 3.38 所示。

（4）保存并运行查询，如图 3.39 所示。

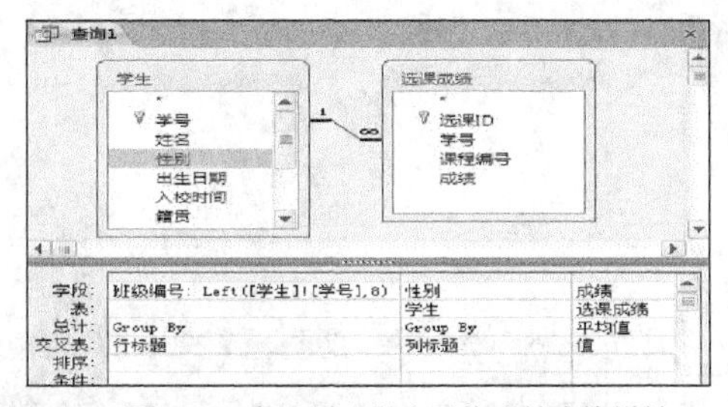

图 3.38 各班男女学生平均成绩查询设计

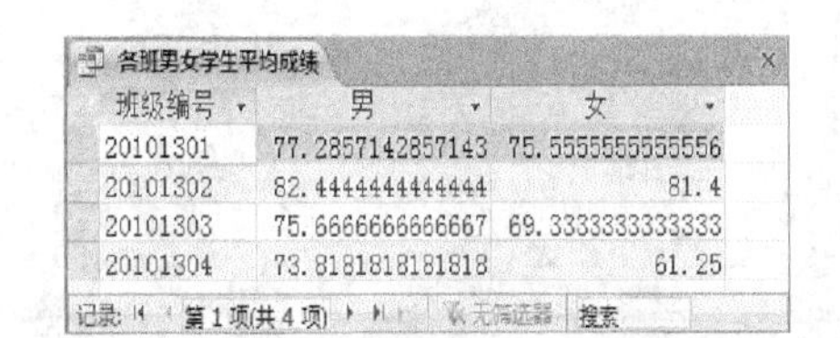

班级编号	男	女
20101301	77.2857142857143	75.5555555555556
20101302	82.4444444444444	81.4
20101303	75.6666666666667	69.3333333333333
20101304	73.8181818181818	61.25

图 3.39 各班男女学生平均成绩

例 3-16 将例 3-15 中的平均成绩四舍五入保留至整数。

分析：平均成绩四舍五入保留至整数有两种方法，可使用 Round()函数完成，也可在“设计视图”的“成绩”字段属性中进行设置。

（1）将“成绩”设置为计算字段。对“成绩”字段的第一行进行修改，输入“平均成绩:Round(Avg([成绩]，0)”，将“总计”行改为“Expression”，如图 3.40 所示

（2）保存并运行查询，如图 3.41 所示。

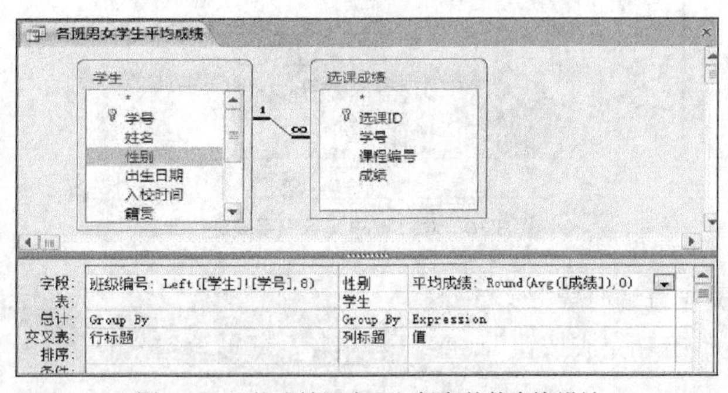

图 3.40　平均成绩四舍五入保留整数查询设计

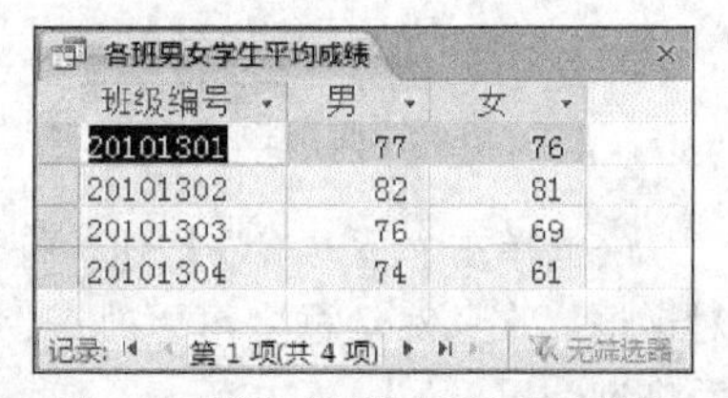

班级编号	男	女
20101301	77	76
20101302	82	81
20101303	76	69
20101304	74	61

图 3.41　平均成绩四舍五入保留整数

在“设计视图”中鼠标右击“成绩”字段，在弹出的“属性表”对话框“常规”选项卡下，将“格式”设置为“固定”，“小数位数”设置为“0”，如图 3.42 所示。查询运行结果如图 3.41 所示。

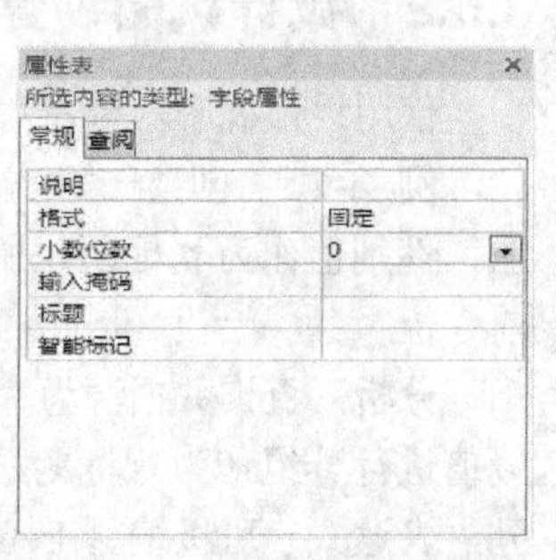

图 3.42 “成绩”字段属性设置

例 3-17　创建一个查询，统计各专业男女学生的平均年龄，所建查询命名为“各专业男女学生平均年龄”。

分析：查询数据来源为“学生”表。对“专业”字段值进行分组并作为行标题，对“性别”字段值进行分组并作为列标题。“年龄”字段为计算字段，计算表达式为“年龄:Year(Date())-Year([出生日期])”。最后对“成绩”字段值求平均值。

（1）打开“查询设计视图”，将“学生”表添加到“字段列表”区。

（2）添加“专业”字段和“性别”字段到“设计网格”中。在“设计网格”的第 3 列“字段”行中输入：年龄:Year(Date())-Year([出生日期])。

（3）单击“查询类型”组中的“交叉表”按钮，在“设计网格”中“专业”字段和“性别”字段的“总计”行选择“Group By”，在“年龄”字段的“总计”行选择“平均值”。在“专业”字段的“交叉表”行选择“行标题”，在“性别”字段的“交叉表”行选择“列标题”，在“年龄”字段的“交叉表”行选择“值”，如图 3.43 所示。

（4）保存并运行查询。结果如图 3.44 所示。

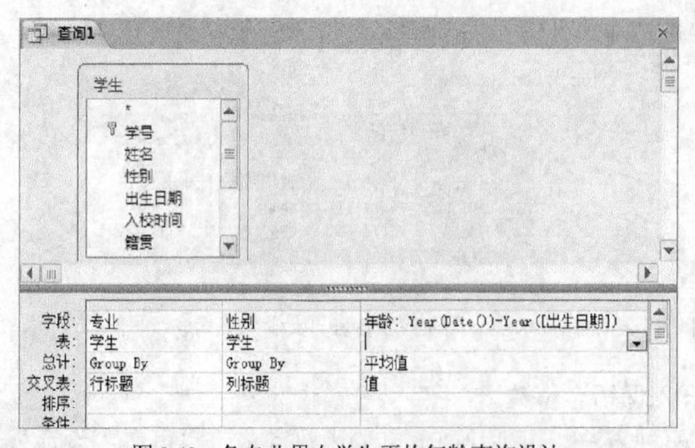

图 3.43　各专业男女学生平均年龄查询设计

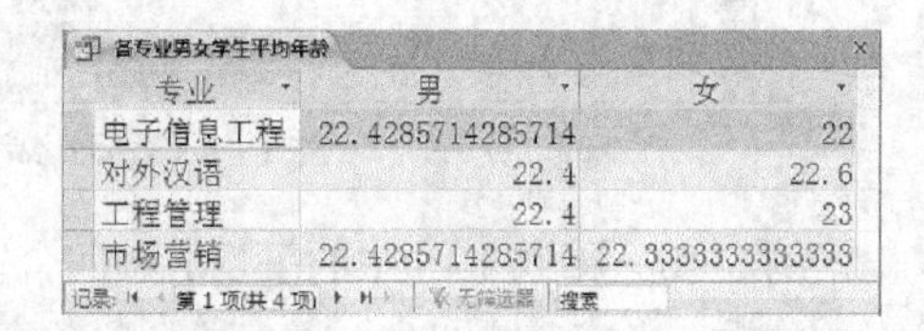

专业	男	女
电子信息工程	22.4285714285714	22
对外汉语	22.4	22.6
工程管理	22.4	23
市场营销	22.4285714285714	22.3333333333333

图 3.44　各专业男女学生平均年龄

3.6 参数查询

前面所介绍的查询，其查询条件都是固定的。如果希望根据一个字段或多个字段的不同值来进行查询，就需要不断的修改查询设计。参数查询是一个可以重复使用的查询，每次查询时可以输入不同的查询条件。参数查询利用对话框，提示用户输入参数查询条件，并检索符合所输参数条件的记录。用户可以根据需要创建单参数查询和多参数查询。

3.6.1 单参数查询

用户在创建单参数查询时，只需在相应的字段中指定一个参数。在执行时，输入一个参数条件。

例 3-18 创建一个查询，当运行该查询时，显示参数提示信息“请输入姓名:”。根据输入的学生姓名查找学生的“学号”、“姓名”、“课程名称”和“成绩”，查询结果按“成绩”降序排序。所建查询命名为“学生选修成绩”。

分析：查询数据来源为“学生”表、“课程”表和“选课成绩”表。在“姓名”字段的条件行输入“[请输入姓名：]”，方括号中的内容为查询运行时出现在对话框上的参数提示信息。

（1）打开“查询设计视图”，将“学生”表、“课程”表和“选课成绩”表添加到“字段列表”区。

（2）添加“学号”字段、“姓名”字段、“课程名称”字段和“成绩”字段到“设计网格”中。在“姓名”字段的条件行中输入“[请输入姓名：]”，在“成绩”字段的“排序”行选择“降序”，如图 3.45 所示。

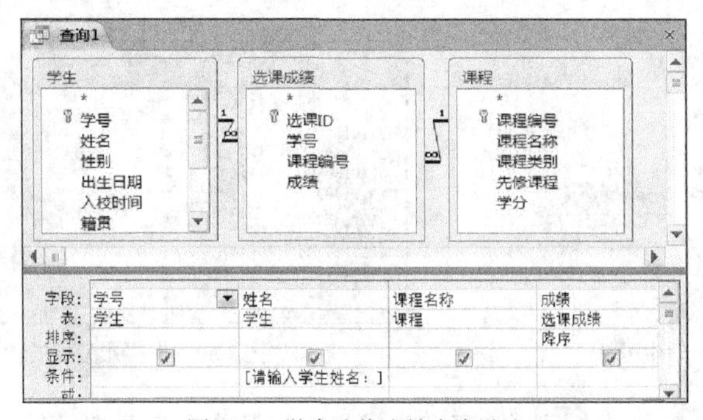

图 3.45 学生选修成绩查询设计

（3）保存并运行查询，出现“输入参数值”对话框，如图 3.46 所示。

（4）在“请输入姓名”文本框中输入“陈辉”，单击“确定”按钮，查看结果，如图 3.47 所示。

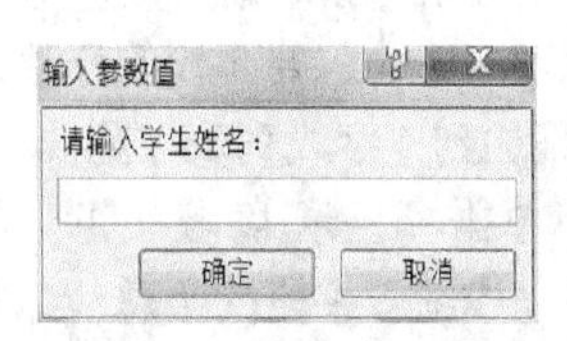

图 3.46 输入学生姓名

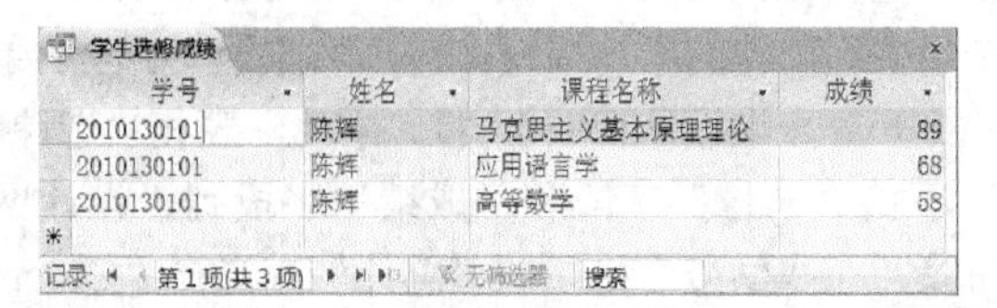

学生选修成绩

学号	姓名	课程名称	成绩
2010130101	陈辉	马克思主义基本原理理论	89
2010130101	陈辉	应用语言学	68
2010130101	陈辉	高等数学	58

记录: 第1项(共3项) 无筛选器 搜索

图 3.47 陈辉学修课成绩

例 3-19 创建一个查询，根据输入的爱好在简历字段中查找具有指定爱好的学生，显示“学号”、“姓名”、“性别”和“简历”4 个字段内容，运行查询时，显示参数提示信息“请输入爱好:”。所建查询命名为“学生爱好”。

分析：查询数据源为“学生”表。在“简历”字段中输入条件 Like“*”& [请输入爱好：] &“*”。方括号括起来的“请输入爱好:”作为参数提示信息，“&”表示连接，“*”表示 0 个或多个字符。要查找的具体爱好有可能出现在简历字段数据的最左面、最右面或中间。所以在“[请输入爱好：]”左右两边连接“*”。

（1）打开“查询设计视图”，将“学生”表添加到“字段列表”区。

（2）添加“学号”字段、“姓名”字段、“性别”字段和“简历”字段到“设计网格”中。在“简历”字段的条件行中输入 Like“*”& [请输入爱好：] &“*”，如图 3.48 所示。

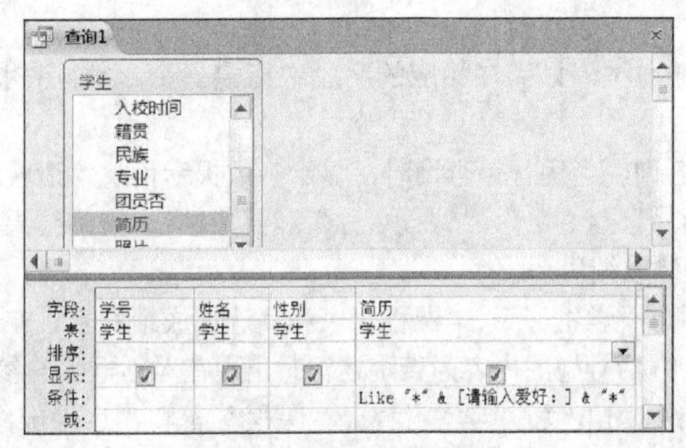

图 3.48 学生爱好查询设计

（3）保存并运行查询，出现“输入参数值”对话框，如图 3.49 所示。

（4）在“请输入爱好”文本框中输入“摄影”，单击“确定”按钮，查看结果，如图 3.50 所示。

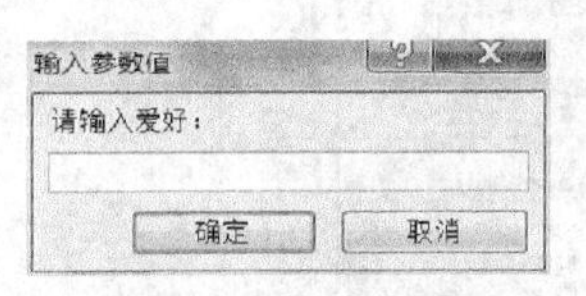

图 3.49 输入学生爱好

学生爱好

学号	姓名	性别	简历
2010130104	鲁洁	女	爱好：摄影
2010130108	赵鑫	男	爱好：绘画，摄影，运动，有
2010130202	卓浩	女	工作能力强，爱好绘画，摄影
2010130206	陈孔望	男	爱好：绘画，摄影，运动，有
2010130308	李志威	男	爱好：绘画，摄影，运动，有
2010130310	黎玉莹	女	爱好：绘画，摄影，运动，书法
2010130402	李梦	女	工作能力强，爱好绘画，摄影
2010130403	高虎	男	爱好：绘画，摄影，运动，有
2010130101	马腾飞	男	上网，运动，计算机软件开发
2010130405	张晓青	男	爱好：绘画，摄影，运动，书法
2010130407	丁华阳	男	爱好：绘画，摄影，运动，有

记录：第 1 项(共 11 项 无筛选器 搜索

图 3.50 有摄影爱好的学生

例 3-20 创建一个查询，当运行该查询时，显示参数提示信息“请输入要比较的分数:”，输入要比较的分数后，该查询查找学生选课成绩的平均分小于输入值的学生信息，并显示“学号”和“平均分”两个字段信息。所建查询命名为“平均分小于输入分数”。

分析：查询数据源为“学生”表和“选课成绩表”。按“学号”分组，按“成绩”求平均值，得出每个学生选修课的平均成绩。在“平均分”字段的条件行输入“<[请输入要比较的分数：]”。

（1）打开“查询设计视图”，将“学生”表和“选课成绩”表添加到“字段列表”区。

（2）添加“学号”字段和“成绩”字段到“设计网格”中。单击“显示/隐藏”组中的“汇总”按钮Σ，在“学号”字段的“总计”行选择“Group By”，在“成绩”字段的“总计”行选择“平均值”，在“成绩”字段的左侧加上“平均分:”。在“平均分”字段的条件行中输入“<[请输入要比较的分数：]”，如图 3.51 所示。

（3）保存并运行查询，出现“输入参数值”对话框，如图 3.52 所示。

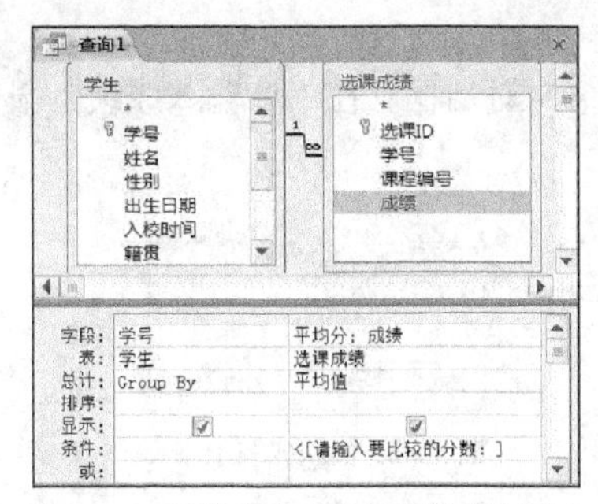

图 3.51 平均分小于输入分数查询设计

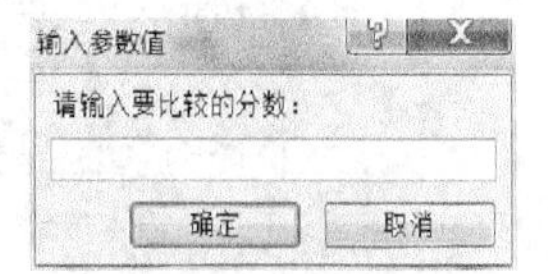

图 3.52 输入要比较的分数

（4）在“请输入要比较的分数”文本框中输入“80”，单击“确定”按钮，查看结果，如图 3.53 所示。

平均分小于输入分数

学号	平均分
2010130101	71.6666666666667
2010130106	79
2010130109	71.25
2010130204	78.6666666666667
2010130208	77.6
2010130303	56.3333333333333
2010130304	74.25
2010130307	76.8
2010130402	61.25
2010130404	58
2010130405	75

记录：第 1 项(共 11 项 无筛选器

图 3.53 选课成绩平均分小于 80 的学生

3.6.2 多参数查询

创建多参数查询时，用户需给查询指定多个参数。在查询执行时，需要依次输入多个条件。

例 3-21 创建一个查询，要求通过输入的成绩范围查询学生的选课成绩，并显示“学号”、“姓名”和“成绩”。所建查询命名为“查找指定范围内学生成绩”。

分析：查询数据源为“学生”表和“选课成绩”表。这里需要设置两个参数条件一个成绩下限和一个成绩上限，表达式为“Between [请输入成绩下限：] and [请输入成绩上限：]”。

（1）打开“查询设计视图”，将“学生”表和“选课成绩”表添加到“字段列表”区。

（2）添加“学号”字段、“姓名”字段和“成绩”字段到“设计网格”中。在“成绩”字段的条件行中输入“Between [请输入成绩下限：] and [请输入成绩上限：]”，如图 3.54 所示。

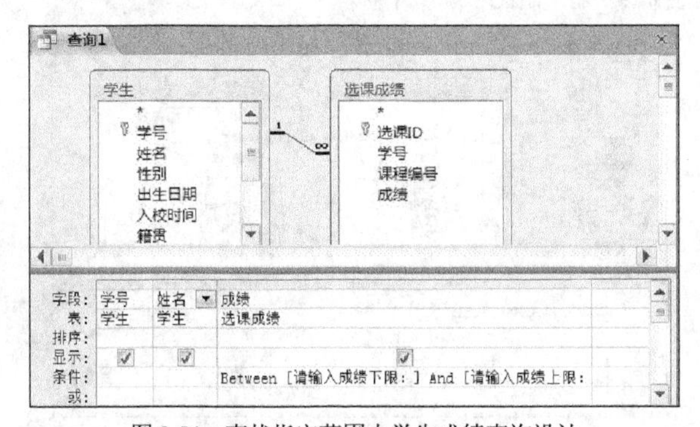

图 3.54 查找指定范围内学生成绩查询设计

（3）保存并运行查询，出现第 1 个“输入参数值”对话框，在“请输入成绩下限：”文本框中输入“80”，如图 3.55 所示。

（4）单击“确定”按钮，出现第 2 个“输入参数值”对话框，在“请输入成绩上限：”文本框中输入“100”，如图 3.56 所示。

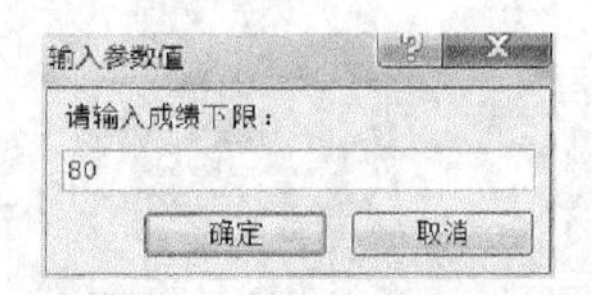

图 3.55 输入成绩下限

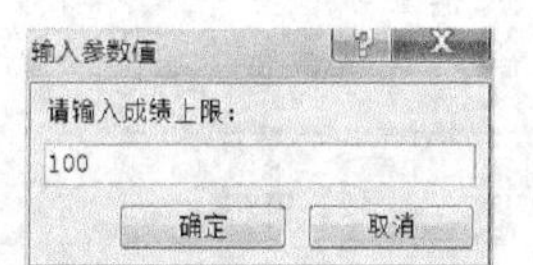

图 3.56 输入成绩上限

（5）单击“确定”按钮，查询结果如图 3.57 所示。

查找指定范围内学生成绩

学号	姓名	成绩
2010130101	陈辉	89
2010130102	何帆	95
2010130102	何帆	87
2010130106	杨涵	86
2010130106	杨涵	96
2010130203	袁苑	85
2010130203	袁苑	86
2010130204	耿玉函	83
2010130204	耿玉函	84
2010130208	潘锋	81
2010130208	潘锋	84
2010130210	项少华	96
2010130210	项少华	91

记录：第 1 项(共 26 项 无筛选器 搜索

图 3.57 80 到 100 分学生成绩

例 3-22 创建一个查询，查找某班某门课选课学生的“班级编号”、“姓名”、“课程名称”和“成绩”。所建查询命名为“某班学生选修某门课成绩”。

分析：查询数据源为“学生”表、“课程”表和“选课成绩”表。“班级编号”字段值由“学号”字段值的前 8 位得到。这里需要设置两个参数条件：对“班级编号”字段设置条件[请输入班级：]；对“课程名称”字段设置条件[请输入课程名称：]。

（1）打开“查询设计视图”，将“学生”表、“课程”表和“选课成绩”表添加到“字段列表”区。

（2）在“设计网格”的第 1 列“字段”行中输入：班级编号:Left（[学生]![学号]，8）。添加“姓名”字段、“课程名称”和“成绩”字段到“设计网格”中。

（3）在“班级编号”字段的条件行中输入“ [请输入班级：]”， 在“课程名称”字段的条件行中输入“[请输入课程名称：]”，如图 3.58 所示。

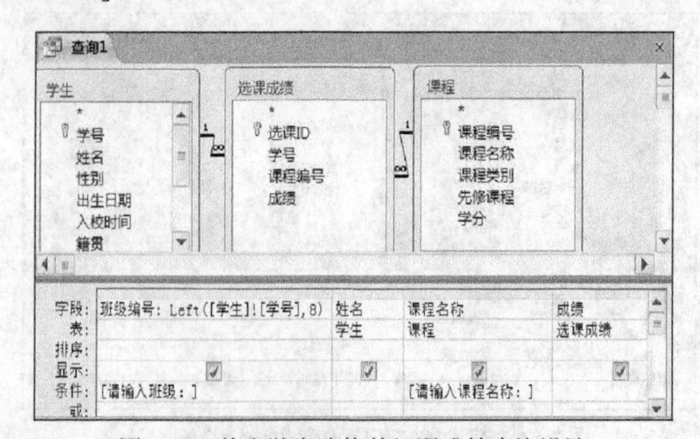

图 3.58 某班学生选修某门课成绩查询设计

（4）保存并运行查询，出现第 1 个“输入参数值”对话框，在“请输入班级：”文本框中输入“20101301”，如图 3.59 所示。

（5）单击“确定”按钮，出现第 2 个“输入参数值”对话框，在“请输入成绩上限：”文本框中输入“马克思主义基本原理理论”，如图 3.60 所示。

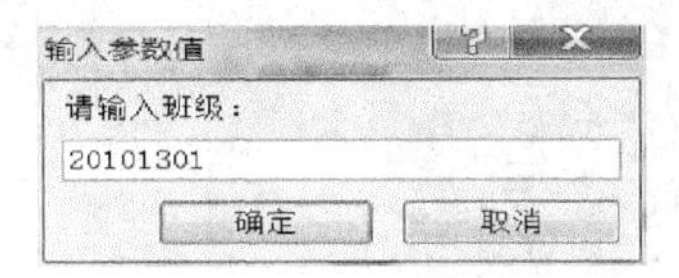

图 3.59 输入班级编号

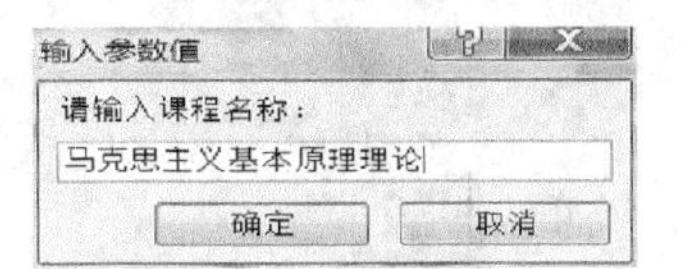

图 3.60 输入课程名称

（6）单击“确定”按钮，查询结果如图 3.61 所示。

某班学生选修某门课成绩

班级编号	姓名	课程名称	成绩
20101301	陈辉	马克思主义基本原理理论	89
20101301	杨涵	马克思主义基本原理理论	76
20101301	赵雪莹	马克思主义基本原理理论	68

记录：第 1 项(共 3 项) 无筛选器 搜索

图 3.61 某班学生选修某门课成绩查询结果

3.7 操作查询

操作查询可以对数据库中的数据进行复杂的管理工作，可以根据需要利用操作查询对数据库中的记录进行增加、修改、删除等操作。操作查询包括生成表查询、删除查询、更新查询和追加查询。

操作查询会引起数据库中数据的永久性变化，因此，一般应先对数据中的数据进行备份后再运行操作查询。

3.7.1 生成表查询

生成表查询可以利用一个表或多个表中的全部或部分数据建立一个新表保存在数据库中。这种由表产生查询，再由查询生成表的方法可以使数据库中数据的组织更加灵活、方便。在实际应用中，如果要经常从几个表中提取数据，最好的方法是使用生成表查询，将从多个表中提取的数据组合起来生成一个新表。

例 3-23 将成绩表中性别为女，成绩在 90 分以上（含 90 分）的记录生成一张新表，表结构包括“姓名”、“课程名称”和“成绩”，表名称为“女生优秀成绩”，并按成绩降序排序。

分析： 查询数据源为“学生”表、“课程”表和“选课成绩”表。查询中有 2 个条件，性别为“女”，成绩大于等于 90 并按成绩降序排序。这里，查询中应该有 4 个字段，“性别”字段作为条件，其数据并没有在最后生成的表中。最后，将查询的结果生成一张新表，表的名称为“优秀成绩”。

（1）打开“查询设计视图”，添加“学生”表、“课程”表和“选课成绩”表到“字段列表”区。

（2）将“姓名”字段、“性别”字段、“课程名称”字段和“成绩”字段添加到“设计网格”中。在“性别”字段的条件行输入“女”，在“成绩”字段的条件行输入>=90 并设置为“降序”排序。将“性别”字段显示复选框上的√去掉，如图 3.62 所示。

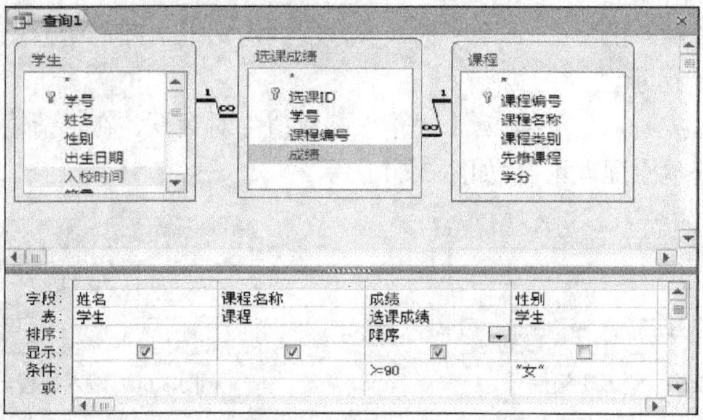

图 3.62 成绩为 90 分以上的女生查询设计

（3）单击“查询类型”组中的“生成表”按钮，打开“生成表”对话框，在“表名称”文本框中输入“女生优秀成绩”，单击“当前数据库”选项按钮，将表放入当前打开的“教学管理”数据库中，如图 3.63 所示。

图 3.63 生成“女生优秀成绩”表对话框

（4）单击“确定”按钮完成设置。保存并运行查询，如图 3.64 所示。

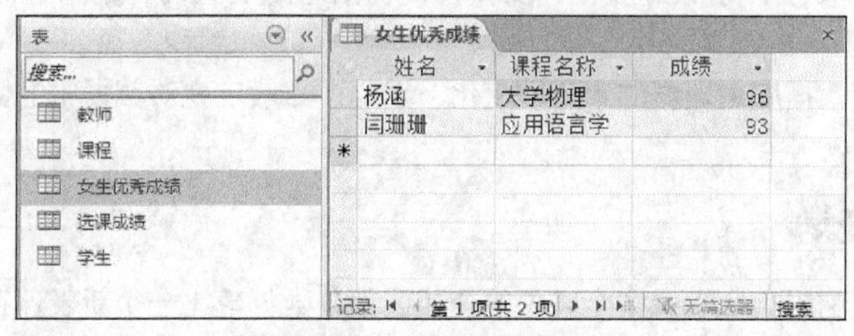

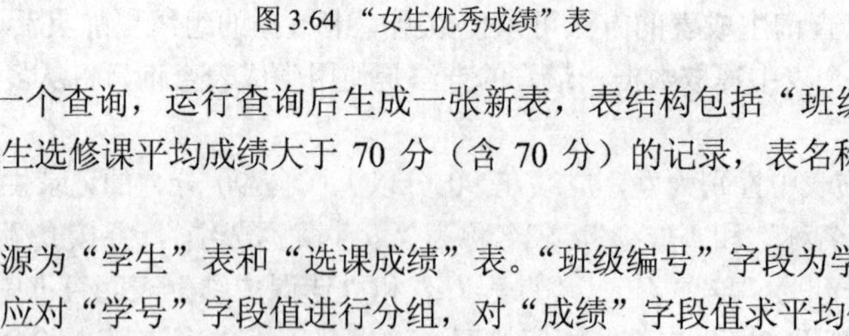

图 3.64 “女生优秀成绩”表

例 3-24 创建一个查询，运行查询后生成一张新表，表结构包括“班级编号”、“姓名”和“成绩”，表内容为学生选修课平均成绩大于 70 分（含 70 分）的记录，表名称为“70 分以上平均成绩”。

分析：查询数据源为“学生”表和“选课成绩”表。“班级编号”字段为学号的前 8 位。求学生选修课的平均成绩应对“学号”字段值进行分组，对“成绩”字段值求平均值并设置条件大于等于 70。将查询结果生成新表，表的名称为“70 分以上平均成绩”。

（1）打开“查询设计视图”，添加“学生”表和“选课成绩”表到“字段列表”区。

（2）在“设计网格”第 1 列字段行输入“班级编号:Left（[学生]![学号]，8）”，将“姓名”字段和“成绩”字段添加到“设计网格”中。单击“显示/隐藏”组中的“汇总”按钮Σ，在“班级编号”字段和“姓名”字段的“总计”行选择“Group By”，在“成绩”字段的“总计”行选择“平均值”并在“条件”行输入>=70，如图 3.65 所示。

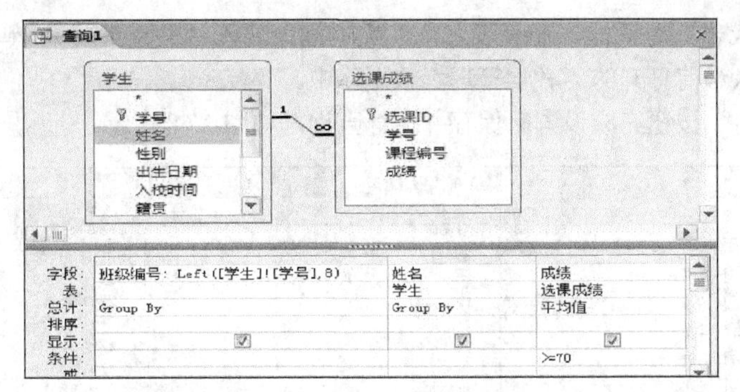

图 3.65 平均成绩 70 分以上查询设计

（3）打开“生成表”对话框，在“表名称”文本框中输入“70 分以上平均成绩”，单击“当前数据库”选项按钮，将表放入当前打开的“教学管理”数据库中。

（4）单击“确定”按钮完成设置。保存并运行查询，如图 3.66 所示。

表：70分以上平均成绩、教师、教授工龄、课程、女生优秀成绩、选课成绩、学生

班级编号	姓名	成绩之平均值
20101301	陈辉	71.6666666666667
20101301	何帆	81.5
20101301	杨涵	79
20101301	赵雪莹	71.25
20101302	耿玉涵	78.6666666666667
20101302	潘锋	77.6
20101302	项少华	88.5
20101302	袁苑	85.5
20101303	陈洋	76.8
20101303	闫珊珊	82.3333333333333
20101303	余超	74.25
20101304	刘进	84.5
20101304	张晓青	75

记录: 第 1 项(共 13 项)

图 3.66 “70 分以上平均成绩”表

例 3-25 创建一个查询，运行查询后生成一张新表，表结构包括“姓名”、“职称”、“工作年”和“联系电话”，表内容为职称为教授的所有记录，表的名称为“教授工龄”。

分析：查询数据源为“教师”表。生成的表中包括“姓名”、“职称”、“工作年”和“联系电话”4 个字段。其中，年龄字段的值需要通过计算得到，计算表达式为“工作年:Year(Date())-year([工作时间])”。“职称”字段条件为“教授”。将查询结果生成新表，表的名称为“教授工龄”。

（1）打开“查询设计视图”，添加“教师”表到“字段列表”区。

（2）将“姓名”字段和“职称”字段添加到“设计网格”中，在“设计网格”第 3 列字段行输入“工作年: Year(Date())-year([工作时间])”，将“联系电话”字段添加到“设计网格”中。在“职称”字段的“条件”行输入“教授”，如图 3.67 所示。

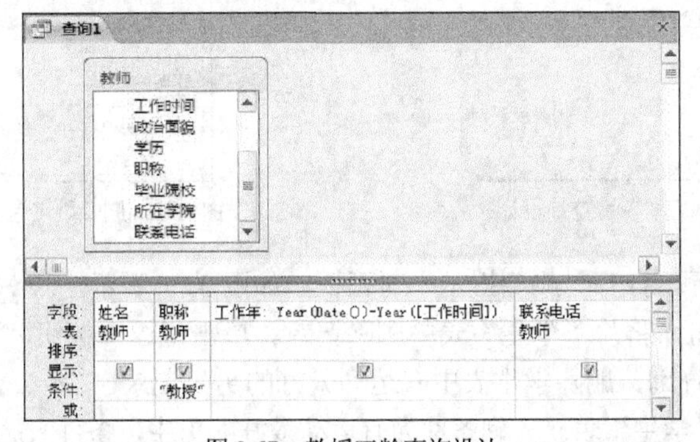

图 3.67 教授工龄查询设计

（3）打开“生成表”对话框，在“表名称”文本框中输入“教授工龄”，单击“当前数据库”选项按钮，将表放入当前打开的“教学管理”数据库中。

（4）单击“确定”按钮完成设置。保存并运行查询，如图 3.68 所示。

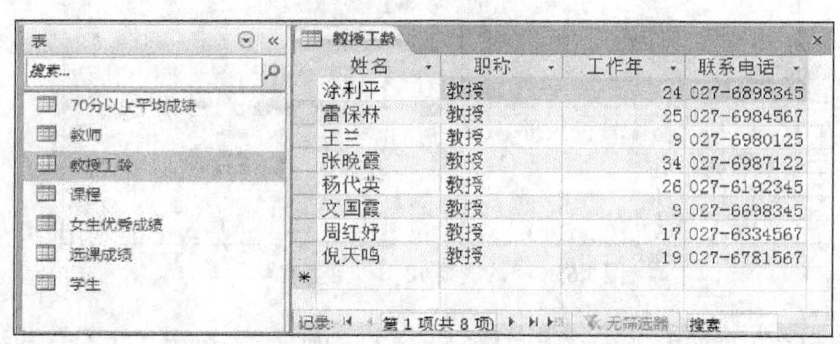

姓名	职称	工作年	联系电话
涂利平	教授	24	027-6898345
雷保林	教授	25	027-6984567
王兰	教授	9	027-6980125
张晚霞	教授	34	027-6987122
杨代英	教授	26	027-6192345
文国霞	教授	9	027-6698345
周红好	教授	17	027-6334567
倪天鸣	教授	19	027-6781567

图 3.68 “教授工龄”表

3.7.2 删除查询

如果要在表中批量删除记录，使用删除查询比在表中删除记录的效率更高。删除查询可在一个表或多个表中删除符合条件的记录。需要注意的是，如果要删除的记录来自多个表，表和表之间必须定义了关系并实施了参照完整性规则和级联更新、级联删除。

删除查询将永远删除表中记录，并且无法恢复。因此，在运行删除查询时要慎重，最好对要删除记录所在的表进行备份，以防由于误操作造成数据丢失。

例 3-26 创建一个查询，删除“学生”表中姓名包含“刚”字的记录。

分析：数据来源为“学生”表。查询条件为姓名包含“刚”字，条件表达式为 Like"*刚*"。最后，将查询结果从学生表中删除。

（1）打开“查询设计视图”，添加“学生”表到“字段列表”区。

（2）将“姓名”字段添加到“设计网格”中并在“条件”行输入 Like"*刚*"，如图 3.69 所示。

（3）单击“查询类型”组中的“删除”按钮，这时“设计视图”中显示一个“删除”行，如图 3.70 所示。

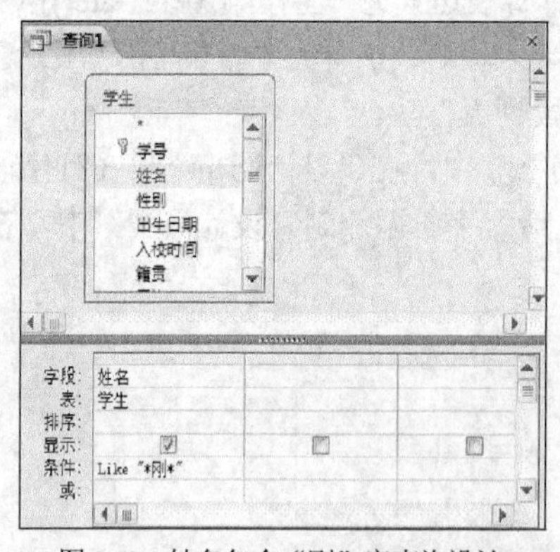

图 3.69 姓名包含“刚”字查询设计

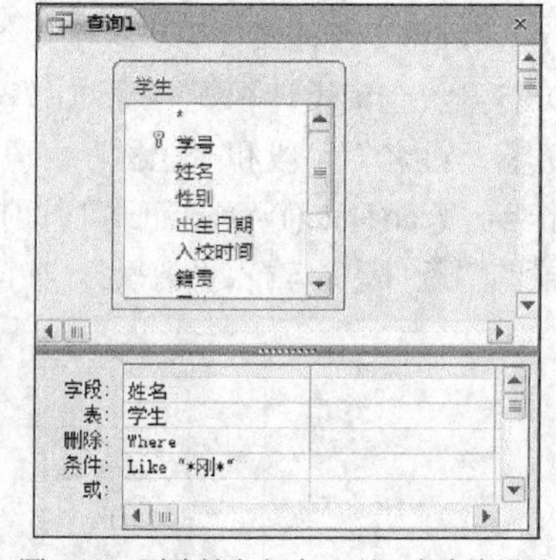

图 3.70 删除姓名包含“刚”字查询设计

（4）保存查询并运行，打开“删除提示”对话框，如图 3.71 所示。

（5）单击“是”按钮，将从“学生”表中删除记录。单击“否”按钮，不删除记录。

例 3-27 创建一个查询，删除学生表中有运动爱好的男生记录。

分析：数据来源为“学生”表。查询条件为有运动爱好的男生，条件表达式分别为 Like"*运动*"

和"男"。

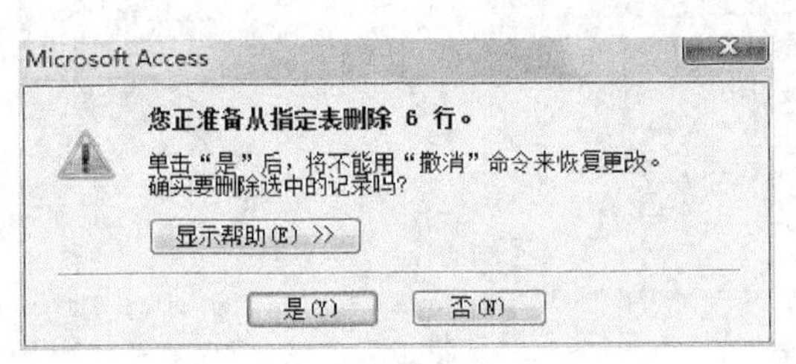

图 3.71　删除提示框

（1）打开“查询设计视图”，添加“学生”表到“字段列表”区。

（2）将“简历”字段和“性别”字段添加到“设计网格”中，在“简历”字段“条件”行输入 Like"*运动*"，在“性别”字段“条件”行输入“男”，如图 3.72 所示。

（3）单击“查询类型”组中的“删除”按钮，保存查询并运行，打开“删除提示”对话框。单击“是”按钮，将记录从“学生”表中删除。

例 3-28　创建一个查询，删除“学生”表中年龄为奇数的记录。

分析：数据来源为“学生”表。查询中条件为年龄为奇数，条件表达式为“(Year(Date())-Year([出生日期])) Mod 2=1”。

（1）打开“查询设计视图”，添加“学生”表到“字段列表”区。

（2）将“出生日期”字段添加到“设计网格”中，并在“条件”行输入(Year(Date())-Year([出生日期])) Mod 2=1，如图 3.73 所示。

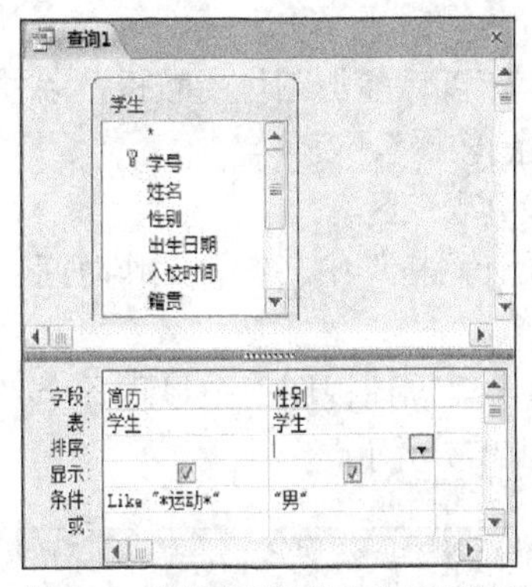

图 3.72　有运动爱好的男生查询设计

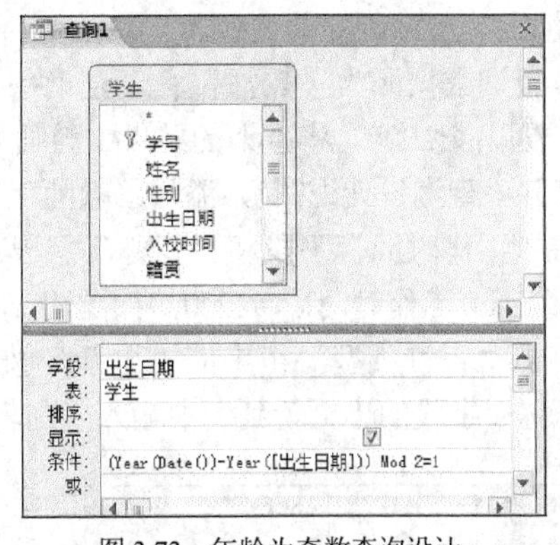

图 3.73　年龄为奇数查询设计

（3）单击“查询类型”组中的“删除”按钮，保存查询并运行，打开“删除提示”对话框。单击“是”按钮，将记录从“学生”表中删除。

例 3-29　创建一个查询，要求给出提示信息“请输入要删除的教师姓名：”，从键盘输入姓名后，删除“教师”表中指定的记录。

分析：查询数据源为“教师”表。查询的条件为一个参数，表达式为[请输入需要删除的教师姓名：]。

（1）打开“查询设计视图”，添加“教师”表到“字段列表”区。

（2）将“姓名”字段添加到“设计网格”中，并在“条件”行输入[请输入要删除的教师姓名：]。单击“查询类型”组中的“删除”按钮，如图 3.74 所示。

（3）保存查询并运行，打开“输入参数值”对话框，输入要删除的教师姓名，如图 3.75 所示。

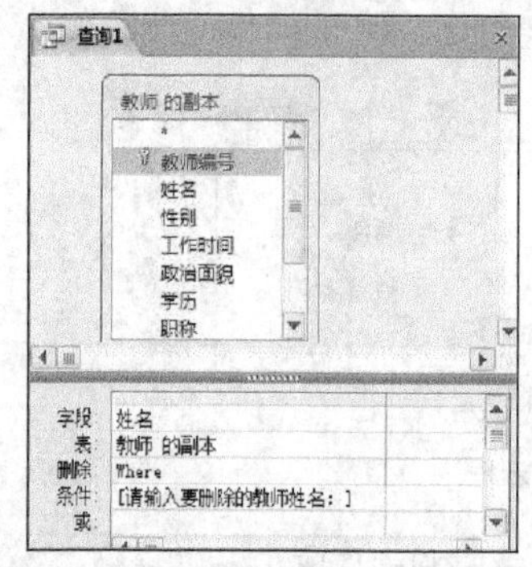

图 3.74 输入要删除的教师姓名查询设计

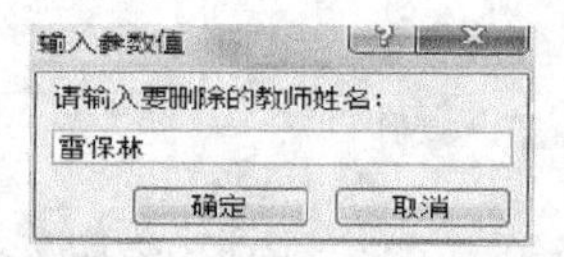

图 3.75 输入要删除的教师姓名

（4）单击“确定”按钮，将指定的记录从“教师”中删除。

3.7.3 更新查询

当需要对数据表中大量记录进行更新和修改时，如果对记录一条一条修改，就会费时费力，而且容易造成疏漏。更新查询是完成这类操作最简单、有效的方法，它可以对一个表或多个表中符合一定条件的记录进行批量修改和更新。

更新查询将永远修改表中记录，并且无法恢复。因此，在运行更新查询时要慎重，最好对要更新记录所在的表进行备份，以防由于误操作造成数据修改。

例 3-30 创建一个查询，将“教师表”中 2000 年（含 2000 年）以前参加工作的教师职称改为“副教授”。

分析：查询数据源为“教师”表。查询条件为 2000 年以后参加工作的教授，条件表达式为 Year([工作时间])<=2000。将查询的结果中教师职称改为“副教授”。

（1）打开“查询设计视图”，添加“教师”表到“字段列表”区。

（2）将“工作时间”字段和“职称”字段添加到“设计网格”中，在“工作时间”字段“条件”行输入 Year([工作时间])<=2000，如图 3.76 所示。

（3）单击“查询类型”组中的“更新”按钮，这时“设计视图”中显示一个“更新到”行，在“职称”字段的“更新到”中输入“副教授”，如图 3.77 所示。

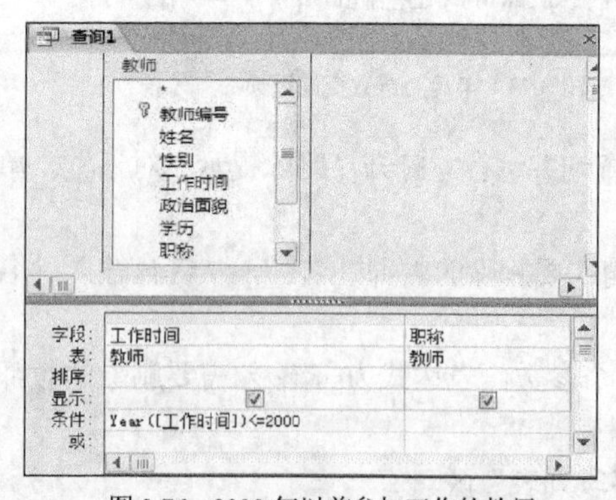

图 3.76 2000 年以前参加工作的教师

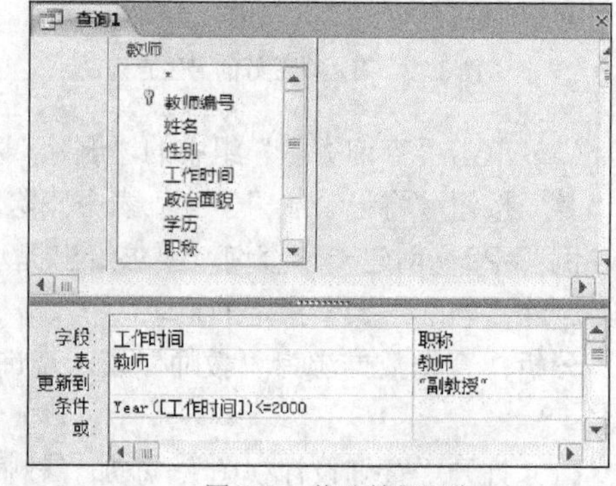

图 3.77 修改教师职称

（4）保存并运行查询，打开“更新提示”对话框，如图 3.78 所示。

（5）单击“是”按钮，将修改“教师”表相关记录。单击“否”按钮，不修改记录。

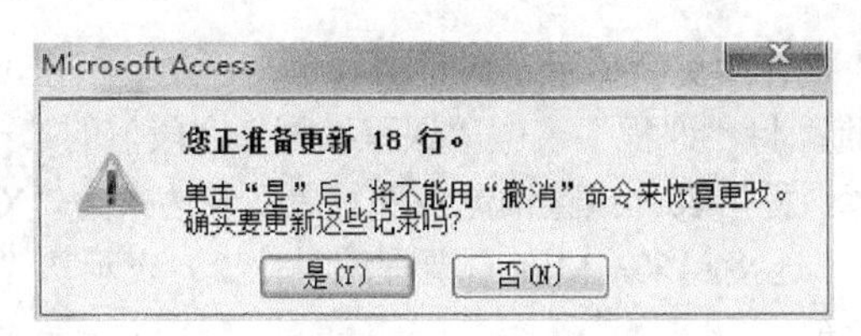

图 3.78 更新提示框

例 3-31 创建一个查询，将“学生”表中年龄为偶数的学生的“简历”字段清空。

分析：查询数据源为“学生”表。查询条件表达式为“(Year(Date())-Year([出生日期])) Mod 2=0”。简历字段清空可用运算符" "实现。

（1）打开“查询设计视图”，添加“学生”表到“字段列表”区。

（2）将“出生日期”字段和“简历”字段添加到“设计网格”中，在“出生日期”字段“条件”行输入(Year(Date())-Year([出生日期])) Mod 2=0。单击“查询类型”组中的“更新”按钮，在“简历”字段的“更新到”行中输入" "，如图 3.79 所示。

（3）保存并运行查询，打开“更新提示”对话框，单击“是”按钮，对指定记录进行修改。

例 3-32 创建一个查询，在“教师”表职称为“教授”的记录的“教师编号”字段值前面均增加“HB”两个字符。

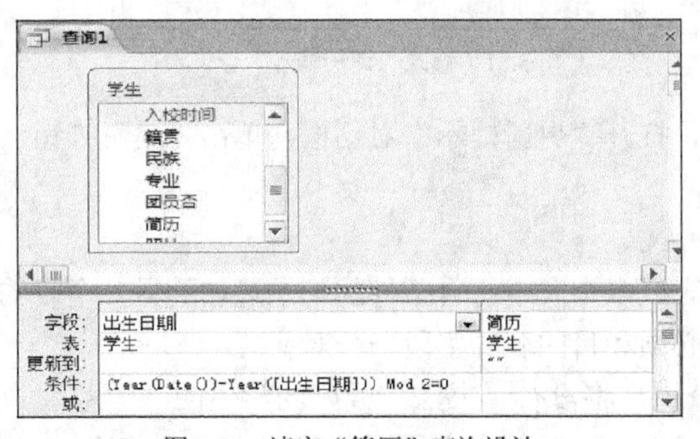

图 3.79 清空“简历”查询设计

分析：查询数据源为“教师”表。查询条件为职称为“教授”。更新表达式为“HB”+[教师编号]，其中，+号表示将两个字符串连接起来。

（1）打开“查询设计视图”，添加“教师”表到“字段列表”区。

（2）将“教师编号”字段和“职称”字段添加到“设计网格”中，在“职称”字段“条件”行输入“教授”。单击“查询类型”组中的“更新”按钮，在“教师编号”字段的“更新到”行中输入“HB”+[教师编号]，如图 3.80 所示。

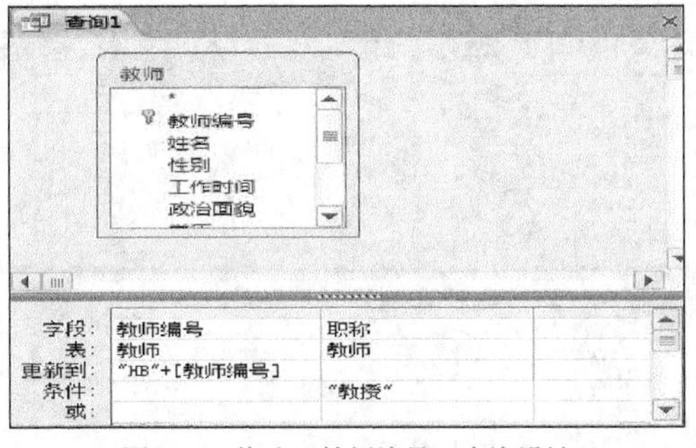

图 3.80 修改“教师编号”查询设计

（3）保存并运行查询，打开“更新提示”对话框，单击“是”按钮，对指定记录进行修改。

例 3-33 创建一个查询，将“课程”表中“课程编号”字段值的第一个字符均改为“X”。

分析：查询数据源为“课程”表。该查询无条件。更新表达式为“X”+Mid([课程编号]，2)，其中，+号表示将两个字符串连接起来，Mid（[课程编号]，2）表示从“课程编号”字段的左边第2个字符起向右截取全部字符。

（1）打开“查询设计视图”，添加“教师”表到“字段列表”区。

（2）将“课程编号”字段添加到“设计网格”中。单击“查询类型”组中的“更新”按钮，在“课程编号”字段的“更新到”行中输入“X”+Mid（[课程编号]，2），如图3.81所示。

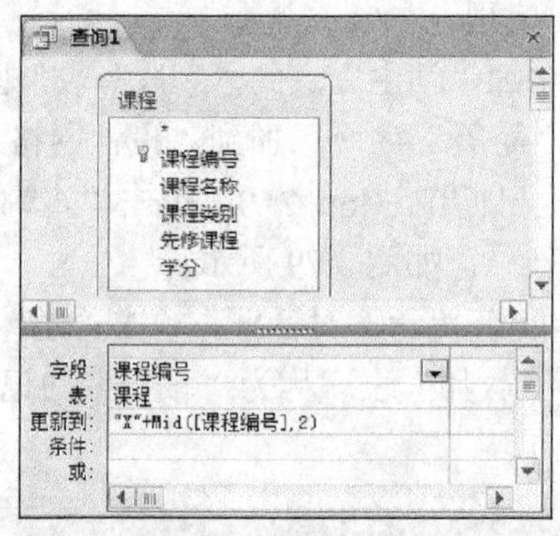

图3.81 修改“课程编号”查询设计

（3）保存并运行查询，打开“更新提示”对话框，单击“是”按钮，对指定记录进行修改。

3.7.4 追加查询

追加查询可以将一个表或多个表中符合条件的记录追加到另一个表的尾部。需要注意的是，追加查询设计中显示的字段必须和目的表的字段一一对应。

例 3-34 创建一个查询，将没有“书法”爱好的学生的“学号”、“姓名”、“出生年”和“出生月”4列内容添加到表“Temp1”对应字段中。其中，“出生年”和“出生月”数据由“出生日期”计算得到。

分析：查询数据源为“学生”表。查询条件为Not Like “*书法*”。出生年计算表达式为“出生年:Year（[出生日期]）”，出生月计算表达式为“出生月:Month（[出生日期]）”。

（1）打开“查询设计视图”，添加“学生”表到“字段列表”区。

（2）将“学号”字段、“姓名”字段和“简历”字段添加到“设计网格”中，在“设计网格”的第3，4列字段行分别输入“出生年:Year（[出生日期]）”和“出生月:Month（[出生日期]）”，在“简历”字段的条件行输入Not Like “*书法*”并去掉显示框上的√，如图3.82所示。

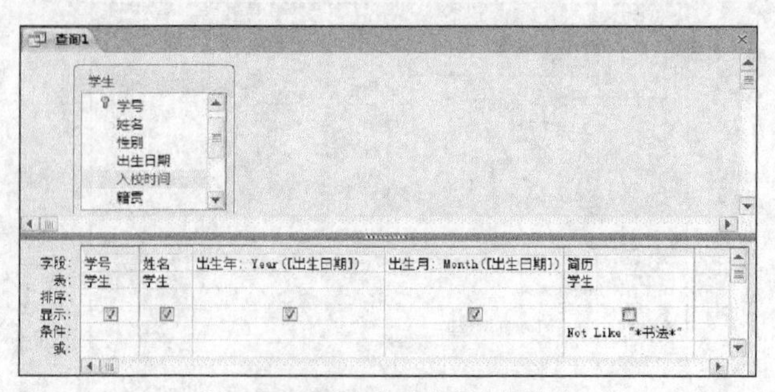

图3.82 出生年和出生月查询设计

（3）单击“查询类型”组中的“追加”按钮，打开“追加”对话框，单击“表名称”文本框右侧下拉箭头选择目的表“Temp1”，如图3.83所示。

图3.83 追加对话框

（4）单击“确定”按钮。这时“设计视图”中显示一个“追加到”行。查询所显示的字段和目的表中的字段一一对应，如图3.84所示。

（5）保存并运行查询，打开“追加查询”对话框，如图3.85所示。

（6）单击“是”按钮，将“学生”表中相关记录追加到“Temp1”表中。单击“否”按钮，不追加记录。

例 3-35 创建一个查询，将“学生”表中的男生记录添加到表“Temp2”对应字段中。其中，学号字段的7，8位对应“Temp2”表内“专业编码”字段。

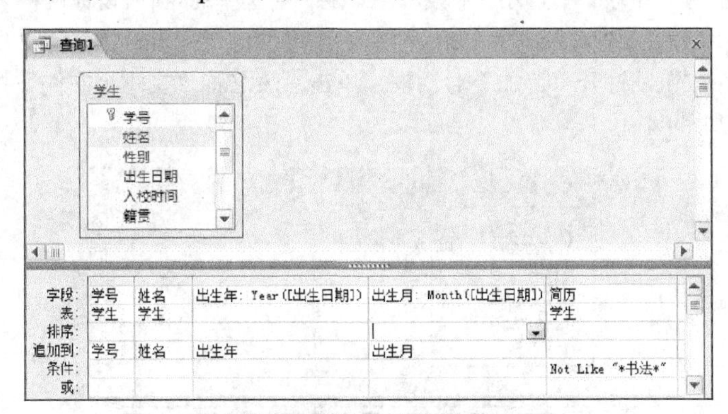

图3.84 追加相应学生记录

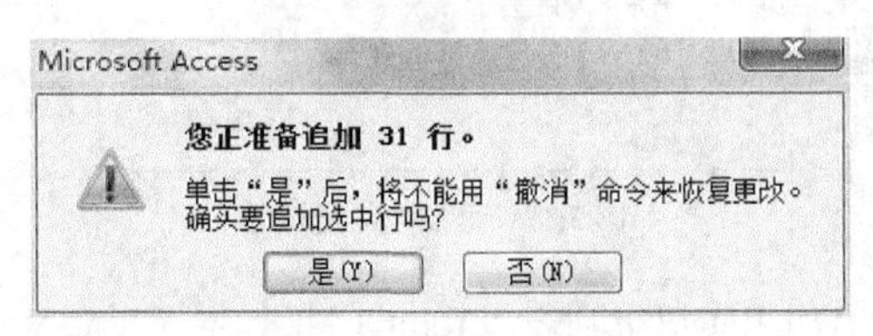

图3.85 追加查询提示框

分析：查询数据源为“学生”表。查询条件为性别为男，学号7,8位由计算得到，计算表达式为“专业编码:Mid（[学号],7,2）”。该题实现时应先打开表“Temp2”，观察其表结构。查询设计中显示字段应和表“Temp2”中字段一一对应。

（1）打开“查询设计视图”，添加“学生”表到“字段列表”区。

（2）将“学号”字段、“姓名”字段、“性别”字段和“专业”字段添加到“设计网格”中，在“设计网格”的第5列字段行输入“专业编码:Mid（[学号],7,2）”，在“性别”字段的条件行输入“男”，并去掉显示框上的√。单击“查询类型”组中的“追加”按钮，打开“追加”对话框，单击“表名称”文本框右侧下拉箭头选择目的表“Temp2”，如图3.86所示。

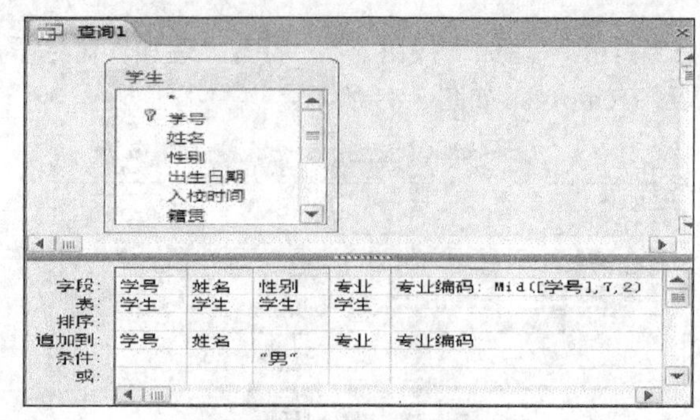

图 3.86 追加学生记录

（3）保存并运行查询，追加相应记录到表“Temp2”。

例 3-36 创建追加查询，将“教师”表中“教师编号”、“姓名”中的“姓”和“名”、“学历”和“职称”5 列数据添加到表“Temp3”对应字段中。

分析：查询数据源为“教师”表。查询中“姓”字段和“名”字段数据由“姓名”字段计算得到，计算表达式分别为“姓:Left（[姓名],1）”和“名:Mid（[姓名],2）”。

（1）打开“查询设计视图”，添加“教师”表到“字段列表”区。

（2）将“教师编号”字段、“学历”字段和“职称”字段添加到“设计网格”中，在“设计网格”的第 4，5 列字段行分别输入“姓:Left（[姓名],1）”和“名:Mid（[姓名],2）”。单击“查询类型”组中的“追加”按钮，打开“追加”对话框，单击“表名称”文本框右侧下拉箭头选择目的表“Temp3”，如图 3.87 所示。

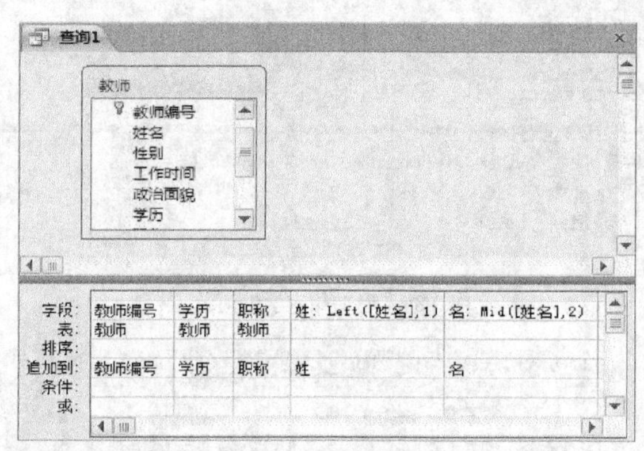

图 3.87 追加教师记录

（3）保存并运行查询，追加相应记录到表“Temp3”。

例 3-37 创建追加查询，将“课程”表中的“课程编号”、“课程名称”、“学分”3 列数据追加到表“Temp4”对应字段中。其中，将“课程编号”和“课程名称”数据合并为一列数据添加到表“Temp4”中“编号名称”字段中，将“学分”字段值上调 10%添加到表“Temp4”中“新学分”字段中。

分析：查询数据源为“课程”表。查询中“编号名称”字段和“新学分”字段数据由计算得到，计算表达式分别为“编号名称:[课程编号]+[课程名称]”和“新学分:[学分]*1.1”。

（1）打开“查询设计视图”，添加“课程”表到“字段列表”区。

（2）在“设计网格”的第 1，2 列字段行分别输入“编号名称:[课程编号]+[课程名称]”和“新学分:[学分]*1.1”。单击“查询类型”组中的“追加”按钮，打开“追加”对话框，单击“表名称”文本框右侧下拉箭头选择目的表“Temp4”，如图 3.88 所示。

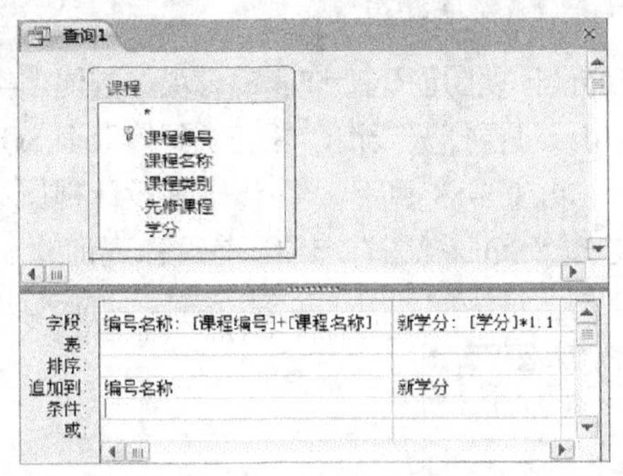

图 3.88　追加课程记录

（3）保存并运行查询，追加相应记录到表“Temp4”。

3.8 SQL 查询

SQL（Structured Query Language，结构化查询语言）是通用的关系数据库标准语言，可以用来执行数据定义、数据操纵和数据控制等操作。SQL 结构简单、功能强大、使用灵活，是在数据库领域中应用最广泛的数据库语言。

3.8.1 SQL 概述

SQL 最早是在 20 世纪 70 年代由 IBM 公司开发出来，并被应用在关系数据库系统中。SQL 被推出之后，其简单灵活、功能强大的特点在计算机工业界和计算机用户中备受欢迎。1986 年 10 月，美国国家标准学会（American National Standards Institute，ANSI）采用 SQL 作为关系数据库系统的标准语言。1987 年 6 月国际标准化组织（International Organization for Standardization，ISO）将其采纳为国际标准，这个标准称为 SQL86。随后，SQL 标准几经修改和完善，期间经历了 SQL89、SQL92、SQL2003、SQL2006 等多个版本。如今无论是像 Oracle、Sybase、DB2、Informix、SQL Server 这些大型的数据库管理系统，还是像 Visual Foxpro、PowerBuilder 这些中小型的数据库开发系统，都支持 SQL 语言作为查询语言。

尽管数据查询是 SQL 最重要的功能之一，但 SQL 不仅仅是一个查询工具，它可以独立完成数据库中的所有操作。按照其实现功能可以将 SQL 语句划分成 4 类：数据定义、数据操纵、数据查询和数据控制。表 3.11 中列出了 SQL 中这 4 类功能的说明。

表 3.11　　SQL 功能说明

SQL 功能	说明
数据定义	用于定义数据的逻辑结构，创建数据库对象
数据操纵	用于对数据库中数据进行插入、修改和删除
数据查询	用于对数据库中数据进行查询
数据控制	用于对数据库的访问权限进行控制

在 Access2010 中同样支持 SQL 语言，本书根据实际需要，主要介绍数据定义、数据操纵和数据查询等基本语句。

3.8.2 SQL 设计视图与查询设计视图

在 Access2010 中，使用查询设计视图创建查询非常直观、方便。实际上，在 Access 创建的每一个查询都有一个等价的 SQL 语句。只要打开查询，并切换到该查询 SQL 视图就可以看到。例如，查询“教师”表中男教师的记录，如图 3-89 所示。在该查询设计视图中，单击“结果”组中的“视图”下拉按钮，在下拉菜单中选择“SQL 视图”选项，打开该查询的 SQL 视图，如图 3-90 所示。在该视图中显示的是一个 Select 语句，该语句列出了查询所需显示的字段、数据源以及查询条件。

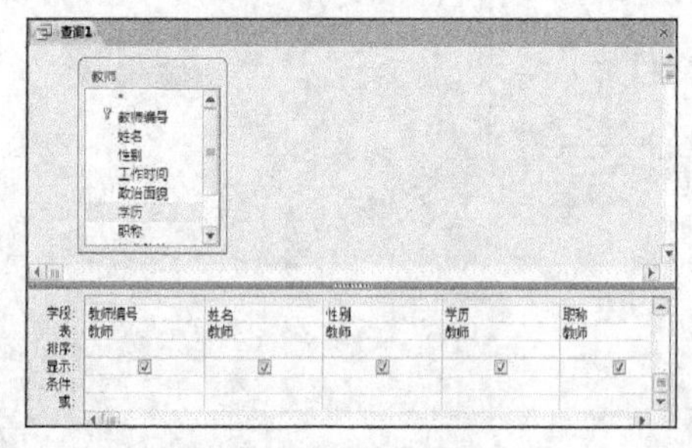

图 3.89 查询设计视图

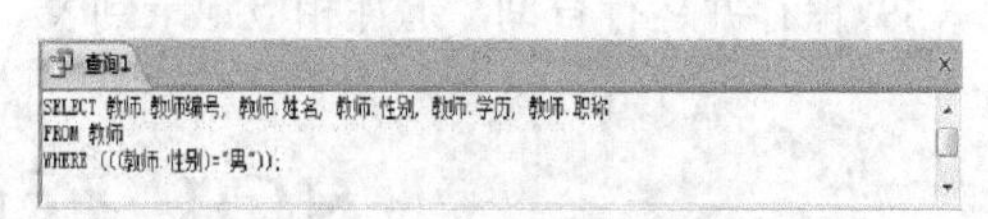

图 3.90 查询 SQL 视图

可以看到，在 SQL 视图中需要创建 SQL 语句才能完成数据库中的各种操作。所有的 SQL 语句都可以在 SQL 视图中输入、编辑和运行。

3.8.3 数据定义

数据定义是指对表结构的定义。主要功能包括创建表、修改表和删除表。

1．创建表

在 SQL 语言中，可以使用 CREATE TABLE 语句建立表结构。语句基本格式：

```
Create Table 表名(字段名 1 数据类型 1 [字段级完整性约束 1],
                 字段名 2 数据类型 2 [字段级完整性约束 2],
                 字段名 3 数据类型 3 [字段级完整性约束 3],
                  ……..,[表级完整性约束])
```

语句说明如下。

（1）表名指要创建的表的名称。

（2）字段名指表中的字段名称。

（3）数据类型指相应字段的数据类型。表 3.12 列出了 SQL 中支持的主要数据类型。

表 3.12 SQL 中支持的数据类型

数据类型	说明
Smallint	短整型，占 2 个字节的存储空间
Integer	长整型，占 4 个字节的存储空间
Real	单精度型，占 4 个字节的存储空间
Float	双精度型，占 8 个字节的存储空间
Money	货币型，占 8 个字节的存储空间
Char（n）	字符型，n 表示字符长度
Text（n）	备注型，n 表示字符长度
Bit	是否型，占 1 个字节的存储空间

续表

数据类型	说明
Datetime	日期/时间型，占8个字节的存储空间
Image	OLE对象

（4）字段级完整性约束用于对输入的数据进行有效性检查。在SQL语句中，字段级完整性约束以及表级完整性约束可以省略。表3.13列出了常用的约束选项。

表3.13　常用约束选项

约束选项	功能
Null/Not Null	指定字段是否为空。Null表示空，Not Null表示非空
Primary Key	指定字段是否为主键
Unique	指定字段是否有重复值

例3-38　在“教学管理”数据库中建立“教师工资”表，表结构如表3.14所示。

表3.14　“教师工资”表结构

字段名称	数据类型	字段大小	说明
编号	数字	短整型	主键
姓名	文本	8	不允许为空
性别	文本	1	
工作时间	日期/时间		
职称	文本	4	
基本工资	货币		
绩效工资	货币		

（1）打开“教学管理”数据库，单击“创建”选项卡下“查询”组中的“查询设计”按钮。在打开的“查询设计视图”中关闭“显示表”对话框。单击“结果”组中的“SQL视图”按钮，打开SQL视图。

（2）在打开的SQL视图中输入如下SQL语句。

```
CREATE TABLE 教师工资（编号 Smallint Primary Key,
                      姓名 Char（8） Not Null,
                      性别 Char（1）,
                      工作时间 Datetime,
                      职称 Char（4）,
                      基本工资 Money,
                      绩效工资 Money
）
```

（3）单击“结果”组中的“运行”按钮，在“教学管理”数据库中创建“教师工资”表，如图3.91所示。

图3.91　教师工资表

2．修改表

如果对表的结构不满意，可以进行修改。SQL 语言中使用 Alter Table 语句修改已建表结构。包括添加字段、修改字段属性和删除字段。语句基本格式：

```
Alter Table 表名 ADD 字段名 数据类型 [字段级完整性约束]
                 DROP 字段名
                 ALTER 字段名 数据类型
```

语句说明如下。

（1）表名指要修改的表的名称。

（2）ADD 子句用于向表中增加新字段。

（3）DROP 子句用于删除指定字段。

（4）ALTER 子句用于修改字段属性，包括字段名称、数据类型等。

例 3-39　在“教师工资”表中增加一个“学历”字段，数据类型为“文本”，字段大小为 6；将“工作时间”字段删除；将“编号”字段名的数据类型改为“文本型”，长度为 8。

（1）在“教师”表中一个增加“学历”字段的 SQL 语句。

ALTER TABLE 教师工资 ADD 学历 Char（6）

（2）在“教师”表中将“工作时间”字段删除的 SQL 语句。

ALTER TABLE 教师工资 DROP 工作时间

（3）在“教师”表中修改“编号”字段的 SQL 语句。

ALTER TABLE 教师工资 ALTER 编号 Char（8）

3．删除表

如果希望删除某个不需要的表，可以使用 DROP TABLE 语句实现。语句基本格式：

DROP TABLE 表名

语句说明：表名指要删除的表的名称。表一旦被删除，表中的数据，表的结构等都将被删除，并且无法恢复。

例 3-40　在“教学管理”数据库中删除已建立的“教师工资”表。

DROP TABLE 教师工资

3.8.4 数据操纵

数据操纵是指对表中的数据进行插入、修改和删除等操作。

1．插入记录

在 SQL 语言中可以使用 INSERT INTO 语句向表中插入一条新记录。语句基本格式：

```
INSERT INTO 表名[（字段名 1，字段名 2，……）]
VALUES（字段值 1，字段值 2……）
```

语句说明如下。

（1）表名指要插入新记录的表的名称。

（2）字段名指要插入数据的字段名称，字段名可以省略。如省略字段名，则按照表结构中的字段一一插入数据。

（3）字段值指要插入到字段中的具体值。

例 3-41　在“教师工资”表中插入（“HB001”，“李杨”，#2008-6-23#，“讲师”）和（“HB002”，“张立云”，“男”，#2007-7-1#，“讲师”，3000,1000）两条记录。

插入记录的 SQL 语句：

```
INSERT INTO 教师工资（编号,姓名,工作时间,职称）
VALUES（"HB001","李杨",#2008-6-23#,"讲师"）
INSERT INTO 教师工资 VALUES（"HB002","张立云","男",#2007-7-1#,"讲师",3000,1000）
```

2. 更新记录

如果要对表中的某些数据进行修改，可使用 UPDATE 语句对所有记录或指定记录进行更新操作。语句基本格式：

```
UPDATE 表名 SET 字段名 1=表达式 1[, 字段名 2=表达式 2……] [WHERE 条件表达式]
```

语句说明如下。

（1）表名表示要修改数据的表的名称。

（2）字段名表示要对哪个字段数据进行修改。

（3）表达式表示用表达式的值代替对应字段的值。

（4）WHERE 子句指定被修改记录字段值所满足的条件。如果不使用 WHERE 子句，则修改所有记录。

例 3-42 将“教师工资”表中编号为“HB001”记录的工作时间改为 2008-7-20

修改数据的 SQL 语句：

```
UPDATE 教师工资 SET 工作时间=#2008-7-20#  WHERE 编号="HB001"
```

3. 删除记录

DELETE 语句可以删除表中的记录。语句基本格式：

```
DELETE FROM 表名 [WHERE 条件表达式]
```

语句说明如下。

（1）表名表示要删除记录的表的名称。

（2）WHERE 子句指定被删除的记录应满足的条件。如果不使用 WHERE 子句，则删除表中所有记录。

例 3-43 将“教师工资”表中编号为“HB002”的记录删除。

删除记录的 SQL 语句：

```
DELETE FROM 教师工资 WHERE 编号="HB002"
```

3.8.5 数据查询

SQL 语言最主要的功能是数据查询。在 SQL 语言使用 SELECT 语句实现数据的查询功能。

1. SELECT 语句

SELECT 语句提供了简单而丰富的数据查询功。在 SELECT 语句中包含了多个子句，其语句基本格式：

```
SELECT [ALL|DISTINCT|TOP n] *|字段列表|表达式 AS 字段名
FROM 表名 1[,表名 2].....
[WHERE 条件表达式]
[GROUP BY 字段名 [HAVING 条件表达式]]
[ORDER BY 字段名 [ASC|DESC]]
```

语句说明如下。

（1）ALL 表示查询结果输出所有记录，包括重复记录。默认情况下为 ALL。DISTINCT 表示查询结果不输出重复记录。TOP n 表示查询结果输出前 n 条记录。

（2）* 表示查询结果显示数据源中所有字段。字段列表由数据源中多个字段名组成，字段名间用“,”隔开，表示查询结果要显示的字段名。表达式 AS 字段名中表达式可以是一个字段名也可以是一个计算公式。AS 字段名为表达式指定新的字段名。

（3）FROM 子句用于指定查询的数据来源，可以是一个表，也可以是多个表。

（4）WHERE 子句用于指定查询条件。查询结果是满足条件表达式的记录集。

（5）GROUP BY 子句用于对查询结果按其后字段名所标识的字段数据进行分组。HAVING 子句用于对分组后的数据进行筛选。HAVING 子句必须跟 GROUP BY 子句连用，当然 GROUP BY 子句也可以单独使用。

（6）ORDER BY 子句用于对查询结果按其后字段名所标识的字段数据进行排序。ASC 表示升序排序，DESC 表示降序排序。默认情况下为升序排序。

2．SQL 简单查询

简单查询是 SELECT 语句中最简单的查询操作。

例 3-44 查找并显示“学生”表中所有记录的全部情况。

SELECT * FROM 学生

例 3-45 查找并显示“学生”表中的“学号”、“姓名”、“性别”和“专业”4 个字段。

SELECT 学号，姓名，性别，专业 FROM 学生

例 3-46 查找 2000 年参加工作的男教师，并显示“姓名”、“性别”、“职称”和“联系电话”。

SELECT 姓名，性别，职称，联系电话 FROM 教师 WHERE Year（[工作时间]）=2000 And 性别=“男”

例 3-47 查找“教师”表中工作时间在 2000 年至 2008 年之间的记录，并显示“教师编号、”姓名“、”学历”和“职称”。

SELECT 教师编号，姓名，学历，职称 FROM 教师 WHERE 工作时间 Between #2000-1-1# And #2008-12-31#

例 3-48 查找具有高级职称的教师，并显示“教师编号”、“姓名”和“职称”。

SELECT 教师编号，姓名，职称 FROM 教师 WHERE 职称 In（"教授", "副教授"）

例 3-49 查找“课程”表中课程名称包含“计算机”3 个字的记录，并显示“课程编号”和“课程名称”。

SELECT 课程编号，课程名称 FROM 课程 WHERE 课程名称 like "*计算机*"

例 3-50 查找“学生”表中姓名第 1 个字为“李”，第 3 个字为“明”的记录，并显示“学号”、“姓名”和“籍贯”。

SELECT 学号，姓名，籍贯 FROM 学生 WHERE 姓名 Like "李?明"

3．查询前 n 条记录

使用 TOP n，可以查找并显示满足条件的前 n 条记录。

例 3-51 创建一个查询，查找学生选课成绩的前 10 条记录，并显示“学号”、“姓名”、“课程名称”和“成绩”。

分析：该查询可以先在“查询设计视图”中实现查询，然后切换到查询“SQL 视图”，在 SELECT 动词的后面输入 TOP 10。

（1）在“查询设计视图”中实现查询，如图 3.92 所示。

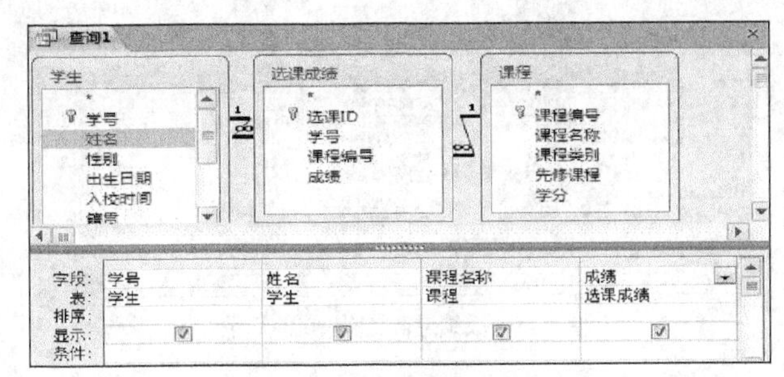

图 3.92　学生选课成绩查询设计

（2）切换到查询“SQL 视图”，在 SELECT 动词的后面输入 TOP 10，如图 3.93 所示。

```
SELECT top 10 学生.学号, 学生.姓名, 课程.课程名称, 选课成绩.成绩
FROM 课程 INNER JOIN (学生 INNER JOIN 选课成绩 ON 学生.学号 = 选课成绩.学号)
ON 课程.课程编号 = 选课成绩.课程编号;
```

图 3.93　前 10 条学生选课成绩设计

（3）保存并运行查询。结果如图 3.94 所示。

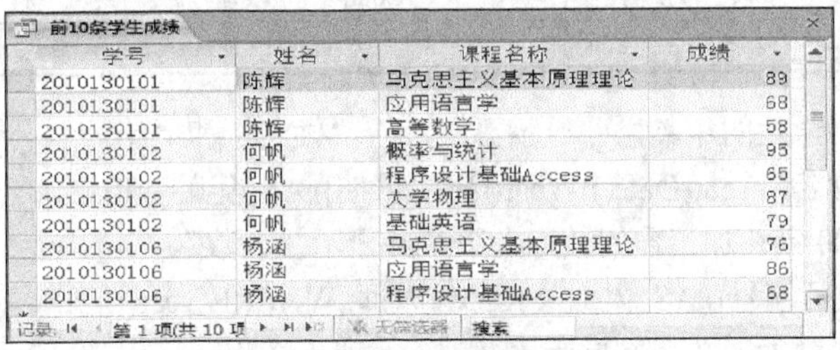

学号	姓名	课程名称	成绩
2010130101	陈辉	马克思主义基本原理理论	89
2010130101	陈辉	应用语言学	68
2010130101	陈辉	高等数学	58
2010130102	何帆	概率与统计	95
2010130102	何帆	程序设计基础Access	65
2010130102	何帆	大学物理	87
2010130102	何帆	基础英语	79
2010130106	杨涵	马克思主义基本原理理论	76
2010130106	杨涵	应用语言学	86
2010130106	杨涵	程序设计基础Access	68

图 3.94　显示学生成绩的前 10 条记录

例 3-52　创建一个查询，查找学生选课成绩最高的前 10 条记录，并显示“学号”、“姓名”、“课程名称”和“成绩”。

分析：本例和例 3-51 的区别在于查询结果要求显示成绩最高的前 10 条记录。在“查询设计视图”中将“成绩”字段的“排序”设为“降序”，然后切换到查询“SQL 视图”，在 SELECT 动词的后面输入 TOP 10。

（1）在“查询设计视图”中实现查询，并将“成绩”字段设为“降序”排序，如图 3.95 所示。

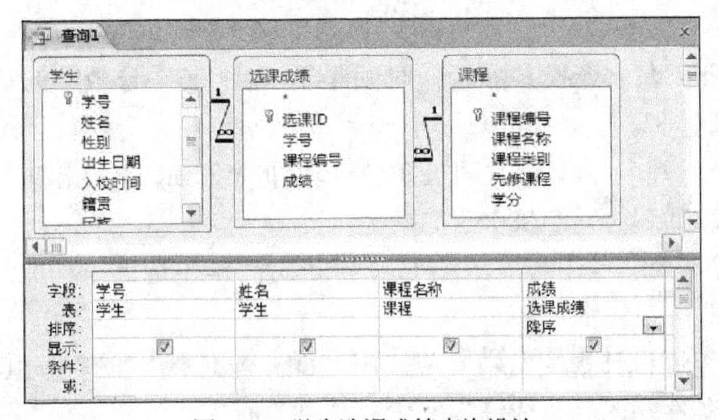

图 3.95　学生选课成绩查询设计

（2）切换到查询“SQL 视图”，在 SELECT 动词的后面输入 TOP 10。

（3）保存并运行查询。结果如图 3.96 所示。

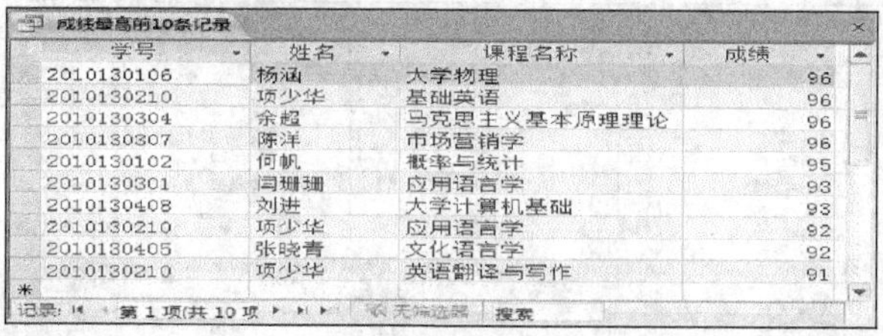

成绩最高前10条记录

学号	姓名	课程名称	成绩
2010130106	杨涵	大学物理	96
2010130210	项少华	基础英语	96
2010130304	余超	马克思主义基本原理理论	96
2010130307	陈洋	市场营销学	96
2010130102	何帆	概率与统计	95
2010130301	闫珊珊	应用语言学	93
2010130408	刘进	大学计算机基础	93
2010130210	项少华	应用语言学	92
2010130405	张晓青	文化语言学	92
2010130210	项少华	英语翻译与写作	91

记录: 第 1 项(共 10 项 无筛选器 搜索

图 3.96 成绩最高的前 10 条记录

4．SQL 查询中进行计算

查询中计算有两种方式：预定义计算和自定义计算。在 SELECT 语句中，可以通过“表达式 AS 字段名”来实现这两种计算功能。其中，表达式可以是统计函数也可以是自定义的计算公式，字段名用于指定在查询中显示的字段名称。SELECT 语句中常用统计函数如表 3.15 所示。

表 3.15 SELECT 语句中常用统计函数

函数	功能	函数	功能
Avg（[字段名]）	求该字段的平均值	Min（[字段名]）	求该字段的最小值
Sum（[字段名]）	求该字段所有值的和	Count（[字段名]）	统计该字段非空值的数量
Max（[字段名]）	求该字段的最大值	Count（*）	统计该字段所有记录的数量

例 3-53 计算每名学生的年龄，并显示“学号”、“姓名”和“年龄”。

SELECT 学号，姓名，Year(Date())-Year([出生日期]) AS 年龄 FROM 学生

例 3-54 统计 2000 年参加工作的教师人数，并显示“人数”。

SELECT Count([教师编号]) AS 人数 FROM 教师 WHERE Year([工作时间])=2000

例 3-55 统计男女教师人数，并显示“性别”和“人数”。

SELECT 性别，Count([教师编号]) AS 人数 FROM 教师 GROUP BY 性别

例 3-56 统计各个学生选修课的平均成绩，并按平均成绩降序排序，要求显示“学号”和“姓名”。

SELECT 学号，Avg([成绩]) AS 平均成绩 FROM 选课成绩 GROUP BY 学号 ORDEY BY Avg([选课成绩].[成绩]) DESC

5．SQL 嵌套查询

在设计一些复杂查询时，可以将一个 SQL 查询的结果作为另一个查询的条件。SQL 嵌套查询也称为子查询。

例 3-57 创建一个查询，查找参加工作时间早于“10006”号教师的记录，并显示“教师编号”、“姓名”和“工作时间”。

SELECT 教师编号，姓名，工作时间 FROM 教师 WHERE 工作时间<(SELECT 工作时间 FROM 教师 WHERE 教师编号=“10006”)

例 3-58 创建一个查询，查找学生选课成绩低于所有学生选课平均成绩的记录，并显示“学号”、“姓名”和“成绩”。

分析：本例可在“查询设计视图”中实现。用 SQL 查询求出所有学生的平均成绩，将所有学生的平均成绩作为查询条件输入到“成绩”字段“条件”行。

（1）打开“查询设计视图”，添加“学生”表和“选课成绩”表到“字段列表”区。

（2）将“学号”字段、“姓名”字段和“成绩”字段添加到“设计网格”中。在“成绩”字段的“条件”行输入“<(SELECT Avg([成绩]) FROM 选课成绩)”，如图 3.97 所示。

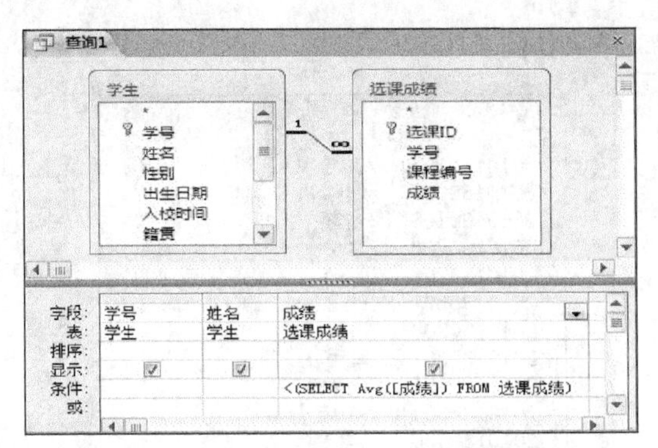

图 3.97 学生成绩低于学生平均成绩查询设计

（3）保存并运行查询。结果如图 3.98 所示。

学生成绩低于学生平均成绩

学号	姓名	成绩
2010130101	陈辉	68
2010130101	陈辉	58
2010130102	何帆	65
2010130106	杨涵	68
2010130106	杨涵	69
2010130109	赵雪莹	68
2010130109	赵雪莹	74
2010130109	赵雪莹	71
2010130109	赵雪莹	72
2010130204	耿玉函	69
2010130208	潘锋	75
2010130208	潘锋	72
2010130210	项少华	75

记录: 第 1 项(共 31 项 无筛选器 搜索

图 3.98 学生成绩低于学生平均成绩

例 3-59 创建一个查询，查找学生年龄高于学生平均年龄的记录，并显示“学号”、“姓名”和“年龄”。

分析：本例可在“查询设计视图”中实现。年龄字段值由计算得到，计算表达式为“年龄: Year(Date())-Year([出生日期])”，根据年龄字段值，利用 SQL 查询求出学生的平均年龄，语句为“SELECT Avg(Year(Date())-Year([出生日期])) FROM 学生”。将学生平均年龄作为查询条件输入到“年龄”字段条件行。

（1）打开“查询设计视图”，添加“学生”表和“选课成绩”表到“字段列表”区。

（2）将“学号”字段和“姓名”字段添加到“设计网格”中，在“设计网格”第 3 列“字段”行输入“年龄: Year(Date())-Year([出生日期])”。在“年龄”字段的“条件”行输入“ >(select avg(Year(Date())-Year([出生日期])) from 学生)”，如图 3.99 所示。

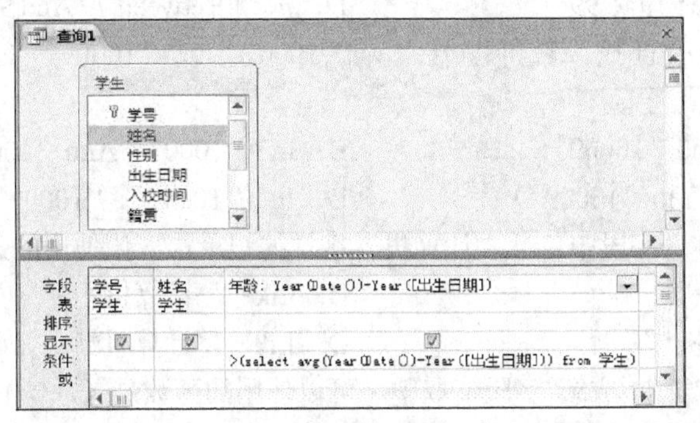

图 3.99 学生年龄高于学生平均年龄查询设计

（3）保存并运行查询。结果如图 3.100 所示。

学生年龄高于学生平均年龄

学号	姓名	年龄
2010130104	鲁洁	23
2010130107	刘强强	24
2010130108	赵鑫	23
2010130202	卓浩	24
2010130203	袁苑	23
2010130207	戴芳芳	24
2010130208	潘锋	24
2010130301	闫珊珊	23
2010130302	袁肖肖	24
2010130304	余超	24
2010130406	李航	23
2010130408	刘进	24
*		

图 3.100　学生年龄高于学生平均年龄

习题 3

1．在 Access 数据库中使用向导创建查询，其数据源可以是（　　）。

A．一个表　　B．多个表　　C．一个表的一部分　　D．表或查询

2．下列关于查询设计视图中“设计网格”各行作用的描述，错误的是（　　）。

A．“条件”行用于输入一个条件来限定记录的选择

B．“总计”行是用于对查询的字段进行求和

C．“表”行设置字段所在的表或查询的名称

D．“字段”行表示可以在此输入或添加字段的名称

3．书写查询条件时，日期/时间型数据应该使用适当的分隔符括起来，正确的分隔符是（　　）。

A．”　　B．#　　C．*　　D．%

4．若在查询条件中使用了通配符“!”，它的含义是（　　）。

A．通配任意个数的字符　　B．通配不在方括号内的任意字符

C．通配方括号内的任意单个字符　　D．不能使用“!”

5．在成绩中要查找≥80 并且≤100 的学生成绩，正确的条件表达式是（　　）。

A．成绩 Between 80 to 100　　B．成绩 Between 80 And 100

C．成绩 Between 79 to 99　　D．成绩 Between 79 And 99

6．在“教师”表中查找“教师编号”为“10007”或“10009”的记录，条件表达式为（　　）。

A．“10007” And “10009”　　B．In（“10007” And “10009”）

C．In（“10007” to “10009”）　　D．In（“10007”，“10009”）

7．查询“课程名称”字段中包括“计算机”字样的记录，应该使用的条件是（　　）。

A．Like “计算机”　　B．Like “*计算机”

C．Like “计算机*”　　D．Like “*计算机*”

8．要将”选课成绩”表中”成绩”字段值取整，可以使用的函数是（　　）。

A．Sqr([成绩]）　　B．Abs([成绩]）　　C．Int([成绩]）　　D．Sgn([成绩]）

9．表达式 4+5\6*7/8 Mod 9 的结果是（　　）。

A．7　　B．5　　C．4　　D．6

10．对不同类型的运算符，优先级为（　　）。

A．连接运算符>算术运算符>关系运算符>逻辑运算符

B．算术运算符>连接运算符>关系运算符>逻辑运算符

C．算术运算符>连接运算符>逻辑运算符>关系运算符

D．连接运算符>关系运算符>逻辑运算符>算术运算符

11．表达式 123+Mid（“123456”，3，2）的结果是（　　）。

A．123　　B．157　　C．“12334”　　D．12334

12．利用对话框提示用户输入查询条件，这样的查询属于（　　）。

A．SQL 查询　　B．选择查询　　C．操作查询　　D．参数查询

13．创建参数查询时，在查询设计视图条件行中应将参数提示文本放置在（　　）。

A．{}中　　B．[]中　　C．()中　　D．<>中

14．如果在数据库中已有同名的表，要通过查询覆盖原有的表，应该使用的查询类型是（　　）。

A．删除查询　　B．生成表查询　　C．追加查询　　D．更新查询

15．将表 A 中的记录添加到表 B 中，要求保持 B 中原有记录，可以使用的查询是（　　）。

A．追加查询　　B．更新查询　　C．生成表查询　　D．删除查询

16．下列关于操作查询的叙述中，错误的是（　　）。

A．追加查询要求两个表的结构必须一致

B．删除查询可删除符合条件的记录

C．在更新查询中可使用计算功能

D．生成表查询生成的新表是原表的子集

17．在 SQL 语言的 SELECT 语句中，用来实现选择运算的子句是（　　）。

A．IF　　B．FROM　　C．WHERE　　D．FOR

18．在 SQL 查询中 GROUP BY 的含义是（　　）。

A．选择行条件　　B．选择列条件

C．对查询进行分组　　D．对查询结果进行排序

19．要从数据库中删除一个表，应该使用 SQL 语句是（　　）。

A．ALTER TABLE　　B．DLETE TABLE

C．DROP TABLE　　D．KILL TABLE

20．在 Access 中创建一个新表，应该使用的 SQL 语句是（　　）。

A．CREATE TABLE　　B．CREATE INDEX

C．CREATE DATABASE　　D．ALTER TABLE

21．将产品表中所有供货商是“012”的产品单价上调 100，则正确的 SQL 语句是（　　）。

A．UPDATE 产品 SET 单价=100 WHERE 供货商=“012”

B．UPDATE 产品 SET 单价=单价+100 WHERE 供货商=“012”

C．UPDATE FROM 产品 SET 单价=100 WHERE 供货商=“012”

D．UPDATE FROM 产品 SET 单价=单价+100 WHERE 供货商=“012”

22．已知“借阅”表中有“借阅编号”、“学号”、“借阅图书编号”等字段，每名学生每借阅一本书生成一条记录，要求按学生学号统计出每名学生的借阅次数，下列 SQL 语句中，正确的

是（　　）。

A．SELECT 学号，COUNT([学号])FROM 借阅

B．SELECT 学号，COUNT([学号])FROM 借阅 GROUP BY 学号

C．SELECT 学号，SUM([学号])FROM 借阅

D．SELECT 学号，SUM([学号])FROM 借阅 GROUP BY 学号

23．“学生”表中有“学号”、“姓名”、“性别”和“入学成绩”等字段。执行如下 SQL 语句后的结果是（　　）。

Select Avg([入学成绩]）From 学生 Group By 性别

A．按性别分组计算并显示不同性别学生的平均入学成绩

B．计算并显示所有学生的平均入学成绩

C．按性别顺序计算并显示所有学生的平均入学成绩

D．计算并显示所有学生的性别和平均入学成绩

24．下列关于 SQL 语句叙述正确的是（　　）。

A．UPDATE 命令与 GROUP BY 关键字一起使用可以按分组更新表中原有记录

B．DELETE 命令不能与 GROUP BY 关键字一起使用

C．SELECT 命令不能与 GROUP BY 关键字一起使用

D．INSERT 命令与 GROUP BY 关键字一起使用可以按分组将新记录插入到表中

25．在下列查询语句中，与 SELECT 学生.* FROM 学生 WHERE Instr([简历],"运动") <> 0 功能等价的语句是（　　）。

A．SELECT 学生.* FROM 学生 WHERE 简历 Like"运动"

B．SELECT 学生.* FROM 学生 WHERE 简历 Like"*运动"

C．SELECT 学生.* FROM 学生 WHERE 简历 Like"运动*"

D．SELECT 学生.* FROM 学生 WHERE 简历 Like"*运动*"

第4章 窗体

4.1 窗体基础知识

一个良好的数据库应用系统，需要一个性能良好的输入、输出、操作界面，在 Access 中，有关界面的设计都是通过窗体对象来实现的。窗体向用户提供一个交互式的图形界面，用于进行数据的输入、显示、修改、删除及应用程序的执行控制，以便让用户能够在最舒适的环境中输入或查阅数据，如图 4.1 所示。

窗体显示的内容可以来自一个表或多个表，也可以是查询的结果；还可以使用子窗体来显示多个数据表里的数据。数据库应用系统的使用者对数据的任何操作只能在窗体中进行，增加了数据操作的安全性和便捷性。

窗体的设计最能展示设计者的能力与个性。用户与数据库之间的交互是通过窗体上的控件来实现的，控件是构成窗体的主要元素，掌握好控件的使用，窗体设计就会事半功倍。在窗体中还可以运行宏和模块，以实现更加复杂的功能。

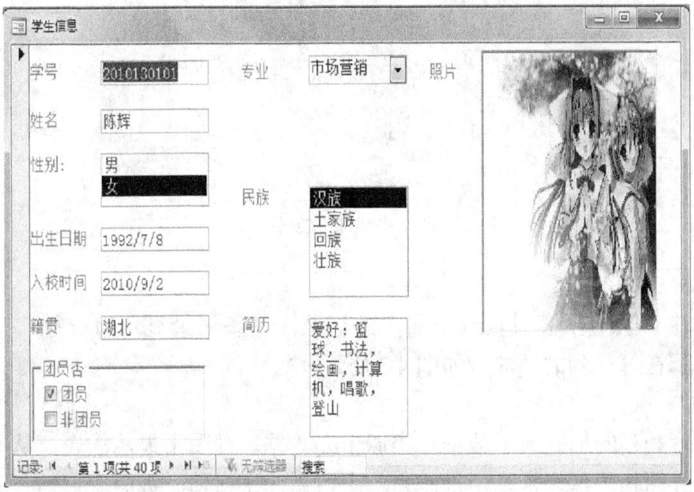

图 4.1　窗体

4.1.1 窗体的功能

窗体具有以下几种功能。

1．数据的显示与编辑

窗体的最基本功能是显示与编辑数据。窗体可以显示来自多个数据表中的数据。此外，用户可以利用窗体对数据库中的相关数据进行添加、删除和修改。用窗体来显示并浏览数据比数据表格式显示数据更加灵活。

2．数据输入

用户可以根据需要设计窗体，作为数据库中数据输入的接口，这种方式可以节省数据录入的时间并提高数据输入的准确度。窗体的数据输入功能，是它与报表的主要区别。

3．应用程序流程控制

与 VB 窗体类似，Access 2010 中的窗体也可以与函数、子程序相结合。在每个窗体中，用户可以使用 VBA 编写代码，并利用代码执行相应的功能。

4．信息显示和数据打印

在窗体中可以显示一些警告或解释信息。此外，窗体也可以用来执行打印数据库数据的功能。

4.1.2 窗体的种类

Access 窗体有多种分类方法，通常是按功能、按数据的显示方式和显示关系分类。

按照数据的显示方式，窗体可以分为：纵栏式窗体、表格式窗体、数据表式窗体、主/子窗体、图表窗体、数据透视表窗体、数据透视图窗体、分割窗体。

1．纵栏式窗体

纵栏式窗体，又称单页窗体，一页显示表或查询中的一条记录，记录中的每一个字段显示在一个独立的行上，左边使用标签控件显示字段名，右边使用文本框控件显示对应的属性值，如图 4.2 所示。

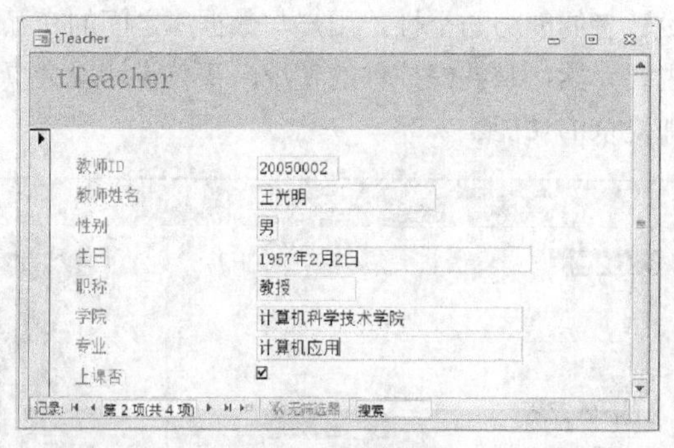

图 4.2　纵栏式窗体

2．表格式窗体

在表格式窗体中一页显示表或查询中的多条记录，每条记录显示为一行，每个字段显示为一列，字段的名称显示在每一列的顶端，如图 4.3 所示。

3．数据表窗体

数据表窗体以行和列的形式显示数据，类似于在数据表视图下显示的表，从外观上看与数据表和查询显示数据的界面相同，通常是用来作为一个窗体的子窗体。数据表窗体与表格式窗体都以行列格式显示数据，但表格式窗体是以立体形式显示的，如图 4.4 所示。

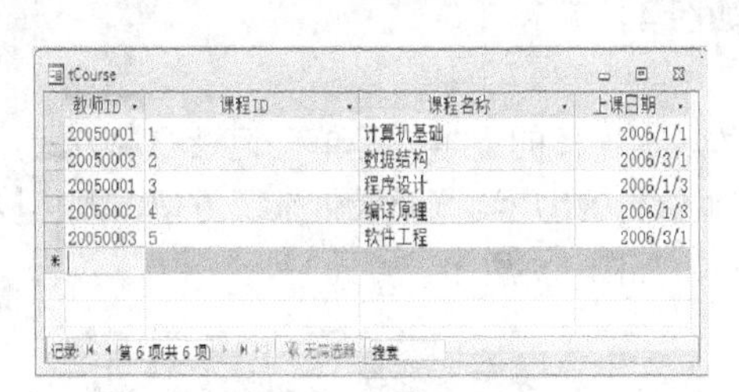

tCourse

教师ID	课程ID	课程名称	上课日期
20050001	1	计算机基础	2006/1/1
20050003	2	数据结构	2006/3/1
20050001	3	程序设计	2006/1/3
20050002	4	编译原理	2006/1/3
20050003	5	软件工程	2006/3/1

图 4.3 表格式窗体

tStud1

学生ID	学生姓名	性别	出生日期
20011001	王希	0	1988/8/6
20011002	王冠	0	1988/4/3
20011003	陈风	1	1988/3/8
20011004	张进	0	1987/4/9
20011005	张保国	1	1989/5/1
20021001	王小青	0	1988/8/5
20021002	刘凌	1	1990/3/28
20021003	孙青青	1	1986/2/6

图 4.4 数据表窗体

4．主/子窗体

主/子窗体通常用于显示多个表或查询中的数据。当主窗体中的数据发生变化时，子窗体中的数据也跟着发生相应的变化。在显示具有一对多关系的表或查询中的数据时，主/子窗体特别有效，如图 4.5 所示。

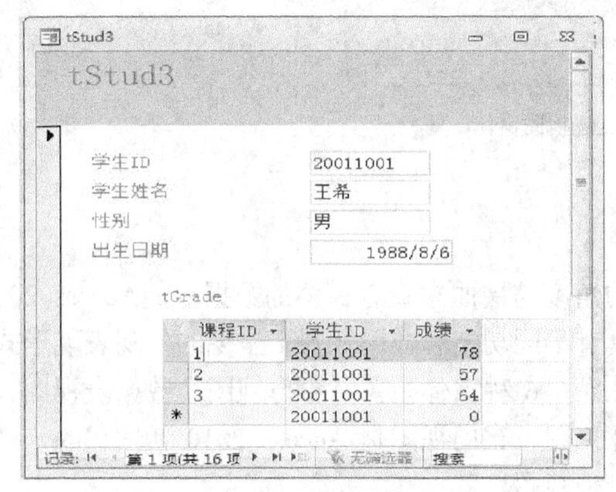

图 4.5 主/子窗体

5．图表窗体

图表窗体就是以图表的形式显示用户的数据，这样在比较数据方面显得更直观方便。用户既可以单独使用图表窗体，也可以在窗体中插入图表控件，如图 4.6 所示。

6．数据透视表窗体

数据透视表窗体是为了以指定的数据表或查询为数据源产生一个按行和列统计分析的表格而建立的一种窗体形式，如图 4.7 所示。

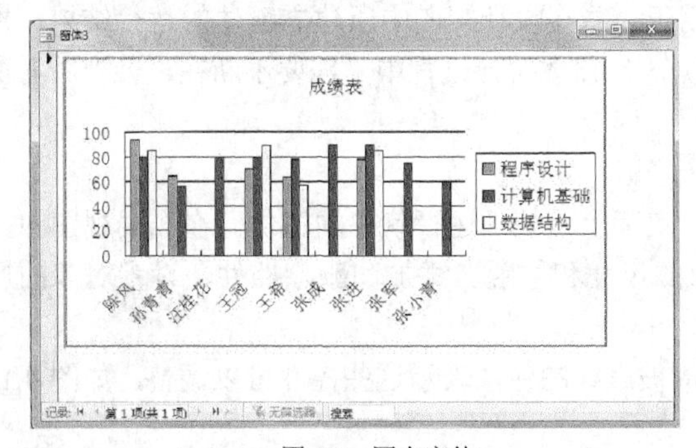

图 4.6 图表窗体

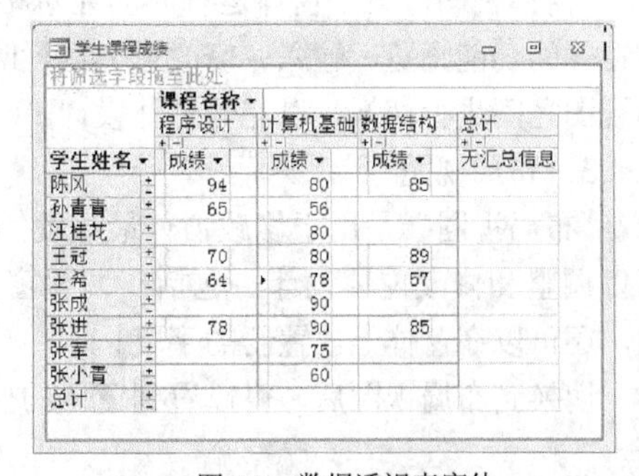

学生课程成绩

学生姓名	程序设计 成绩	计算机基础 成绩	数据结构 成绩	总计 无汇总信息
陈风	94	80	85	
孙青青	65	56		
汪桂花		80		
王冠	70	80	89	
王希	64	78	57	
张成		90		
张进	78	90	85	
张军		75		
张小青		60		
总计				

图 4.7 数据透视表窗体

7．数据透视图窗体

数据透视图窗体是用于显示数据表和查询中数据的图形分析窗体，利用它可以把数据库中的数据以图形方式显示，从而可以直观地获得数据信息，如图 4.8 所示。

8．分割窗体

分割窗体是用于创建一种具有两种布局形式的窗体。在窗体的上半部是单一记录布局方式，在窗体的下半部是多个记录的数据表布局方式，这种分割窗体为用户浏览记录带来了方便，既可以宏观上浏览多条记录，又可以微观上明细地浏览一条记录，如图 4.9 所示。

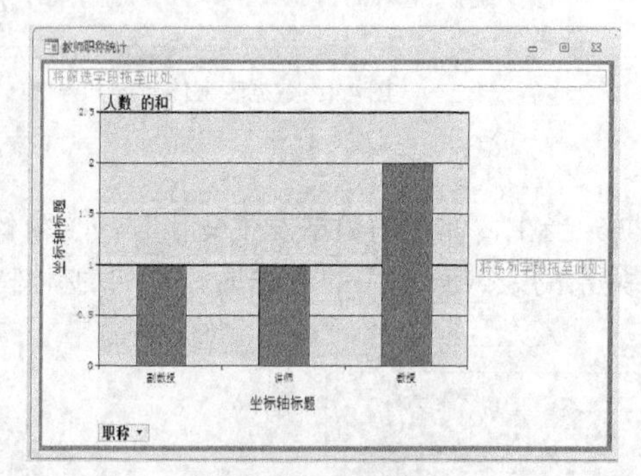

图 4.8　数据透视图窗体

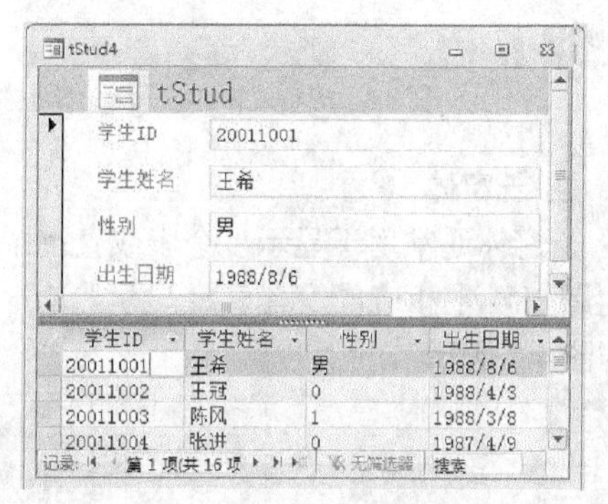

图 4.9　分割窗体

4.1.3　窗体的视图

为了能够以各种不同的角度与层面来查看窗体的数据源，Access 2010 为窗体提供了多种窗体视图，窗体视图是窗体在具有不同功能和应用范围下呈现的外观表现形式，不同的窗体视图具有不同的功能。Access 2010 提供了 6 种窗体视图：窗体视图、数据表视图、数据透视图视图、数据透视表视图、布局视图和设计视图。布局视图是 Access 2010 新增加的一种视图，窗体视图、布局视图和设计视图是最常用的 3 种视图。

1．设计视图

“设计视图”是创建窗体或修改窗体的窗口，是主要的视图形式，如图 4.10 所示。任何类型的窗体均可以通过设计视图来完成创建。在窗体的设计视图中，设计者可利用控件命令组向窗体添加各种控件，通过设置控件属性、事件代码处理，完成窗体功能设计；通过“排列”和“格式”选项卡的工具完成控件布局等窗体格式设计；编辑窗体的页眉和页脚，以及页面的页眉和页脚等；还可以绑定数据源和控件。在设计视图中创建的窗体，可在窗体视图和数据表视图中查看结果。

2．窗体视图

“窗体视图”就是窗体运行时的显示格式，用于查看在设计视图中所建立窗体的运行结果，根据窗体的功能浏览、输入、修改窗体运行时的数据。在窗体设计过程中，需要不断在设计视图与窗体视图之间进行切换，以完善窗体设计。

3．布局视图

“布局视图”是用于修改窗体最直观的视图，实际上是处于运行状态的窗体。在布局视图中，可以调整和修改窗体设计，包括：调整窗体对象的尺寸和位置、添加和删除控件、设置对象的属性，还可以在窗体上放置新的字段。

切换到布局视图后，可以看到窗体的控件四周被虚线围住，表示这些控件可以调整，如图 4.11 所示。

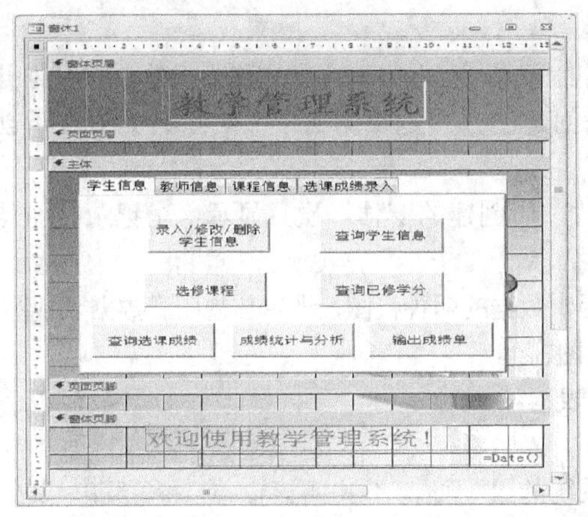

图4.10　窗体设计视图

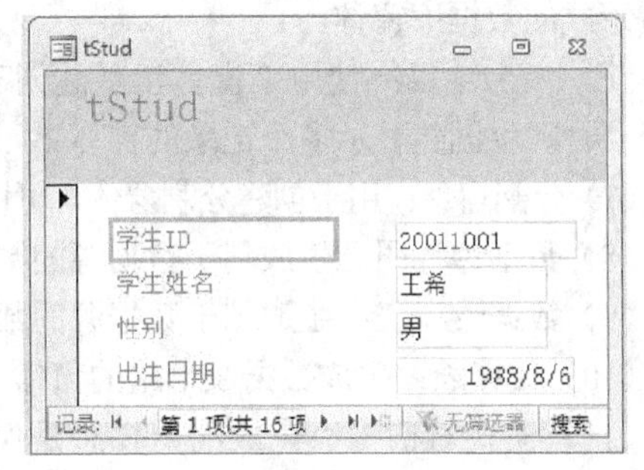

图4.11　窗体布局视图

4．数据表视图

“数据表视图”是以行和列组成的表格形式显示窗体中的数据，和普通数据表的数据视图几乎完全相同，在数据表视图中可以编辑、添加、修改、查找或删除数据。

5．数据透视表视图

“数据透视表视图”用于数据的分析与统计。窗体的透视表视图从设计界面来看，和第3章里的交叉表查询类似，通过指定视图的行字段、列字段和汇总字段来显示数据记录。

在窗体的数据透视表视图中，可以动态地更改窗体的版面布置，可以重新排列行标题、列标题和筛选字段，直到形成所需的版面布置，每次改变版面布置时，窗体会立即按照新的布置重新计算数据，实现数据的汇总、小计和总计。

6．数据透视图视图

“数据透视图视图”将数据的分析和汇总结果以图形化的方式直观地显示出来，更形象化地说明数据间的关系。

4.2　窗体的创建

Access 2010创建窗体的方法十分丰富。在Access 2010工作界面功能区“创建”选项卡的“窗体”组中，提供了多种创建窗体的功能按钮，包括：“窗体”、“窗体设计”和“空白窗体”三个主要的按钮，还有“窗体向导”，“导航”和“其他窗体”三个辅助按钮，如图4.12所示。

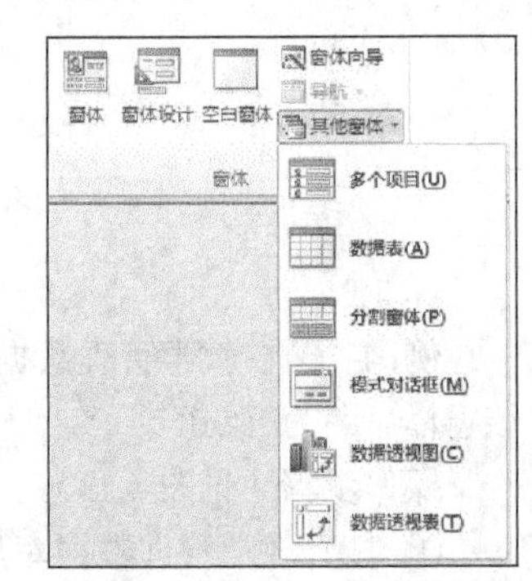

图4.12　创建窗体的功能按钮

各个按钮的功能如下。

（1）窗体：最快速地创建窗体的工具，只需要单击一次鼠标便可以创建窗体。使用这个工具创建窗体，来自数据源的所有字段都放置在窗体上。

（2）窗体设计：利用窗体设计视图设计窗体。

（3）空白窗体：这也是一种快捷的窗体构建方式，以布局视图的方式设计和修改窗体，尤其是只需要在窗体上放置很少几个字段时，使用这种方法最为适宜。

（4）窗体向导：一种辅助用户创建窗体的工具。

（5）导航：用于创建具有导航按钮即网页形式的窗体，在网络世界把它称为表单。它又细分为六种不同的布局格式。虽然布局格式不同，但是创建的方式是相同的。导航工具更适合于创建Web形式的数据库窗体。

（6）多个项目：使用“窗体”工具创建窗体时，所创建的窗体一次只显示一个记录。而使用多个项目则可创建显示多个记录的窗体。

（7）分割窗体：用于创建分割窗体，可以同时提供数据的两种视图，即窗体视图和数据表视图。

（8）数据透视图：生成基于数据源的数据透视图窗体。

（9）数据透视表：生成基于数据源的数据透视表窗体。

（10）数据表：生成数据表形式的窗体。

（11）模式对话框：生成的窗体总是保持在系统的最上面，不关闭该窗体，不能进行其他操作，登录窗体就属于这种窗体。

4.2.1 使用“窗体”按钮创建窗体

使用“窗体”按钮所创建的窗体，其数据源来自某个表或某个查询。这种方法创建的窗体是一种单记录布局的窗体，一页只显示一条记录，布局结构简单。窗体对表中的各个字段进行排列和显示，左边是字段名，右边是字段的值。

使用“窗体”按钮创建窗体，基本操作步骤：打开数据库，在导航窗格中对某个表或查询单击鼠标左键，选中该表或查询作为窗体的数据源；单击“创建”选项卡，再在“窗体”命令组中单击“窗体”命令按钮，窗体立即创建完成，并且以布局视图显示；在快速访问工具栏中单击“保存”按钮，打开“另存为”对话框，在“窗体名称”文本框内输入窗体的名称，单击“确定”按钮。

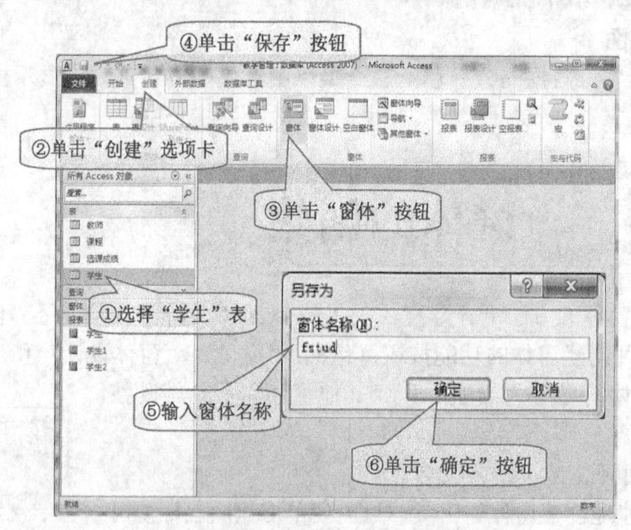

图4.13 使用“窗体”按钮创建窗体

例 4-1 在教学管理数据库中以“学生”表为数据源使用“窗体”按钮创建一个单页窗体，并将该窗体命名为fstud。

操作步骤（见图4.13）。

① 打开教学管理数据库，在数据库的导航窗格中选择窗体的数据源“学生”表。

② 单击“创建”选项卡，选择“窗体”组中的“窗体”按钮。系统将自动创建一个以“学

生”表为数据源的窗体，并以布局视图显示此窗体。

③ 在快速访问工具栏中单击“保存”按钮，打开“另存为”对话框，在“窗体名称”文本框内输入窗体名称 fstud，单击“确定”按钮。

4.2.2 使用“空白窗体”按钮创建窗体

使用“空白窗体”按钮创建窗体是在布局视图中创建数据表式窗体。使用“空白”创建窗体的同时，Access 打开用于窗体的数据源表，可以根据需要把表中的字段拖到窗体上，从而完成创建窗体的工作。

使用“空白窗体”按钮创建窗体，基本操作步骤：打开数据库，单击“创建”选项卡，再在“窗体”命令组中单击“空白窗体”命令按钮，立即创建一个空白窗体，并且以布局视图显示，同时在“对象工作区”右边打开了“字段列表”窗格，显示数据库中所有的表；在“字段列表”窗格中单击数据表前面的“+”，将展开表里的所有字段，双击要显示的字段就会将该字段加入到空白窗体中，或直接将字段拖动到空白窗体中，同时“字段列表”的布局从一个窗格变为三个小窗格，分别是：“可用于此视图的字段”、“相关表中的可用字段”和“其他表中的可用字段”；在快速访问工具栏中单击“保存”按钮，打开“另存为”对话框，在“窗体名称”文本框内输入窗体的名称，单击“确定”按钮。

例 4-2 在教学管理数据库中创建一个窗体显示教师编号、姓名、职称及所担任的课程名称，并将该窗体命名为 fteach。

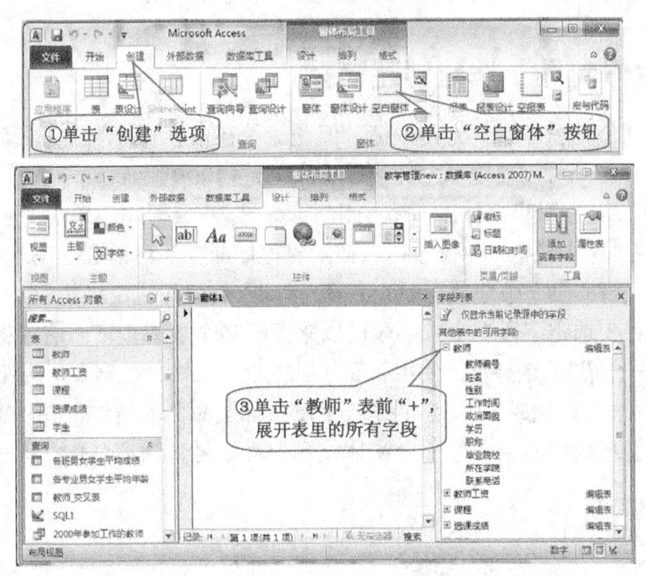

图 4.14a 使用“空白窗体”按钮创建窗体

操作步骤如下（见图 4.14a 和图 4.14b）。

① 打开教学管理数据库，单击“创建”选项卡，再在“窗体”命令组中单击“空白窗体”命令按钮，立即创建一个空白窗体，并且以布局视图显示，同时在“对象工作区”右边打开了“字段列表”窗格，显示数据库中所有的表。

② 在“字段列表”窗格中单击“教师”表前面的“+”，展开表里的所有字段。

③ 双击“教师”表里的“教师编号”、“姓名”、“职称”字段，将这 3 个字段加入到空白窗体中。

④ 拖动“课程”表里的“课程名称”字段到空白窗体中，也可以双击课程名称“字段”，窗体结构变成一个主/子窗体布局（因为“教师”表与“课程”表之间为一对多的关系）。

⑤ 在快速访问工具栏中单击“保存”按钮，打开“另存为”对话框，在“窗体名称”文本框内输入窗体名称 fteach，单击“确定”按钮。

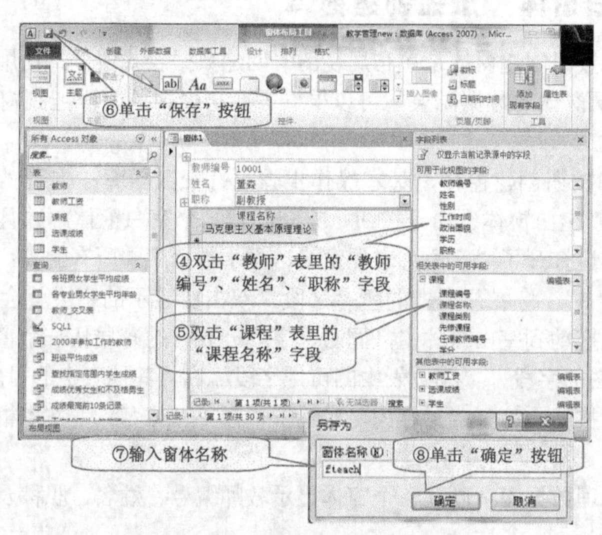

图 4.14b 使用“空白窗体”按钮创建窗体

4.2.3 使用“窗体向导”按钮创建窗体

使用“窗体”按钮创建窗体虽然方便快捷，但是无论在内容和外观上都受到很大的限制，不能满足用户较高的要求。为此可以使用“窗体向导”来创建内容更为丰富的窗体。

使用“窗体向导”按钮创建窗体，基本操作步骤：打开数据库，单击“创建”选项卡，再在“窗体”命令组中单击“窗体向导”命令按钮，弹出“窗体向导”对话框；在该对话框选择某个表或查询，并在其下的“可用字段”中选中需要的字段，单击“>”按钮，将其加入到“选定字段”中，单击“下一步”（注意：“选定字段”中的字段可以来源于多个表或查询，这样将会创建一个主/子窗体，这个在 4.2.9 节再介绍）；选择窗体使用布局（纵栏表、表格、数据表、两端对齐），单击“下一步”；输入窗体标题，单击“完成”，就会创建一个以该标题命名的窗体，并以窗体视图显示。

例 4-3 在教学管理数据库中创建一个窗体显示课程编号、课程名称、课程类别、学分，将该窗体命名为 fcourse。

操作步骤如下（见图 4.15）。

① 打开教学管理数据库，单击“创建”选项卡，再在“窗体”命令组单击“窗体向导”命令按钮，弹出“窗体向导”对话框。

② 在“窗体向导”对话框中，选择“课程”表，选择其下的“可用字段”里的“课程编号”，单击“>”，将其加入到“选定字段”中，用同样的方法依次将“课程名称”、“课程类别”、“学分”加入到“选定字段”中，单击“下一步”按钮。

③ 在弹出的对话框中，选择窗体使用布局：纵栏表，单击“下一步”按钮。

④ 在弹出的对话框中，输入窗体的标题：课程，单击“完成”按钮，就创建了一个名为“课程”的窗体，并以窗体视图显示。

⑤ 在导航窗格中，选中刚创建的“课程”窗体，单击右键，在弹出的菜单中选择“重命名”

命令，将其重命名为“fcourse”。

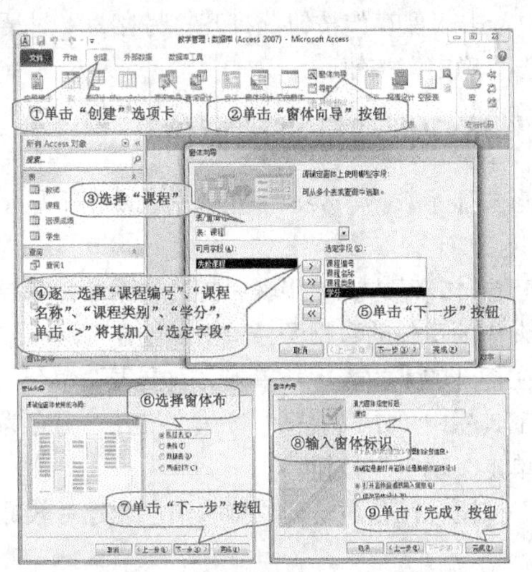

图4.15 使用“窗体向导”按钮创建窗体

4.2.4 使用“多个项目”按钮创建窗体

“多个项目”即在窗体上显示多个记录的一种窗体布局形式。

使用“多个项目”按钮创建窗体，基本操作步骤：打开数据库，在导航窗格中对某个表或查询单击鼠标左键，选中该表或查询作为窗体的数据源；单击“创建”选项卡，再在“窗体”命令组中单击“其他窗体”命令按钮，在打开的下拉表中，单击“多个项目”命令，窗体立即创建完成，并且以布局视图显示；在快速访问工具栏中单击“保存”按钮，打开“另存为”对话框，在“窗体名称”文本框内输入窗体的名称，单击“确定”按钮。

例 4-4 使用“多个项目”按钮，在教学管理数据库中，创建“选课成绩”窗体，并将该窗体命名为 fgrade。

操作步骤如下（见图4.16）。

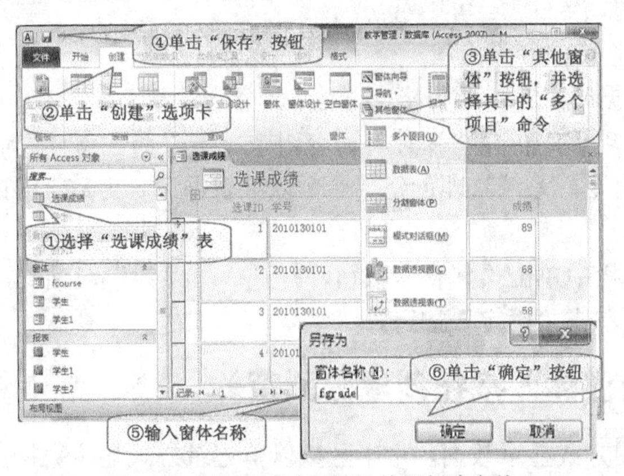

图4.16 使用“多个项目”按钮创建窗体

① 打开教学管理数据库，在导航窗格中，选中“选课成绩”表。

② 单击“创建”选项卡，再在“窗体”命令组中单击“其他窗体”命令按钮，在打开的下拉表中，单击“多个项目”命令，系统立即创建了一个以“选课成绩”表为数据源的窗体，并且以布

局视图显示。

③ 在快速访问工具栏中单击“保存”按钮，打开“另存为”对话框，在“窗体名称”文本框内输入窗体名称 fgrade，单击“确定”按钮。

4.2.5 使用“数据表”按钮创建数据表窗体

数据表窗体以行和列的形式显示数据，类似于在数据表视图下显示的表，通常是用来作为一个窗体的子窗体。

使用“数据表”按钮创建窗体，基本操作步骤：打开数据库，在导航窗格中对某个表或查询单击鼠标左键，选中该表或查询作为窗体的数据源；单击“创建”选项卡，再在“窗体”命令组中单击“其他窗体”命令按钮，在打开的下拉表中，单击“数据表”命令，窗体立即创建完成，并且以布局视图显示；在快速访问工具栏中单击“保存”按钮，打开“另存为”对话框，在“窗体名称”文本框内输入窗体的名称，单击“确定”按钮。

例 4-5 使用“数据表”按钮，在教学管理数据库中，创建“教师”窗体，并将该窗体命名为 fteach。

操作步骤如下（见图 4.17）。

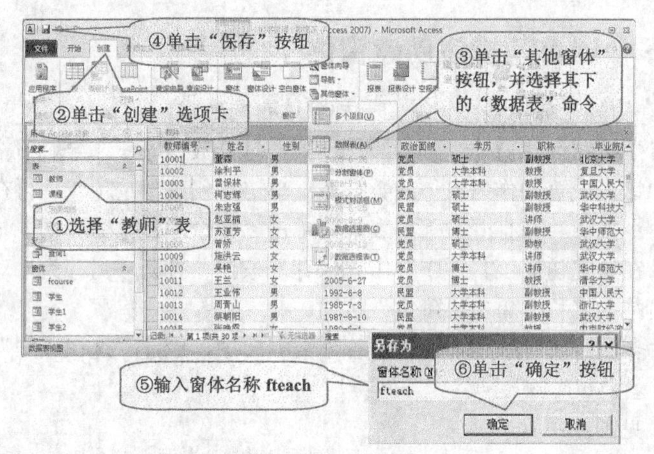

图 4.17 使用“数据表”按钮创建窗体

① 打开教学管理数据库，在导航窗格中，选中“教师”表。

② 单击“创建”选项卡，再在“窗体”命令组中单击“其他窗体”命令按钮，在打开的下拉表中，单击“数据表”命令，系统立即创建了一个以“教师”表为数据源的窗体，并且以数据表视图显示。

③ 在快速访问工具栏中单击“保存”按钮，打开“另存为”对话框，在“窗体名称”文本框内输入窗体名称 fteach，单击“确定”按钮。

4.2.6 使用“分割窗体”按钮创建分割窗体

分割窗体以两种视图方式显示数据，上半区域以单记录方式显示数据，用于查看和编辑记录，下半区域以数据表方式显示数据，可以快速定位和浏览记录。两种视图基于同一个数据源，并始终保持同步。可以在任意一部分中对记录进行切换和编辑。

使用“分割窗体”按钮创建窗体，基本操作步骤：打开数据库，在导航窗格中对某个表或查询单击鼠标左键，选中该表或查询作为窗体的数据源；单击“创建”选项卡，再在“窗体”命令组中单击“其他窗体”命令按钮，在打开的下拉表中，单击“分割窗体”命令，窗体立即创建完成，上半部分以布局视图显示，下半部分以数据表视图显示；在快速访问工具栏中单击“保存”按钮，打开“另存为”对话框，在“窗体名称”文本框内输入窗体的名称，单击“确定”按钮。

例 4-6 在教学管理数据库中，以学生表为数据源，使用“分割窗体”按钮，创建一个分割窗体，并将该窗体命名为 fstud。

操作步骤如下（见图 4.18）。

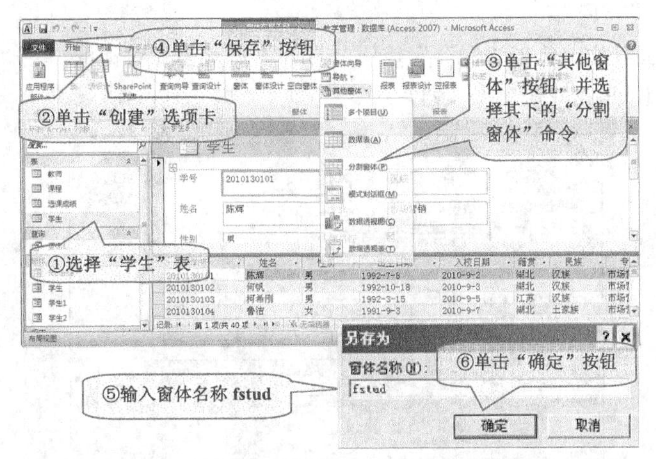

图 4.18 使用“分割窗体”按钮创建分割窗体

① 打开教学管理数据库，在导航窗格中，选中“学生”表。

②单击“创建”选项卡，再在“窗体”命令组中单击“其他窗体”命令按钮，在打开的下拉表中，单击“分割窗体”命令，系统立即创建了一个以“学生”表为数据源的分割窗体窗体，上半部分以布局视图显示，下半部分以数据表视图显示。

③ 在快速访问工具栏中单击“保存”按钮，打开“另存为”对话框，在“窗体名称”文本框内输入窗体名称 fstud，单击“确定”按钮。

4.2.7 使用“数据透视图”按钮创建数据透视图窗体

数据透视图是以图形方式显示数据汇总和统计结果，直观地反映数据分析信息，形象地表达数据的变化。

使用“数据透视图”按钮创建窗体，基本操作步骤：打开数据库，在导航窗格中对某个表或查询单击鼠标左键，选中该表或查询作为窗体的数据源；单击“创建”选项卡，再在“窗体”命令组中单击“其他窗体”命令按钮，在打开的下拉表中，单击“数据透视图窗体”命令，就创建了一个数据透视图窗体框架；在“数据透视图工具/设计”选项卡的“显示/隐藏”组中，双击“字段列表”按钮，将打开字段列表，从字段列表中把相关字段拖动到数据透视图窗体中的指定位置；在快速访问工具栏中单击“保存”按钮，打开“另存为”对话框，在“窗体名称”文本框内输入窗体的名称，单击“确定”按钮。

例 4-7 在教学管理数据库中，以“教师”表为数据源，使用“数据透视图”按钮，创建一个数据透视图窗体，统计各学院各职称的男女教师人数，并将该窗体命名为 fteach。

操作步骤如下（见图 4.19）。

① 打开教学管理数据库，在导航窗格中，选中“教师”表。

② 单击“创建”选项卡，再在“窗体”命令组中单击“其他窗体”命令按钮，在打开的下拉

表中，单击“数据透视图”命令，创建一个数据透视图窗体框架。

③ 在“数据透视图工具/设计”选项卡的“显示/隐藏”组中，双击“字段列表”按钮，将打开“教师”表字段列表。

④ 将字段列表中的“所在学院”字段拖动到数据透视图窗体框架中的“筛选字段”；将字段列表中的“教师编号”字段拖动到数据透视图窗体框架中的“数据字段”；将字段列表中的“性别”字段拖动到数据透视图窗体框架中的“系列字段”；将字段列表中的“职称”字段拖动到数据透视图窗体框架中的“分类字段”。

⑤ 在快速访问工具栏中单击“保存”按钮，打开“另存为”对话框，在“窗体名称”文本框内输入窗体名称 fstud，单击“确定”按钮。

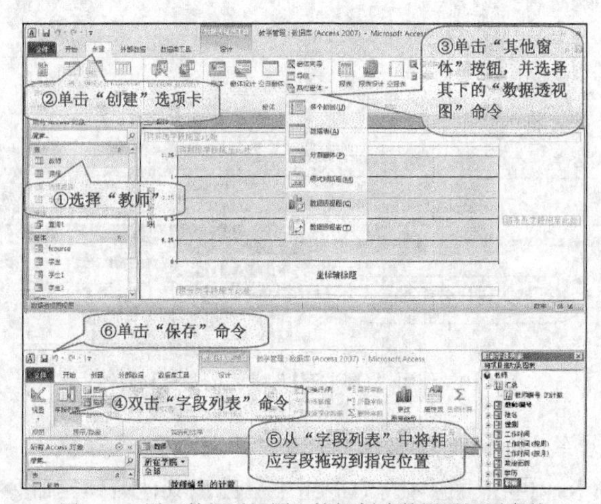

图 4.19 用“数据透视图”按钮创建数据透视图窗体

4.2.8 使用“数据透视表”按钮创建数据透视表窗体

数据透视表就是针对要分析的数据，利用行与列的交叉，按行和列统计汇总数据，对数据进行求和、计数、求平均值等计算。

使用“数据透视表”按钮创建窗体，基本操作步骤：打开数据库，在导航窗格中对某个表或查询单击鼠标左键，选中该表或查询作为窗体的数据源；单击“创建”选项卡，再在“窗体”命令组中单击“其他窗体”命令按钮，在打开的下拉表中，单击“数据透视表窗体”命令，就创建了一个数据透视表窗体框架；在“数据透视表工具/设计”选项卡的“显示/隐藏”组中，双击“字段列表”按钮，将打开字段列表，从字段列表中把相关字段拖动到数据透视表窗体中的指定位置；对“汇总或明细”字段设置汇总或计算方式；在快速访问工具栏中单击“保存”按钮，打开“另存为”对话框，在“窗体名称”文本框内输入窗体的名称，单击“确定”按钮。

例 4-8 在教学管理数据库中，以“学生”表为数据源，使用“数据透视表”按钮，创建一个数据透视表窗体，统计各专业各民族的男女学生人数，并将该窗体命名为 fstud。

操作步骤如下（见图 4.20）。

① 打开教学管理数据库，在导航窗格中，选中“学生”表。

② 单击“创建”选项卡，再在“窗体”命令组中单击“其他窗体”命令按钮，在打开的下拉表中，单击“数据透视表”命令，创建一个数据透视表窗体框架。

③ 在“数据透视表工具/设计”选项卡的“显示/隐藏”组中，双击“字段列表”按钮，将打开“学生”表字段列表。

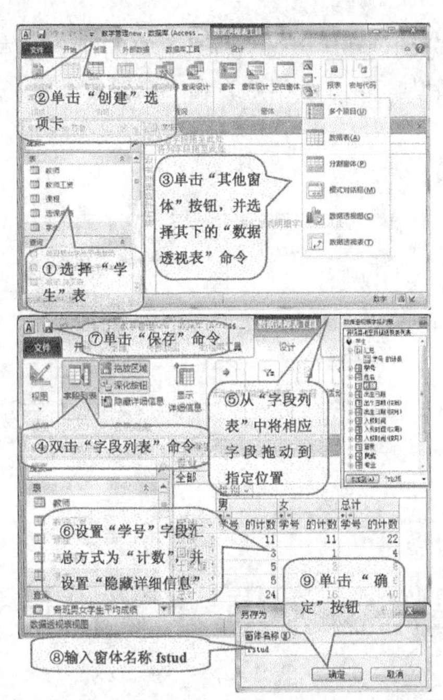

图 4.20 使用“数据透视表”按钮创建数据透视表窗体

④ 将字段列表中的“专业”字段拖动到数据透视表窗体框架中的“筛选字段”；将字段列表中的“性别”字段拖动到数据透视表窗体框架中的“列字段”；将字段列表中的“民族”字段拖动到数据透视表窗体框架中的“行字段”；将字段列表中的“学号”字段拖动到数据透视表窗体框架中的“汇总或明细字段”。

⑤ 对“汇总或明细”字段（“学号”字段）单击鼠标右键，在弹出的菜单中，将鼠标放在“Σ自动计算”命令上，在其展开的子菜单中单击“计数”命令；对“汇总或明细”字段（“学号”字段）单击鼠标右键，在弹出的菜单中，单击“隐藏详细信息”命令。

⑥ 在快速访问工具栏中单击“保存”按钮，打开“另存为”对话框，在“窗体名称”文本框内输入窗体名称 fstud，单击“确定”按钮。

4.2.9 创建主/子窗体

主/子窗体一般用来显示具有一对多关系的表或查询中的数据，并保持同步，主窗体显示一对多关系中“一”方数据表中的一条记录，子窗体显示一对多关系中“多”方数据表中与主窗体中当前记录相关的多条记录，前提是两个表之间已经建立了一对多的关系。主/子窗体的创建方法有 3 种，下面逐一介绍这 3 种方法。

1. 方法 1

使用窗体向导创建主/子窗体，基本操作步骤：打开数据库，单击“创建”选项卡，再在“窗体”命令组中单击“窗体向导”命令按钮，弹出“窗体向导”对话框；在该对话框的“表/查询”列表框中选择主表，并在其下的“可用字段”中选中需要的字段，单击“>”按钮，将其加入到“选定字段”中；再在“表/查询”列表框中选择从表，并在其下的“可用字段”中选中需要的字段，单击“>”按钮，将其加入到“选定字段”中；单击“下一步”按钮在“请确定查看数据方式”对话框中选择“带有子窗体的窗体”（嵌入式）、或“链接窗体”（链接式），单击“下一步”按钮；接下来选择子窗体使用布局（表格、数据表），单击“下一步”；分别输入主窗体标题、子窗体标题，单击“完成”按钮，就分别创建了以各自标题命名的两个窗体，并以窗体视图显示。

例 4-9 在教学管理数据库中，以“学生”表和“选课成绩”表为数据源，创建嵌入式的主/子窗体。

操作步骤如下（见图 4.21）。

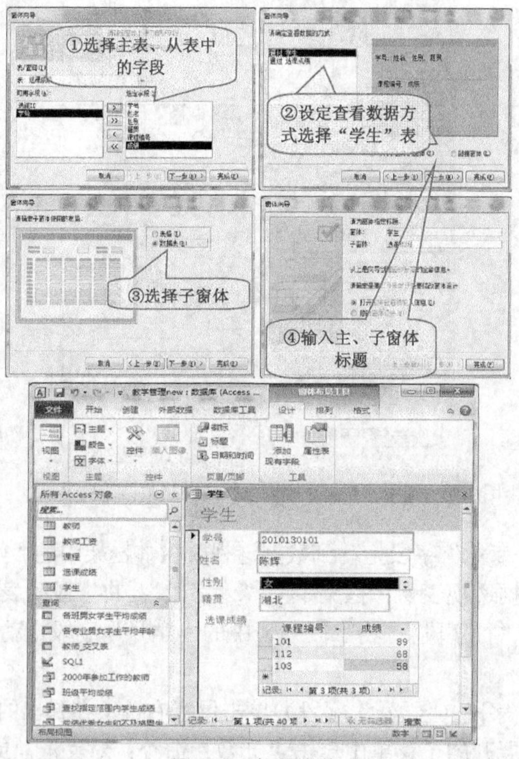

图 4.21 主/子窗体

① 打开教学管理数据库，单击“创建”选项卡，再在“窗体”命令组单击“窗体向导”命令按钮，弹出“窗体向导”对话框。

② 在“窗体向导”对话框的“表/查询”列表框中，选择“学生”表，选择其下的“可用字段”里的“学号”，单击“>”，将其加入到“选定字段”中，用同样的方法依次将“姓名”、“性别”、“籍贯”加入到“选定字段”中。

③ 在“窗体向导”对话框的“表/查询”列表框中，选择“选课成绩”表，选择其下的“可用字段”里的“课程编号”，单击“>”，将其加入到“选定字段”中，再用同样的方法将“成绩”加入到“选定字段”中，单击“下一步”按钮。

④ 在弹出的“请确定查看数据方式”对话框中选择“通过学生表”，并选择“带有子窗体的窗体”，单击“下一步”按钮。

⑤ 在弹出的对话框中选择子窗体使用布局“数据表”，单击“下一步”按钮。

⑥ 在弹出的对话框中，分别输入主窗体的标题：学生、子窗体的标题：选课成绩，单击“完成”，就会在窗体视图中以主/子窗体形式显示。并在导航窗格中增加了“学生”、“选课成绩”两个窗体。

2．方法 2

先分别创建主窗体、子窗体，再在主窗体的设计视图中，将子窗体拖动到主窗体中。

3．方法3

先以主表为数据源创建主窗体，然后在主窗体设计视图中添加“子窗体”控件，根据子窗体向导创建主/子窗体（在4.3.5节中再介绍）。

4.3 窗体的设计

自动创建窗体和窗体向导所创建的窗体均较为简单，在实际应用中不能满足用户多种多样的需求。使用“窗体设计”按钮，用户可以在窗体设计视图中自由设计，根据需要在窗体不同的节区添加各种控件对象，如标签、文本框、组合框、列表框、命令按钮、复选框、切换按钮、选项按钮、选项卡、图像等，并对已有的窗体进行编辑、修改，以设计出面向不同应用与功能需求的窗体。

4.3.1 窗体的结构

窗体通常由窗体页眉、窗体页脚、页面页眉、页面页脚和主体5个部分组成，每一部分称为窗体的“节”，默认情况下，只有“主体”节。除主体节外，其他节可通过设置确定有无，但所有窗体必有主体节，其结构如图4.22所示。

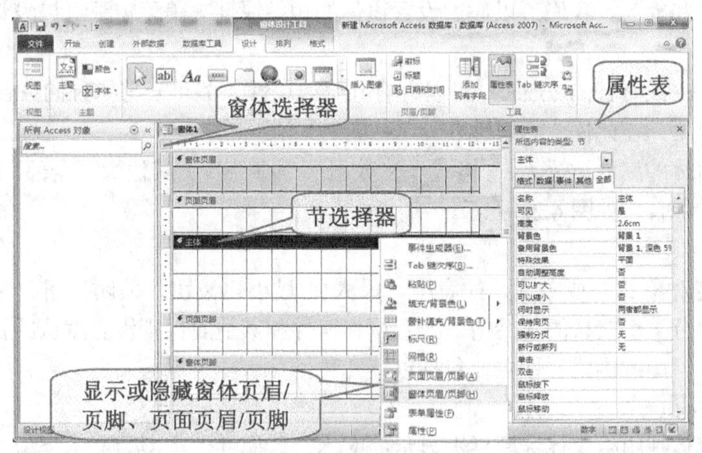

图4.22 窗体的节

1．窗体页眉

“窗体页眉”位于窗体的顶部位置，一般用于添加窗体标题、窗体使用说明或放置窗体任务按钮等。

2．页面页眉

“页面页眉”只显示在应用于打印的窗体上，用于设置窗体在打印时的页头信息，如：标题、图像、列标题、用户要在每一打印页上方显示的内容等。

3．主体

“主体”是窗体的主要部分，每个窗体都必须包含的主体节。绝大多数的控件及信息都出现在主体节中，通常用来显示、编辑记录数据，是数据库系统数据处理的主要工作界面。

4．页面页脚

“页面页脚”用于设置窗体在打印时的页脚信息，如：日期、页码、用户要在每一打印页下方显示的内容等。由于窗体设计主要应用于系统与用户的交互接口，通常在窗体设计时很少考虑页面页眉和页面页脚的设计。

5．窗体页脚

“窗体页脚”功能与窗体页眉基本相同，位于窗体底部，一般用于显示对记录的操作说明、设置命令按钮等。

窗体的窗体页眉、窗体页脚、页面页眉、页面页脚 4 个节区可以设置显示或隐藏：使用“窗体设计”按钮创建的窗体中，默认只有“主体”节，可以在“主体”节区单击鼠标右键，在弹出的菜单中选择“窗体页眉/页脚”、或“页面页眉/页脚”命令，以添加显示窗体页眉/页脚、页面页眉/页脚节区。如果不需要这些节区，也可以用同样的方法操作，取消这些节区的显示，相应的节就会被隐藏起来，如图 4.22 所示。

窗体各个节区的宽度和高度也可以调整：首先单击要修改的节区的节选择器（节选择器颜色变黑），然后把鼠标移到节选择器的上方变成上下双箭头形状后，上下拖动就可以调整节的高度；同样把鼠标放在节的右侧边缘处，鼠标变成水平双箭头，拖动鼠标可以调整节的宽度，调节宽度时，所有节的宽度同时都被调整。

4.3.2　窗体的属性

属性是对象特征的描述。窗体、报表、节和控件都有各自的属性设置，可以利用这些属性来更改特定项目的外观和行为。我们可以通过设置窗体的相关属性来美化窗体，以设计出符合用户需求的个性化窗体。

使用属性表、宏或 Visual Basic，可以查看并更改属性。关于宏与 Visual Basic 对属性的操作在后面的章节中介绍，在此仅介绍属性表。

在属性表中窗体的属性被分为：“格式”、“数据”、“事件”、“其他”、“全部”5 组，“全部”组的属性是前 4 组的综合，如图 4.22 所示。

1．格式属性

格式属性指定对象的外观布置，如宽度、最大化/最小化按钮、关闭按钮、图片等属性。通常对象的格式属性都有一个默认的初始值。而数据、事件和其他属性则没有默认的初始设置。窗体的格式属性有很多，常用的格式属性主要包括以下几种。

（1）标题（Caption）

用于指定在窗体视图中窗体标题栏上显示的文本，其属性值类型为文本类型。

（2）默认视图（DefaultView）

设置窗体的显示形式，可以选择：单个窗体、连续窗体、数据表、数据透视表、数据透视图、分割窗体等方式。

（3）滚动条（Scrollbars）

用于指定窗体显示时是否具有窗体的滚动条，以及滚动条的形式，其属性值有：两者均无、水平、垂直、水平和垂直。

（4）分隔线（DividingLines）

用于指定窗体显示时是否显示各个节区之间的分隔线，其属性值类型为是/否类型。

（5）记录选择器（RecordSelectors）

用于指定窗体显示时是否显示记录选择器，即窗体最左边是否有标志块，其属性值类型为是/否类型。

（6）导航按钮（NavigationButtons）

用于指定在窗体上是否显示记录导航按钮和记录编号框，其属性值类型为是/否类型。

（7）边框样式（Borderstyle）

指定窗体上边框的样式，设计者可以选择：可调边框、细边框、对话框、无。

（8）自动居中（AutoCenter）

指定窗体显示时是否自动居于桌面的中央，其属性值类型为是/否类型。

（9）最大最小化按钮（MaxMinButton）

决定窗体是否具有最大化和最小化按钮，设计者可以选择：无、最大化按钮、最小化按钮、两者都有。

（10）关闭按钮（CloseButton）

决定窗体是否具有关闭按钮，其属性值类型为是/否类型。

（11）图片（Picture）

用于选定当作窗体的背景图片的位图或其他类型的图形。

（12）图片类型（PictureType）

用于选定将图片存储为链接对象还是嵌入对象。若为链接，则图片文件必须与数据库同时保存，并可以单独打开图片文件进行编辑修改；若为嵌入，则图片直接嵌入到窗体中，此方式增加数据库文件长度，嵌入后可以删除原图片文件。

（13）图片对其方式（PictureAlignment）

用于决定图片在窗体中显示的位置，设计者可以选择：左上、右上、居中、左下、右下、窗体中心。

（14）图片缩放模式（PictureSizeMode）

用于决定窗体的图片的调整大小的方式，设计者可以选择：剪辑、拉伸、缩放、水平拉伸、垂直拉伸。

（15）控制框（ControlBox）

决定在“窗体视图”和“数据表视图”中窗体是否具有控制菜单，其属性值类型为是/否类型。

（16）可移动的（Moveable）

决定窗体在运行时是否允许移动窗体，其属性值类型为是/否类型。

（17）允许窗体视图（AllowFormView）

指定用户是否可以在窗体视图中查看本窗体，其属性值类型为是/否类型。

同样还有：允许数据表视图、允许数据透视表视图、允许数据透视图视图、允许布局视图4个属性。

2．数据属性

数据属性主要是用来指定 Access 如何对该窗体使用数据，在记录源属性中需要指定窗体所使用的表或查询，另外还可以指定筛选和排序依据等。窗体常用的数据属性主要包括：

（1）记录源（RecordSource）

显示数据库中的表、查询或SQL语句，供设计者从中选择一个作为窗体的数据源。

（2）排序依据（OrderBy）

该属性是一个字符表达式，由字段名或字段名表达式组成，指定排序的依据。

（3）筛选（Filter）

对窗体应用筛选时，指定要显示的记录子集。

（4）允许编辑（AllowEdits）

确定窗体在运行时是否允许对数据进行编辑修改，其属性值类型为是/否类型。

（5）允许添加（AllowEdits）

确定窗体在运行时是否允许添加记录，其属性值类型为是/否类型。

（6）允许删除（AllowDeletions）

确定窗体在运行时是否允许删除记录，其属性值类型为是/否类型。

（7）数据输入（DataEntry）：

指定是否允许打开绑定窗体进行数据输入。

（8）记录锁定（RecordLocks）：

用于确定锁定记录的方式，设计者可以选择：不锁定、所有记录、已编辑的记录。

3．事件属性

事件是一种特定的操作，在某个对象上发生或对某个对象发生。事件的发生通常是用户操作的结果，如：鼠标单击、数据更改、窗体打开或关闭等。

在传统的面向过程的程序设计思想中，一般通过应用程序本身控制执行哪一部分代码，以及按照何种顺序执行代码。

而在面向对象的应用程序设计思想中，则采用事件驱动机制，代码不是按照预定路径执行，而是在响应不同的事件时执行不同的代码片段，事件可以由用户触发，也可以来自操作系统或其他应用程序的消息触发，甚至由应用程序本身的消息触发，这些事件的顺序决定了执行顺序，因此应用程序每次运行所经过的路径都是不同的。

在 Access 中，通常将宏或某个事件过程指定给窗体或控件对象的事件属性，通过窗体或控件对象发生的事件去触发宏或事件过程的执行。如：一个窗体的“单击”事件表示，单击该窗体时，就会触发该窗体的单击事件过程，作出相应动作，以完成一个指定的任务。

窗体的事件属性用于为窗体对象发生的事件指定命令和编写事件过程代码，设计者可以在属性表中为在窗体或控件上发生的事件添加自定义的事件响应，一般使用事件过程或宏去实现事件响应（在第6章、第7章的有关章节中再详细介绍宏和事件过程的使用）。

窗体的主要事件有以下几种。

（1）Open 事件

激活时机：窗体被打开，但第一条记录还未显示出来时发生该事件。

（2）Load 事件

激活时机：窗体被打开，且显示了记录时发生该事件。该事件是在 Open 事件之后发生，在该事件代码中，可以对变量或控件进行声明或赋予初始值。

（3）UnLoad 事件

激活时机：窗体对象从内存中撤消之前发生该事件。该事件发生在 Close 事件之前，在该代码中，可以对数据进行保存操作。

（4）Close 事件

激活时机：窗体对象被关闭，但还未清屏时发生该事件。

（5）Activate 事件

激活时机：在窗体成为激活状态时发生该事件。

（6）DeActivate 事件

激活时机：窗体由活动状态转为非活动状态时发生该事件。

（7）Current 事件

激活时机：窗体被打开，查询窗体数据源时发生该事件。

以述的7个窗体事件的发生的先后顺序：

打开时：Open → Load → Activate → Current

关闭时：UnLoad → DeActivate → Close

（8）GotFocus 事件

激活时机：当窗体获得焦点时发生该事件。窗体要获得焦点的条件是：窗体上所有的控件都失效，或窗体上无任何控件。

（9）LostFocus 事件

激活时机：当窗体在失去焦点时发生该事件。

（10）Click 事件

激活时机：鼠标单击窗体时发生该事件。

（11）DblClick 事件

激活时机：用鼠标双击窗体的空白区域或窗体的记录选定器时，即发生该事件。

（12）Timer 事件

VBA 没有直接提供计时控件，而是通过窗体的 Timer 事件来完成计时功能的。

激活时机：每隔一定的时间间隔窗体的 Timer 事件就被激活一次。时间时隔是由窗体的 TimerInterval（计时器间隔）属性设置，其单位为毫秒。

（13）Error 事件

激活时机：在窗体拥有焦点，同时在 Access 中产生一个运行错误时发生该事件。在 Error 事件发生时，可以通过执行一个宏或事件过程，截取 Access 错误信息而显示自定义消息。

4．其他属性

（1）弹出方式（PopUp）

其属性值类型为是/否类型。当其属性值设置为“是”时，不管当前操作是否在某个窗体上，这个窗体一直显示在屏幕的最前面。在有多个窗体存在情况下，虽然允许选择其他窗体，但是具有弹出属性的窗体总是在最前面。

（2）模式（Modal）

即独占方式，其属性值类型为是/否类型。当其属性值设置为“是”时，操作一直在这个窗体上，直到关闭为止，即不允许选择其他窗体。一般登录窗体和消息对话框都属于独占窗体。当窗体作为模式窗口打开时，在将焦点移到另一个对象之前，必须关闭该窗口。

窗体的属性的设置与修改有两种方法：一是在设计视图中利用属性表设置；一是通过 VBA 命令在窗体运行时动态设置。

1．利用属性表设置窗体属性

操作步骤：用鼠标右键单击窗体，并从打开的快捷菜单中选择“属性”命令，或单击“窗体设计工具/设计”选项卡，在“工具”命令组中单击“属性表”命令按钮，都可以打开“属性表”对话框，如图 4.22 所示；在“属性表”对话框中选择所要设置的属性，可用以下三种方法设置属性值：

① 从属性的下拉列表中选择相应的值；

② 在属性对话框中输入适当的设置或表达式；

③ 单击属性的“生成器”按钮，选择相应生成器后利用该生成器设置属性。

2．窗体运行时利用 VBA 命令动态设置窗体属性

窗体和控件对象都是 VBA 对象，可以在 VBA 子过程、函数过程或事件过程中通过命令动态设置窗体的属性。

语法格式：

```
Forms ! 窗体名称. 属性名称 = 属性值
Me. 属性名称 = 属性值 (Me 表示当前窗体)
```

4.3.3 控件

控件是放置在窗体中的图形对象，是组成窗体的主要元素，用以实现在窗体中输入数据、显示数据、修改数据和对数据库中的对象执行操作等功能。用好了控件，窗体设计就会事半功倍。

在 Access 2010 提供了多种不同类型的控件，如表 4.1 所示，绝大多数控件都放置在“控件”组中，除此之外在“页眉/页脚”组中还有 3 个控件：徽标、标题、日期和时间，如图 4.23 所示。这些控件既可以在窗体中使用，也可以在报表中使用。

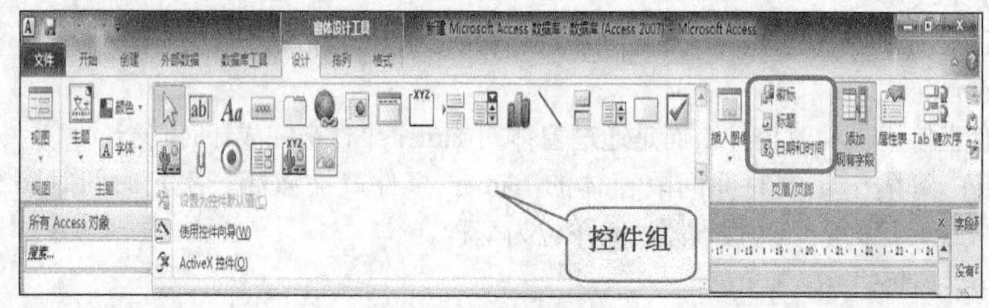

图 4.23 窗体中的控件

表 4.1 常用控件及其功能

按钮	名称	功能
	选择	用于选取窗体、窗体中的节或窗体中的控件。单击该按钮可以释放前面锁定的控件
	控件向导	用于打开或关闭“控件向导”。使用控件向导可以创建列表框、组合框、选项组、命令按钮、图表、子窗体或子报表。要使用向导来创建这些控件，必须按下“控件向导”按钮
	文本框	用于显示、输入或编辑窗体数据源的数据，显示计算结果，或接收用户输入的数据
	标签	用于显示说明文本的控件，例如，窗体上的标题或指示文字。 Access 会自动为创建的控件附加标签
	按钮	用于完成各种操作，这些操作是通过设置该控件的事件属性实现的。例如，查找记录、打印记录等
	选项卡	用于创建多页选项卡窗体或选项卡对话框，可以在选项卡控件上复制或添加其他控件
	列表框	包含了可供选择的数据列表项，和组合框不同的是，用户只能从列表框中选择数据作为输入，而不能输入列表项以外的其他值
	组合框	该控件组合了列表框和文本框的特性，即可以在文本框中键入文字或在列表框中选择输入项，然后将值添加到基础字段中
	选项组	与复选框、选项按钮或切换按钮搭配使用，可以显示一组可选值
	切换按钮	与“是 / 否”型数据相结合的控件，或用来接收用户在自定义对话框中输入数据的非结合控件，或者选项组的一部分。按下切换按钮其值为“是”，否则其值为“否”
	复选框	代表“是/否”值的小方框，选中方框时代表“是”，未选中时代表“否”
	选项按钮	选项按钮是可以代表“是 / 否”值的小圆形，选中时圆形内有一个小黑点，代表“是”，未选中时代表“否”
	图表	在窗体中插入图表对象

续表

按钮	名称	功能
	图像框	用于在窗体中显示静态图片，美化窗体。由于静态图片并非 OLE 对象，所以一旦将图片添加到窗体或报表中，便不能在 Access 内进行图片编辑
	非绑定对象框	用于在窗体中显示非结合 OLE 对象，例如 Excel 电子表格。当在记录间移动时，该对象将保持不变
	绑定对象框	用于在窗体或报表上显示结合 OLE 对象，这些对象与数据源的字段有关。在窗体中显示不同记录时，将显示不同的内容
	超链接	在窗体中插入超链接控件
	附件	在窗体中插入附件控件
	Web 浏览器	在窗体中插入浏览器控件
	导航	在窗体中插入导航条
	直线	创建直线，用于突出显示数据或分隔显示不同的控件
	矩形	在窗体中绘制矩形，将相关的数据组织在一起，突出某些数据的显示
	分页符	分页符控件在创建多页窗体时用来指定分页位置
	ActiveX 控件	打开一个 ActiveX 控件列表，插入 Windows 系统提供的具有特殊功能的可重用的控件

根据控件的用途及控件与数据源的关系，可以将控件分为 3 类：绑定型控件、非绑定型控件、计算型控件。

1．绑定型控件

绑定型控件通常有其数据源，控件中的数据来自于数据源（表或查询中的字段），并且对控件中数据的修改将返回到与其绑定的数据源中。其“控件来源”属性为表或查询中的字段。可用于显示、输入、更新数据表（或查询）中字段的值。

绑定型控件主要有文本框、列表框、组合框等。

2．非绑定型控件

非绑定型控件没有数据源，不与任何数据绑定，其“控件来源”属性没有绑定字段或表达式，可用于显示信息、线条、矩形和图片等。

非绑定型控件主要有标签、命令按钮、图像、直线、分页符等。

3．计算型控件

计算型控件以表达式而不是字段作为数据源，表达式可以使用窗体或报表所引用的表或查询字段中的数据，也可以是窗体或报表上的其他控件中的数据。其“控件来源”属性为表达式。文本框常用来作计算型控件使用。

控件也具有各种属性，控件的属性是用来描述控件的特征或状态。不同的控件具有不同的属性，相同类型的控件，其属性值也有所不同。控件属性表与窗体的属性表相同，只是属性的项目和数量有所不同。

控件属性的设置与修改方法与窗体相同，也有两种方法：一是在设计视图中利用属性表设置；一是通过 VBA 命令在窗体运行时动态设置。

1．利用属性表设置控件属性

操作步骤：单击“窗体设计工具/设计”选项卡，在“工具”命令组中单击“属性表”命令按钮，打开“属性表”对话框；用鼠标左键单击窗体上的控件，在“属性表”中就显示该控件的属性；在“属性表”对话框中选择所要设置的属性：从属性的下拉列表中选择相应的值，或在属性对话框中输入适当的设置或表达式，或单击属性的“生成器”按钮，选择相应生成器后利用该生成器设置属性。

2．窗体运行时利用 VBA 命令动态设置控件属性

可以在 VBA 子过程、函数过程或事件过程中通过命令动态设置控件的属性。

语法格式：

```
Forms! 窗体名称．控件名称．属性名称 = 属性值
Me．控件名称．属性名称 = 属性值 （Me 表示当前窗体）
```

向窗体中添加控件一般有 3 种方法。

1．通过在设计视图中使用控件按钮向窗体中添加控件

操作步骤：打开窗体的设计视图，单击“窗体设计工具—设计”选项卡中“控件”组里需要创建的控件按钮，并在窗体的适当位置用鼠标拖出一个矩形，如果“控件”命令组中的“使用控件向导”命令处于选中状态，在创建控件时会弹出相应的向导对话框，以方便对控件的相关属性进行设置；否则，创建控件时将不会弹出向导对话框；在默认情况下，“控件向导”命令处于选中状态。

2．利用数据源创建控件

操作步骤：打开窗体的设计视图，单击“窗体设计工具/设计”选项卡中“工具”组的“添加现有字段”按钮，将在对象工作区右边显示“字段列表”，展开“字段列表”中的表，将表中的某个字段直接用鼠标拖至窗体的适当位置，就会在窗体上创建一个与该字段绑定的控件。将字段拖拽至窗体后通常会生成两个控件：一个是用于显示字段标题或字段名的标签控件，标签的标题属性（Caption）为字段的标题（或字段名）；一个是用于显示字段内容的控件，控件的名称属性（Name）为字段名，且系统自动将字段的属性值转为控件的相应属性，不同类型字段拖至窗体后创建的控件有所不同，如表 4.2 所示。

表 4.2　　不同字段类型对应的控件类型

拖放到窗体中的字段类型	默认情况下创建的控件类型
是/否型字段	标签和复选框
查阅向导	标签和组合框
OLE 对象	标签和绑定对象框
其他类型字段	标签和文本框

3．手工创建

操作步骤：打开窗体的设计视图，关闭“控件”命令组中的“使用控件向导”命令，单击“窗体设计工具—设计”选项卡中“控件”组里需要创建的控件按钮，并在窗体的适当位置用鼠标拖出一个矩形，控件创建成功，打开“属性表”设置控件相关属性。

4.3.4 常用控件的功能

1．标签（Label）

标签是一个非绑定型控件，它没有数据来源，不能用来显示字段或表达式的数值。当从一条记录移到另一条记录时，标签的值不会随着记录的变化而变化。其主要功能是在窗体、报表中显示说明性文字。在窗体、报表运行时，不能被用户直接修改。

在创建除标签外的其他控件时，都将同时创建一个标签控件（称为附加标签）到该控件上，用以说明该控件的作用，而且标签上显示与之相关联的字段标题的文字，且随着相应控件的删除而删除。所以可以将标签分成两种类型：一种是独立标签，即与其他控件没有关联的标签，主要用于添加说明性文字；一种是关联标签，即链接到其他控件上的标签，用于对相关控件显示数据的说明。

标签常用属性有以下几种。

（1）标题（Caption）

用于设置标签上显示的文字信息。

（2）名称（Name）

用于设置标签的名称。任何一个对象都有名称（Name）属性，这是对控件对象的唯一识别。对控件的引用是通过控件的 Name 属性实现的。在同一个窗体中，不允许两个控件具有相同的 Name 属性。控件默认的 Name 属性是：控件名 + 序号

（3）前景色（ForeColor）

用于设置标签上显示的文本的颜色。

（4）背景色（BackColor）

用于设置标签的背景的颜色。

（5）背景样式（BackStyle）

用于设置标签的背景样式，标签的背景样式有 2 种：①透明（默认设置），显示主体节的背景色；②常规，显示标签的背景色，设置标签背景色后，其背景样式属性自动改为常规。

（6）边框样式（BorderStyle）

用于设置标签边框的样式，标签边框的样式有：透明、实线、虚线、短虚线、点线等。

（7）边框颜色属性（BorderColor）

用于设置标签的边框的颜色。

（8）边框宽度属性（BorderWidth）

用于设置标签的边框的宽度。

（9）可见属性（Visible）

用于设置窗体运行时标签是否可见。

（10）特殊效果（SpecialEffect）

可以指定应用于标签的特殊格式。标签的特殊效果有：平面 、凸起 、凹陷、蚀刻 、阴影、凿痕。

（11）垂直（Vertical）

可以设置标签里的标题是否垂直显示。

（12）行距（LineSpacing）

用于指定在标签中每行显示信息之间的距离。

（13）文本对齐（TextAlign）

设置标签中显示的文本的对齐方式。标签的文本对齐方式有：常规、左、居中、右、分散。

（14）字体名称（FontName）

（15）字号（FontSize）

（16）字体粗细（FontWeight）

（17）下划线（FontUnderline）

（18）倾斜字体（FontItalic）

这5个属性用来设置标签上的显示的文本的字体、字体大小、是否加粗、是否加下划线、是否倾斜。

（19）左边距（Left）

（20）上边距（Top）

这2个属性用来设置标签在节区中的位置，左边距为控件左边缘到节的最左边的距离，上边距为控件上边缘到节的顶部的距离。

（21）高度（Height）

（22）宽度（Width）

这2个属性用来设置标签的大小。

（23）控件提示文本（ControlTipText）

用于指定当鼠标停留在控件上时显示在屏幕提示中的文字。

标签的主要事件如下。

（24）Click 事件

激活时机：鼠标单击标签时该事件发生。

2．文本框（Text）

文本框既可以用于显示指定的数据，也可以用来输入、编辑、计算数据。

文本框可分为三个种类：可以是绑定（也称结合）型文本框，它与表和查询中的某个字段关联，从表或查询的字段中获取所显示的内容；也可以是一个非绑定型文本框，非绑定型文本框并不链接到表或查询，在设计视图中以“未绑定”字样显示，一般用来显示提示信息或接受用户输入数据等；还可以是一个计算型文本框，用于放置计算表达式以显示表达式的结果。

文本框的常用属性如下。

（1）标题（Caption）、名称（Name）、高度（Height）、宽度（Width）、前景色（ForeColor）、背景样式（BackStyle）、背景颜色（BackColor）、是否可见（Visible）、左边距（Left）、上边距（Top）、边框样式（BorderStyle）、边框颜色（BorderColor）、边框宽度（BorderWidth）、字体名称（FontName）、字体大小（FontSize）、字体粗细（FontWeight）、下划线（FontUnderline）、倾斜字体（FontItalic）、特殊效果（SpecialEffect）、垂直（Vertical）、行距（LineSpacing）、文本对齐（TextAlign）、控件提示文本（ControlTipText）等。

文本框的这些属性与前面介绍的标签控件相同。

（2）滚动条（ScrollBars）

用于指定是否在文本框控件上显示滚动条。

（3）格式（Format）

可以使用格式属性自定义文本框中数字、日期、时间和文本的显示方式。格式属性不影响数据的存储格式。

（4）控件来源（ControlSource）

设置文本框控件的数据来源。如果控件来源属性设置为数据表或查询中的某个字段，那么在文本框中显示的就是数据表或查询中该字段的值，对文本框中的数据所进行的任何修改都将被写入字段中，用于创建绑定型文本框；如果控件来源属性设置为一个以“=”开头的计算表达式，则文本框会显示计算的结果，用于创建计算型文本框；如果要创建非绑定型文本框，则将控件来源属性设置为空。

（5）输入掩码（InputMask）

用于设置文本框的数据输入格式，仅对文本型和日期型数据有效。当输入掩码属性设置为：“密码”、或“password”时，在文本框中输入的任何字符均显示为星号（*），但实际保存的仍为输入的数据。

（6）默认值（DefaultValue）

用于设定计算型文本框或非绑定型文本框的初始值，可以使用表达式生成器向导来确定默认值。

（7）有效性规则（ValidationRule）

用于设定在文本框中输入数据的合法性检查表达式，可以使用表达式生成器向导来建立合法性检查表达式。若设置了“有效性规则”属性，在窗体运行期间，当在文本框中输入或修改数据时将进行有效性规则检查。

（8）有效性文本（ValidationText）

当在文本框中输入的数据违背有效性规则时，指定显示给用户的提示文本。

（9）是否有效（Enabled）

用于确定文本框能否被操作。如果文本框的该属性设置为“否”，则文本框在窗体视图中将以灰色形式显示，不能用鼠标、键盘或 TAB 键单击或选中它，既不能响应用户的事件，也不能获取焦点。

（10）是否锁定（Locked）

用于指定在窗体运行时，文本框显示的数据是否允许编辑等操作。默认值为 False，表示可编辑，当设置为 True 时，文本控件相当于标签的作用。

（11）值（Value）

表示文本框当前的显示或输入的内容。该属性在“属性表”对话框中没有对应的中文属性名称，主要在 VBA 代码中使用，也可以省略不写。其他的一些控件，如列表框、组合框、复选框等也有此属性。

文本框的常用方法如下。

SetFocus 方法：该方法使文本框获得焦点，主要在 VBA 代码中使用，具有 SetFocus 方法的控件还有：文本框、列表框、组合框、命令按钮等。

语法格式：控件名. SetFocus。

文本框的主要事件如下。

（1）GotFocus 事件

激活时机：当控件获得焦点时该事件发生。

（2）Enter 事件

激活时机：当控件在实际获得焦点之前发生控件的该事件。

（3）LostFocus 事件

激活时机：当控件失去焦点时该事件发生。

（4）Exit 事件

激活时机：当控件在实际失去焦点之前发生该事件。

上述 4 个焦点事件的发生顺序为：

进入（Enter）→ 获得焦点（GotFocus）→ 退出（Exit）→ 失去焦点（LostFocus）

（5）Click 事件

激活时机：鼠标单击文本框时该事件发生。

3．组合框（CombBox）、列表框（ListBox）

列表框（ListBox）用于显示项目列表，用户可从中选择一个或多个项目。如果项目总数超过了可显示的项目数，系统会自动加上滚动条。

组合框（ComboBox）将文本框和列表框的功能结合在一起，用户既可以在列表中选择某一项，也可以在编辑区域中直接输入文本内容。

组合框、列表框在属性的设置及使用上基本相同。它们的区别在于以下几点。

① 列表框只能通过选择列表中的数据进行数据的输入，而不能直接通过键盘输入数据；组合框既可以通过列表选择输入数据，也可以直接输入数据。

② 窗体运行时组合框只显示其中的一行，列表框则显示多行。

列表框和组合框的常用属性如下。

（1）标题（Caption）、名称（Name）、高度（Height）、宽度（Width）、前景色（ForeColor）、背景样式（BackStyle）、背景颜色（BackColor）、是否可见（Visible）、左边距（Left）、上边距（Top）、边框样式（BorderStyle）、边框颜色（BorderColor）、边框宽度（BorderWidth）、字体名称（FontName）、字体大小（FontSize）、字体粗细（FontWeight）、下划线（FontUnderline）、倾斜字体（FontItalic）、特殊效果（SpecialEffect）、值（Value）、是否有效（Enabled）、默认值（DefaultValue）、有效性规则（ValidationRule）、有效性文本（ValidationText）、是否锁定（Locked）、控件提示文本（ControlTipText）等。

列表框和组合框的这些属性与前面介绍的控件相同。

（2）行来源（RowSource）、行来源类型（RowSourceType）

行来源属性用于确定控件的数据源。行来源类型属性用于设置控件数据源的类型，该属性值可设置为：表/查询（Table/Query）、值列表（Value List）或字段列表（Field List），与“行来源”属性配合使用。

若行来源类型属性选择“表/查询”，行来源属性可设置为表或查询，也可以是一条 Select 语句，列表内容显示为表、查询或 Select 语句的第一个字段内容。

若选择“值列表”，行来源属性可设置为固定值用于列表选择，多个值之间用“；”间隔，列表内容将显示为你所设定的所有固定值。

若选择“字段列表”，行来源属性可设置为表或查询，也可以是一条 Select 语句，列表内容显示为选定表里的所有字段的字段名。

（3）列数（ColumnCount）

设置数据显示时的列数，默认值为 1。

（4）绑定列（BoundColumn）属性

即控件显示多列时，选中行的哪一列作为控件的值，默认值为 1。

（5）控件来源 ControlSource 属性

确定在控件中选择某一行后，其值保存的去向。列表框、组合框的数据源由其行来源、行来源类型属性确定，而控件的值将保存至由 ControlSource 属性所指定的字段。

（6）限于列表（LimitToList）属性

该属性用在组合框中。使用该属性可以将组合框值限制为列表项。该属性有两种选择：是（True）：用户可以在组合框的列表中选择某个项，或者输入文本，但输入的文本必须在列表项当中，否则不接受该文本；否（False）：用户可以在组合框的列表中选择某个项，或者输入文本，输入的文本可以不在列表项当中。

4．命令按钮（CommandButton）

命令按钮是一个非绑定型控件，其主要功能是用于接收用户操作命令、控制程序流程，通过它使系统进行特定的操作。命令按钮功能的实现是通过编写事件的代码（绝大部分为 Click 事件代码）来实现的。

命令按钮的常用属性如下。

（1）标题（Caption）、名称（Name）、高度（Height）、宽度（Width）、前景色（ForeColor）、背景样式（BackStyle）、背景颜色（BackColor）、是否可见（Visible）、左边距（Left）、上边距（Top）、边框样式（BorderStyle）、边框颜色（BorderColor）、边框宽度（BorderWidth）、字体名称（FontName）、字体大小（FontSize）、字体粗细（FontWeight）、下划线（FontUnderline）、倾斜字体（FontItalic）、是否有效（Enabled）、控件提示文本（ControlTipText）等。

命令按钮的这些属性与前面介绍的控件相同。

（2）透明（Transparent）

用于指定命令按钮是实心的还是透明的。

（3）图片（Picture）

用于选定当作命令按钮的图片显示标题的位图或其他类型的图形。

（4）图片类型（PictureType）

用于选定将图片存储为链接对象还是嵌入对象。

命令按钮的主要事件如下。

（1）Click 事件

激活时机：当用鼠标单击命令按钮时，即发生该事件。

（2）DblClick 事件

激活时机：用鼠标双击命令按钮时，即发生该事件。

5．选项按钮（Option）、复选框（CheckBox）和切换按钮（Toggle）

选项按钮、复选框和切换按钮都用于表示“是/否”型数据的值。选项按钮中有圆点为“是”，无圆点为“否”；复选框中有“√”为“是”，无“√”为“否”；切换按钮中按下状态为“是”，抬起状态为“否”。

选项按钮（Option）、复选框（CheckBox）和切换按钮（Toggle）常用属性有：

标题（Caption）、名称（Name）、高度（Height）、宽度（Width）、是否可见（Visible）、左边距（Left）、上边距（Top）、边框样式（BorderStyle）、边框颜色（BorderColor）、边框宽度（BorderWidth）、是否有效（Enabled）、是否锁定（Locked）、默认值（DefaultValue）、有效性规则（ValidationRule）、有效性文本（ValidationText）、特殊效果（SpecialEffect）、控件提示文本（ControlTipText）等，这些属性与前面介绍的控件相同。

6．选项组（Frame）

选项组（Frame）是由一个组框和一组选项按钮、复选框或切换按钮组成，其作用是对这些控件进行分组，为用户提供必要的选项。在选项组中各个选项之间是互斥的，一次只能选择一个选项。

选项组控件是一个绑定控件，它可与一个是/否型或数字型字段相绑定。

选项组的常用属性如下。

（1）名称（Name）、高度（Height）、宽度（Width）、是否可见（Visible）、左边距（Left）、上

边距（Top）、背景样式（BackStyle）、背景颜色（BackColor）、边框样式（BorderStyle）、边框颜色（BorderColor）、边框宽度（BorderWidth）、是否有效（Enabled）、是否锁定（Locked）、默认值（DefaultValue）、有效性规则（ValidationRule）、有效性文本（ValidationText）、特殊效果（SpecialEffect）、控件提示文本（ControlTipText）等。

这些属性与前面介绍的控件相同。

（2）控件来源（ControlSource）

即与选项组绑定的数据源，可设置为表或查询，也可以是一条 Select 语句。

（3）选项组中包含的选项按钮、复选框或切换按钮都有一个重要的属性：选项值（OptionValue）

选项值属性为是/否类型、或为数字型，在选项组中选择控件（选项按钮、复选框或切换按钮）时，会将该控件的选项值属性对应的值赋给选项组作为选项组控件的值。如果选项组是绑定到某字段的，所选控件的 OptionValue 属性值就存储在该字段中，所以在将选项组控件绑定到某个字段前，必须先确定该字段为是/否类型、或为数字型。

7．图像（Image）

图像控件主要用于放置静态图片，以美化窗体。窗体上的图像不能编辑。

图像控件的常用属性如下。

（1）名称（Name）、高度（Height）、宽度（Width）、是否可见（Visible）、左边距（Left）、上边距（Top）、背景样式（BackStyle）、背景颜色（BackColor）、边框样式（BorderStyle）、边框颜色（BorderColor）、边框宽度（BorderWidth）、特殊效果（SpecialEffect）、图片（Picture）、图片类型（PictureType）、控件提示文本（ControlTipText）等。

这些属性与前面介绍的控件相同。

（2）缩放模式（SizeMode）

用于指定如何调整图像控件中的图片的大小。缩放模式有：剪裁，以图片的实际大小进行显示，如果图片的大小超出控件的大小，控件边框会在控件的右边界和下边界剪裁对象；拉伸，调整图片的大小以适合控件的大小，该设置可能会破坏图片的正常比例；缩放，显示整个对象，并根据需要调整图片大小但不扭曲对象的比例，该设置可能会在控件中留下额外的空间。

（3）图片对齐方式（PictureAlignment）

用于指定图片在图像控件中显示的位置。图片对齐方式有：左上、右上、中心、左下、右下。

（4）图片平铺（PictureTiling）

用于指定图片是否在整个图像控件中平铺。

（5）超链接地址属性（HyperlinkAddress）

用于指定与控件关联的超链接（超链接：带有颜色和下划线的文字或图形，单击后可以转向万维网中的文件、文件的位置或网页，或是 Intranet 上的网页。超链接还可以转到新闻组或 Gopher、Telnet 和 FTP 站点。）目标的路径。

8．直线（Line）和矩形（Box）

直线和矩形都是非绑定型控件，其主要作用是对其他控件进行分隔和组织，以增强窗体的可读性。

直线和矩形的常用属性如下。

（1）名称（Name）、是否可见（Visible）、左边距（Left）、上边距（Top）、边框样式（BorderStyle）、边框颜色（BorderColor）、边框宽度（BorderWidth）、特殊效果（SpecialEffect）、控件提示文本（ControlTipText）等。

这些属性与前面介绍的控件相同。

（2）高度属性（Hight）

（3）宽度属性（Width）

水平线的 Hight 属性为 0；垂直线的 Width 属性为 0；斜线的倾斜度由这 2 个属性共同确定，即斜线为按照指定高度、宽度构成的长方形的对角线。

9．非绑定对象框（OLEUnbound）、绑定对象框（OLEBound）

非绑定对象控件用于在窗体中显示非绑定的 OLE 对象，即其他应用程序对象。非绑定对象控件不与任何一个表或字段相联接。

绑定对象框用于在窗体中显示 OLE 对象字段对象的内容。绑定对象控件可存储嵌入和链接的 OLE 对象。

10．选项卡

选项卡控件用于在窗体上创建一个多页的选项卡。通过单击选项卡对应的标签，可进行页面切换。

选项卡的主要属性如下。

（1）名称（Name）、高度（Height）、宽度（Width）、是否可见（Visible）、左边距（Left）、上边距（Top）、背景样式（BackStyle）、背景颜色（BackColor）、边框样式（BorderStyle）、边框颜色（BorderColor）、前景色（ForeColor）、字体名称（FontName）、字体大小（FontSize）、字体粗细（FontWeight）、下划线（FontUnderline）、倾斜字体（FontItalic）、是否有效（Enabled）、控件提示文本（ControlTipText）等。

这些属性与前面介绍的控件相同。

（2）多行（MultiRow）

用于指定选项卡控件能否显示多行选项卡。

（3）样式（Style）

用于指定选项卡控件上选项卡的外观。选项卡控件样式有：标签，选项卡显示为选项卡；按钮，选项卡显示为按钮；无，控件中不显示选项卡。

（4）选项卡中页面的主要属性

标题（Caption）、名称（Name）、高度（Height）、宽度（Width）、是否可见（Visible）、左边距（Left）、上边距（Top）、是否有效（Enabled）、图片（Picture）、图片类型（PictureType）等，这些属性与前面介绍的控件相同。

选项卡的基本操作：

选中选项卡单击鼠标右键，在弹出的菜单中可以执行：插入页，在最后面追加一个新的页面；删除页，删除当前页面；页次序，调整页面次序。

11．超链接控件

用于在窗体上创建一个超链接。

12．图表控件

用于在窗体上创建一个基于数据表的图表。

13．附件控件

附件控件是为了保存 Office 文档。

14．分页符（PageBreak）

分页符用于在多页窗体的页间分页。分页符控件属于非绑定型控件。

窗体与控件的常用事件：对象能响应多种类型的事件，每种类型的事件又由若干种具体事件组成，通过编写相应的事件代码，用户可定制响应事件的操作。以下将分类给出窗体、报表及控件的一些事件，如表 4.3 所示。

表 4.3　　窗体与控件的常用事件

事件类别	事件名称	事件对象	触发时机
窗口事件	Open	窗体和报表	窗体被打开，但第一条记录还未显示出来时发生该事件；或虽然报表被打开，但在打印报表之前发生该事件
	Load	窗体	窗体被打开，且显示了记录时发生该事件。发生在 Open 事件之后
	Resize	窗体	窗体的大小发生变化时。此事件也发生在窗体第一次显示时
	Unload	窗体	窗体对象从内存撤销之前发生。发生在 Close 事件之前
	Close	窗体和报表	窗体对象被关闭但还未清屏时发生
键盘事件	KeyDown	窗体和控件	在控件或窗体具有焦点时，键盘有键按下时发生该事件
	KeyUp	窗体和控件	在控件或窗体具有焦点时，释放一个按下的键时发生该事件
	KeyPress	窗体和控件	在控件或窗体具有焦点时，当按下并释放一个键或组合键时发生该事件
打印事件	NoData	报表	设置没有数据的报表打印格式后，在打印报表之前发生该事件。用该事件可取消空白报表的打印
	Page	报表	在设置页面的打印格式后，在打印页面之前发生该事件
	Print	报表	该页在打印或打印预览之前发生
数据事件	AfterDelConfirm	窗体	确认删除记录且记录实际上已经删除或取消删除之后发生的事件
	AfterInsert	窗体	插入新记录保存到数据库时发生的事件
	AfterUpdate	窗体和控件	更新控件或记录数据之后发生的事件；此事件在控件或记录失去焦点时，或单击菜单中的“保存记录”时发生
	BeforeDelConfirm	窗体	在删除记录后，但在显示对话框提示确认或取消之前发生的事件。此事件在 Delete 事件之后发生
	BeforeInsert	窗体	在新记录中键入第一个字符，但还未将记录添加到数据库之前发生的事件
	BeforeUpdate	窗体和报表	更新控件或记录数据之前发生的事件；此事件在控件或记录失去焦点时，或单击菜单中的“保存记录”时发生
	Change	控件	当文本框或组合框的部分内容更改时发生的事件
	Current	窗体	当焦点移动到一条记录，使它成为当前记录，或当重新查询窗体数据源时发生的事件
	Delete	窗体	删除记录，但在确认删除和实际执行删除之前发生该事件
	NoInList	控件	当输入一个不在组合框列表中的值时发生的事件
焦点事件	Activate	窗体和报表	在窗体或报表成为激活状态时发生的事件
	Enter	控件	在控件实际接收焦点之前发生，此事件发生在 GotFocus 事件之前
	Exit	控件	当焦点从一个控件移动到同一窗体的另一个控件之前发生的事件，此事件发生在 LostFocus 事件之前
	GotFocus	窗体和控件	当窗体或控件对象获得焦点时发生的事件。当“获得焦点”事件或“失去焦点”事件发生后，窗体只能在窗体上所有可见控件都失效，或窗体上没有控件时，才能重新获得焦点
	LostFocus	窗体和控件	当窗体或控件对象失去焦点时发生的事件
鼠标事件	Click	窗体和控件	当鼠标在控件上单击时发生的事件
	DblClick	窗体和控件	当鼠标在控件上双击时发生的事件。对窗体，双击窗体空白区域或窗体上的记录选定器时发生
	MouseDown	窗体和控件	当鼠标在窗体或控件上，按下左键时发生的事件

续表

事件类别	事件名称	事件对象	触发时机
鼠标事件	MousMove	窗体和控件	当鼠标在窗体或控件上移动时发生的事件
	MouseUp	窗体和控件	当鼠标位于窗体或控件时，释放一个按下的鼠标键时发生的事件
计时	Timer	窗体	通过窗体的计时器间隔（TimerInterval）属性和 Timer 事件来完成计时功能，计时器间隔（TimerInterval）属性值以毫秒为单位。Timer 事件每隔 TimerInterval 时间间隔就被激发一次，运行 Timer 事件过程，这样重复不断，可实现计时功能
错误处理	Error	窗体和报表	在窗体或报表拥有焦点，同时在 Access 中产生了一个运行时错误时发生

4.3.5 常用控件的创建方法

1．标签、文本框、计算型控件的创建

例 4-10 设计一个窗体以实现用户的登录，要求输入用户名、密码，并显示当前系统日期。

操作步骤如下。

① 打开数据库，在“创建”选项卡的“窗体”分组中，单击“窗体设计”按钮，创建一个新的窗体，打开该窗体的设计视图，同时打开了“设计”选项卡。打开“属性表”，设置窗体“导航按钮”属性为“否”，设置窗体“记录选择器”属性为“否”。

② 在窗体上单击鼠标右键，在右键菜单中单击“窗体页眉/页脚”，显示窗体页眉/页脚。在“设计”选项卡的“控件”分组中，单击“标签”按钮，在窗体页眉节区按住鼠标左键拖动画出一个大小适当的标签，输入标签标题“欢迎登录本系统！”，并设置标签“文本对齐”属性为“居中”，如图 4.24 所示。

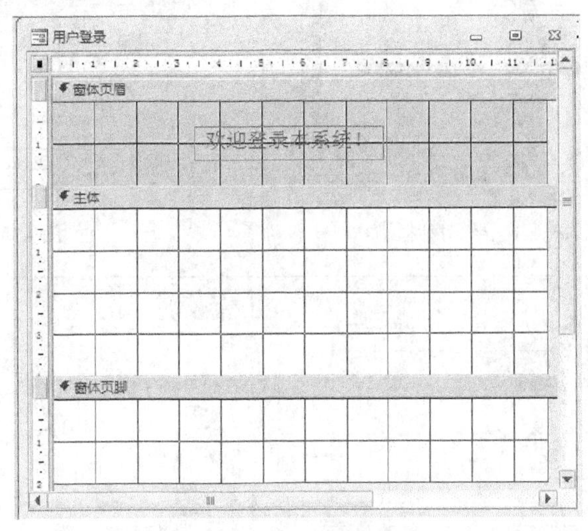

图 4.24 标签控件的创建

③ 在“设计”选项卡的“控件”分组中，单击“文本框”按钮，鼠标移到窗体主体节区上，按住鼠标左键拖动画出一个大小适当的文本框，这时打开“文本框”向导对话框，如图 4.25 所示。在这个对话框中可以设置文本框中文字的字体、字形、字号以及对齐方式等。

④ 在“文本框向导”对话框中，单击“下一步”按钮，打开“输入法模式设置”对话框，如图 4.26 所示。在该对话框的“输入法模式设置”列表中，有三个列表项“随意”、“输入法开启”

和“输入法关闭”。如果文本框是用于接受汉字输入，选择“输入法开启”，这样在输入数据时，当光标移到该文本框上后，直接打开汉字输入方法；如果文本框用于接受输入英文和数字，可选择“输入法关闭”或“随意”。单击“下一步”按钮。

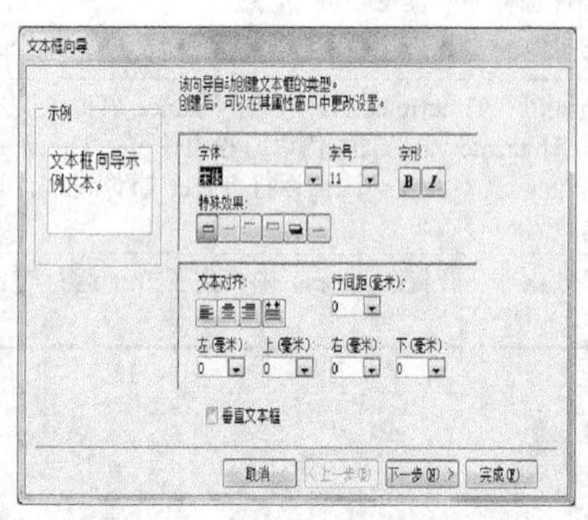

图 4.25 “文本框向导”对话框

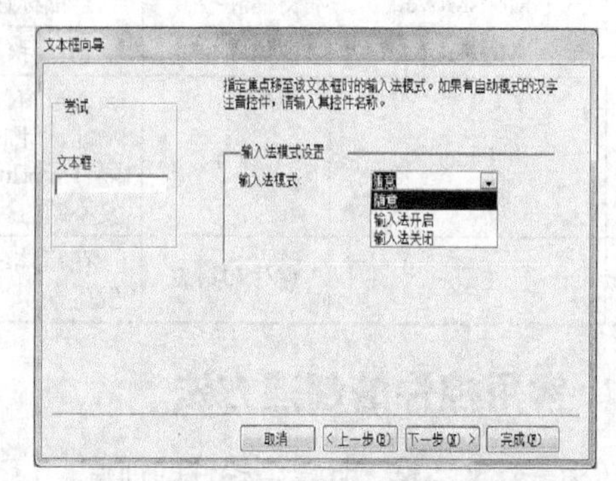

图 4.26 “输入法模式设置”对话框

⑤ 在弹出的对话框里的“请输入文本框的名称”文本框中输入“text0”，单击“完成”按钮，文本框创建完毕，同时创建了一个标签控件。

⑥ 双击标签，打开标签属性表，在“标题”属性中输入“用户名”。

⑦ 用同样的方法再创建一个文本框，设置标签“标题”属性为“密码”；设置文本框“名称”属性为“text1”，选择“数据”选项卡，单击“输入掩码”右侧“生成器”的按钮。

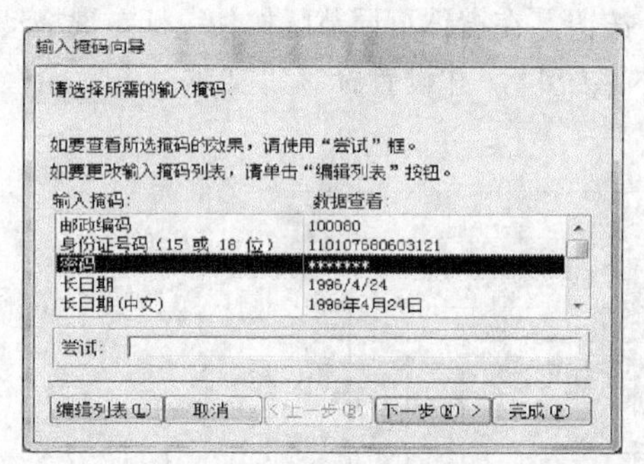

图 4.27 “输入掩码向导”对话框

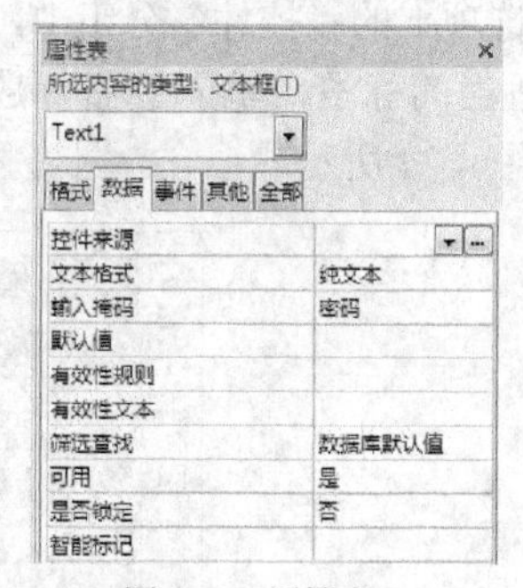

图 4.28 属性表

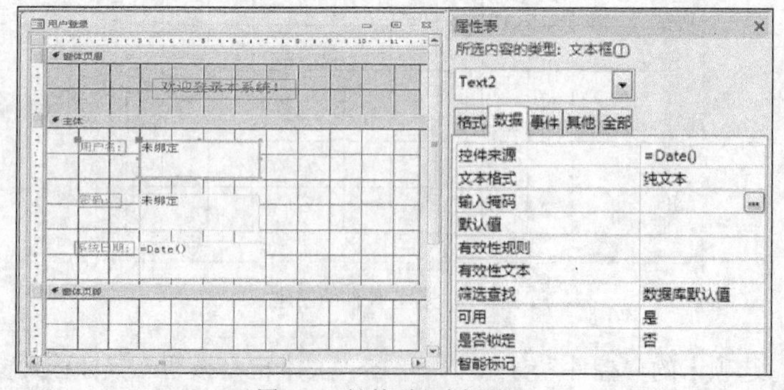

图 4.29 计算型文本框设置

⑧ 在打开的“输入掩码向导”对话框中，如图 4.27 所示，选择“密码”，然后单击“完成”按钮，在“输入掩码”框中，显示属性值为“密码”，如图 4.28 所示。也可以直接设置“输入掩码”属性为“密码”、或“password”。

⑨ 再用同样的方法创建一个文本框，设置标签“标题”属性为“系统日期”；设置文本框“名称”属性为“text2”，选择“数据”选项卡，设置“控件来源”属性为“=Date()”，也可以直接在文本框中输入“=Date()”，就创建了一个计算型文本框。再设置文本框“格式”属性为“长日期”，设置“文本对齐”属性为“左”，如图 4.29 所示。

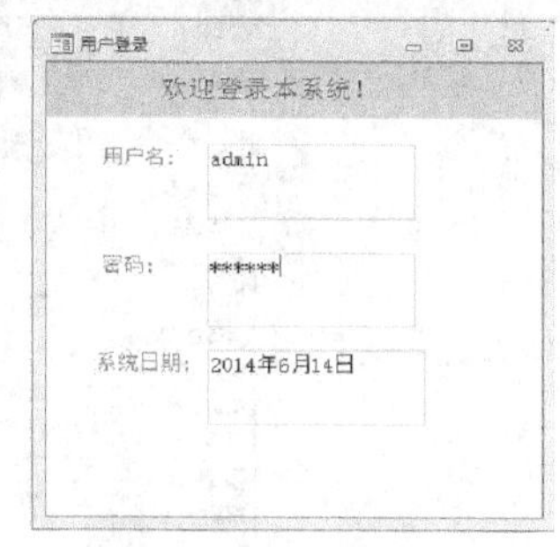

图 4.30 “用户登录”窗体

⑩ 单击“视图”按钮，把窗体从“设计视图”切换到“窗体视图”，在“text2”文本框中显示系统当前日期。在“text1”中，输入密码后显示为“*”号，如图 4.30 所示。在快速访问工具栏中单击“保存”按钮，打开“另存为”对话框，在“窗体名称”文本框内输入窗体名称“用户登录”，单击“确定”按钮。

2．列表框、组合框、选项组、切换按钮、复选框、选项按钮、绑定对象框的创建

例 4-11 以教学管理数据库中的“学生”表为数据源创建一个学生信息窗体。

操作步骤如下。

① 设置窗体数据源：打开数据库，在“创建”选项卡的“窗体”分组中，单击“窗体设计”按钮，创建一个新的窗体，打开该窗体的设计视图，同时打开了“设计”选项卡。打开窗体“属性表”，选择“数据”属性中的记录源，将其设置为“学生”表，如图 4.31 所示。

② 创建绑定型控件：单击功能区“工具”组里的“添加现有字段”命令，打开“学生”表“字段列表”，如图 4.32 所示。依次将“学号”、“姓名”、“出生日期”、“入校时间”、“性别”、“简历”6 个字段拖到窗体主体节区，就分别创建了 6 个标签显示字段名，5 个绑定型文本框以及 1 个列表框显示字段值，列表框控件显示的是“性别”字段的值。窗体设计视图如图 4.45 所示。

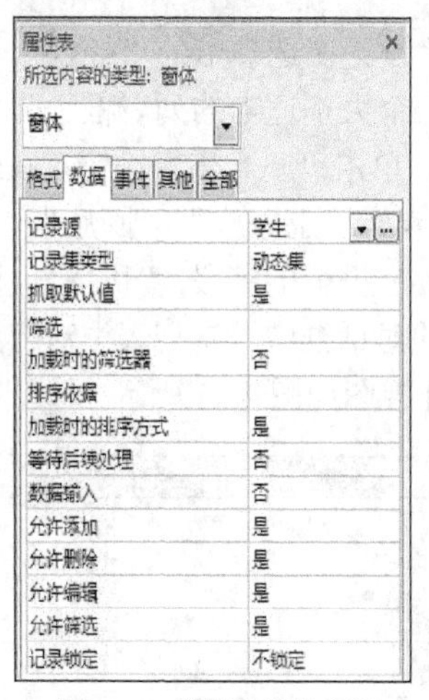

图 4.31 设置窗体数据源

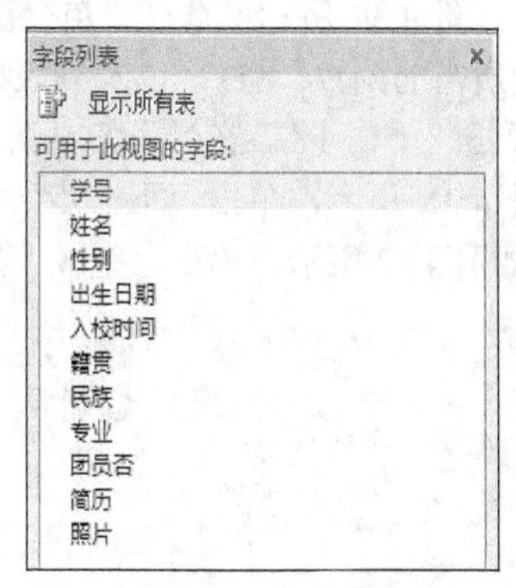

图 4.32 字段列表

③ 在“设计”选项卡的“控件”分组中，单击“文本框”按钮，在窗体主体节区按住鼠标左键拖动画出一个大小适当的文本框，按照例 4-1 的方法创建一个标签和一个文本框控件，对该标签控件单击右键选择“属性”命令，打开该标签的属性表，设置标签“标题”属性值为“籍贯”，同样打开该文本框的属性表，设置“名称”属性值为“籍贯”，设置“数据”属性组里的“控件来源”属性为“籍贯”字段，如图 4.33 所示，能用来创建一个绑定型文本框。窗体设计视图如图 4.45 所示。

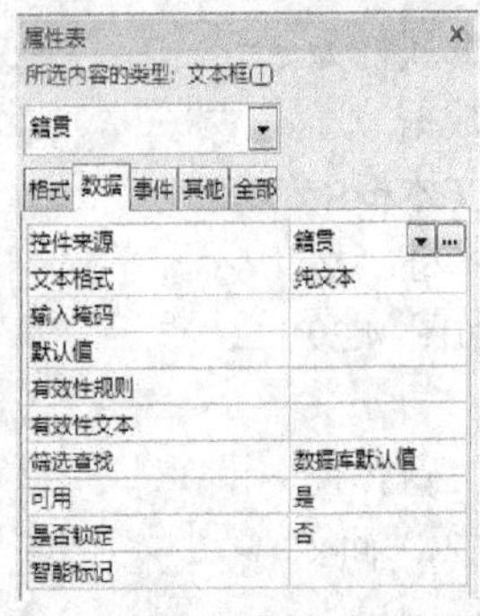

图 4.33 设置文本框控件来源

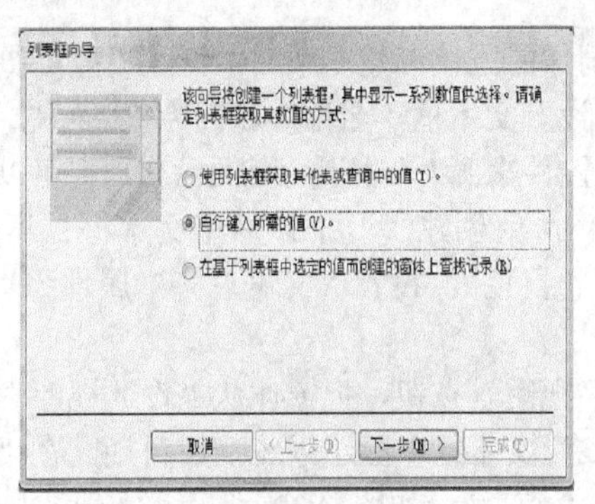

图 4.34 列表框向导-1

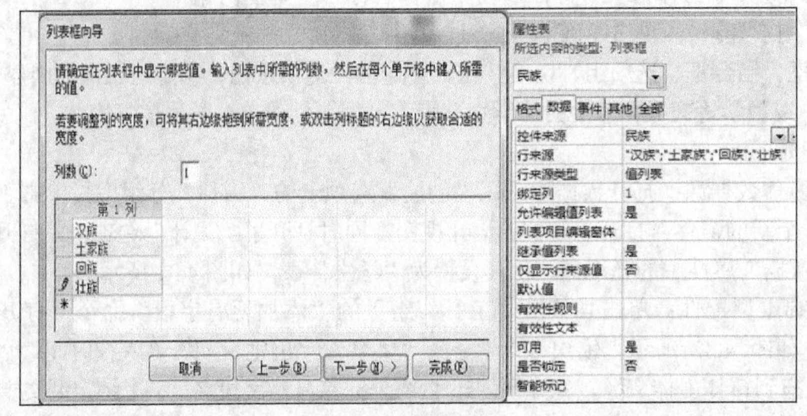

图 4.35 列表框向导-2

④ 创建一个列表框控件显示“民族”字段的值：在“设计”选项卡的“控件”分组中，单击“列表框”按钮，在窗体主体节区按住鼠标左键拖动画出一个大小适当的列表框，弹出“列表框向导”对话框，如图 4.34 所示，选择“自行键入所需的值”，单击“下一步”按钮；在弹出的对话框中输入列表中所需的列数：“1”，以及列表框中的值：“汉族”、“土家族”、“回族”、“壮族”，如图 4.35 所示，单击“下一步”；在弹出的对话框中设置保存列表框值的字段：“民族”，即列表框的控件来源，如图 4.36 所示，单击“下一步”按钮；在弹出的对话框中设置列表框对应的标签的标题为“民族”，如图 4.37 所示，单击“完成”按钮。窗体设计视图如图 4.45 所示。

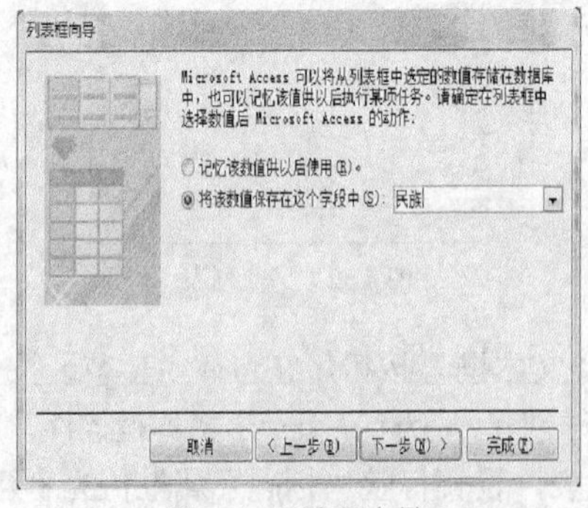

图 4.36 列表框向导-3

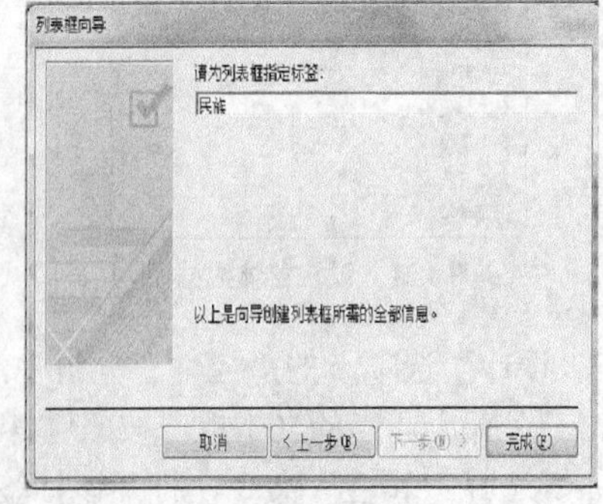

图 4.37 列表框向导-4

⑤ 创建一个组合框控件显示“专业”字段的值：与创建列表框的步骤相同，在弹出的对话框中输入组合框列表中所需的列数：“1”，组合框中的值：“工程管理”、“对外汉语”、“市场营销”、

“电子信息工程”，保存组合框值的字段：“专业”，组合框对应的标签的标题为“专业”，单击“完成”按钮，窗体设计视图如图 4.45 所示。

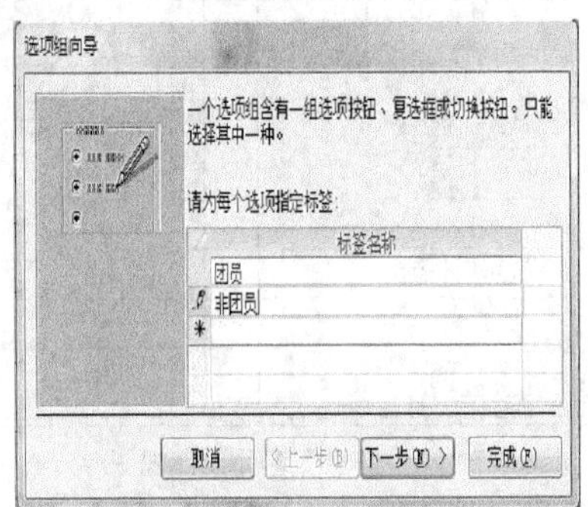

图 4.38 选项组向导-1

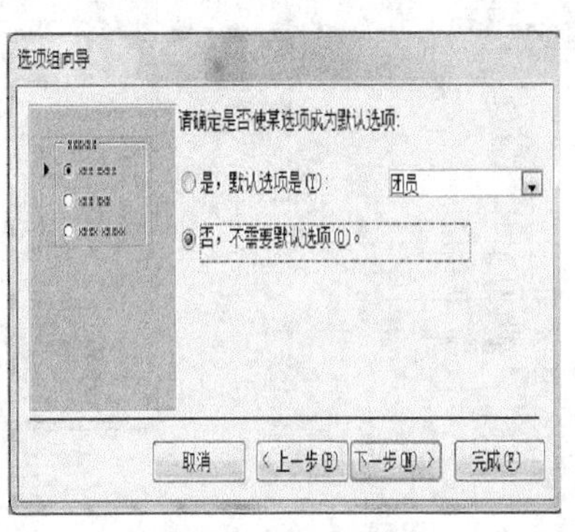

图 4.39 选项组向导-2

图 4.40 选项组向导-3

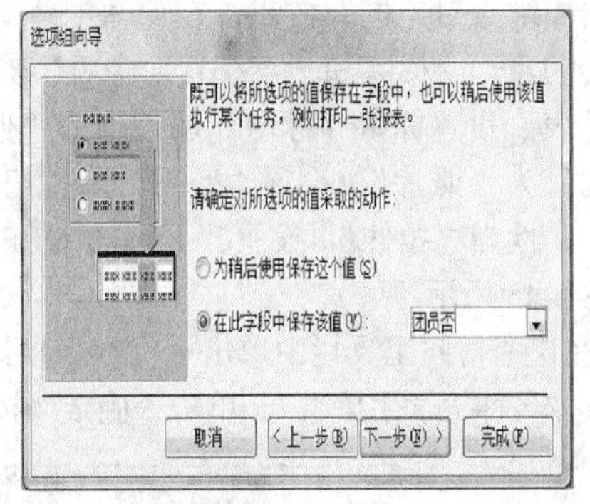

图 4.41 选项组向导-4

⑥ 创建一个选项组控件显示“团员否”字段的值：在“设计”选项卡的“控件”分组中，单击“选项组”按钮，在窗体主体节区按住鼠标左键拖动画出一个大小适当的选项组，弹出“选项组向导”对话框，如图 4.38 所示，输入选项组中选项的标签：“团员”、“非团员”，单击“下一步”按钮；在弹出的对话框中设置选项组默认值：“否，不需要默认选项”，如图 4.39 所示，单击“下一步”按钮；在弹出的对话框中设置各选项的值：团员—true、非团员—false，如图 4.40 所示，单击“下一步”按钮；在弹出的对话框中设置保存选项组值的字段：“团员否”，如图 4.41 所示，单击“下一步”按钮；在弹出的对话框中设置选项按钮类型：复选框，样式：凹陷，如图 4.42 所示，单击“下一步”按钮；在弹出的对话框中设置选项组标题为：“团员否”，如图 4.43 所示，单击“完成”按钮。窗体设计视图如图 4.45 所示。

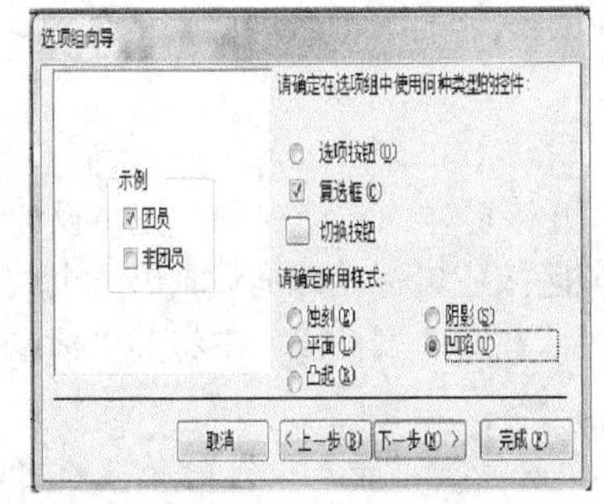

图 4.42 选项组向导-5

图 4.43 选项组向导-6

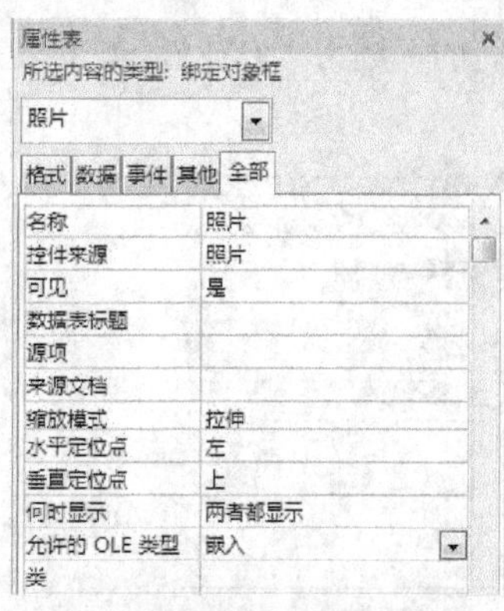

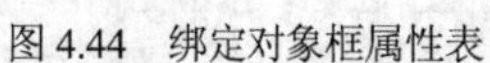
图 4.44 绑定对象框属性表

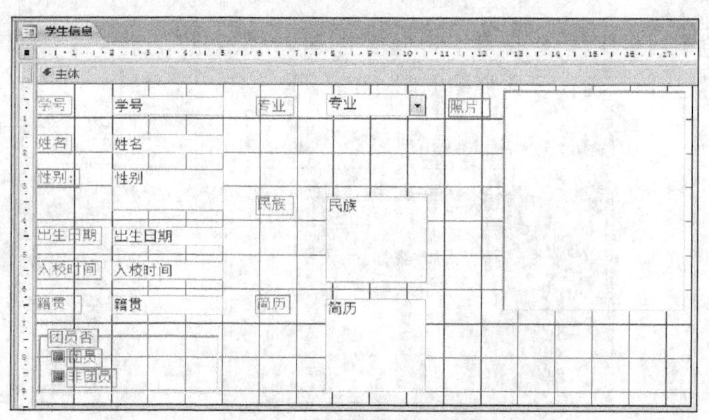

图 4.45 “学生信息”窗体设计视图

⑦ 创建一个绑定对象框控件显示“照片”字段的值：在“设计”选项卡的“控件”分组中，单击“绑定对象框”按钮，在窗体主体节区按住鼠标左键拖动画出一个大小适当的绑定对象框，就会创建一个标签和一个绑定对象框，对该标签控件单击右键选择“属性”命令，打开该标签的属性表，设置标签“标题”属性值为“照片”，同样打开该绑定对象框的属性表，设置“名称”属性值为“照片”，设置“数据”属性组里的“控件来源”属性为“照片”字段，设置“缩放方式”属性为“拉伸”，设置“允许的 OLE 类型”属性为“嵌入”，如图 4.44 所示。窗体设计视图如图 4.45 所示。

⑧ 在快速访问工具栏中单击“保存”按钮，打开“另存为”对话框，在“窗体名称”文本框内输入窗体名称“学生信息”，单击“确定”按钮。窗体最终效果如图 4.46 所示。

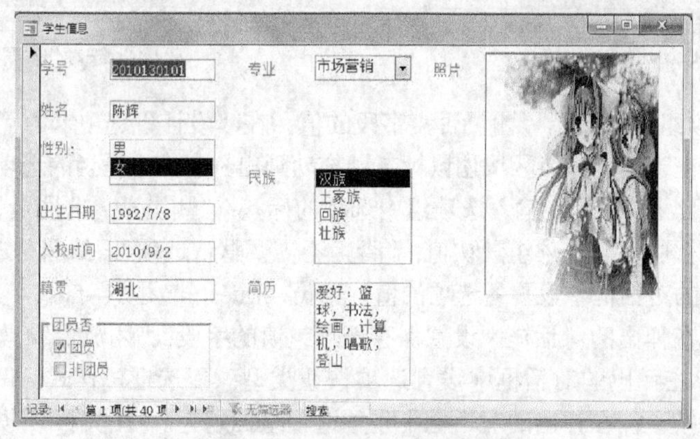

图 4.46 “学生信息”窗体窗体视图

3．命令按钮、选项卡、图像框、非绑定对象框、ActiveX 控件、直线、矩形的创建

例 4-12 设计一个由选项卡构成的窗体。

操作步骤如下。

① 单击“窗体设计”按钮，创建一个新的窗体，打开该窗体的设计视图，在“设计”选项卡的“控件”分组中，单击“选项卡”按钮，在窗体主体节区按住鼠标左键拖动画出一个大小适当的选项卡，就会创建带有 2 个页的选项卡，分别单击 2 个页，在其“属性表”中将其“标题”属性设置：“图像”、“日历”。

② 对选项卡控件单击鼠标右键，在弹出的右键菜单中单击“插入页”命令（还可以“删除页”、设置“页次序”，见图 4.47），再增加 2 个页，并分别设置它们的标题属性：“OLE 对象”、

"按钮操作"。

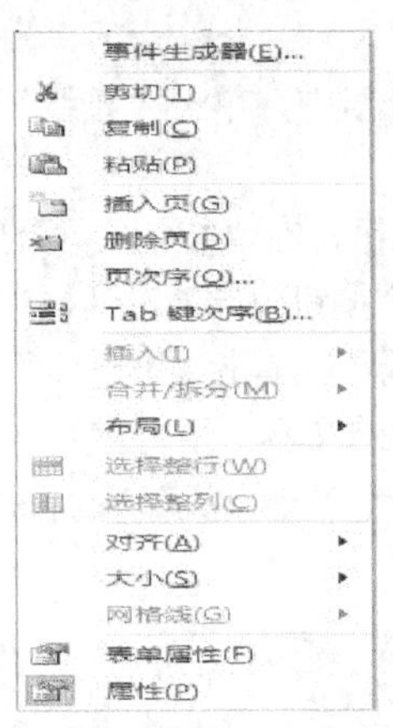

图 4.47 页操作右键菜单

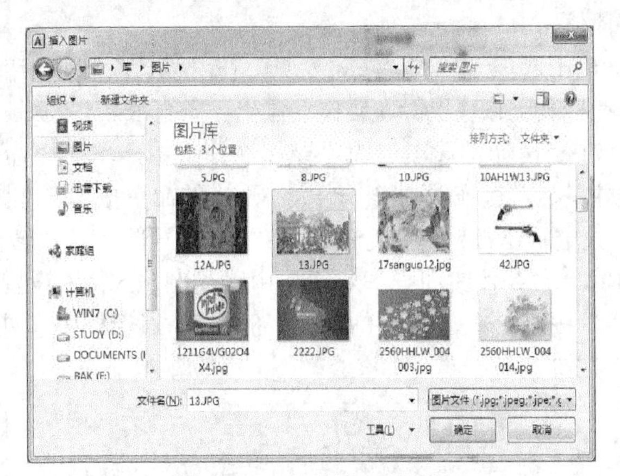

图 4.48 "插入图片"对话框

③ 单击选项卡上的"图像"页，在"设计"选项卡的"控件"分组中，单击"图像框"按钮，在"图像"页上按住鼠标左键拖动画出一个大小适当的图像框，就会弹出"插入图片"对话框（见图 4.48），浏览电脑找到要显示的图像文件，单击"确定"按钮，设置"图像框"的"缩放模式"属性："拉伸"。

④ 单击选项卡上的"日历"页，在"设计"选项卡的"控件"分组中，单击▣，再单击"ActiveX 控件"，在弹出的"插入 ActiveX 控件"对话框中选择"Calender Control 8.0"（见图 4.49），单击"确定"按钮，就会在"日历"页上创建一个 ActiveX 控件：日历控件。

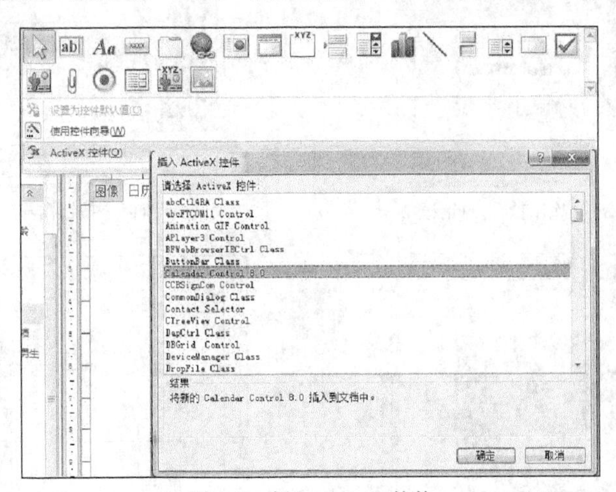

图 4.49 插入 ActiveX 控件

⑤ 单击选项卡上的"OLE 对象"页，在"设计"选项卡的"控件"分组中，单击"非绑定对象框"按钮，在"OLE 对象"页上按住鼠标左键拖动画出一个大小适当的非绑定对象框，在弹出对话框中（见图 4.50），选择"由文件创建"单击"浏览"按钮，找到要显示的文件，单击"确定"按钮。

⑥ 设置窗体数据源：打开窗体"属性表"，选择"数据"属性中的记录源，将其设置为"课程"表；单击选项卡上的"按钮"页，在"设计"选项卡的"控件"分组中，单击"矩形"按钮，在"按钮"页上按住鼠标左键拖动画出一个大小适当的矩形，单击功能区"工具"组里的"添加现有字段"命令，打开"课程"表"字段列表"，依次将"课程编号"、"课程名称"、"课程类别"、

“学分”4 个字段拖到“按钮”页的矩形中，就分别创建了 4 个标签显示字段名，4 个绑定型文本框显示字段值。

⑦ 单击选项卡上的“按钮”页，在“设计”选项卡的“控件”分组中，单击“直线”按钮，在“按钮”页上按住鼠标左键拖动画出一条直线。

⑧ 在“设计”选项卡的“控件”分组中，单击“命令按钮”按钮，在“按钮”页的直线下方，按住鼠标左键拖动画出一个大小适当的命令按钮，在弹出的“命令按钮向导”对话框中（见图 4.51），设定单击按钮时执行的操作：“记录导航”—“转至下一项记录”，单击“下一步”按钮；在弹出的“命令按钮向导”对话框中（见图 4.52），设置按钮上显示的文本：下一项记录，单击“下一步”按钮；在弹出的“命令按钮向导”对话框中（见图 4.53），指定按钮的名称：next，单击“完成”按钮。

图 4.50 “对象浏览”对话框

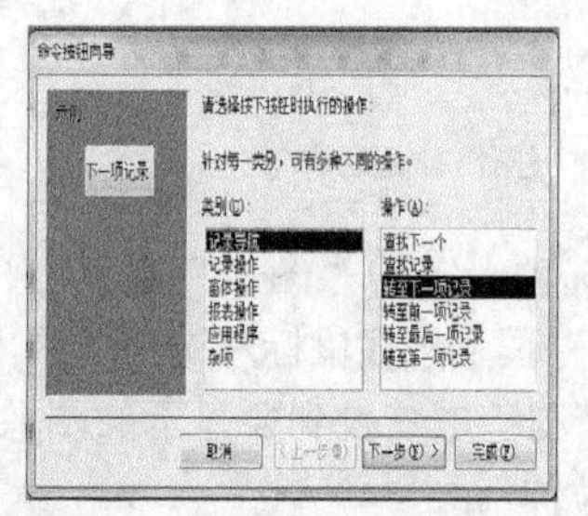

图 4.51 “命令按钮向导”对话框-1

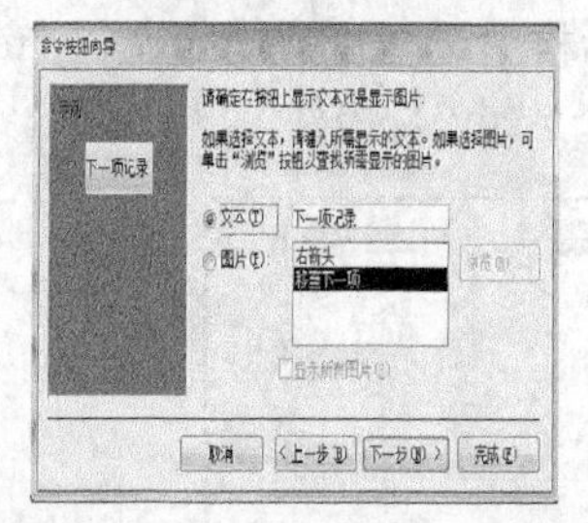

图 4.52 “命令按钮向导”对话框-2

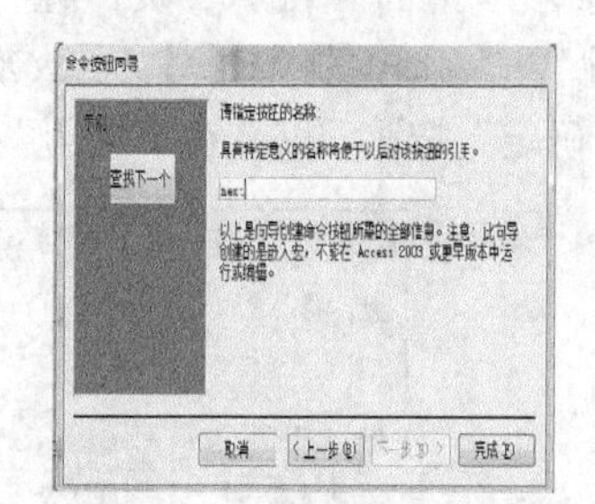

图 4.53 “命令按钮向导”对话框-3

图 4.54 “图像”页

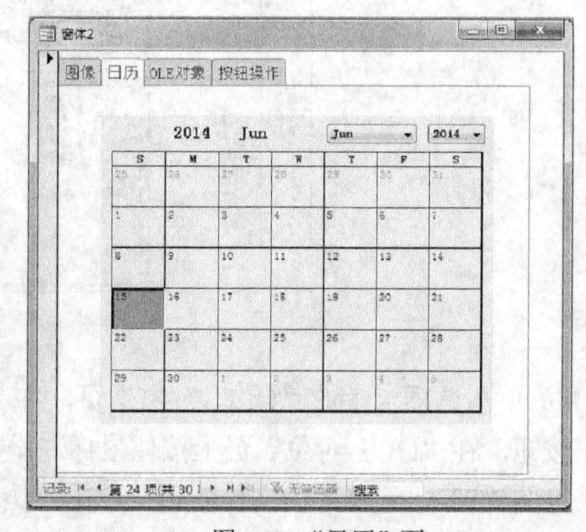

图 4.55 “日历”页

⑨ 用同样的方法创建一个命令按钮，设定单击按钮时执行的操作：“记录导航”—“转至前一项记录”，设置按钮上显示的文本：前一项记录，指定按钮的名称：last，单击“完成”按钮。

⑩ 用同样的方法再创建一个命令按钮，设定单击按钮时执行的操作：“窗体操作”—“关闭窗

体”，设置按钮上显示的图片：“停止”，指定按钮的名称：“exit”，单击“完成”按钮。这样单击“前一项记录”按钮就会在选项卡上的“按钮”页的矩形中显示上一门课程信息；单击“下一项记录”按钮就会在选项卡上的“按钮”页的矩形中显示下一门课程信息；单击⊗按钮就会关闭整个窗体。

窗体视图效果如图 4.54～图 4.57 所示。

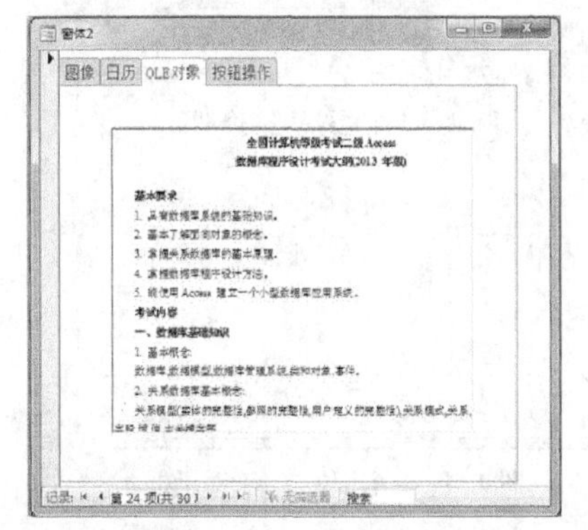

图 4.56 “OLE 对象”页

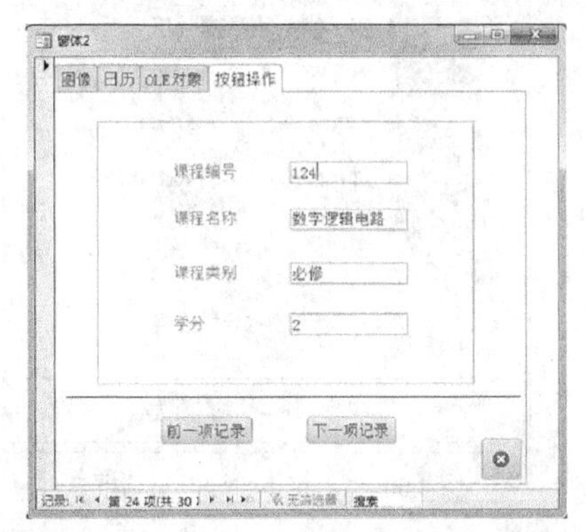

图 4.57 “按钮操作”页

4. 利用子窗体控件创建主/子窗体

例 4-13 在教学管理数据库中，创建一个主/子窗体，显示学生信息及学生选修课程成绩。

操作步骤如下。

① 创建主窗体，设置主窗体数据源：打开数据库，在“创建”选项卡的“窗体”分组中，单击“窗体设计”按钮，创建一个新的窗体，打开该窗体的设计视图，同时打开了“设计”选项卡。打开窗体“属性表”，选择“数据”属性中的记录源，将其设置为“学生”表。

② 主窗体设计：单击功能区“工具”组里的“添加现有字段”命令，打开“学生”表“字段列表”，依次将“学号”、“姓名”、“出生日期”、“专业”、“民族”、“籍贯”6 个字段拖到窗体主体节区，就分别创建了 6 个标签显示字段名，6 个绑定型文本框显示字段值。

③ 在“设计”选项卡的“控件”分组中，单击“子窗体”按钮，在窗体主体节区按住鼠标左键拖动画出一个大小适当的子窗体，弹出“子窗体向导”对话框，选择作为子窗体的数据源的类型：“使用现有的表和查询”—选择现有的表和查询作为子窗体数据源、“使用现有的窗体”—选择已有的窗体作为子窗体，这里选择前者，如图 4.58 所示，单击“下一步”按钮；在弹出的“子窗体向导”对话框中选择作为子窗体数据源的表或查询：“选课成绩”表，并将“选课成绩”表的字段加入到“选定字段”中，如图 4.59 所示，单击“下一步”按钮；在弹出的“子窗体向导”对话框中定义主子窗体的链接字段：主子窗体通过“学号”字段链接，如图 4.60，单击“下一步”按钮；在弹出的“子窗体向导”对话框中指定子窗体的名称：选课成绩，如图 4.61 所示，单击“完成”按钮。

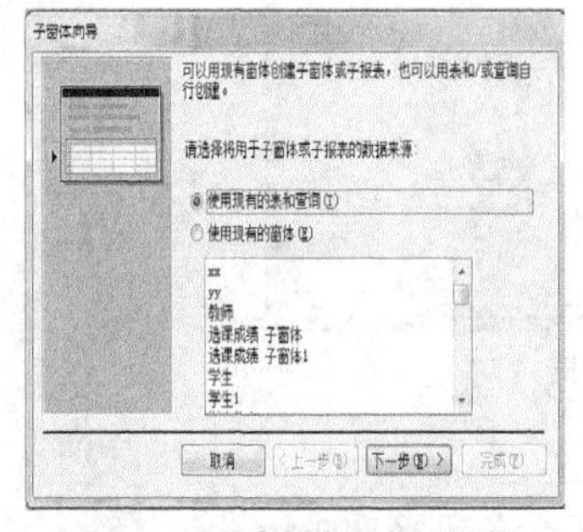

图 4.58 “子窗体向导”对话框-1

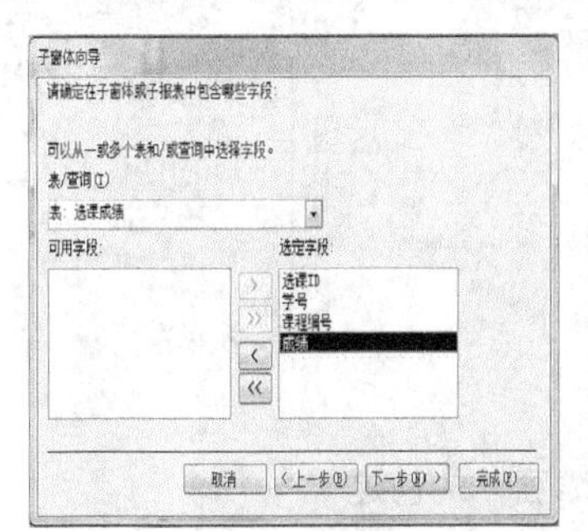

图 4.59 “子窗体向导”对话框-2

④ 也可以创建子窗体控件后，不用“子窗体向导”，直接设置“子窗体”控件的源对象（SourceObject）属性：“选课成绩”表，链接子字段（LinkChildFields）属性：“学号”字段，链接主字段（LinkMasterFields）属性：“学号”字段，如图 4.62 所示。

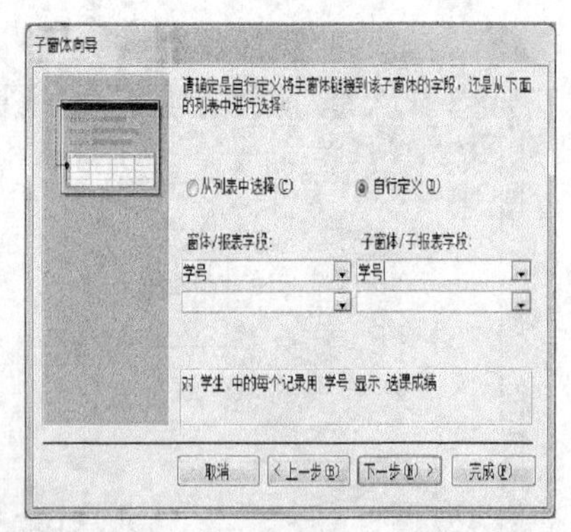

图 4.60 “子窗体向导”对话框-3

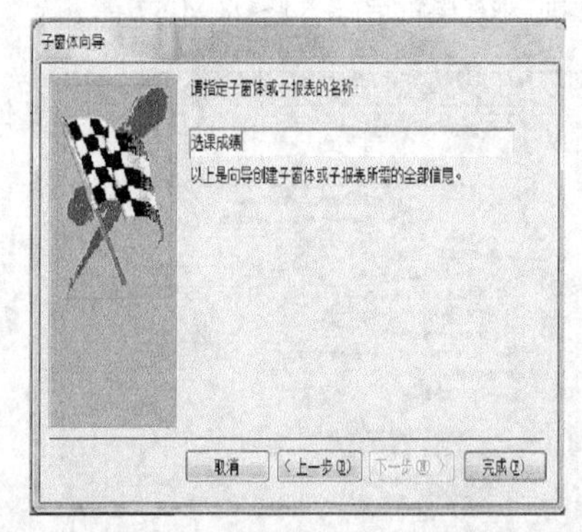

图 4.61 “子窗体向导”对话框-4

⑤ 在快速访问工具栏中单击“保存”按钮，打开“另存为”对话框，在“窗体名称”文本框内输入窗体名称“学生选课成绩”，单击“确定”按钮。窗体设计视图效果如图 4.63 所示，窗体视图效果如图 4.64 所示。

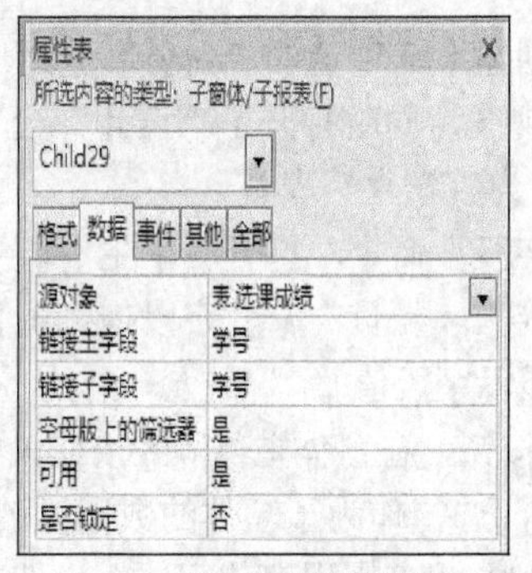

图 4.62 子窗体数据属性设置

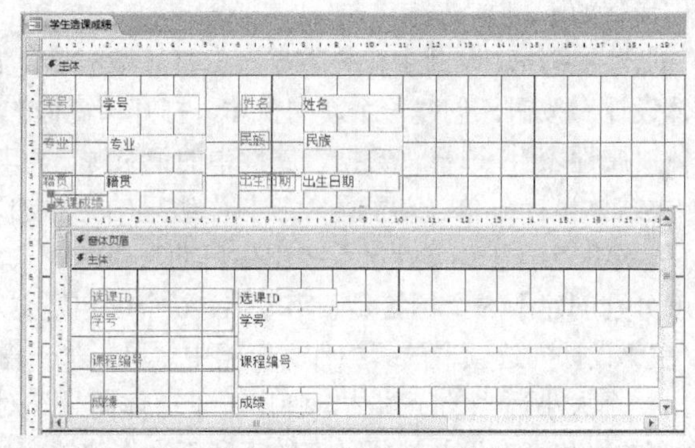

图 4.63 窗体设计视图效果

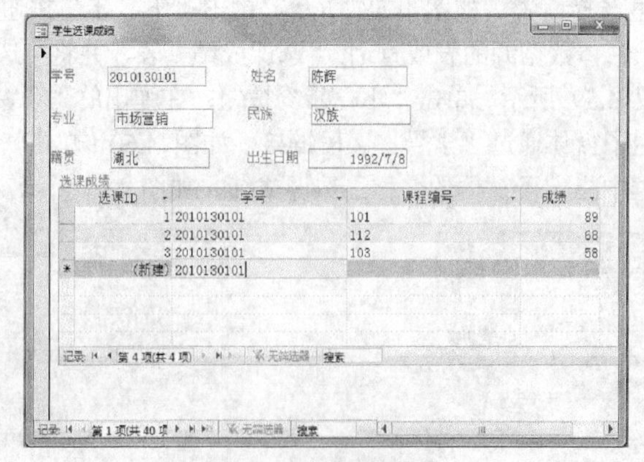

图 4.64 窗体视图效果

5. 图表窗体的创建

例 4-14 在教学管理数据库中，创建一个图表窗体显示各班平均成绩。

操作步骤如下。

① 先创建一个查询，查询各班平均成绩，查询设计视图、数据表视图分别如图 4.65、图 4.66 所示，并将查询命名为“班级平均成绩”。

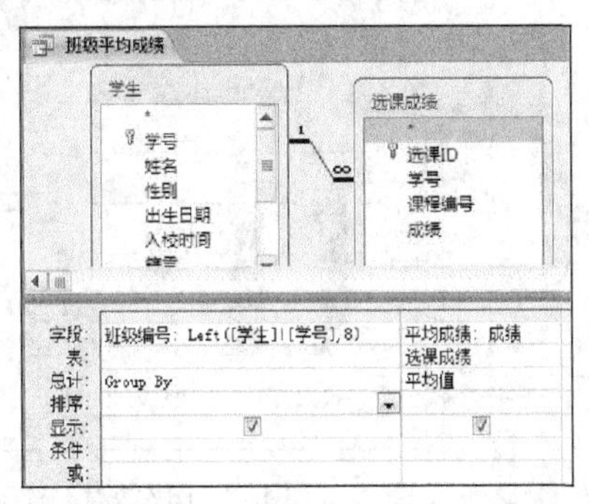

图 4.65 “班级平均成绩”查询设计视图

班级编号	平均成绩
20101301	76.3125
20101302	82.0714285714286
20101303	73.1333333333333
20101304	70.4666666666667

图 4.66 “班级平均成绩”查询数据表视图

② 打开数据库，在“创建”选项卡的“窗体”分组中，单击“窗体设计”按钮，创建一个新的窗体，打开该窗体的设计视图，同时打开了“设计”选项卡。在“设计”选项卡的“控件”分组中，单击“图表”按钮，在窗体主体节区按住鼠标左键拖动画出一个大小适当的图表控件，弹出“图表向导”对话框（见图 4.67），选定“图表”控件的数据源，这里选择“查询：班级平均成绩”，单击“下一步”按钮；在弹出的“图表向导”对话框（见图 4.68），将“班级平均成绩”查询中的字段：班级、平均成绩，加入到“用于图表的字段”中，单击“下一步”按钮；在弹出的“图表向导”对话框（见图 4.69），选择图表的类型：柱形图，单击“下一步”按钮；在弹出的“图表向导”对话框（见图 4.70），设定图表的布局方式：横坐标为班级编号，纵坐标为平均成绩，单击“下一步”；在弹出的“图表向导”对话框（见图 4.71），设定图表的标题：班级平均成绩，单击“完成”。

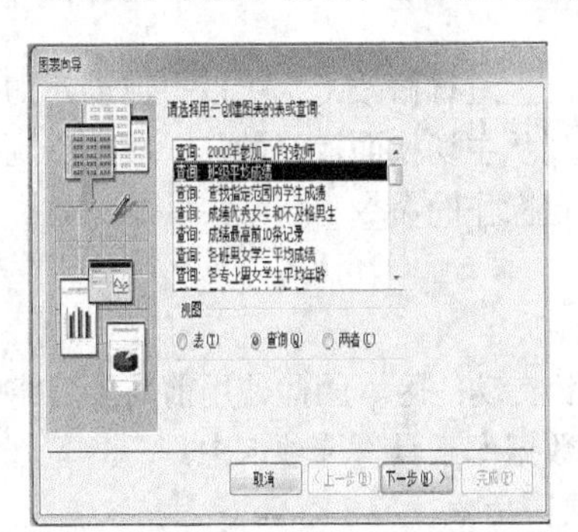

图 4.67 “图表向导”对话框-1

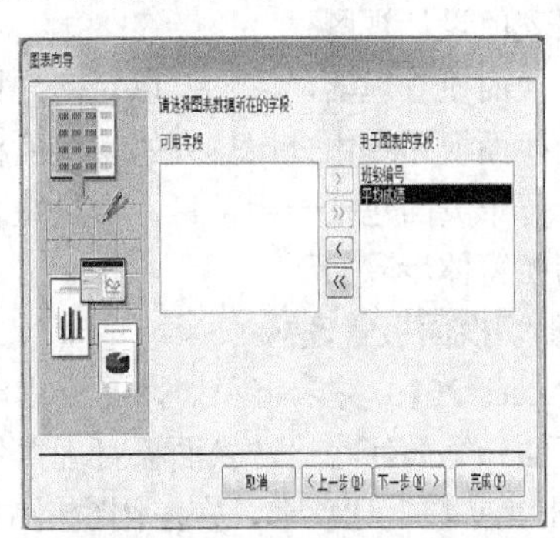

图 4.68 “图表向导”对话框-2

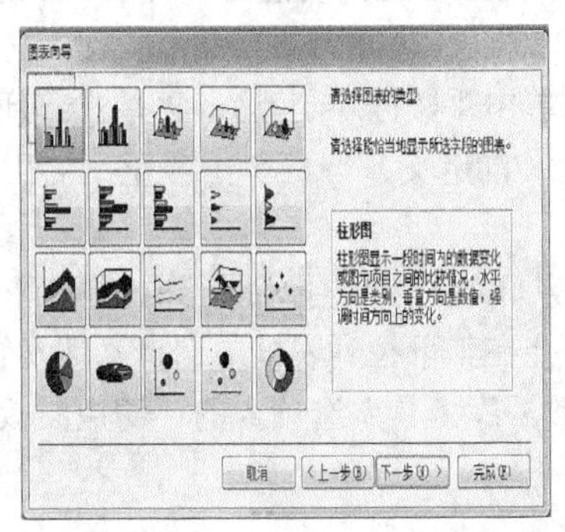

图 4.69 “图表向导”对话框-3

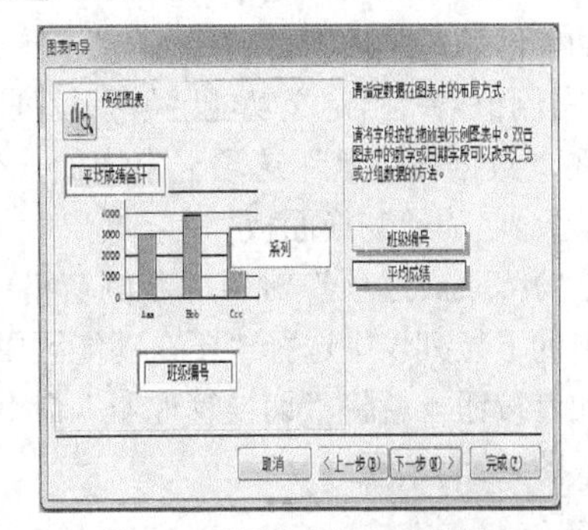

图 4.70 “图表向导”对话框-4

窗体设计视图效果如图4.72所示。

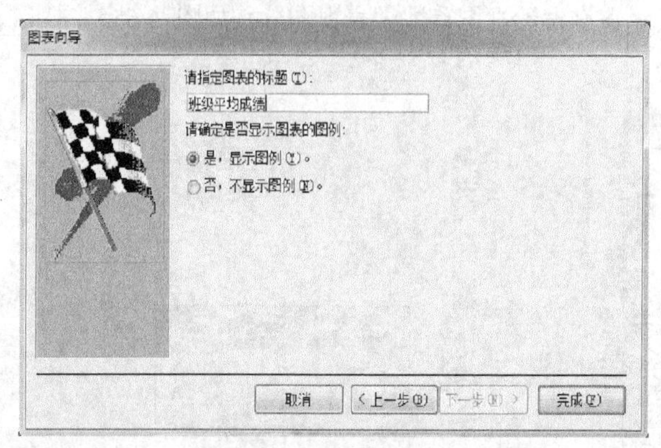

图4.71 “图表向导”对话框-5

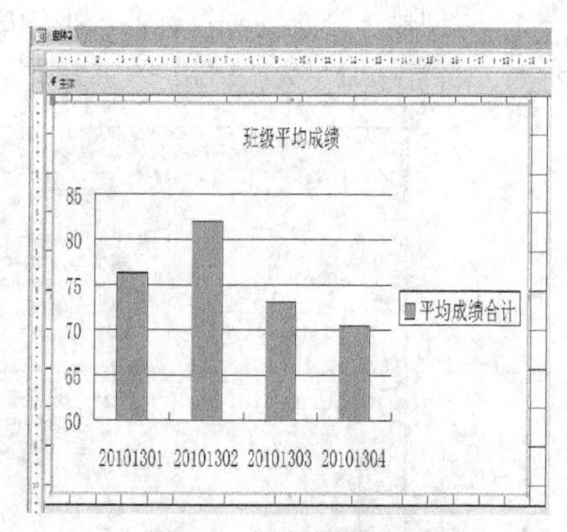

图4.72 图表窗体视图效果

4.4 创建系统控制窗体

4.4.1 创建切换窗体

切换面板是一种带有按钮的特殊窗体，用户可以通过单击这些按钮在数据库的窗体、报表、查询和其他对象中查看、编辑或添加数据。切换面板上的每一个条目都连接到切换面板的其他页，或链接到某个动作。切换面板不仅提供了一个友好的界面，还可以避免用户进入数据库窗口——特别是窗体或报表的设计视图。

通过切换面板管理器，用户可以对向导提供的切换面板进行修改，也可以自己创建切换面板。数据库的切换面板系统由分层排列的切换面板组成，排列从主切换面板开始，一般扩展到两个或多个子页面。每个页面包括一组项目，项目组含有执行特定操作的命令。

创建切换窗体步骤如下。

1．添加切换面板管理器

由于 Access2010 并未将“切换面板管理器”工具放在功能区，因此使用前需要先将其添加到功能区，下面介绍如何将“切换面板管理器”添加到“数据库工具”选项卡中。

① 单击“文件”选项卡，在左侧窗格中单击“选项”命令。

② 在打开的“Access 选项”对话框左侧窗格中，单击“自定义功能区”，此时右侧窗格显示出自定义功能区的相关内容。

③ 在右侧窗格“自定义功能区”下拉列表框下方，单击“数据库工具”，再单击“新建组”按钮，就会在“数据库工具”选项卡中增加一个“新建组（自定义）”，再单击“重命名”按钮，将“新建组”重命名为“切换面板”。

④ 在“Access 选项”对话框左侧窗格中，单击“从下列位置选择命令”右侧的下拉箭头按钮，从弹出的下拉列表中选择“不在功能区中的命令”，并在其下拉列表框中选择“切换管理器”，单击“添加”按钮，就将“切换管理器”命令添加到“数据库工具”选项卡的“切换面板”组中，如图4.73～图4.75所示。

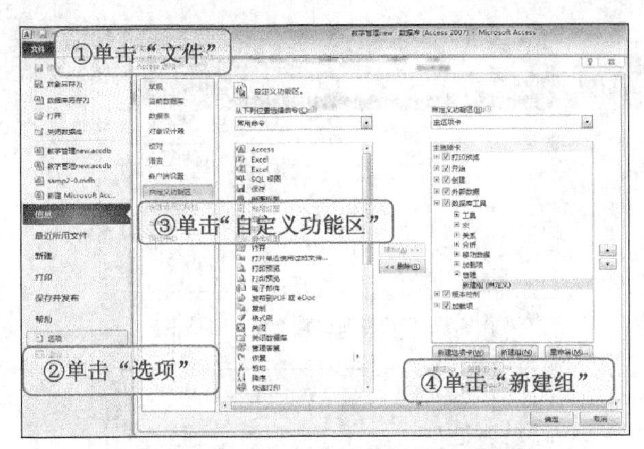

图 4.73 在“Access 选项”对话框中新建组

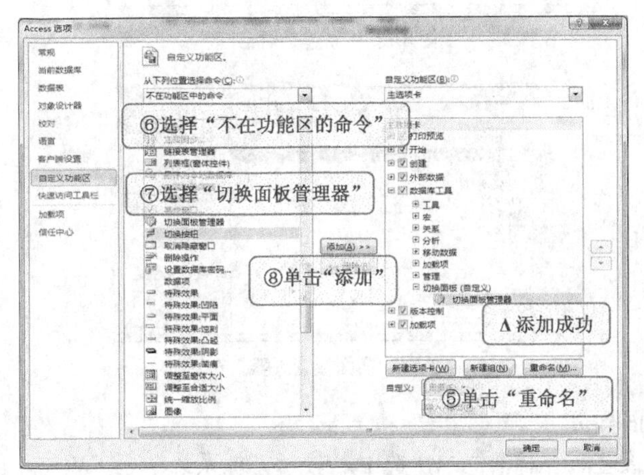

图 4.74 添加“切换面板管理器”到功能区

图 4.75 “切换面板”组

2．创建主切换面板页

① 单击“数据库工具”选项卡的“切换面板”组中的“切换面板管理器”命令。如果是首次使用切换面板，就会弹出“切换面板管理器”提示信息框，如图 4.76 所示，单击“是”；弹出“切换面板管理器”对话框，如图 4.77 所示。

② 在“切换面板管理器”对话框中，单击“新建”，弹出“新建”对话框，如图 4.78 所示，输入切换面板页名：“教学管理系统”，单击“确定”。

③ 重复步骤②，可以新建多个切换面板页：“学生信息”、“教师信息”、“课程信息”、“选课成绩录入”，如图 4.79 所示。

图 4.76 “切换面板管理器”提示信息框

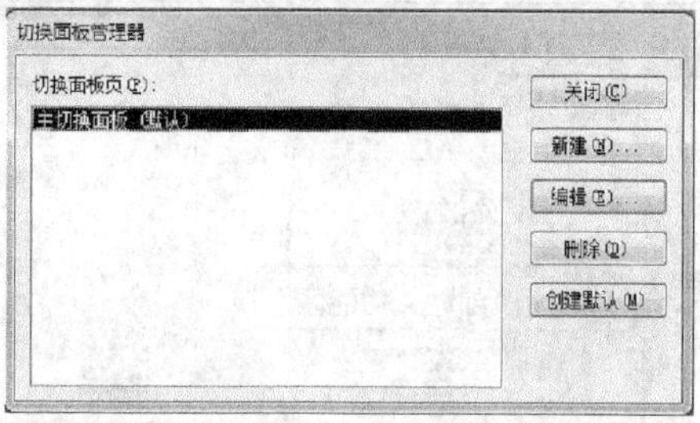

图 4.77 “切换面板管理器”对话框

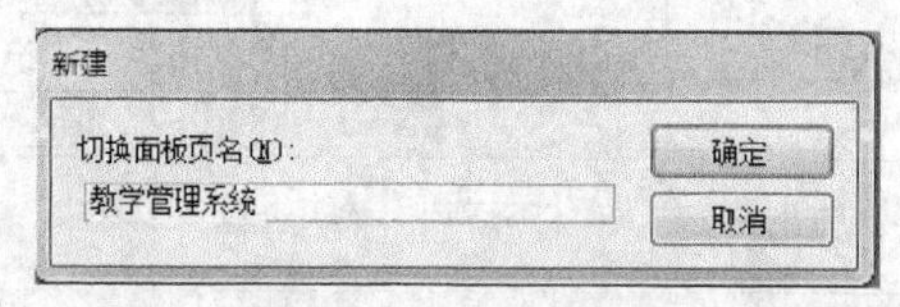

图 4.78 “新建”对话框

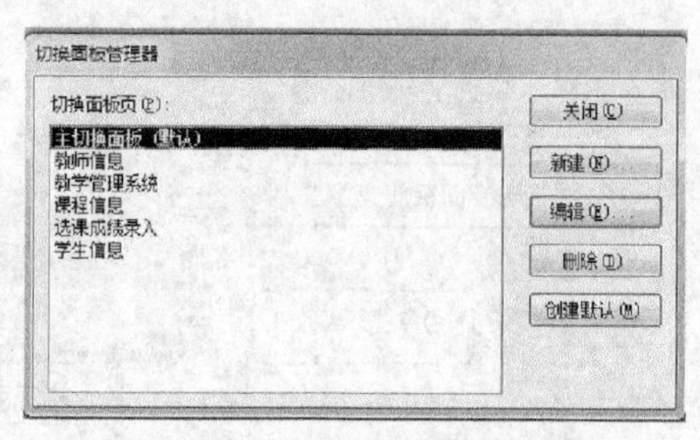

图 4.79 “切换面板管理器”对话框

3．设置默认切换面板页

① 在“切换面板管理器”对话框中，选中“教学管理系统”页，单击“创建默认”，将“教学管理系统”页设置为默认页。

② 选中“主切换面板”页，单击“删除”，在弹出的提示信息框中单击“是”，如图 4.80 所示。

③ 主切换面板如图 4.81 所示。

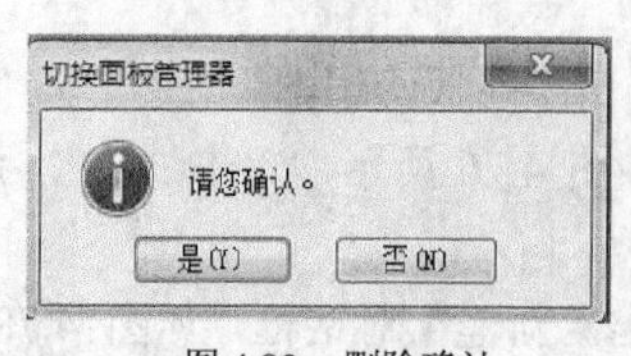

图 4.80 删除确认

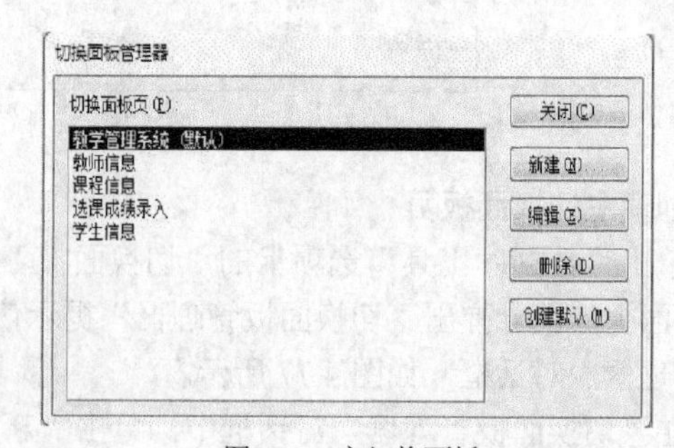

图 4.81 主切换面板

4．设置切换面板页创建切换项目

① “教学管理系统”为主切换面板页，在主切换面板页中添加 4 个项目，分别用来打开“学生信息”切换页、“教师信息”切换页、“课程信息”切换页、“选课成绩录入”切换页。在“切换面板管理器”对话框中，选中“教学管理系统”页，单击“编辑”，弹出“编辑切换面板页”对话框，在该对话框中，单击“新建”，弹出“编辑切换面板项目”对话框，如图 4.82 所示。“编辑切换面板项目”对话框中提供了 8 种命令类型：转至“切换面板”（打开另一个切换面板并关闭自身

面板，参数为目标面板名）；在“添加”模式下打开窗体（打开输入用窗体，出现一个空记录，参数为窗体名）；在“编辑”模式下打开窗体（打开查看和编辑数据用窗体，参数为窗体名）；打开报表（打开打印预览中的报表，参数为报表名）；设计应用程序（打开切换面板管理器以对当前面板进行更改）；退出应用程序（关闭当前数据库）；运行宏（运行宏，参数为宏名）；运行代码（运行一个 VB 过程，参数为 VB 过程名）。这里设置文本：学生信息，命令：转至“切换面板”，切换面板为：学生信息。按照同样的方法，在主切换面板页中再添加 3 个项目分别用来打开“教师信息”切换页、“课程信息”切换页、“选课成绩录入”切换页。

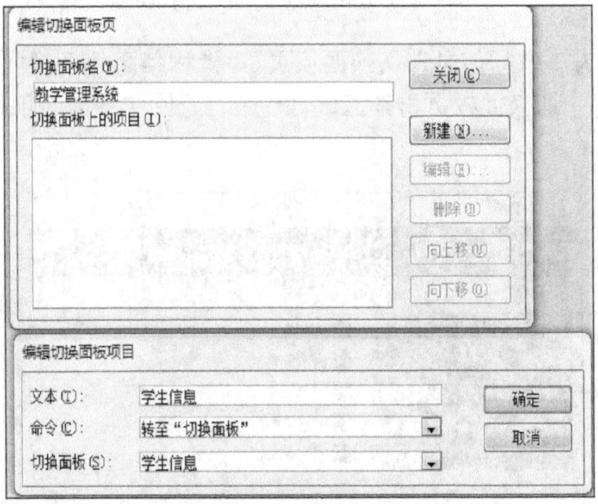

图 4.82 “编辑切换面板页”对话框

② 在主切换面板页中添加“退出系统”项目，设置文本：退出系统，命令：退出应用程序，如图 4.83 所示。

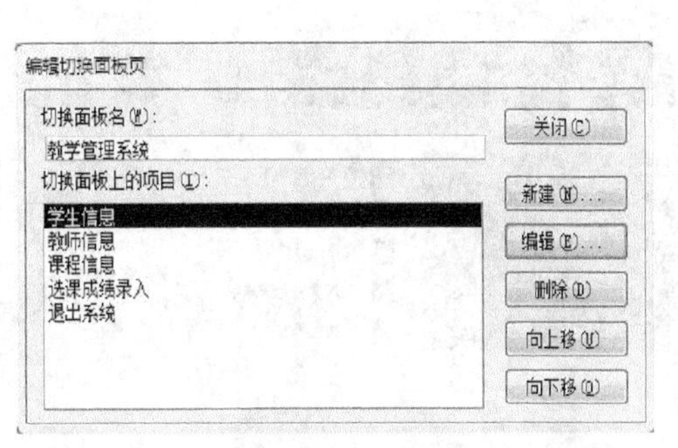

图 4.83 “教学管理系统”主切换面板页里的项目

③ 在“学生信息”切换面板页中添加 5 个项目：“查询学生信息”、“查询已修学分”、“查询选课成绩”、“录入学生信息”、“返回主界面”。事先创建好“学生信息”窗体、“已修学分”窗体、“选课成绩”窗体、“录入学生信息”窗体。设置“查询学生信息”项目文本：查询学生信息，命令：在“编辑”模式下打开窗体，窗体：学生信息；设置“查询已修学分”项目文本：查询已修学分，命令：在“编辑”模式下打开窗体，窗体：已修学分；设置“查询选课成绩”项目文本：查询选课成绩，命令：在“编辑”模式下打开窗体，窗体：选课成绩；设置“录入学生信息”项目文本：录入学生信息，命令：在“添加”模式下打开窗体，窗体：录入学生信息；设置“返回主界面”项目文本：返回主界面，命令：转至“切换面板”，切换面板：教学管理系统，如图 4.84 所示。

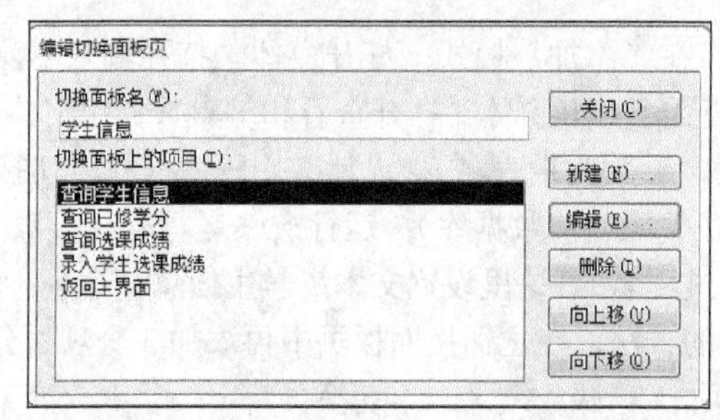

图 4.84 “学生信息”切换面板页里的项目

④ 按照同样的方法为“教师信息”切换面板页、“课程信息”切换面板页、“选课成绩录入”切换面板页添加项目，每个切换面板页里都应该有一个“返回主界面”项目。最终效果如图 4.85、图 4.86 所示。

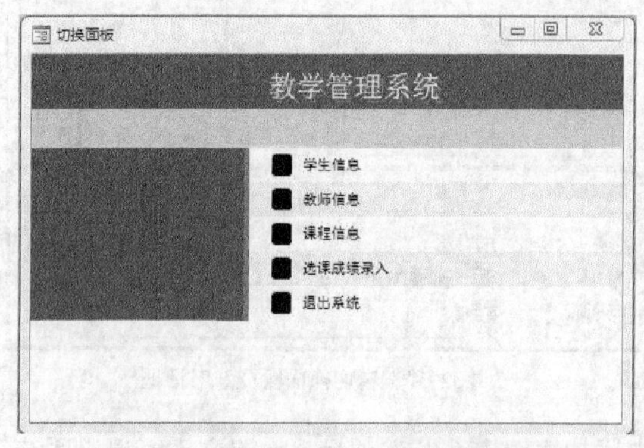

图 4.85 “教学管理系统”主切换面板页界面

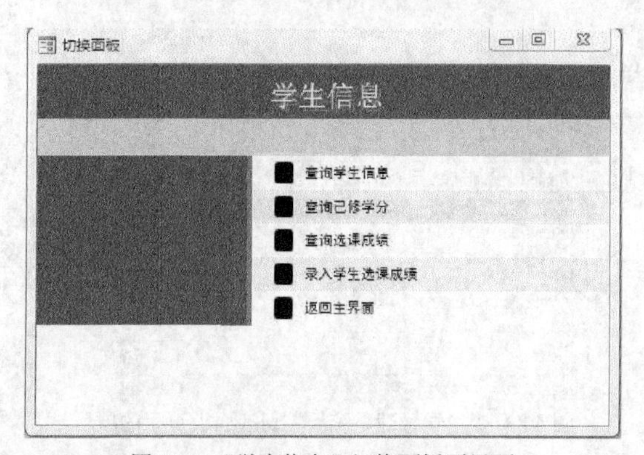

图 4.86 “学生信息”切换面板页界面

4.4.2 创建导航窗体

切换面板管理器工具虽然可以直接将数据库中的对象集成在一起，形成一个操作简单、方便的应用系统。但是，它的创建过程相对复杂，缺乏直观性。Access 2010 提供了一种新型的窗体，称为导航窗体。在导航窗体中，可以选择导航按钮的布局．也可以在所选布局上直接创建导航按钮，并通过这些按钮将已建数据库对象集成在一起形成数据库应用系统。使用导航窗体创建应用系统控制界面更简单、更直观。

例 4-15 使用“导航”按钮，创建“教学管理系统”控制窗体。操作步骤如下。

① 单击“创建”选项卡里“窗体”组中的“导航”按钮，从弹出的下拉列表中选择所需的窗体样式，这里选择“水平标签和垂直标签，左侧”选项，如图4.87所示，进入导航窗体的布局视图。

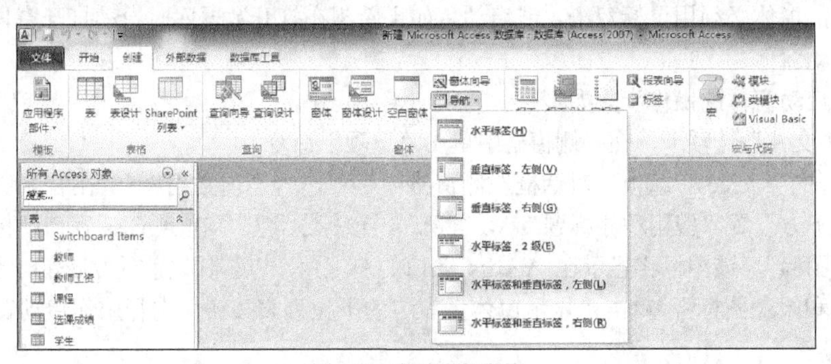

图4.87 创建导航窗体

② 一般将一级功能按钮放在水平标签上，将二级功能按钮放在垂直标签上。在水平标签上添加一级功能按钮，单击上方的“新增”按钮，输入“学生信息”，使用相同方法创建“课程信息”、“教师信息”、“选课成绩录入”按钮。

在垂直标签上分别为每一个一级功能按钮添加二级功能按钮，单击上方的“学生信息”一级功能按钮，再单击左边的“新增”按钮，输入“查询学生信息”，使用相同方法为“学生信息”一级功能按钮创建“查询已修学分”、“查询选课成绩”、“录入学生选课成绩”二级功能按钮，如图4.88所示。

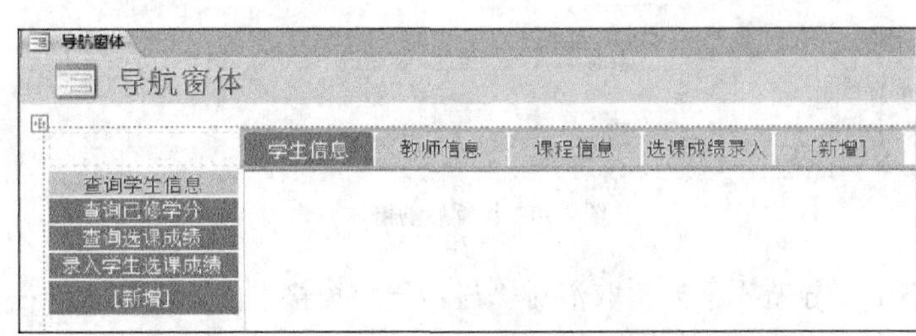

图4.88 创建导航窗体功能按钮

③ 为“查询学生信息”按钮添加功能：右键单击“查询学生信息”导航按钮，从弹出的右键菜单中选择“属性”命令，打开“属性表”对话框，单击“事件”选项卡，单击“单击”事件右侧下拉箭头按钮，从弹出的下拉列表中选择已建的宏“运行学生信息查询”（关于宏的创建方法请参见第6章）。使用相同方法设置其他导航按钮的功能。

④ 将导航窗体页眉节区上的标签的标题修改：教学管理系统；修改导航窗体的“标题”属性为“教学管理”。运行效果如图4.89所示。

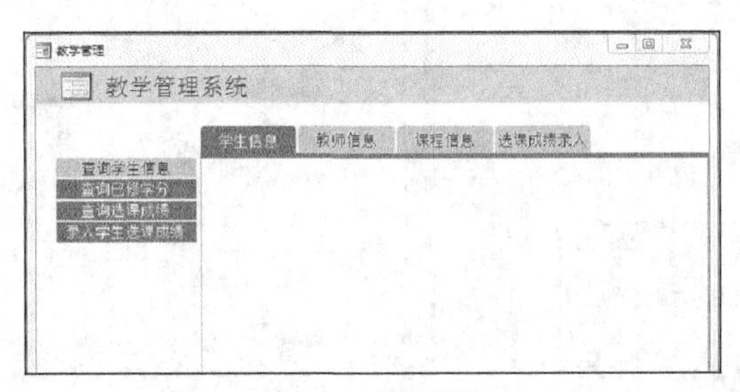

图4.89 导航窗体

4.4.3 设置自动启动窗体

前面创建的窗体必须用鼠标双击才能启动，如果希望在打开数据库时自动打开窗体，就需要将窗体设置为启动窗体。

设置自动启动窗体的操作步骤如下。

① 单击“文件”选项卡，在左侧窗格中单击“选项”命令。

② 在打开的“Access 选项”对话框左侧窗格中，单击“当前数据库”，在右侧窗格中的“应用程序选项”下方设置“应用程序标题”：教学管理，该标题将显示在 Access 窗口的标题栏中，设置“应用程序图标”，该图标将显示在 Access 窗口的左上角，以替代之前的 Access 图标，并勾选上“用作窗体和报表图标”，单击“显示窗体”右边的下拉列表按钮，选择用作启动窗体的窗体：学生信息。

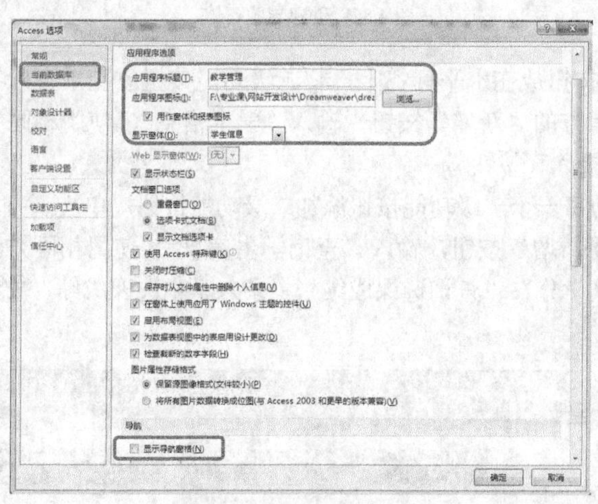

图 4.90 设置启动窗体

③ 在右侧窗格中“导航”下方，取消对“显示导航窗格”的勾选，这样在下次打开数据库是，将不再显示左侧的导航窗格，如图 4.90 所示。

④ 单击“确定”，将弹出提示信息框，如图 4.91，单击“确定”，关闭数据库。下次打开数据库时就会自动启动“学生信息”窗体，如图 4.92 所示。

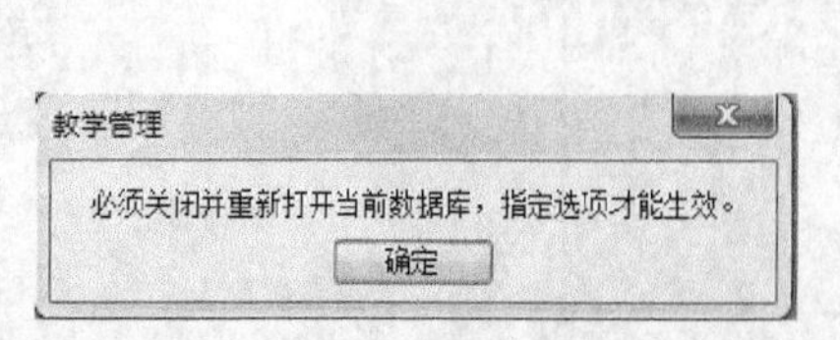

图 4.91 提示信息框

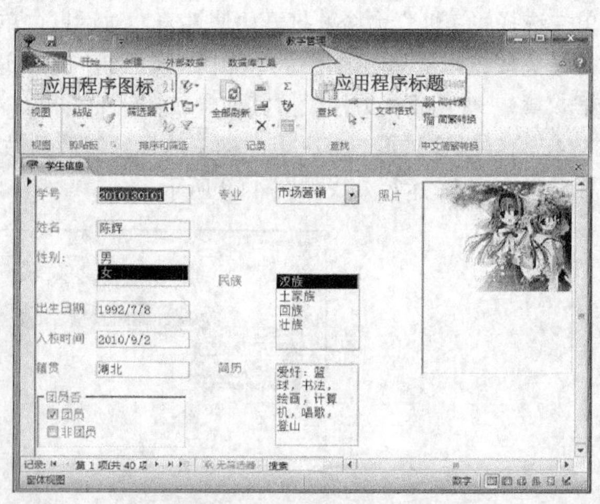

图 4.92 “学生信息”启动窗体

当某一数据库设置了启动窗体后，若想在打开数据库时不运行自动启动窗体，可以在打开数据库时，一直按住 Shift 键。

4.5 窗体的修饰

在设计窗体过程中，经常需要对窗体中的控件进行调整，其操作包括调整控件大小、位置、排列、外观、颜色、字体、特殊效果等，经过调整后可以达到美化控件和美化窗体的效果。

1．选择控件

选择控件包括选择一个控件和选择多个控件。要选择多个控件，首先按下 Ctrl 键或 Shift 键，然后依次单击所要选择的控件。在选择多个控件时，如果已经选择了某控件后又想取消选择此控件，只要在按住 Shift 键的同时再次单击该控件即可。

选择全部控件可以用快捷键 Ctrl＋A，或单击“窗体设计工具/格式”选项卡，再在“所选内容”命令组中单击“全选”命令按钮。

通过拖动鼠标包含控件的方法选择相邻控件时，需要圈选框完全包含整个控件。如果要求圈选框部分包含时即可选择相应控件，需作进一步的设置。单击“文件”选项卡，在左侧窗格中单击“选项”命令。在打开的“Access 选项”对话框左侧窗格中，单击“对象设计器”，在其右侧窗格中的窗体/报表设计视图“下方设置选中行为”：部分包含。通过上述设置后，当选择控件时，只要矩形接触到控件就可以选择控件，而不需要完全包含控件。

2．移动控件

要移动控件，首先要选择控件，然后移动鼠标指向控件的边框，当鼠标指针变为手掌形时，即可拖动鼠标将控件拖到目标位置。

当单击组合控件两部分中的任一部分时，Access 2010 将显示两个控件的移动控制句柄，以及所单击的控件的调整大小控制句柄。如果要分别移动控件及其标签，应将鼠标指针放在控件或标签左上角处的移动控制句柄上，当指针变成向上指的手掌图标时，拖动控件或标签可以移动控件或标签。如果指针移动到控件或其标签的边框（不是移动控制句柄）上，指针变成手掌图标时，可以同时移动两个控件。

对于组合控件，即使分别移动各个部分，组合控件的各部分仍将相关。如果要将附属标签移动到另一个节而不想移动控件，必须使用“剪切”及“粘贴”命令。如果将标签移动到另一个节，该标签将不再与控件相关。

如果需要细微地调整控件的位置，更简单的方法是按下 Ctrl 键和相应的方向键。

3．控件的复制

要复制控件，首先选择控件，再单击“开始”选项卡，在“剪贴板”命令组中单击“复制”、“剪切”、“粘贴”等命令按钮，或对该控件单击鼠标右键，在右键菜单中单击“复制”、“剪切”、“粘贴”等命令按钮，如图 4.93 所示。

4．改变控件的类型

若要改变控件的类型，则要先选择该控件，然后单击鼠标右键，打开快捷菜单，在该快捷菜单中的“更改为”命令中选择所需的新控件类型，如图 4.93 所示。

5．控件的删除

如果希望删除不用的控件，可以选中要删除的控件，按 Delete 键，或在“开始”选项卡的“记录”命令组中单击“删除”命令按钮。

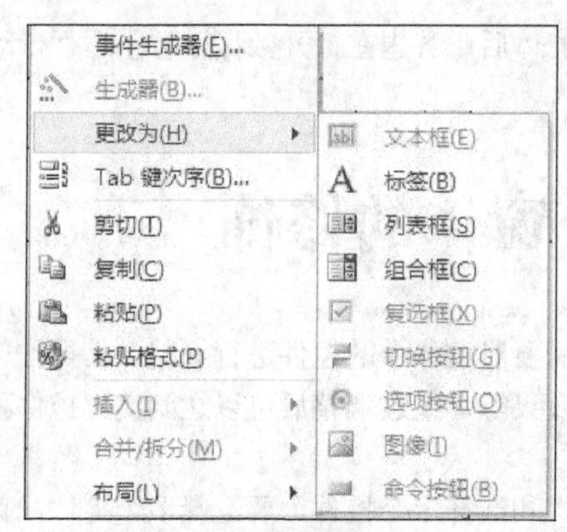

图 4.93　控件右键菜单

6．改变控件的尺寸

对于控件大小的调整，既可以通过其“宽度”和“高度”属性来设置，也可以直接拖动控件的大小控制柄。单击要调整大小的一个控件或多个控件，拖动调整大小控制柄，直到控件变为所需的大小。如果选择多个控件，所选的控件都会随着拖动第一个控件的调整大小控制柄而更改大小。

如果要调整控件的大小以容纳其显示内容，则选择要调整大小的一个或多个控件，然后在“窗体设计工具/排列”选项卡的“调整大小和排序”命令组中单击“大小/空格”命令按钮，在弹出的菜单中选择“正好容纳”命令，将根据控件显示内容确定其宽度和高度，如图 4.94 所示。

如果要统一调整控件之间的相对大小，首先选择需要调整大小的控件，然后在“大小/空格”命令按钮的下拉菜单中选择下列其中一项命令：“至最高”命令（使选定的所有控件调整为与最高的控件同高）、“至最短”命令（使选定的所有控件调整为与最短的控件同高）、“至最宽”命令（使选定的所有控件调整为与最宽的控件同宽）、“至最窄”命令（使选定的所有控件调整为与最窄的控件同宽），如图 4.94 所示。

7．将窗体中的控件对齐

当需要设置多个控件对齐时，先选中需要对齐的控件，然后在“窗体设计工具/排列”选项卡的“调整大小和排序”命令组中单击“对齐”命令按钮，再在下拉菜单中选择“靠左”或“靠右”命令，这样保证了控件之间垂直方向对齐；选择“靠上”或“靠下”命令，则保证水平对齐。选择“对齐网格”命令，则以网格为参照，选中的控件自动与网格对齐，如图 4.95 所示。

8．间距调整

选择要调整的多个控件（至少三个），对于有附属标签的控件，应选择控件，而不要选择其标签。在“窗体设计工具/排列”选项卡的“调整大小和排列”组中，单击“大小/空格”命令，在打开的列表中，根据需要选择“水平相等”、“水平增加”、“水平减少”、“垂直相等”、“垂直增加”以及“垂直减少”等命令，如图 4.94 所示。

9．设置控件 TAB 键次序

在设计窗体时，特别是数据录入窗体，需要窗体中的控件按一定的次序响应键盘，便于用户操作，称之为 Tab 键次序。Tab 键次序通常与控件的创建次序一致。

可以在控件右键菜单中单击“Tab 键次序”命令，如图 4.93 所示，在弹出的“Tab 键次序”对话框中重新设置窗体控件次序，如图 4.96 所示，单击“自动排序”，将按照控件从左到右，从上到下设置 Tab 键次序；如果希望创建自定义 Tab 键次序，在“自定义次序”列表中，单击要移动的控件（可以一次选择多个控件），然后拖动控件到列表中所需的地方。也可以通过设置控件的“Tab

键索引”（TabIndex）属性修改 Tab 键次序，次序最靠前的索引值为 0。若要从 Tab 键次序中移除某控件，则选中该控件将其“制表位”（TabStop）属性设置为“否”。

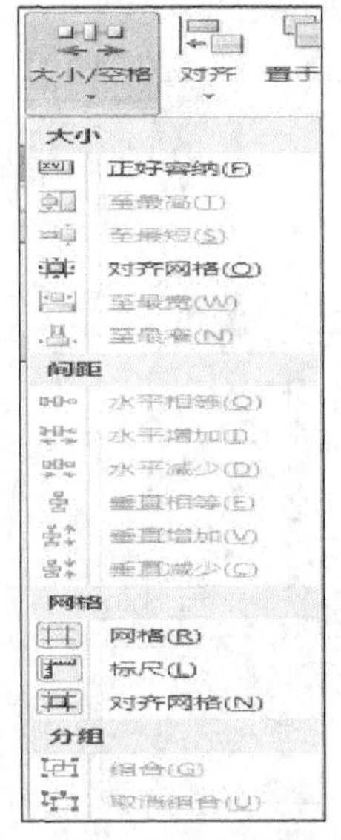

图 4.94 “大小/空格”命令按钮

图 4.95 “对齐”命令按钮

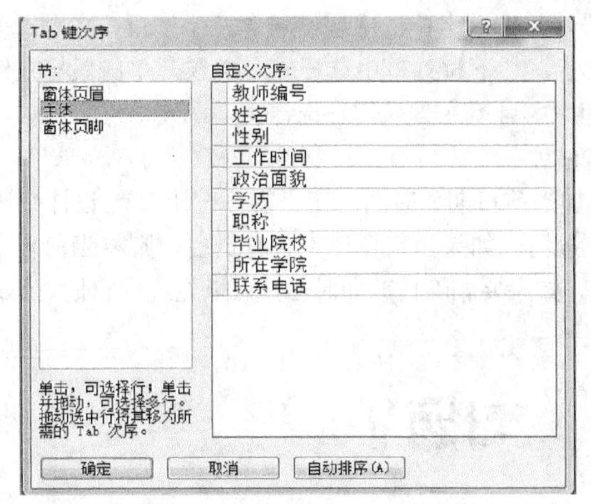

图 4.96 “Tab 键次序”对话框

10．更改窗体中最后一个字段的 TAB 键行为

即当焦点在窗体中最后一个字段时，按下 Tab 键，焦点将移动到哪里。打开窗体的“属性表”对话框，设置“其他”属性组里的“循环”（Cycle）属性，其属性值有：所有记录（表示在最后一个字段中按 Tab 键，焦点将移动到下一条记录中的第一个字段），当前记录（表示在最后一个字段中按 Tab 键，焦点将移回到当前记录中的第一个字段），当前页（表示在窗体页面的最后一个字段中按 Tab 键，焦点将移回到当前页面中的第一个字段）。

11．应用主题（如图 4.97 所示）

“主题”是整体上设置数据库系统，使所有窗体具有统一色调的快速方法。主题是一套统一的设计元素和配色方案，为数据库系统的所有窗体页眉上的元素提供了一套完整的格式集合。利用主题，可以非常容易地创建具有专业水准，设计精美，美观时尚的数据库系统。

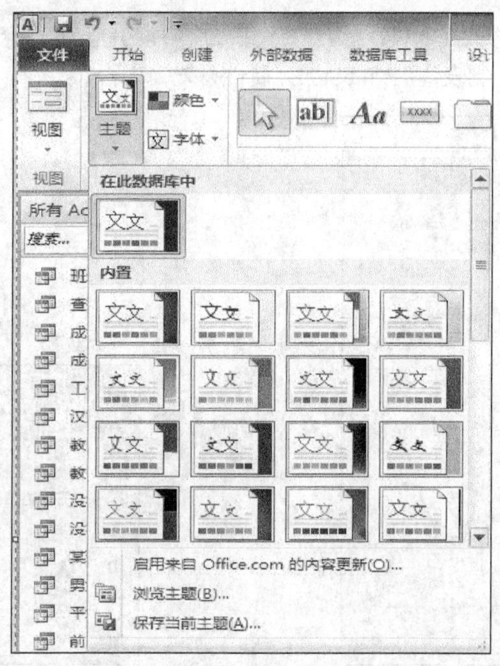

图 4.97　应用主题

在“窗体设计工具/设计”选项卡中的主题组包含三个按钮：主题、颜色、字体。在窗体设计视图中，单击“主题”按钮，从下拉列单中选择一个主题，单击鼠标左键即可应用该主题，如图 4.97 所示。Access 一共提供了 44 套主题供用户选择。

12．添加当前日期和时间

用户可以在窗体中添加当前日期和时间，在“窗体设计工具/设计”选项卡的“页眉/页脚”组中，单击“日期和时间”按钮。如果当前窗体中含有页眉，则将当前日期和时间插入到窗体页眉中，否则插入到主体节中。如果要删除日期和时间，可以先选中它们，然后再按 Del 键。

习题 4

1．主窗体和子窗体通常用于显示多个表或查询中的数据，这些表或查询中的数据一般应该具有的关系是（　　）。

A．一对一　　B．一对多　　C．多对多　　D．关联

2．在教师信息输入窗体中，为职称字段提供“教授”、“副教授”、“讲师”等选项供用户直接选择，最合适的控件是（　　）。

A．标签　　B．复选框　　C．文本框　　D．组合框

3．在学生表中使用"照片"字段存放相片，当使用向导为该表创建窗体时，照片字段使用的默认控件是（　　）。

A．图形　　B．图像　　C．绑定对象框　　D．未绑定对象框

4．若要使某命令按钮获得控制焦点，可使用的方法是（　　）。

A．LostFocus　　B．SetFocus　　C．Point　　D．Value

5．窗体设计中，决定了按【Tab】键时焦点在各个控件之间移动顺序的属性是（　　）。

A．Index　　B．TabStop　　C．TabIndex　　D．SetFocus

6．若在窗体设计过程中，命令按钮 Command0 的事件属性设置如下图所示，则含义是（　　）。

属性表
所选内容的类型：命令按钮
Command0
格式 数据 事件 其他 全部

单击	[事件过程]
获得焦点	
失去焦点	
双击	[事件过程]
鼠标按下	
鼠标释放	
鼠标移动	
键按下	
键释放	
击键	
进入	
退出	

A．只能为“进入”事件和“单击”事件编写事件过程

B．不能为“进入"事件和“单击”事件编写事件过程

C．“进入”事件和“单击”事件执行的是同一事件过程

D．已经为“进入”事件和“单击”事件编写了事件过程

7．发生在控件接收焦点之前的事件是（　　）。

A．Enter　　B．Exit　　C．GotFocus　　D．LostFocus

8．下列关于对象“更新前”事件的叙述中，正确的是（　　）。

A．在控件或记录的数据变化后发生的事件

B．在控件或记录的数据变化前发生的事件

C．当窗体或控件接收到焦点时发生的事件

D．当窗体或控件失去了焦点时发生的事件

9．在已建窗体中有一命令按钮（名为 Command1），该按钮的单击事件对应的 VBA 代码为：

```
Private Sub Command1_Click()
subT.Form.RecordSource = "select * from 雇员"
End Sub
```

单击该按钮实现的功能是（　　）。

A．使用 select 命令查找"雇员"表中的所有记录

B．使用 select 命令查找并显示"雇员"表中的所有记录

C．将 subT 窗体的数据来源设置为一个字符串

D．将 subT 窗体的数据来源设置为"雇员"表

10．下列属性中，属于窗体的"数据"类属性的是（　　）。

A．记录源　　B．自动居中　　C．获得焦点　　D．记录选择器

11．在 Access 中为窗体上的控件设置 Tab 键的顺序，应选择"属性"对话框的（　　）。

A．“格式”选项卡　　B．“数据”选项卡

C．“事件”选项卡　　D．“其他”选项卡

12．如果在文本框内输入数据后，按<Enter>键或按<Tab>键，输入焦点可立即移至下一指定文

本框，应设置（　　）。

A．“制表位”属性　　B．“Tab 键索引”属性

C．“自动 Tab 键”属性　　D．“Enter 键行为”属性

13．窗体 Caption 属性的作用是（　　）。

A．确定窗体的标题　　B．确定窗体的名称

C．确定窗体的边界类型　　D．确定窗体的字体

14．窗体中有 3 个命令按钮，分别命名为 Command1、Command2 和 Command3。当单击 Command1 按钮时，Command2 按钮变为可用，Command3 按钮变为不可见。下列 Command1 的单击事件过程中，正确的是（　　）。

A.
```
Private Sub Command1_Click()
Command2.Visible = True
Command3.Visible = False
End Sub
```

B.
```
Private Sub Command1_Click()
Command2.Enabled = True
Command3.Enabled = False
End Sub
```

C.
```
Private Sub Command1_Click()
Command2.Enabled = True
Command3.Visible = False
End Sub
```

D.
```
Private Sub Command1_Click()
Command2.Visible = True
Command3.Enabled = False
End Sub
```

15．在代码中引用一个窗体控件时，应使用的控件属性是（　　）。

A．Caption　　B．Name　　C．Text　　D．Index

16．确定一个窗体大小的属性是（　　）。

A．Width 和 Height　　B．Width 和 Top

C．Top 和 Left　　D．Top 和 Height

17．假定窗体的名称为 fTest，将窗体的标题设置为"Sample"的语句是（　　）。

A．Me="Sample"　　B．Me.Caption="Sample"

C．Me.Text="Sample"　　D．Me.Name="Sample"

18．下列选项中，所有控件共有的属性是（　　）。

A．Caption　　B．Value　　C．Text　　D．Name

19．要使窗体上的按钮运行时不可见，需要设置的属性是（　　）

A．Enable　　B．Visible　　C．Default　　D．Cancel

20．窗体主体的 BackColor 属性用于设置窗体主体的是（　　）。

A．高度　　B．亮度　　C．背景色　　D．前景色

21．可以获得文本框当前插入点所在位置的属性是（　　）。

A．Position　　B．SelStart　　C．SelLength　　D．Left

22．如果要在文本框中输入字符时达到密码显示效果，如星号(*)，应设置文本框的属性是（　　）。

A．Text　　B．Caption　　C．InputMask　　D．PasswordChar

23．文本框（Text1）中有选定的文本，执行 Text1.SelText="Hello"的结果是（　　）。

A．"Hello"将替换原来选定的文本　B．"Hello"将插入到原来选定的文本之前

C．Text1.SelLength 为 5　　D．文本框中只有"Hello"信息

24．决定一个窗体有无“控制”菜单的属性是（　　）。

A．MinButton　　B．Caption　　C．MaxButton　　D．ControlBox

25．如果要改变窗体或报表的标题，需要设置的属性是（　　）。

A．Name　　B．Caption　　C．BackColor　　D．BorderStyle

26．命令按钮 Command1 的 Caption 属性为"退出(x)"，要将命令按钮的快捷键设为 Alt+x，应修改 Caption 属性为（　　）。

A．在 x 前插入&　　B．在 x 后插入&

C．在 x 前插入#　　D．在 x 后插入#

27．能够接受数值型数据输入的窗体控件是（　　）。

A．图形　　B．文本框　　C．标签　　D．命令按钮

28．在窗口中有一个标签 Label0 和一个命令按钮 Command1，Command1 的事件代码如下：

```
Private Sub Command1_Click()
Label0.Top = Label0.Top + 20
End Sub
```

打开窗口后，单击命令按钮，结果是（　　）。

A．标签向上加高　　B．标签向下加高　　C．标签向上移动　　D．标签向下移动

29．若在“销售总数”窗体中有“订货总数”文本框控件，能够正确引用控件值的是（　　）。

A．Forms.[销售总数].[订货总数]　　B．Forms！[销售总数].[订货总数]

C．Forms.[销售总数]！[订货总数]　　D．Forms！[销售总数]！[订货总数]

30．将项目添加到 List 控件中的方法是（　　）。

A．List　　B．ListCount　　C．Move　　D．AddItem

31．一个窗体上有两个文本框，其放置顺序分别是：Text1，Text2，要想在 Text1 中按“回车”键后焦点自动转到 Text2 上，需编写的事件是（　　）。

A．`Private Sub Text1_KeyPress(KeyAscii As Integer)`

B．`Private Sub Text1_LostFocus()`

C．`Private Sub Text2_GotFocus()`

D．`Private Sub Text1_Click()`

32．启动窗体时，系统首先执行的事件过程是（　　）。

A．Load　　B．Click　　C．Unload　　D．GotFocus

33．在打开窗体时，依次发生的事件是（　　）。

A．打开（Open）→加载（Load）→调整大小（Resize）→激活（Activate）

B．打开（Open）→激活（Activate）→加载（Load）→调整大小（Resize）

C．打开（Open）→调整大小（Resize）→加载（Load）→激活（Activate）

D．打开（Open）→激活（Activate）→调整大小（Resize）→加载（Load）

34．为使窗体每隔 5 秒钟激发一次计时器事件（timer 事件），应将其 Interval 属性值设置为（ ）。

A．5 B．500 C．300 D．5000

35．若窗体 Frm1 中有一个命令按钮 Cmd1，则窗体和命令按钮的 Click 事件过程名分别为（ ）。

A．Form_Click()和 Command1_Click() B．Frm1_Click()和 Commamd1_Click()

C．Form_Click()和 Cmd1_Click() D．Frm1_Click()和 Cmd1_Click()

36．因修改文本框中的数据而触发的事件是（ ）。

A．Change B．Edit C．Getfocus D．LostFocus

第5章 报表

当用户需要将数据库系统操作的最终结果打印输出时，就需要用到报表对象，Access 2010 提供报表对象来实现打印格式数据的功能，将数据库中的表或查询的数据进行组合，形成报表，还可以在报表中添加多级汇总、统计比较、图片和图表等，如图 5.1 所示。

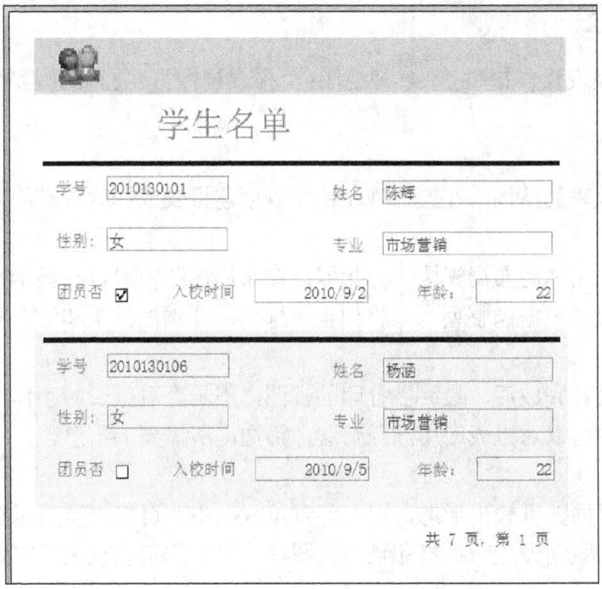

图 5.1　报表

报表的结构和窗体有相似之处，建立报表与建立窗体的操作方式也非常相似，创建窗体的各项操作可完全套用在报表上；报表和窗体均可以有其数据源，其数据源可以是表、查询或 SQL 语句。

但报表与窗体也有区别：窗体和报表虽然都可以显示数据，但是窗体的数据是显示在屏幕上的窗口中，报表的数据则打印在纸上；窗体的主要作用是建立用户与系统交互的界面，所以窗体可以与用户进行信息交互，在窗体上既可以浏览数据又可以对数据进行修改，而报表主要用于数据库数据的打印输出，并且可以对数据库中的数据进行分组、计算、汇总等操作，但报表没有交互功能，报表中的数据只能浏览而不能修改；在窗体中可以包含更多的具有操作功能的控件，而报表一般不包含这样的控件，报表中常常包含更多具有复杂计算功能的文本框控件，以实现对数据的分组、汇总等功能。

5.1 报表的基础知识

5.1.1 报表的功能

报表的主要功能就是将数据库中的数据按照用户设计的结果，以一定的格式打印输出，具体功能如下：

① 对大量数据进行小计、分组和汇总，便于用户对统计结果进行数据分析；

② 格式丰富，可以使用剪贴画、图片、图形等来美化报表的外观，还可以使用条件格式以引人注意的格式呈现数据；

③ 可以设计出标签、订单、信封、发票、目录、表格等多种样式的报表；

④ 可以生成带有数据透视图或透视表的报表，来形象说明数据的含义，增强数据的可读性；

⑤ 可以包含子报表。

5.1.2 报表的视图

Access 2010 为报表操作提供了 4 种视图："报表视图"、"打印预览视图"、"布局视图"和"设计视图"。

1．设计视图

用于创建和编辑报表的结构，在设计视图中可以创建报表或修改现有的报表。

2．布局视图

报表的布局视图与窗体的布局视图十分相似，在布局视图中可以在显示数据的情况下，调整报表设计，可根据实际报表数据调整列宽，将列重新排列，并添加分组和汇总等。

3．报表视图

报表视图是报表设计完成后，最终被打印的视图，用于查看报表的字体、字号和常规布局等版面设置，在报表视图中可以对报表应用高级筛选，筛选出所需要的信息。

4．打印预览视图

用于查看报表的页面数据输出形态。在打印预览视图中，可以查看显示在报表上的每一页的数据，也可以查看报表的版面设置。在打印预览视图中，鼠标通常以放大镜方式显示，单击鼠标就可以放大或缩小报表。

报表的各个视图之间可以互相切换。

5.1.3 报表的组成

报表主要由 7 个部分组成：报表页眉、页面页眉、组页眉、主体、组页脚、页面页脚、报表页脚，如图 5.2 所示。每一个部分称为"节"，其中的主体节是必须有的，其余各节可以根据需要随时显示或隐藏。

1．报表页眉

位于报表的开始处，只在整个报表的首页显示打印，一般用来放置公司徽标、报表标题、制作单位或打印日期等信息。

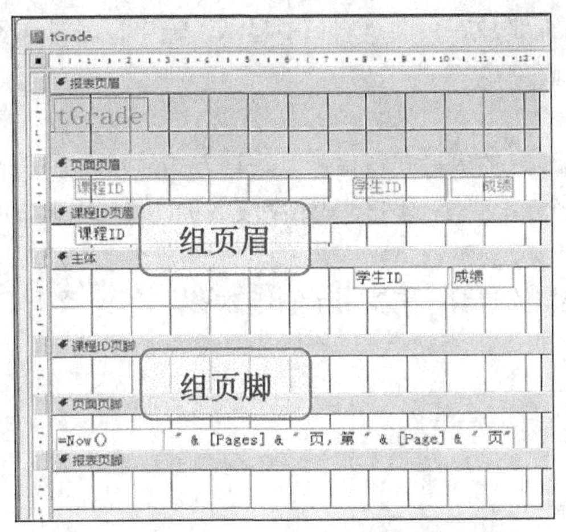

图 5.2 按照“课程 ID”分组的报表的设计视图

2．页面页眉

页面页眉显示在报表中每页的最上方，一般用来显示数据的列标题等内容。在报表的首页，页面页眉的内容位于报表页眉的下方。

3．组页眉

当需要在报表中进行分类汇总统计时，就需要设置组页眉和组页脚。组页眉在报表每组头部打印输出，同一组的记录都会在主体节中显示，组页眉主要用于输出每一组的标题。

4．主体

主体是报表内容的主体区域，用于打印表或查询中的数据。根据字段类型不同，字段数据要使用不同类型控件进行绑定来显示，也可以包含字段的计算结果。

5．组页脚

组页脚主要显示分组统计数据，通过文本框实现。打印输出时，其数据显示在每组结束位置，主要用来输出每一组的统计计算结果。

6．页面页脚

页面页脚打印在每页的底部，主要用来插入日期、显示页号、本页汇总说明、制表人员和审核人员等说明信息。由于页面页脚和页面页眉出现在同一页中，因此两者的信息要避免重复。

7．报表页脚

报表页脚只在报表最后一页的末尾显示，通常使用它显示整个报表的计算汇总、日期和说明性文本等。在报表的末页，报表页脚的内容位于页面页脚的上方。

5.1.4 报表的类型

Access2010 中提供了多种应用类型的报表，用户可以根据需要创建不同类型的报表。按照报表的结构，可以把 Access 中的报表分为 4 种类型：表格式报表、纵栏式报表、标签报表和图表报表。

1．表格式报表

表格式报表是以行、列形式显示记录数据，通常一行显示一条记录、一页显示多行记录。表格式报表的字段名称不

学生3

学号	姓名	专业
2010130101	陈辉	市场营销
2010130102	何帆	市场营销
2010130103	柯希刚	市场营销
2010130104	鲁洁	市场营销
2010130105	肖刚	市场营销
2010130106	杨涵	市场营销
2010130107	刘强强	市场营销
2010130108	赵鑫	市场营销
2010130109	赵雪莹	市场营销
2010130110	周永华	市场营销
2010130201	朱旭	工程管理
2010130202	卓浩	工程管理
2010130203	袁苑	工程管理
2010130204	耿玉函	工程管理
2010130205	肖艳琼	工程管理
2010130206	陈孔望	工程管理

2014年6月19日 共 3 页，第 1 页

图 5.3 表格式报表

是在每页的主体节内显示，而是放在页面页眉节中显示。输出报表时，各字段名称只在报表的每页上方出现一次，如图 5.3 所示。

2．纵栏式报表

纵栏式报表类似于前面讲过的纵栏式窗体，以垂直方式显示一条记录。在主体节中可以显示一条或多条记录，每行显示一个字段，行的左侧显示字段名称，行的右侧显示字段值，如图 5.4 所示。

3．标签报表

标签报表是一种特殊类型的报表，主要用于制作标签、书签、名片、信封、邀请函等特殊用途的报表，如图 5.5 所示。

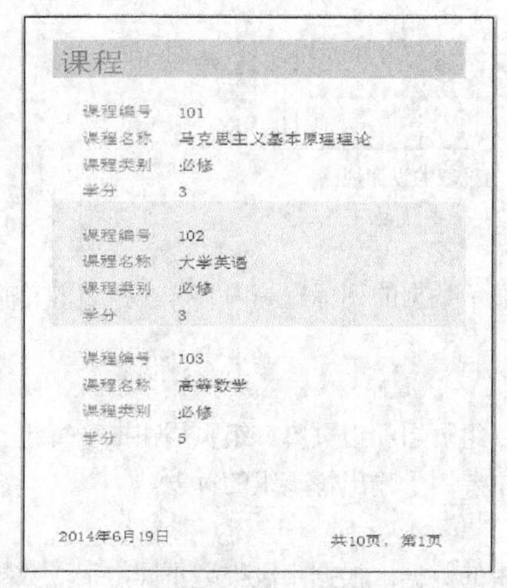

图 5.4　纵栏式报表

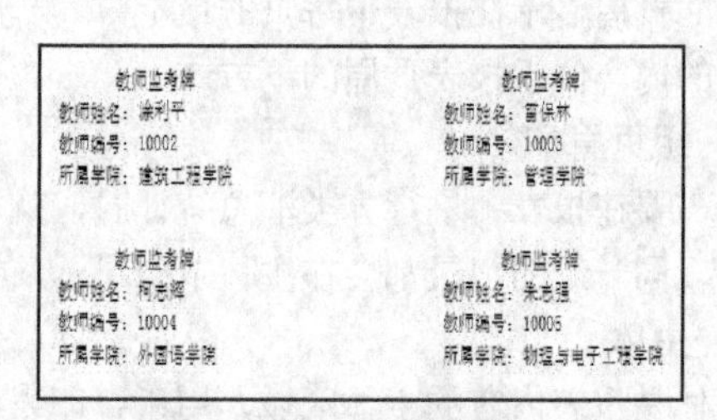

图 5.5　标签报表

4．图表报表

图表报表是以图表的形式显示数据的报表类型，数据以图表的形式直观地打印出来，如图 5.6 所示。

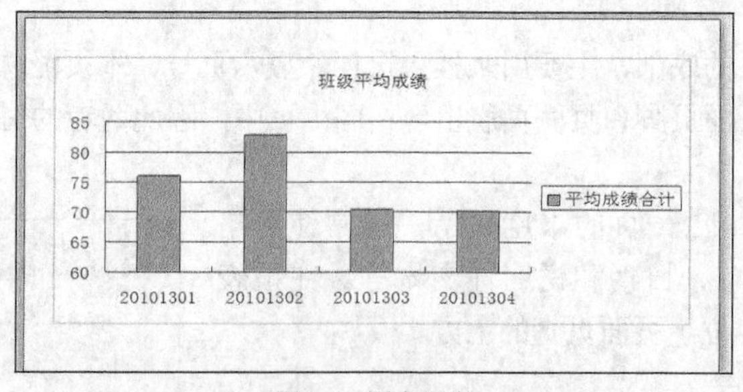

图 5.6　图表报表

5.2 报表的创建

Access 创建报表的方法和创建窗体的方法基本相同，可以使用“报表”、“报表设计”、“空报表”、“报表向导”和“标签”等方法来创建报表，在“创建”选项卡中“报表”组提供了这些创建报表的按钮，如图 5.7 所示，“报表”、“报表设计”、“空报表”、“报表向导”这 4 个按钮的功能与窗体类似，“标签”按钮用来创建标签报表。

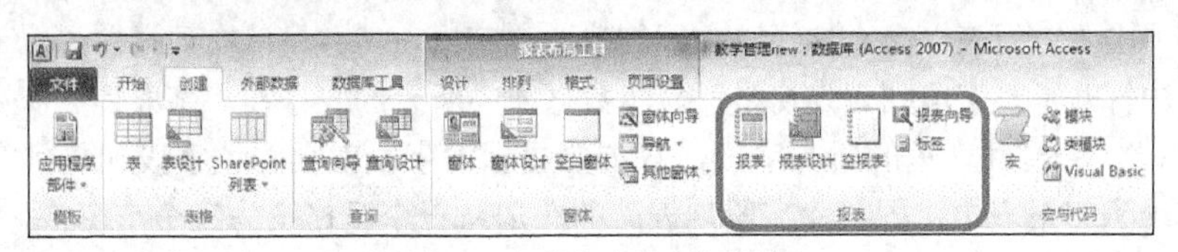

图 5.7　创建报表的功能按钮

5.2.1　使用“报表”按钮创建报表

“报表”按钮提供了最快的报表创建方式，只需要用户指定数据源（仅基于一个表或查询），由系统自动生成包含数据源所有字段的报表，它既不向用户提示信息，也不需要用户做任何其他操作。由于它提供的对报表结构和外观的控制最少，因此报表形式简单。可以在此基础上，打开报表的布局视图或设计视图进行修改，以创建出满足用户最终需要的完美报表。

使用“报表”按钮创建报表，基本操作步骤：打开数据库，在导航窗格中对某个表或查询单击鼠标左键，选中该表或查询作为报表的数据源；单击“创建”选项卡，再在“报表”命令组中单击“报表”命令按钮，系统自动生成纵栏式报表，并且以布局视图显示；在快速访问工具栏中单击“保存”按钮，打开“另存为”对话框，在“报表名称”文本框内输入报表的名称，单击“确定”按钮。

例 5-1　在教学管理数据库中，以“学生”表为数据源，使用“报表”按钮创建一个纵栏式报表，并将该报表命名为 rstu。

操作步骤如下（见图 5.8）。

① 打开教学管理数据库，在数据库的导航窗格中选择报表的数据源“学生”表。

② 单击“创建”选项卡，选择“报表”组中的“报表”按钮。系统将自动创建一个以“学生”表为数据源的纵栏式报表，并以布局视图显示此报表。

③ 在快速访问工具栏中单击“保存”按钮，打开“另存为”对话框，在“报表名称”文本框内输入报表名称 rstu，单击“确定”按钮。

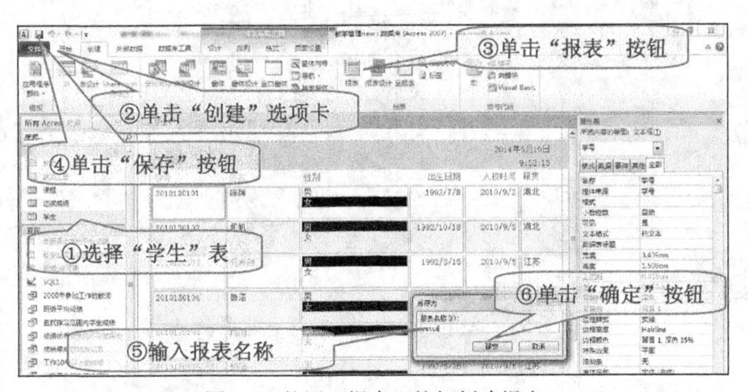

图 5.8　使用“报表”按扭创建报表

5.2.2　使用“空报表”按钮创建报表

使用“空报表”按钮创建报表是在布局视图中创建表格式报表。使用“空报表”创建报表的同时，Access 打开用于报表的数据源表，可以根据需要把表中的字段加入到报表上，从而完成创建报表的工作。

使用“空报表”按钮创建报表，基本操作步骤：打开数据库，单击“创建”选项卡，再在“报表”命令组中单击“空报表”命令按钮，立即创建一个空报表，并且以布局视图显示，同时在“对象工作区”右边打开了“字段列表”窗格，显示数据库中所有的表；在“字段列表”窗格中单击数据表前面的“+”，将展开表里的所有字段，双击要显示的字段就会将该字段加入到空报表中，或直接将字段拖动到空报表中，同时“字段列表”的布局从一个窗格变为三个小窗格，分别是：“可用于此视图的字段”、“相关表中的可用字段”和“其他表中的可用字段”；在快速访问工具栏中单击“保存”按钮，打开“另存为”对话框，在“报表名称”文本框内输入报表的名称，单击“确定”按钮。

例 5-2　在教学管理数据库中，创建一个报表打印出教师编号、姓名、工作时间、政治面貌、学历、职称，并将该报表命名为 rtea。

操作步骤如下（见图 5.9）。

① 打开教学管理数据库，单击“创建”选项卡，再在“报表”命令组中单击“空报表”命令按钮，立即创建一个空白报表，并且以布局视图显示，同时在“对象工作区”右边打开了“字段列表”窗格，显示数据库中所有的表。

② 在“字段列表”窗格中单击“教师”表前面的“+”，展开表里的所有字段。

③ 依次将“教师”表里的“教师编号”、“姓名”、“工作时间”、“政治面貌”、“学历”、“职称”6 个字段拖到到空报表中。

④ 在快速访问工具栏中单击“保存”按钮，打开“另存为”对话框，在“报表名称”文本框内输入报表名称 rtea，单击“确定”按钮。

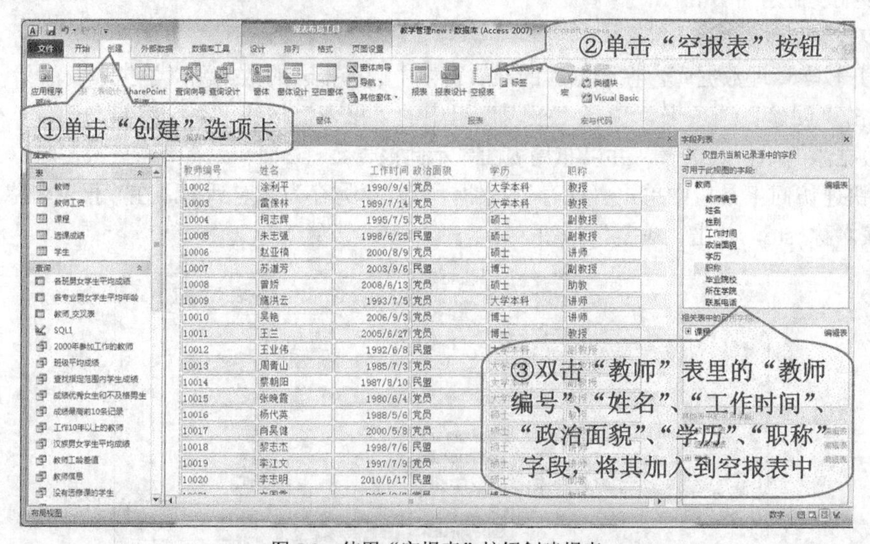

图 5.9　使用“空报表”按钮创建报表

5.2.3　使用“报表向导”按钮创建报表

使用“报表”按钮创建报表虽然方便快捷，但是无论在内容和外观上都受到很大的限制，不能满足用户较高的要求。为此可以使用“报表向导”来创建内容更为丰富的报表。

使用报表向导创建报表，会提示用户输入相关的数据源、字段、报表版面格式、指定数据的分组和排序方式等信息，根据向导提示可以完成大部分报表设计的基本操作，因此加快了创建报表的过程。

使用“报表向导”按钮创建报表，基本操作步骤：打开数据库，单击“创建”选项卡，再在“报表”命令组中单击“报表向导”命令按钮，弹出“报表向导”对话框；在该对话框选择某个表或查询，并在其下的“可用字段”中选中需要的字段，单击“>”按钮，将其加入到“选定字段”中，单击“下一步”按钮（注意：“选定字段”中的字段可以来源于多个表或查询，这样将会创建一个主/子报表）；添加分组，单击“下一步”按钮；指定数据排序方式，单击“下一步”按钮；选择报表的布局方式，单击“下一步”按钮；输入报表标题，单击“完成”按钮，就会创建一个该标题命名的报表，并以打印预览视图显示。

例 5-3 在教学管理数据库中，使用“报表向导”创建“按所在学院统计教师信息”报表。

操作步骤如下。

① 打开教学管理数据库，单击“创建”选项卡，再在“报表”命令组中单击“报表向导”命令按钮，弹出“报表向导”对话框。

② 在“报表向导”对话框中，选择“教师”表，选择其下的“可用字段”里的“教师编号”，单击“>”，将其加入到“选定字段”中，用同样的方法依次将“姓名”、“性别”、“工作时间”、“职称”、“联系电话”、“所在学院”加入到“选定字段”中，单击“下一步”按钮，如图 5.10 所示。

③ 在弹出的对话框中，添加分组级别，按照“所在学院”进行分组，选择左边的“所在学院”字段，单击“>”，将其加入到右边，还可以单击左下角的“分组选项”按钮来设置分组间隔，单击“下一步”，如图 5.11 所示。

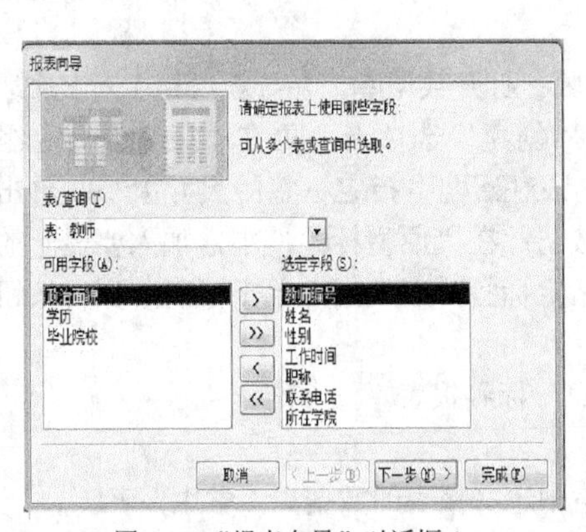

图 5.10 “报表向导”对话框-1

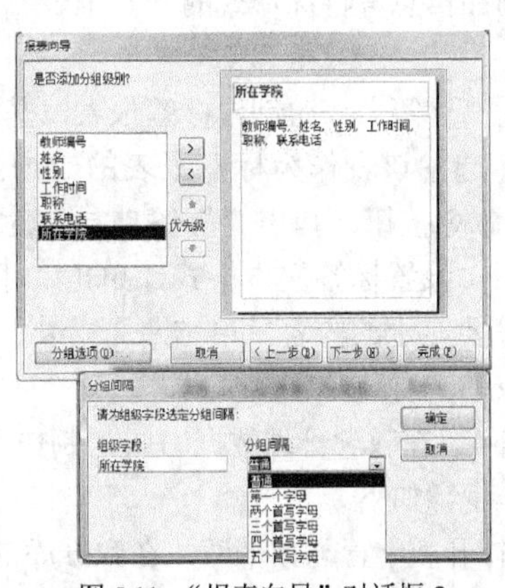

图 5.11 “报表向导”对话框-2

④ 在弹出的对话框中，设定记录排序次序，单击下拉式按钮，选择其中的“教师编号”字段，并设置按其值升序排序，单击“下一步”按钮，如图 5.12 所示。

⑤ 在弹出的对话框中，选择报表的布局方式：递阶，单击“下一步”按钮，如图 5.13 所示。

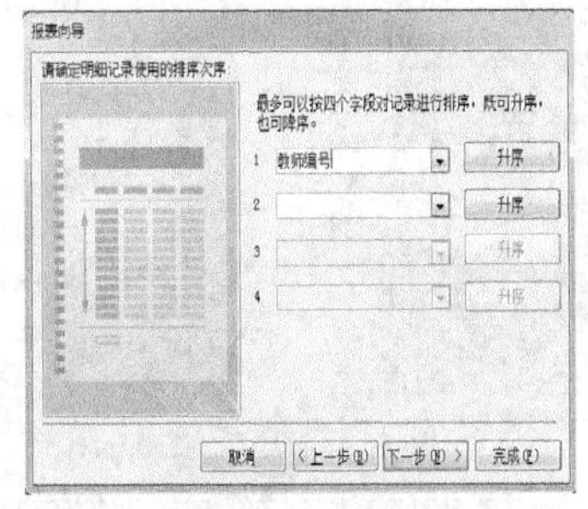

图 5.12 “报表向导”对话框-3

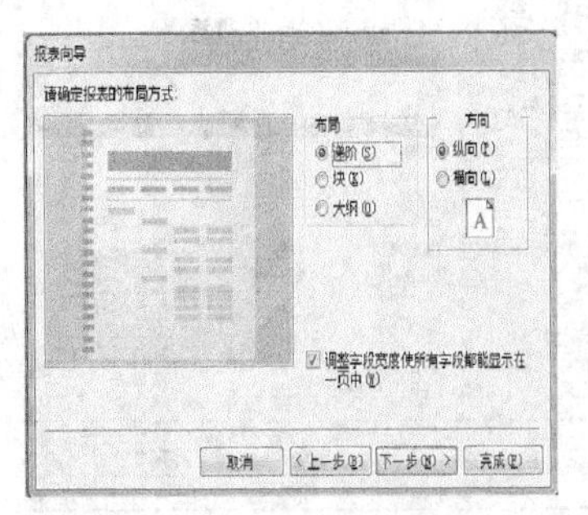

图 5.13 “报表向导”对话框-4

⑥ 在弹出的对话框中，输入报表的标题：按所在学院统计教师信息，单击“完成”，如图 5.14 所示。打印预览视图如图 5.15 所示。

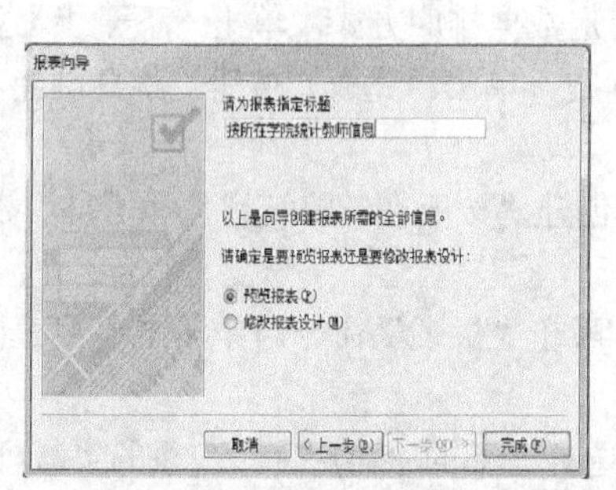

图 5.14 “报表向导”对话框-4

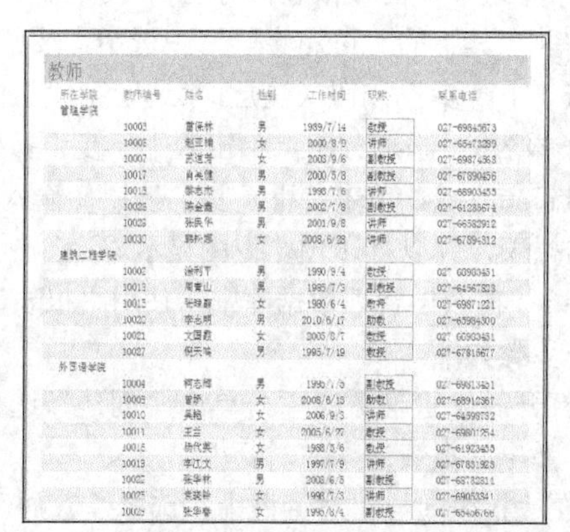

图 5.15 报表打印预览视图

5.2.4 使用“标签”按钮创建标签报表

标签是一种类似名片的短信息载体，在日常工作中，经常需要制作一些如客户邮件地址、教师信息、商品信息等特殊形式的标签报表。在 Access 2010 中，可以使用“标签”向导快速地制作标签报表。

使用“标签”按钮创建标签报表，基本操作步骤：打开数据库，在导航窗格中对某个表单击鼠标左键，选中该表作为标签报表的数据源；单击“创建”选项卡，再在“报表”命令组中单击“标签”命令按钮，弹出“标签向导”对话框；在该对话框中指定标签的尺寸大小，单击“下一步”按钮；设置标签文本格式，单击“下一步”按钮；在“原型标签”中，加入要显示的字段，设计标签要显示的内容，单击“下一步”按钮；指定标签排序依据，单击“下一步”按钮；输入标签报表的名称，单击“完成”。

例 5-4 在教学管理数据库中，制作“学生信息”标签报表。

操作步骤如下。

① 打开教学管理数据库，在数据库的导航窗格中选择报表的数据源“学生”表。

② 单击“创建”选项卡，选择“报表”组中的“标签”按钮，打开“标签向导”对话框，在“型号”下拉列表中选择所需要的标签尺寸（也可以单击“自定义”按钮，自行设计标签尺寸），单击“下一步”按钮，如图 5.16 所示。

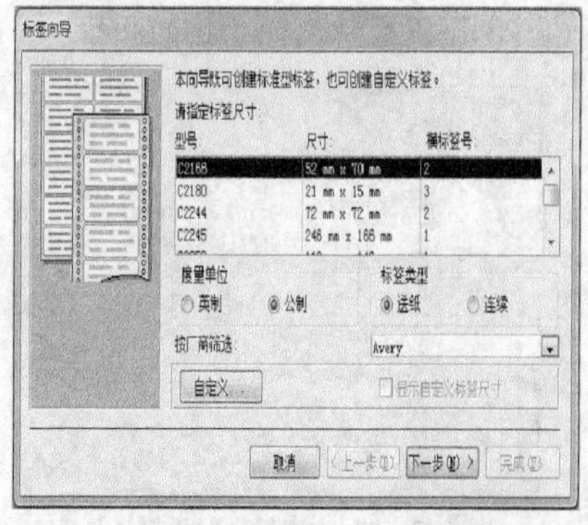

图 5.16 “标签向导”对话框-1

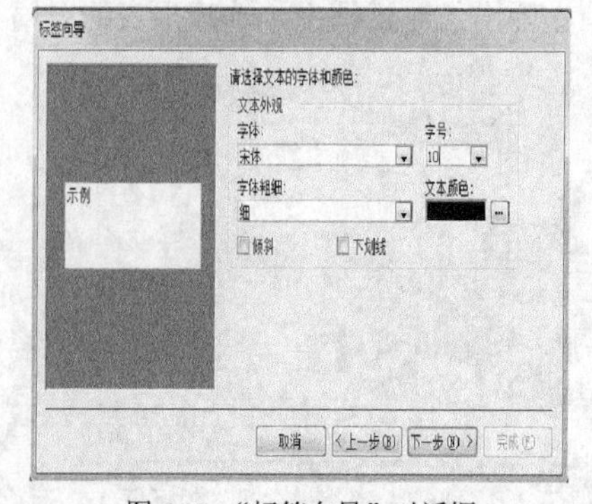

图 5.17 “标签向导”对话框-2

③ 在打开的“标签向导”对话框中，根据需要选择标签文本的字体、字号、颜色、加粗、倾斜、下划线等，单击“下一步”按钮，如图 5.17 所示。

④ 在打开的“标签向导”对话框中，设置要在标签上显示的内容，在“可用字段”窗格中，双击要在标签报表中显示的字段，就会把该字段加入到“原型标签”窗格中，为了让标签意义更明确，可以在每个字段前面输入所需要的文本，然后单击“下一步”按钮，如图 5.18 所示。

“原型标签”窗格是个微型文本编辑器，在该窗格中可以对文字和添加的字段进行修改和删除等操作，如果想要删除输入的文本和字段，用退格键删除即可。

⑤ 在打开的“标签向导”对话框中，指定标签排序依据，在“可用字段”窗格中，选中“学号”字段，单击“>”按钮，把它发送到“排序依据”窗格中，作为排序依据，单击“下一步”按钮，如图 5.19 所示。

⑥ 在打开的“标签向导”对话框中，输入标签报表的名称，在“请指定报表的名称”对话框下方输入标签报表的名称：学生信息标签，单击“完成”按钮，如图 5.20 所示。

标签报表打印预览视图如图 5.21 所示。

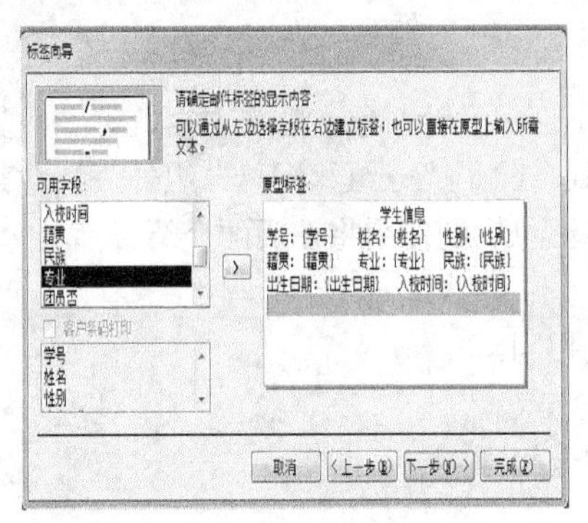

图 5.18 “标签向导”对话框-3

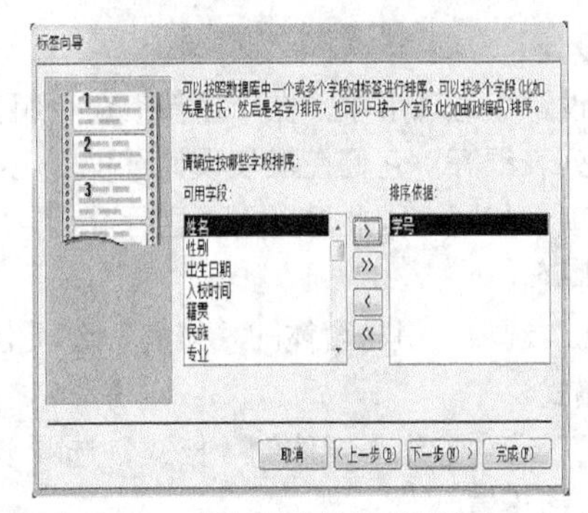

图 5.19 “标签向导”对话框-4

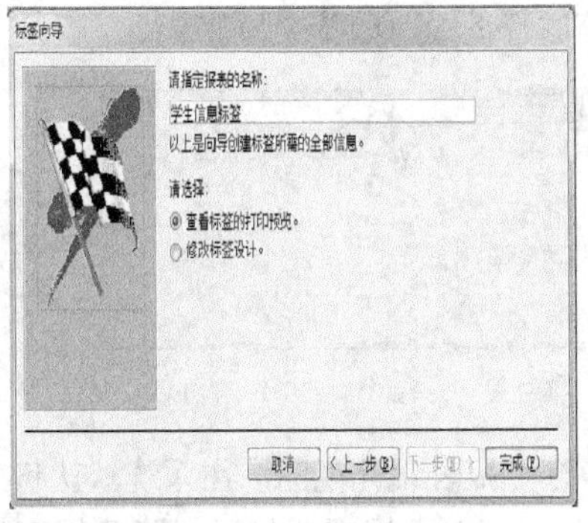

图 5.20 “标签向导”对话框-5

图 5.21 标签报表打印预览视图

5.3 报表的设计

按照前面介绍的方法创建的报表均较为简单，在实际应用中不能满足用户多种多样的需求。使用“报表设计”按钮，用户可以在报表设计视图中自由设计，根据需要设置报表的属性，在报表不同的节区添加各种控件对象，对报表进行排序和分组，也可以对已有的报表进行编辑、修改，让报表的显示效果更符合用户要求。控件是设计报表的重要元素，其操作方法与窗体设计中采用的操作方法相同。

5.3.1 使用“报表设计”按钮创建报表

打开数据库，单击“创建”选项卡，再在“报表”命令组中单击“报表设计”命令按钮，可以打开报表设计视图窗口。当打开报表设计视图后，功能区上出现“报表设计工具”选项卡及其下一级：“设计”、“排列”、“格式”和“页面设置”子选项卡，如图 5.22 所示。各子选项卡的功能如下。

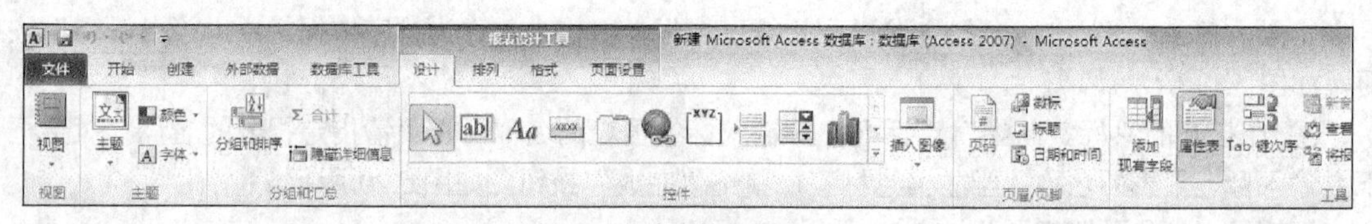

图 5.22 报表设计工具选项卡

1．设计

在“设计”选项卡中，在“控件”命令组里包含了许多设计对象，如文本框、标签、复选框、选项组、列表框等，它们在报表设计过程中也经常用到。除了“分组和汇总”组外，其他都与窗体的设计选项卡相同，因此这里不再进行介绍，“分组和汇总”的使用将在后面介绍。

2．排列

“排列”选项卡组与窗体的“排列”选项卡组完全相同。

3．格式

“格式”选项卡组与窗体的“格式”选项卡组也完全相同。

4．页面设置

“页面设置”选项卡是报表独有的选项卡，这个选项卡包含“页面大小”和“页面布局”两个组，用来对报表页面进行纸张大小、边距、方向、列等进行设置，如图 5.23 所示。

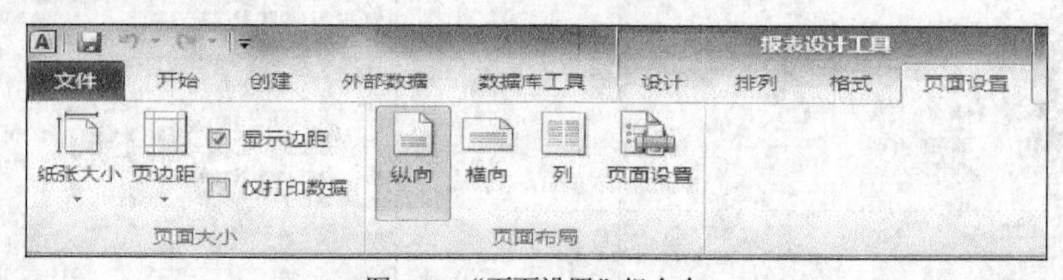

图 5.23 “页面设置”组命令

使用“报表设计”按钮创建报表，基本操作步骤：打开报表设计视图，在系统默认状态下，报表中仅包括“页面页眉”、“主体”、“页面页脚”三部分，可以根据需要显示或隐藏报表的某些部分，这个操作与窗体完全相同；打开报表属性表，设置报表的“记录源（RecordSource）”属性，给报表添加数据源，报表的数据源可以是单个的表或查询，如果报表的数据源涉及到多个表，则必须先建立来源于这多个表的查询，再以该查询作为数据源；单击“工具”组中的“添加现有字段”按钮，将在右边窗格打开“字段列表”，将“字段列表”中的字段拖动到报表上，就会在报表上创建绑定型控件，也可以自行添加非绑定型控件、计算型控件、插入图片等，选中控件，在其属性表中，设置控件的相应属性，如字体、字号、边距等；保存报表并预览报表。

例 5-5 在教学管理数据库中，创建一个“学生名单”报表。

操作步骤：

① 打开教学管理数据库，单击“创建”选项卡，选择“报表”组中的“报表设计”按钮，打开报表设计视图，包含“页面页眉”、“主体”、“页面页脚”3个部分。

② 打开报表属性表，设置报表的“记录源（RecordSource）”属性：“学生”表。

③ 在报表主体节区单击鼠标右键，单击“报表页眉/页脚”，显示报表页眉、页脚，选中报表页眉，单击“报表设计工具/设计”选项卡中“页眉页脚”组里的“徽标”，在弹出的“插入图片”对话框中，找到要插入的图标，单击对话框左下方的“打开”按钮，就会将该图标加入到报表页眉上。

④ 在报表页面页眉添加一个标签控件，设置其标题属性：学生名单、字号属性：24磅、文本对齐属性：居中；

在报表主体节区上方，添加一个直线控件，设置其边框样式：实线、边框宽度：3磅、宽度：12cm、高度为0cm；

单击“工具”组中的“添加现有字段”按钮，将字段列表中的“学号”、“姓名”、“性别”、“专业”、“团员否”、“入校时间”6个字段拖到报表主体节区，在报表上分别创建了6对绑定型控件；

将“性别”对应的控件类型更改为文本框，选中该控件，单击鼠标右键，在弹出的右键菜单中单击“更改为”，选择“文本框”；

再添加一个文本框控件，将其对应的标签标题设置为：“年龄：”，设置文本框控件来源属性为“=year(date())-year([出生日期])”。

⑤ 选中报表页面页脚，单击“报表设计工具/设计”选项卡中“页眉页脚”组里的“页码”，在弹出的“页码”对话框中，设定页码格式、页码位置、页码对齐方式等，如图5.24所示，单击“确定”按钮，就会在报表页面页脚区添加一个文本框显示页码。也可以直接添加一个文本框，设置文本框控件来源属性：= "第"& [Page] &"页，共"& [Pages] &"页"，其中Page、Pages是两个内置变量，[Page]代表当前页号，[Pages]代表总页数，其页码形式为“第×页，共×页”。

⑥ 在报表页脚添加一个标签控件，设置其标题属性：制表人：×××；

选中报表页脚，单击“报表设计工具/设计”选项卡中“页眉页脚”组里的“日期和时间”，在弹出的“日期和时间”对话框中，单击“包含日期”、“包含时间”前的复选框，设定日期和时间都包含，还是只包含当中一个，并设置日期和时间的显示格式，如图5.25所示，单击确定。也可以直接添加一个文本框，设置文本框控件来源属性：“= date()”或“= time()”或“= now()”，第一种只显示日期，第二种只显示时间，第三种日期和时间均显示。

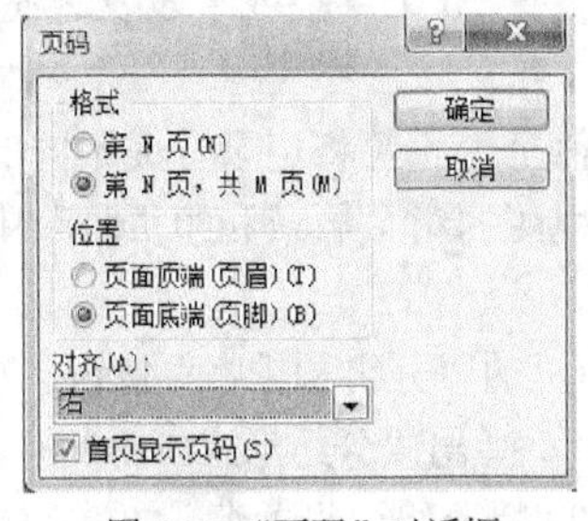

图5.24 “页码”对话框

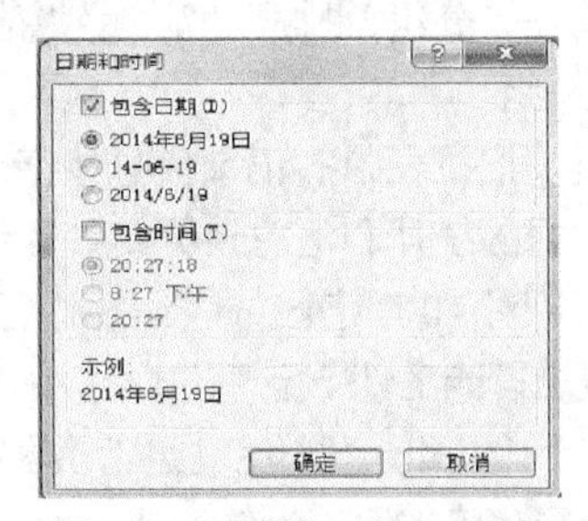

图5.25 “日期和时间”对话框

⑦ 在快速访问工具栏中单击“保存”按钮，打开“另存为”对话框，在“报表名称”文本框内输入报表名称，单击“确定”按钮。

报表打印预览视图如图5.26和图5.27所示。

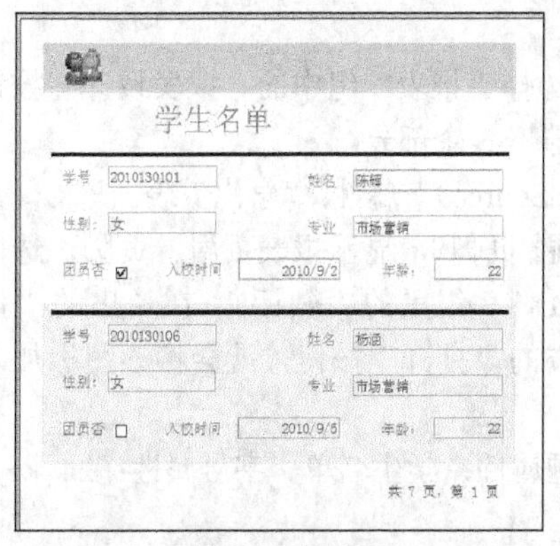

图 5.26 报表打印预览视图—第一页

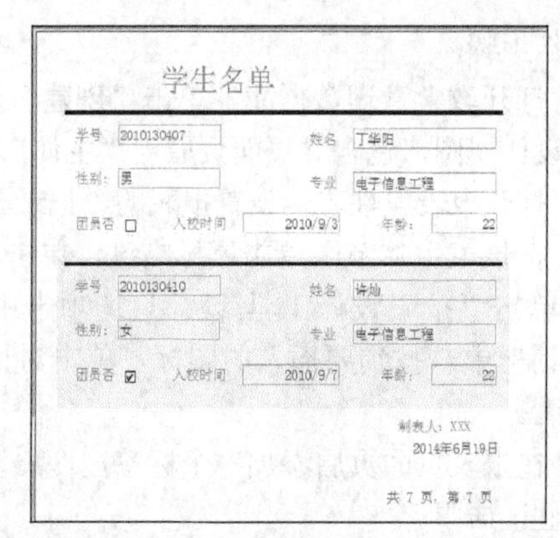

图 5.27 报表打印预览视图—最后一页

5.3.2 报表排序和分组

1．记录排序

通常情况下，报表中的记录是按照数据输入的先后顺序排列显示的。如果需要按照某种指定的顺序排列记录数据，可以使用报表的排序功能。

单击“报表设计工具/设计”选项卡中“分组和汇总”组里的“分组和排序”按钮，在报表设计视图下方打开一个“分组、排序和汇总”窗格，如图 5.28 所示，单击“添加排序”，弹出“排序依据”，单击右边的下拉按钮，选择排序字段或表达式，按照字段或表达式的值排序，并设置升序/降序，还可以继续单击“添加排序”，设置排序次要关键字，即：首先按照第一个字段排序，当第一个字段的值相同时，再按照第二个字段排序，如图 5.29 所示。还可以单击右边的上下箭头改变排序依据次序，单击“×”删除排序依据。

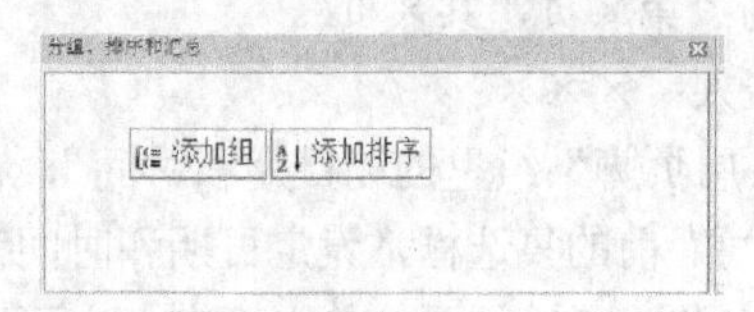

图 5.28 “分组、排序和汇总”窗格-1

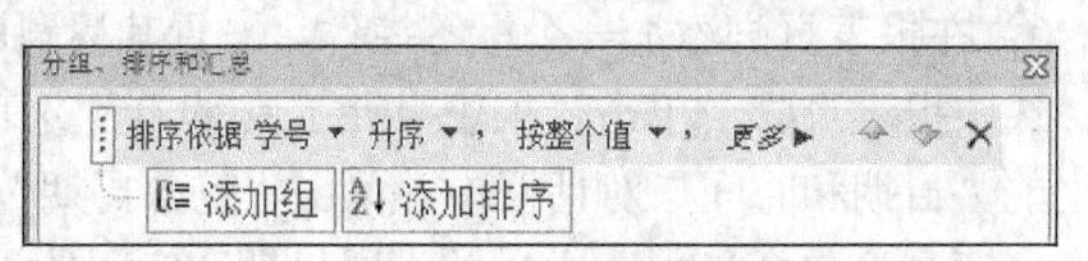

图 5.29 “分组、排序和汇总”窗格-2

使用“报表向导”创建报表时，最多可对 4 个字段进行排序，而且限制排序只能是字段，不能是表达式。而在“分组、排序和汇总”窗格中，最多可以设置 10 个字段或字段表达式进行排序。

2．记录分组

记录分组是把报表中的记录信息按某个或某几个字段值是否相等将记录分成不同的组，然后可以实现同组数据的统计和汇总，分组统计通常在报表设计视图的组页眉节和组页脚节中进行。一个报表中最多可以对 10 个字段或表达式进行分组。

单击“报表设计工具/设计”选项卡中“分组和汇总”组里的“分组和排序”按钮，在报表设计视图下方打开一个“分组、排序和汇总”窗格，单击“添加组”，弹出“分组形式”，如图 5.30 所示，在其中可以：设置分组依据，设置按值、按部分内容、还是按间隔分组，设置汇总方式和类型，设置组页眉标题，设置是否显示组页眉、组页脚，设置是否在同一页中是打印组的全部内容等。

例 5-6 在教学管理数据库中，创建一个报表，统计显示男女学生的人数。

操作步骤：

① 打开教学管理数据库，单击“创建”选项卡，选择“报表”组中的“报表设计”按钮，打

开报表设计视图，包含“页面页眉”、“主体”、“页面页脚”3个部分。

② 打开报表属性表，设置报表的“记录源（RecordSource）”属性：“学生”表。

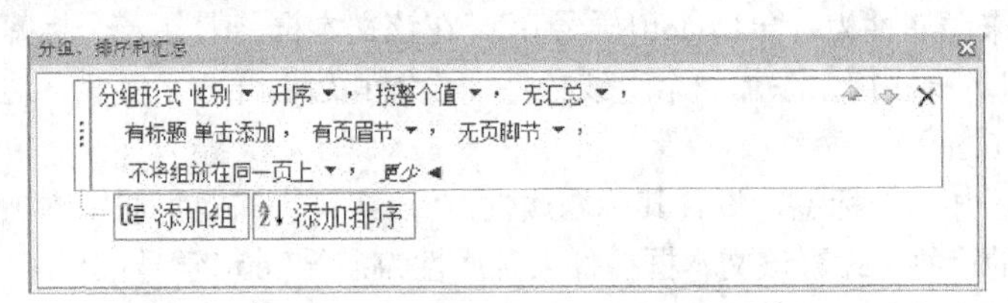

图5.30 “分组、排序和汇总”窗格-3

③ 单击“报表设计工具/设计”选项卡中“分组和汇总”组里的“分组和排序”按钮，在报表设计视图下方打开一个“分组、排序和汇总”窗格，单击“添加组”，弹出“分组形式”，设置分组依据为“性别”字段，设置汇总方式：对“学号”进行值计数、在组页脚中显示小计，设置将整个组在同一页上显示，如图5.31所示。在组页脚就增加了一个文本框，其控件来源为：“=Count([学号])”。

建立分组后，在报表上就增加了组页眉、组页脚2个部分，将页面页眉、主体、页面页脚的高度属性均设置：0cm。

在组页眉中添加一个文本框，删除和文本框一起创建的标签，设置该文本框控件来源属性为“性别”字段。报表设计视图如图5.32所示，报表打印预览视图如图5.33所示。

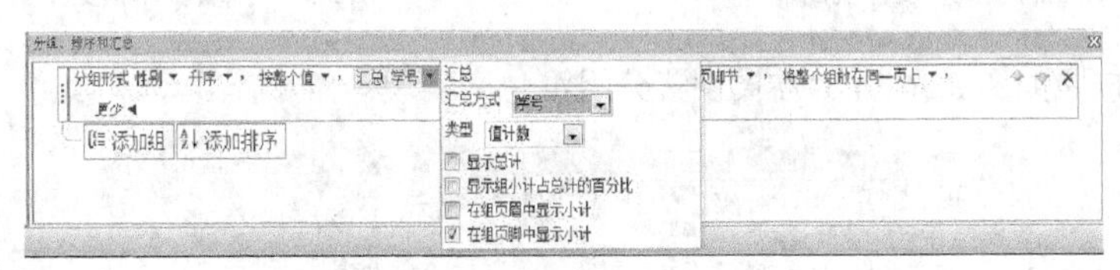

图5.31 设置“分组、汇总”

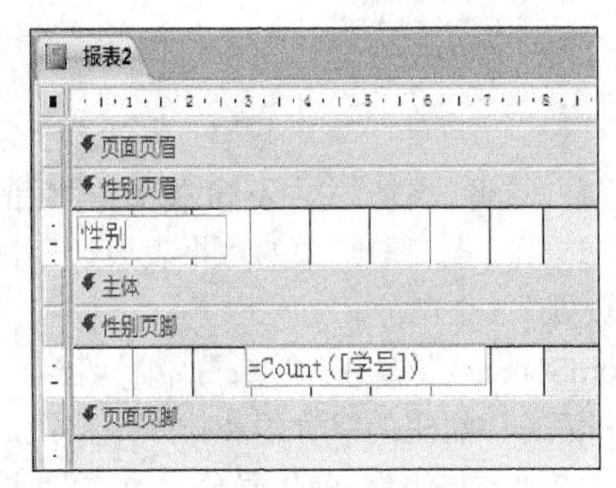

图5.32 报表设计视图

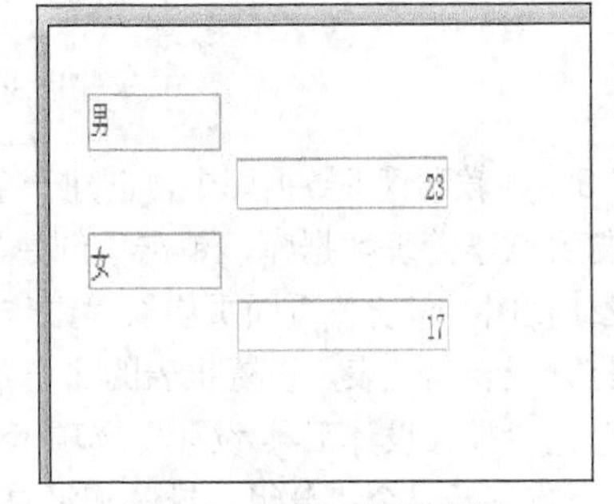

图5.33 报表打印预览视图

例5-7 在教学管理数据库中，创建一个报表，按照“学号”字段的前8位（即：班级）统计学生的人数。

操作步骤如下。

① 打开教学管理数据库，单击“创建”选项卡，选择“报表”组中的“报表设计”按钮，打开报表设计视图，包含“页面页眉”、“主体”、“页面页脚”3个部分。

② 打开报表属性表，设置报表的“记录源（RecordSource）”属性：“学生”表。

③ 单击“报表设计工具/设计”选项卡中“分组和汇总”组里的“分组和排序”按钮，在报表设计视图下方打开一个“分组、排序和汇总”窗格，单击“添加组”，弹出“分组形式”，设置分组

依据为表达式，在表达式生成器对话框中，设置表达式："=Left([学号],8)"，设置汇总方式：对"学号"进行值计数、在组页脚中显示小计，设置将整个组在同一页上显示。在组页脚就增加了一个文本框，其控件来源属性为："=Count([学号])"；在该文本框前增加一个标签，设置其标题属性为："人数："；在组页脚底部，添加一个直线控件，设置其边框样式：实线、边框宽度为：3 磅、宽度：12cm、高度 0cm。

在页面页眉中添加一个标签，设置其标题属性："班级："，在组页眉中添加一个文本框，删除和文本框一起创建的标签，设置该文本框控件来源属性为："=Left([学号],8)"。

将主体、页面页脚的高度属性均设置：0cm。

报表设计视图如图 5.34 所示，报表打印预览视图如图 5.35 所示。

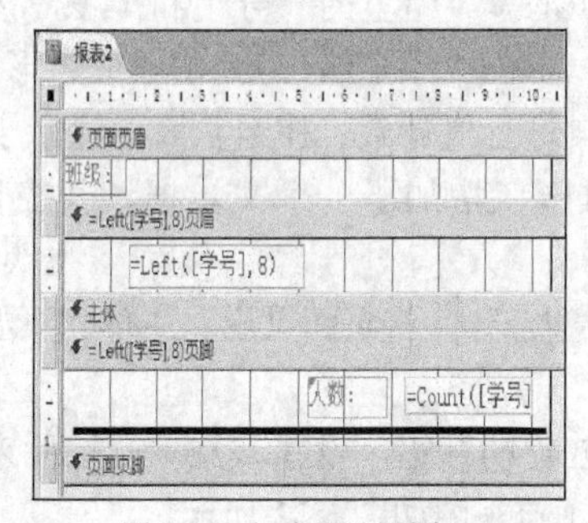

图 5.34　报表设计视图

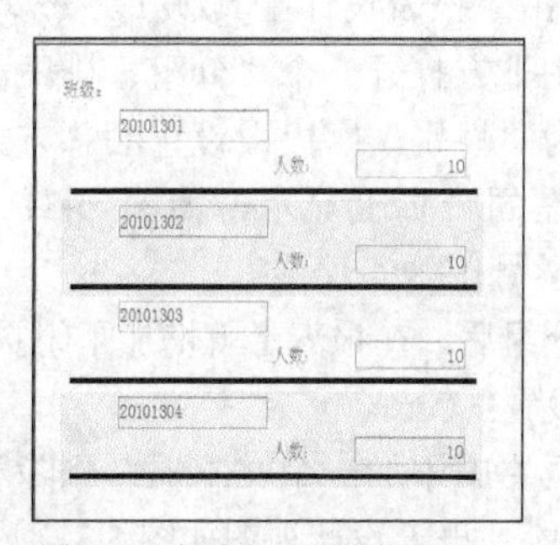

图 5.35　报表打印预览视图

本例也可以按照如图 5.36 所示方式设置分组汇总来实现。

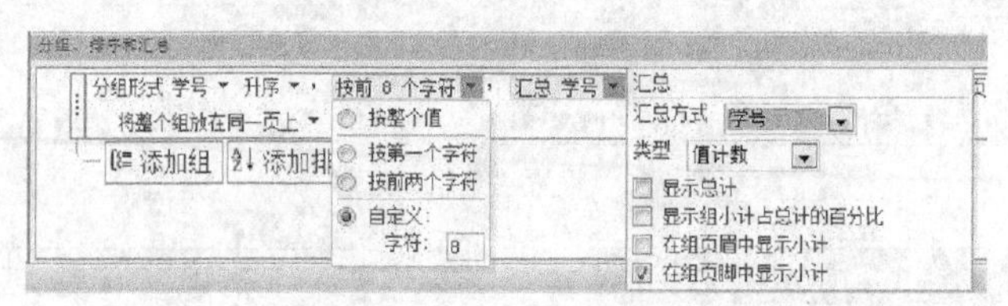

图 5.36　报表分组汇总设置

例 5-8　在教学管理数据库中，创建一个报表，统计"选课成绩"表中不同分数段学生的人数。

① 打开教学管理数据库，单击"创建"选项卡，选择"报表"组中的"报表设计"按钮，打开报表设计视图，包含"页面页眉"、"主体"、"页面页脚"3 个部分。

② 打开报表属性表，设置报表的"记录源（RecordSource）"属性："选课成绩"表。

③ 单击"报表设计工具/设计"选项卡中"分组和汇总"组里的"分组和排序"按钮，在报表设计视图下方打开一个"分组、排序和汇总"窗格，单击"添加组"，弹出"分组形式"，设置分组依据："成绩"字段，单击"按值"旁边的下拉式按钮，选择"自定义"，输入间隔为：10，按照成绩每 10 分作为一个分组，即：按成绩段分组。设置汇总方式：对"学号"进行值计数，在组页脚中显示小计，设置将整个组在同一页上显示，如图 5.37 所示。在组页脚就增加了一个文本框，其控件来源属性为："=Count([学号])"，在该文本框前增加一个标签，设置其标题属性为："人数："。

单击"工具"组中的"添加现有字段"按钮，将字段列表中的"学号"、"课程名称"、"成绩"3 个字段拖到报表主体节区，在报表上分别创建了 6 对绑定型控件，将它们对应的标签控件移动到页面页眉中，文本框控件不变；

在组页眉顶部，添加一个直线控件，设置其边框样式：实线、边框宽度：3 磅、宽度：12cm、高度：0cm。在组页眉中再添加一个文本框控件，设置和文本框一起创建的标签控件的标题属性：

“分数段:”，设置该文本框控件来源属性为：“=Int(Avg([成绩])/10)*10”。

报表设计视图如图 5.38 所示，报表打印预览视图如图 5.39 所示。

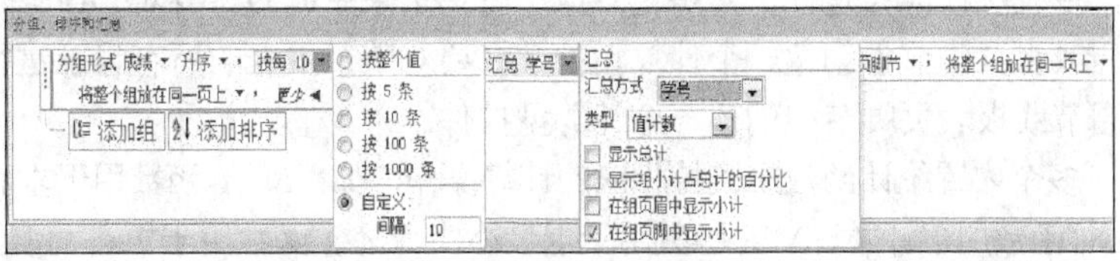

图 5.37 报表分组汇总设置

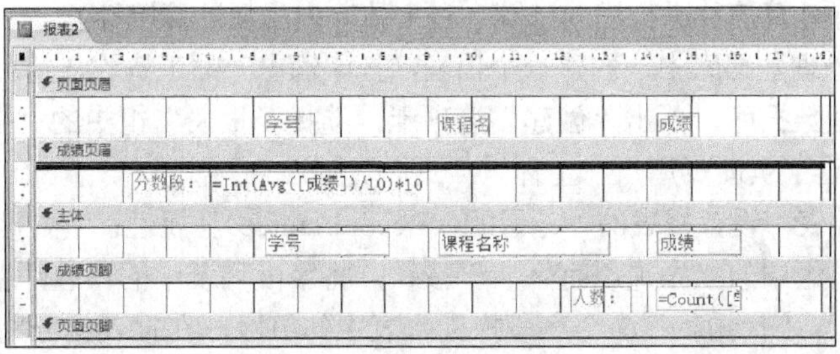

图 5.38 报表设计视图

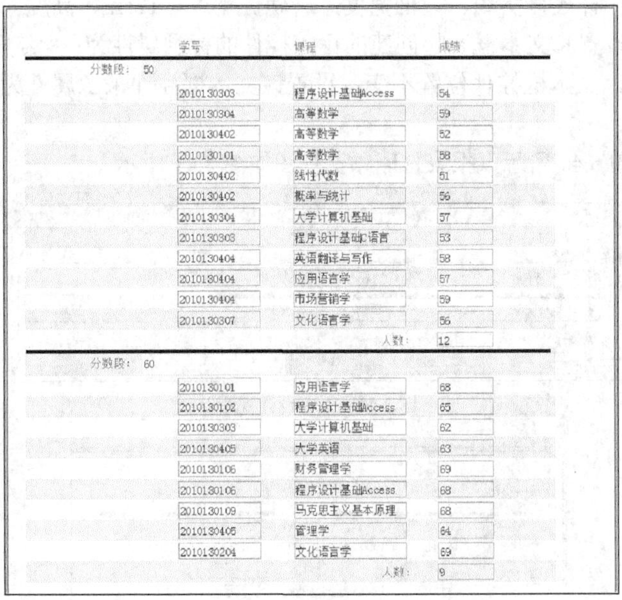

学号	课程	成绩
分数段: 50		
2010130303	程序设计基础Access	54
2010130304	高等数学	59
2010130402	高等数学	52
2010130101	高等数学	58
2010130402	线性代数	51
2010130402	概率与统计	56
2010130304	大学计算机基础	57
2010130303	程序设计基础C语言	53
2010130404	英语翻译与写作	58
2010130404	应用语言学	57
2010130404	市场营销学	59
2010130307	文化语言学	56
	人数:	12
分数段: 60		
2010130101	应用语言学	68
2010130102	程序设计基础Access	65
2010130303	大学计算机基础	62
2010130405	大学英语	63
2010130106	财务管理学	69
2010130106	程序设计基础Access	68
2010130109	马克思主义基本原理	68
2010130405	管理学	64
2010130204	文化语言学	69
	人数:	9

图 5.39 报表打印预览视图

5.3.3 报表计算和统计

可以在报表中添加计算型控件来实现对数据的计算、统计、汇总，文本框控件是报表中最常用的计算型控件。计算型控件的控件来源是计算表达式，当表达式中的值发生变化时，会重新计算结果并输出显示。

在 Access 中，利用计算型控件进行统计运算并输出结果，有两种操作形式。

（1）针对一条记录的横向计算

对一条记录的若干字段求和或计算平均值时，可以在主体节内添加计算型控件，并设置计算型控件的“控件来源”属性为相应字段的计算表达式。

（2）针对多条记录的纵向计算

多数情况下，报表统计计算是针对一组记录或所有记录来完成的。要对一组记录进行计算，可以在该组的组页眉或组页脚节中创建一个计算型控件。要对整个报表的所有记录进行计算，可以在该报表的报表页眉节或报表页脚节中创建一个计算型控件。

Access 提供了多个内置统计函数来支持相应的计算操作，如：Sum 函数用于求和、Avg 函数用于求平均值、Count 函数用于计数、Min 函数用于求最小值、Max 函数用于求最大值等等。不能将这些函数放置在报表页面页眉节和页面页脚节中，因为这些函数在页面页眉节和页面页脚节中无效。

1．在报表中添加计算控件进行横向计算（在主体节内添加计算控件）

例 5-9 在教学管理数据库中，创建一个报表，打印输出教师工资收入情况。

① 打开教学管理数据库，单击“创建”选项卡，选择“报表”组中的“报表设计”按钮，打开报表设计视图，包含“页面页眉”、“主体”、“页面页脚”3 个部分。

② 打开报表属性表，设置报表的“记录源（RecordSource）”属性：“教师工资”表。

③ 单击“工具”组中的“添加现有字段”按钮，将字段列表中的“教师编号”、“姓名”、“基本工资”、“绩效工资”、“代扣款”5 个字段拖到报表主体节区，在报表上分别创建了 5 对绑定型控件，将它们对应的标签控件移动到页面页眉中，文本框控件不变。在页面页眉底部，添加一个直线控件，设置其边框样式：实线、边框宽度：3 磅、宽度：12cm、高度：0cm。在主体节中添加一个文本框控件，设置和文本框一起创建的标签控件的标题属性为：“实发工资”，将该标签控件移动到页面页眉中，文本框控件位置不变，设置该文本框控件来源属性为：“=[基本工资]+[绩效工资]-[代扣款]”。

报表设计视图如图 5.40 所示，报表打印预览视图如图 5.41 所示。

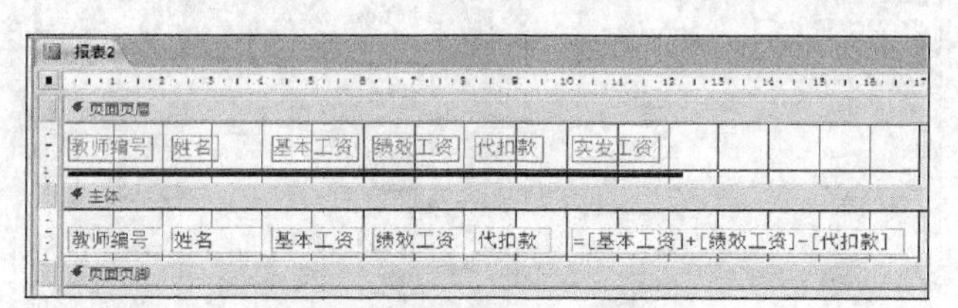

图 5.40 报表设计视图

教师编号	姓名	基本工资	绩效工资	代扣款	实发工资
10013	周青山	2900	2500	300	5100
10014	蔡朝阳	2800	2500	280	5020
10012	王业伟	2700	2500	210	4990
10004	柯志辉	2650	2500	270	4880
10028	张华春	2600	2500	240	4860
10005	朱志强	2500	2500	250	4750
10017	肖昊健	2400	2500	220	4680
10026	陈金鑫	2300	2500	230	4570
10022	张华林	2200	2500	260	4440
10007	苏道芳	2200	2500	290	4410

图 5.41 报表打印预览视图

例 5-10 在教学管理数据库中，创建一个报表，打印输出课程任课教师姓名、课程是否作为重点课程（课程学分>=3 为重点课程）等信息。

① 打开教学管理数据库，单击“创建”选项卡，选择“报表”组中的“报表设计”按钮，打开报表设计视图，包含“页面页眉”、“主体”、“页面页脚”3 个部分。

② 打开报表属性表，设置报表的“记录源（RecordSource）”属性：“课程”表。

③ 单击“工具”组中的“添加现有字段”按钮，将字段列表中的“课程编号”、“课程名称”、“课程类别”3 个字段拖到报表主体节区，在报表上分别创建了 3 对绑定型控件。

在课程表中只有“任课教师编号”，没有“任课教师姓名”，需要用到另外一张表（“教师表”）里的“教师姓名”字段里的数据。有两种做法，一是事先建立好包含“课程编号”、“课程名称”、“课程类别”、“任课教师姓名”的查询，以该查询做为报表的数据源，就可以“任课教师姓名”将加入到报表中；二是使用 DLookup 函数。

DLookup 函数：用 DLookup 函数可以在报表中显示非记录源（又称外部表）中的字段值，外部表与当前表之间无须建立关系，在函数中以共有字段作为连接条件即可。

DLookup 函数格式：

```
DLookup("外部表字段名","外部表名","条件表达式")
```

说明：（1）函数中的各部分要用引号括起来。（2）条件表达式格式：外部表字段名=' "&当前表字段名& " '，注意其中单、双引号和&号的使用。（3）如果有多个字段符合条件表达式，DLookup 函数只返回第一个字段值。

在主体节中添加一个文本框控件，设置和文本框一起创建的标签控件的标题属性：“任课教师”，设置该文本框控件来源属性：“=dlookup("姓名","教师","教师编号='"&任课教师编号&"'")”。

在主体节中添加一个复选框控件，设置和复选框一起创建的标签控件的标题属性：“是否重点课程”，设置该复选框控件来源属性为：“=iif([学分]>=3,true,false)”。

将上面创建的 5 个控件对应的标签控件移动到页面页眉中，文本框控件位置不变，在页面页眉底部，添加一个直线控件，设置其边框样式：实线、边框宽度：3 磅、宽度：12cm、高度：0cm。

报表设计视图如图 5.42 所示，报表打印预览视图如图 5.43 所示。

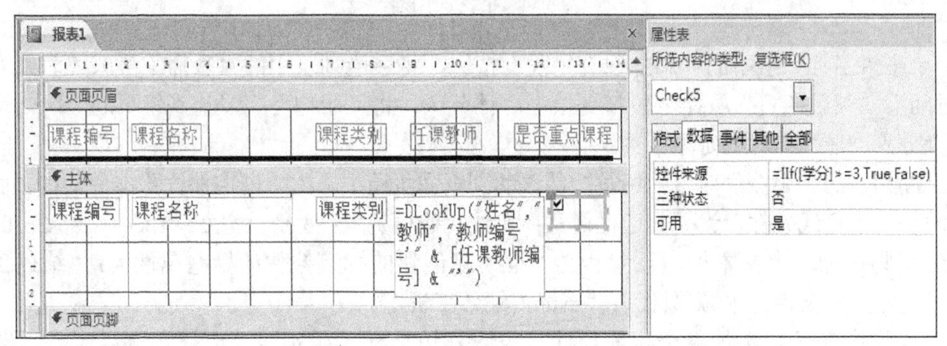

图 5.42 报表设计视图

2．在报表中添加计算控件进行纵向统计计算（分组，在组页眉/页脚节区或报表页眉/页脚节区添加计算控件）

例 5-11 在教学管理数据库中，创建一个报表，统计显示全体教师的人数和平均工龄、按职称统计教师绩效工资之和。

① 打开教学管理数据库，单击“创建”选项卡，选择“报表”组中的“报表设计”按钮，打

开报表设计视图，包含“页面页眉”、“主体”、“页面页脚”3个部分。

课程编号	课程名称	课程类别	任课教师	是否重点课程
102	大学英语	必修	曾保林	☑
103	高等数学	必修	朱志强	☑
104	线性代数	必修	曾娇	☑
105	概率与统计	必修	曾娇	☑
106	大学计算机基础	必修	曾保林	☐
107	程序设计基础C语言	必修	涂利平	☑
108	程序设计基础Access	必修	张晓霞	☑
109	大学物理	必修	李江文	☑
110	基础英语	选修	李志明	☐
111	英语翻译与写作	选修	黎志杰	☐
112	应用语言学	选修	肖昊健	☐
113	文化语言学	选修	韩松娜	☐
114	管理学	必修	张民华	☑
115	市场营销学	必修	袁晓玲	☐

图5.43　报表打印预览视图

② 打开报表属性表，设置报表的“记录源（RecordSource）”属性：“教师工资”表。

③ 单击“报表设计工具/设计”选项卡中“分组和汇总”组里的“分组和排序”按钮，在报表设计视图下方打开一个“分组、排序和汇总”窗格，单击“添加组”，弹出“分组形式”，设置分组依据：“职称”字段，设置将整个组在同一页上显示，如图5.44所示。

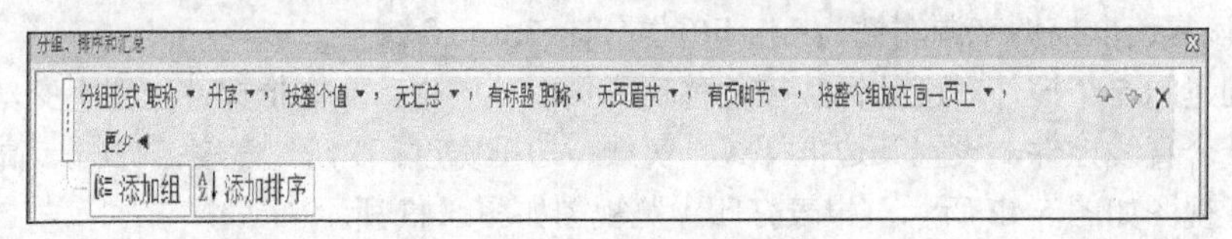

图5.44　报表分组设置

④ 单击“工具”组中的“添加现有字段”按钮，将字段列表中的“教师编号”、“教师姓名”、“工作时间”、“绩效工资”4个字段拖到报表主体节区，将“职称”字段拖到组页眉节区，这样就在报表上分别创建了5对绑定型控件。

将上面创建的5个控件对应的标签控件移动到页面页眉中，文本框控件位置不变，在页面页眉底部，添加一个直线控件，设置其边框样式：实线、边框宽度：3磅、宽度：12cm、高度：0cm。

在组页脚添加一个文本框，设置和文本框一起创建的标签控件的标题属性为：“绩效工资小计:”，设置该文本框控件来源属性为：“=sum([绩效工资])”。

在报表页脚底部，添加一个直线控件，设置其边框样式：实线、边框宽度：3磅、宽度：12cm、高度：0cm。

在报表页脚添加一个文本框，设置和文本框一起创建的标签控件的标题属性：“总人数:”，设置该文本框控件来源属性：“=count([教师编号])”。

在报表页脚再添加一个文本框，设置和文本框一起创建的标签控件的标题属性：“平均工龄:”，设置该文本框控件来源属性：“=avg(year(date()) – year([工作时间]))”，格式属性：标准，小数位数属性：2。

报表设计视图如图5.45所示，报表打印预览视图如图5.46所示。

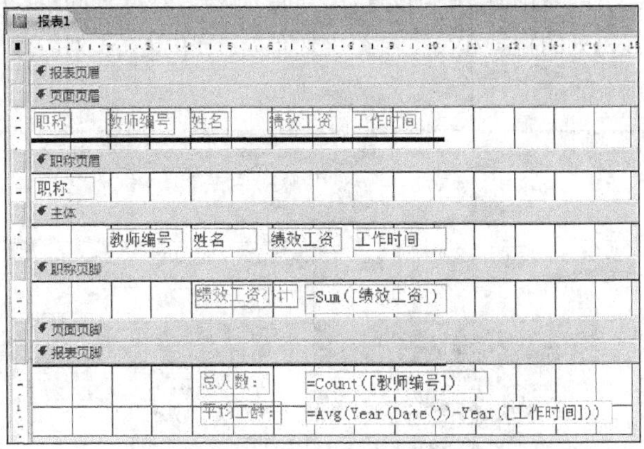

报表1

报表页眉

页面页眉

职称 教师编号 姓名 绩效工资 工作时间

职称页眉

职称

主体

教师编号 姓名 绩效工资 工作时间

职称页脚

绩效工资小计 =Sum([绩效工资])

页面页脚

报表页脚

总人数： =Count([教师编号])

平均工龄： =Avg(Year(Date())-Year([工作时间]))

图5.45 报表设计视图

职称	教师编号	姓名	绩效工资	工作时间
副教授				
	10014	蔡朝阳	2500	1987/8/10
	10012	王业伟	2500	1992/6/8
	10004	柯志辉	2500	1995/7/5
	10028	张华春	2500	1995/8/4
	10005	朱志强	2500	1998/6/25
	10017	肖昊健	2500	2000/5/8
	10026	陈金鑫	2500	2002/7/8
	10022	张华林	2500	2003/6/5
	10007	苏道芳	2500	2003/9/6
	10001	董森	2500	2005/6/26
	10013	周青山	2500	1985/7/3
		绩效工资小计		27500
讲师				
	10006	赵亚楠	2000	2000/8/9
	10009	施洪云	2000	1993/7/5
	10019	李江文	2000	1997/7/9
	10018	黎志杰	2000	1996/7/6
	10029	张民华	2000	2001/9/8
	10010	吴艳	2000	2006/9/3
	10030	韩松娜	2000	2008/6/28
	10023	张豫嘉	2000	2008/7/6
	10025	袁晓铃	2000	1998/7/3
		绩效工资小计		18000
助教				
	10020	李志明	1500	2010/6/17
	10008	曾娇	1500	2008/6/13
		绩效工资小计		3000
		总人数：		30
		平均工龄		15.97

图5.46 报表打印预览视图

5.3.4 创建多列报表

多列报表是指在报表的一个页面中打印两列或多列的报表，这类报表最常见的形式就是标签报表。可以将一个设计好的普通报表设置成多列报表，具体操作方法如下。

打开已创建好的普通报表的设计视图，单击“报表设计工具/页面设置”选项卡，在“页面布局”命令组中选单击“页面设置”命令按钮，打开“页面设置”对话框，单击“列”按钮，在“列数”中设置报表的列数，在“行间距”中设置行之间的距离，在“列间距”中设置列之间距离，在“宽度”、“高度”中设置每列的宽度和高度，在“列布局：”中设置先列后行、先行后列，如图 5.47 所示。

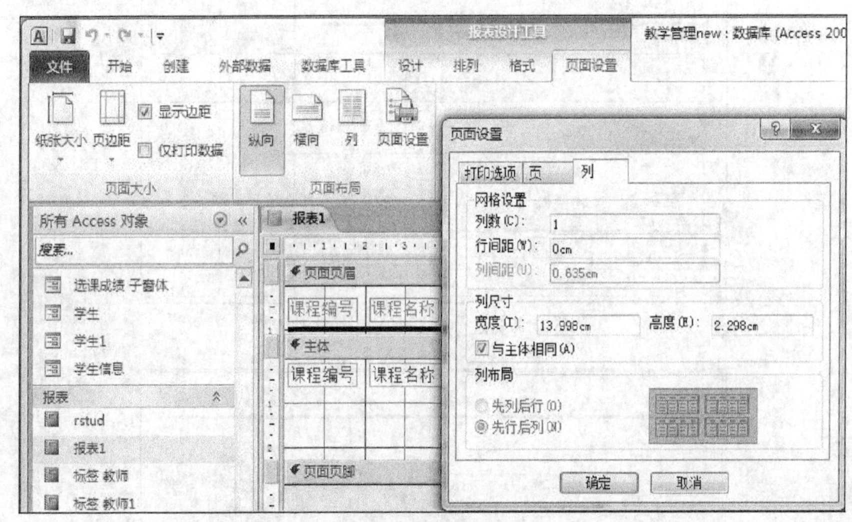

图 5.47　页面设置选项卡

另外还可以创建主/子报表、图表报表，操作方法与主/子窗体、图表报表相同。

子报表是出现在另一个报表内部的报表，包含子报表的报表称为主报表。主报表中包含的是一对多关系中的“一”方的一条记录，而子报表显示“多”方与主报表中当前记录相关的多条记录。主报表可以是绑定的，也可以是未绑定的，即：报表可以基于表、查询或 SQL 语句，也可以不基于任何数据对象。

创建主/子报表的方法有以下两种。

① 在已创建好的主报表中插入“子窗体/子报表”控件，然后按“子报表向导”的提示进行操作创建子报表。

② 先分别独自创建主报表、子报表，然后将子报表拖动到已有的主报表中。

创建图表报表的方法：在已创建好的报表中插入“图表”控件，然后按“图表向导”的提示进行操作创建图表报表。

5.4 报表的编辑

1．应用报表主题格式设定报表外观

Access 2010 提供了许多主题格式，用户可以直接在报表上套用某个主题格式，操作与窗体主题相同。

在“报表设计工具/设计”选项卡中的主题组包含三个按钮：主题、颜色、字体。在报表设计视图中，单击“主题”按钮，从下拉列单中选择一个主题，单击鼠标左键即可。完成后，报表的样式将应用到报表上，主要影响报表以及报表控件的字体、颜色以及边框属性。设定主题格式之后，还可以继续在“属性表”对话框中修改报表的格式属性。

2. 使用条件格式突出显示指定数据

选择要设置条件格式的控件，在“报表设计工具/格式”选项卡中的“控件格式:”组单击“条件格式”按钮，弹出“条件格式规则管理器”对话框，如图 5.48 所示，单击“新建规则”按钮，弹出“新建格式规则”对话框，如图 5.49 所示，设置条件规则和格式，单击“确定”按钮，再单击“条件格式规则管理器”对话框中的“确定”按钮即可。完成后，将指定格式应用到符合条件规则的控件数据上。

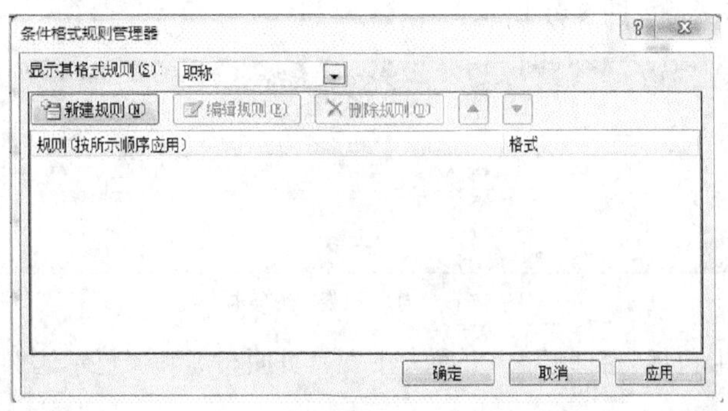

图 5.48 “条件格式规则管理器”对话框

例如，在已创建的教师报表中，将教授的职称加粗，并以红色字体显示。在设计视图中打开已创建的教师报表，选中与职称字段绑定的文本框，单击“报表设计工具/格式”选项卡中的“控件格式:”组里的“条件格式”按钮，在弹出的“条件格式规则管理器”对话框中，单击“新建规则”按钮，在弹出的“新建格式规则”对话框中，设置规则：“字段值”等于“教授”，格式：加粗、红色，如图 5.49 所示，报表打印预览视图如图 5.50 所示。

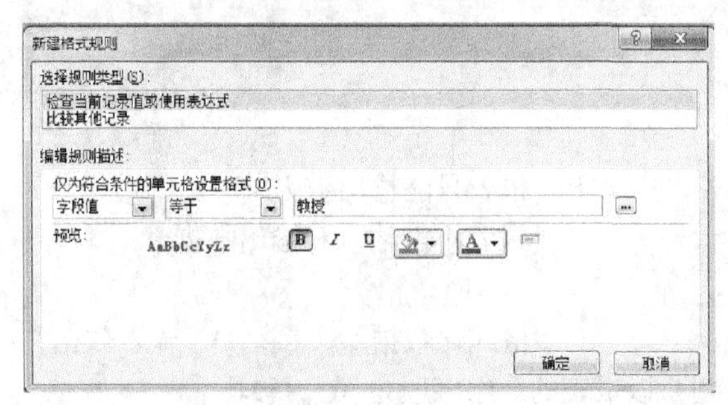

图 5.49 “新建格式规则”对话框

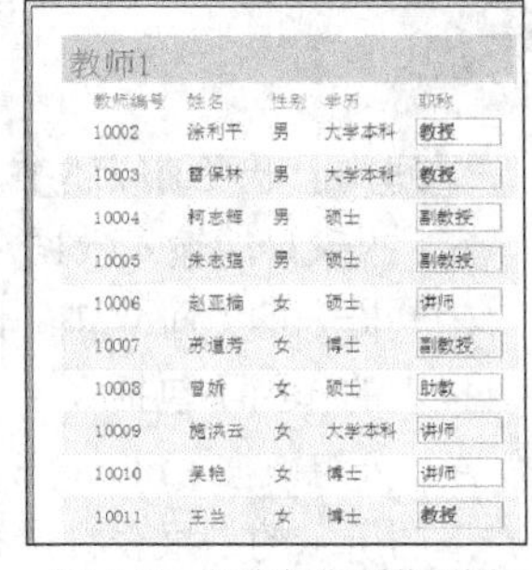

教师1

教师编号	姓名	性别	学历	职称
10002	涂利平	男	大学本科	教授
10003	雷保林	男	大学本科	教授
10004	柯志辉	男	硕士	副教授
10005	朱志强	男	硕士	副教授
10006	赵亚楠	女	硕士	讲师
10007	苏道芳	女	博士	副教授
10008	曾妍	女	硕士	助教
10009	施洪云	女	大学本科	讲师
10010	吴艳	女	博士	讲师
10011	王兰	女	博士	教授

图 5.50 报表打印预览视图

3. 给报表添加背景图片

给报表添加背景图片操作与窗体相同，有以下两种方法。

① 打开报表属性表，设置报表“图片”属性，选择要作为背景的图像，还可以根据需要设置背景图片的其他属性，包括“图片类型”、“图片缩放模式”、“图片对齐方式”、“图片平铺”等属性。

② 在“报表设计工具/格式”选项卡中的“控件格式:”组单击“背景图像”按钮，选择要作为背景的图像，报表背景将显示该图片。

4. 添加分页符

在报表中，可以在某一节中使用分页符来控制分页显示。在报表中添加分页符的方法与窗体相同，即在报表中添加一个分页符控件，分页符会以短虚线形式标记在报表的左边界上，再设置分页符在报表中的位置。

5.5 报表的预览和打印

报表设计完成后，在打印之前还需要合理设置报表的页面，直到预览效果令人满意为止。

当打开一个报表，切换到“打印预览”视图后，功能区的选项卡只保留“文件”、“打印预览”和“开发”三个选项卡了，如图5.51所示。

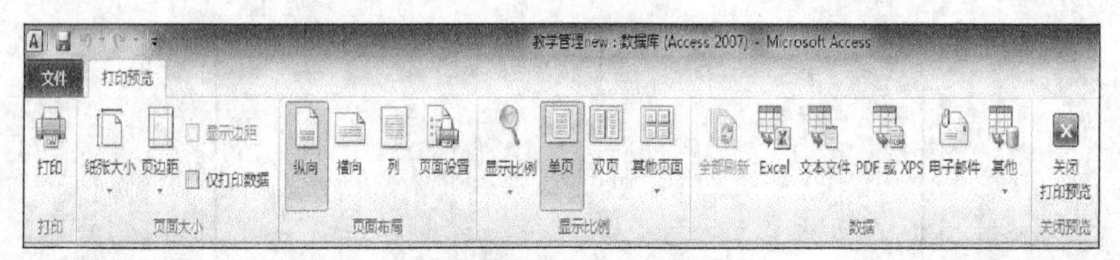

图5.51 “打印预览”选项卡

“打印预览”选项卡包括“打印”、“页面大小”、“页面布局”、“显示比例”、“数据”和“关闭预览”6个组。

“数据”组的作用是把报表导出为其他文件格式：Excel、文本文件、PDF、电子邮件等格式。

“显示比例”组中，有“单页”、“双页”和“多页”显示方式，通过单击不同的按钮，以不同方式预览报表。单击“其他页面”按钮，可以设置四页、八页和十二页等多种预览方式。

“页面布局”组中的“页面设置:”内容包含：打印方向、页边距、列的设置等。

习题5

1．下列关于报表的叙述中，正确的是（　　）。

A．报表只能输入数据　　B．报表只能输出数据

C．报表可以输入和输出数据　　D．报表不能输入和输出数据

2．报表的作用不包括（　　）。

A．分组数据　　B．汇总数据　　C．格式化数据　　D．输入数据

3．下图所示的是报表设计视图，由此可判断该报表的分组字段是（　　）。

A．课程名称　　B．学分　　C．成绩　　D．姓名

4．报表的数据源不包括（　　）。

A．表　　B．查询　　C．SQL 语句　　D．窗体

5．在报表中要显示格式为“共 N 页，第 N 页”的页码，正确的页码格式设置是（　　）。

A．＝"共"＋Pages＋"页，第"＋Page＋"页"

B．＝"共"＋[Pages]＋"页，第"＋[Page]＋"页"

C．＝"共" & Pages & "页，第" & Page & "页"

D．＝"共" & [Pages] & "页，第" & [Page] & "页"

6．要求在页面页脚中显示“第 X 页，共 Y 页”，则页脚中的页码“控件来源”应设置为（　　）。

A．="第" & [pages] & "页，共" & [page] & "页"

B．="共" & [pages] & "页，第" & [page] & "页"

C．="第" & [page] & "页，共" & [pages] & "页"

D．="共" & [page] & "页，第" & [pages] & "页"

7．要实现报表按某字段分组统计输出，需要设置的是（　　）。

A．报表页脚　　B．该字段的组页脚　　C．主体　　D．页面页脚

8．在报表设计过程中，不适合添加的控件是（　　）。

A．标签控件　　B．图形控件　　C．文本框控件　　D．选项组控件

9．在报表中，要计算“数学”字段的最低分，应将控件的“控件来源”属性设置为（　　）。

A．＝Min([数学])　　B．＝Min(数学)　　C．＝Min[数学]　　D．Min(数学)

10．如果要改变窗体或报表的标题，需要设置的属性是（　　）。

A．Name　　B．Caption　　C．BackColor　　D．BorderStyle

11．在设计报表的过程中，如果要进行强制分页，应使用的工具图标是（　　）。

A． 　　B． 　　C．　　D．

第6章 宏

相比其他数据库管理系统，Access 倍受广大数据库技术初学者青睐的一个重要原因，就是简单易用，因为 Access 提供了功能强大又极其容易使用的“宏”。通过宏，用户可以不用编写程序代码就可以自动化地完成大量的工作，如图 6.1 所示。

图 6.1 宏设计窗口

在 Access 数据库中，表、查询、窗体和报表这 4 个对象，各自具有强大的数据处理功能，能独立地完成数据库中的特定任务，但是它们各自独立工作，无法自行相互协调相互调用。在 Access 中使用宏可以把这些对象有机地整合起来协调一致地完成特定的任务。

6.1 宏的基础知识

6.1.1 了解宏

1．宏的概念

宏是由一系列操作命令组成的集合，每个宏操作命令完成一个特定的数据库操作，通过将这些操作命令组合起来，可以自动完成某些经常重复或复杂的操作。例如，打开某个窗体或打印某个报表。若宏由多个操作命令组成，运行时按宏操作命令的排列顺序依次执行。

通过直接执行宏或使用包含宏的用户界面可以完成许多复杂的操作，并将各种对象联结成有机的整体，为数据库应用程序添加了许多自动化的功能。

2．宏的功能

在 Access 中宏的作用主要表现在以下几个方面。

① 使用宏可以在打开数据库时自动打开窗体和其他对象，并将多个对象联系在一起，执行一组特定的工作。

② 自动查找和筛选记录，宏可以加快查找所需记录的速度。

③ 自动进行数据校验。使用宏可以方便地设置检验数据的条件，并可以给出相应的提示信息。

④ 设置窗体和报表属性。使用宏可以设置窗体和报表的大部分属性。

⑤ 为窗体制作菜单，为菜单指定一定的操作。

⑥ 显示警告信息窗口。

3．宏的类型

根据宏所依附的位置，可以将宏分为独立的宏、嵌入的宏和数据宏。

① 独立宏：独立宏是独立的对象，它独立于窗体、报表等对象之外。独立的宏在导航窗格中可见。

② 嵌入宏：嵌入宏嵌入在窗体、报表或控件对象的事件中。嵌入宏是它们所嵌入的对象或控件的一部分。嵌入宏在导航窗格中是不可见的。

③ 数据宏：数据宏是 Access 2010 中新增的一项功能，该功能允许在表事件（如添加、更新或删除数据等）中自动运行。

根据宏中宏操作命令的组织方式，可以将宏分为操作序列宏、子宏、宏组和条件宏。

① 操作序列宏：操作序列宏是多个宏操作命令组成的序列，每次运行该宏时，Access 都会按照操作序列中操作命令的先后顺序执行。

② 子宏：子宏相当于 Access 以前的版本中的宏组。子宏是共同存储在一个宏名下的一组宏的集合，该集合可作为一个宏被独立引用。在一个宏中可以含有一个或多个子宏，每个子宏可以包含多个宏操作。子宏拥有单独的名称，并可独立运行，相当于子程序可以被调用。宏里有多个子宏时，只能运行其中一个子宏，调用子宏的语法格式：宏名.子宏名。直接运行宏对象时，只有宏对象中第 1 个子宏里的操作被执行。

③ 宏组：为了有效地管理宏，Access 2010 引入 Group 组，需要特别指出的是这个组与以前版本里的宏组，意义完全不同。当一个宏里的操作比较多的时候，使用 Group 组可以把宏的若干操作，根据它们操作目的的相关性进行分组，其作用相当于文件夹，这样宏的结构就显得十分清晰，阅读起来更方便。在宏里加入宏组不会影响宏里的操作的运行方式，即运行宏对象时，宏对象中每个宏组里的操作都要依次运行。宏对象中的宏组不能单独调用或运行。

④ 条件宏：条件宏是在宏里的某些操作前指定一个条件，如果条件成立才执行这些操作。如果条件不成立，将跳过这些操作。条件宏的条件是一个逻辑表达式，宏将根据表达式运算结果（True 或 False）来确定操作是否执行。

6.1.2 宏的构成

宏是由操作、参数、注释（Comment）、组（Group）、If（条件）、子宏等几部分组成的。Access 2010 对宏结构进行了重新设计，宏的结构与计算机程序结构在形式上十分相似，有利于用户从对宏的学习过渡到对 VBA 程序的学习。

① 宏名：一方面指宏对象名，当用户创建了一个宏对象后，需要在保存该对象时指定宏对象名。另一方面，如果在一个宏对象中包含有宏组，需要指定宏组名；如果在一个宏对象包含有子宏，还需要指定子宏名；如果在一个宏对象中仅仅包含一个宏，则不需要宏名，通过宏对象的名称就可以引用该宏。

② 操作：操作是宏的最主要的组成部分。Access 提供了 60 多种宏操作，例如："打开窗体（OpenForm）"、"打开报表（OpenReport）"等。

③ 参数：用以设定操作的相关参数。例如，在打开窗体的宏操作中，指定所要打开的窗体名称。有些参数是必需的，有些参数是可选的，有的宏操作没有参数。

④ 注释：注释是对宏的整体或宏的一部分进行说明。注释不是必须的，但是添加注释是个好习惯，有利于他人对宏的理解。

⑤ 子宏（Submacro）：可以根据需要在宏中加入若干个子宏，每个子宏相当于一个子程序。以子宏为单位独立运行。

⑥ 宏组（Group）：为了有效地管理宏里的操作，可以将宏里的操作分成若干组。在宏里加入宏组后，不会影响宏里的操作的运行方式，运行时，宏中每个宏组里的操作都要依次运行。

⑦ 条件：条件是指定在执行宏操作之前必须满足的某些限制。可以使用计算结果等于 True/False 或"是 / 否"的任何表达式作为条件，表达式中可以包括算术、逻辑、常数、函数、控件、字段名以及属性的值。如果表达式计算结果为 False、"否"或 0（零），将不会执行宏操作。如果表达式计算结果为其他任何值，将执行宏操作。

6.1.3 常用宏操作

Access 2010 提供了 60 多种基本的宏操作命令，共分为 8 类，如表 6.1 所示。

表 6.1 Access 2010 中常用宏操作命令

功能分类	宏命令	说明
筛选/查询/搜索	ApplyFilter	对表、窗体或报表应用筛选、查询或 SQL 的 WHERE 子句，以便限制或排序表的记录，以及窗体或报表的基础表，或基础查询中的记录
	FindNextRecord	查找符合最近 FindRecord 操作或"查找"对话框中指定条件的下一条记录
	FindRecord	在活动的数据表、查询数据表、窗体数据表或窗体中，查找符合条件的记录
	OpenQuery	打开选择查询或交叉表查询
	Requery	通过重新查询控件的数据源来刷新活动对象指定控件中的数据
	Refresh	刷新视图中的记录
	RefreshRecord	刷新当前记录
	ShowAllRecords	删除活动表、查询结果集或窗体中已应用过的筛选
数据库对象	OpenForm	在窗体视图、窗体设计视图、数据表视图中打开窗体
	OpenReport	在设计视图或打印预览视图中打开报表或立即打印该报表
	OpenTable	在数据表视图、设计视图或打印预览中打开表
	GotoRecord	使指定记录成为打开的表、窗体或查询结果数据集中的当前记录
	GotoControl	用于将焦点转移到指定对象
	GotoPage	将焦点转移到窗体中指定的页
	PrintObject	打印当前对象
	SetProperty	设置对象的属性
	RepaintObject	完成指定的数据库对象的任何未完成的屏幕更新
	SelectObject	选择指定的数据库对象

续表

功能分类	宏命令	说明
系统命令	CloseDatabase	关闭当前数据库
	Beep	通过计算机的扬声器发出嘟嘟声
	QuitAccess	退出 Access，效果与文件菜单中的退出命令相同
	DisplayHourglassPointer	使鼠标指针在宏执行时变成沙漏形式
用户界面命令	MessageBox	显示包含警告信息或其他信息的消息框
	AddMenu	用于将菜单添加到自定义的菜单栏上，菜单栏中每个菜单都需要一个独立的 AddMenu 操作
	SetMenuItem	设置活动窗口的自定义菜单栏或全局菜单栏上的菜单项状态（启用或禁用，选取或不选取）
	UndoRecord	撤销最近用户操作
	Redo	重复最近用户操作
窗口管理	CloseWindow	关闭指定的窗口，若无指定窗口，则关闭激活窗口
	MaximizeWindow	放大活动窗口，使其充满 Access 主窗口。该操作不能应用于 Visual Basic 编辑器中的代码窗口
	MinimizeWindow	将活动窗口缩小为 Access 主窗口底部的小标题栏。该操作不能应用于 Visual Basic 编辑器中的代码窗口
	MoveSizeWindow	能移动活动窗口或调整其大小
	RestoreWindow	将已最大化或最小化的窗口恢复为原来大小
宏命令	CancelEvent	取消当前事件
	ClearMacroError	清除宏对象中上一个错误
	OnError	指定宏出现错误时如何处理
	RunCode	调用 VB 的 Function 过程
	RunDataMacro	运行数据宏
	RunMacro	执行一个宏
	RunMenuCommand	运行 Access 菜单命令
	SetLocalVar	将本地变量设置为给定值
	SingleStep	暂停宏的执行并打开“单步执行宏”对话框
	StopAllMacro	终止所有正在运行的宏
	StopMacro	终止当前正在运行的宏
数据输入操作	DeleteRecord	删除当前记录
	SaveRecord	保存当前记录
	EditListItems	编辑查阅列表中的项
数据导入/导出	ExportWithFormating	将指定数据库对象的数据输出为某种格式文件
	WordMailMerge	执行邮件合并操作

6.2 宏的创建

宏的创建方法与其他对象的创建方法稍有不同，宏只能通过设计视图创建。

6.2.1 宏的设计界面

要创建宏首先要了解“宏工具/设计”选项卡和宏设计器。

在“创建”选项卡的“宏与代码”命令组中，单击“宏”命令按钮，将进入宏的操作界面，其中包括“宏工具/设计”选项卡、“操作目录”窗格和宏设计窗口 3 个部分，如图 6.2 所示。宏的设计就是通过这些操作界面来实现的。

1.“宏工具/设计”选项卡

“宏工具/设计”选项卡共有三个组，分别是“工具”、“折叠 / 展开”和“显示 / 隐藏”。

“工具”组包括运行、单步（调试宏）、将宏转变成 Visual Basic 代码三个按钮。

“折叠 / 展开”组提供浏览宏代码的几种方式：展开操作、折叠操作、全部展开和全部折叠。展开操作可以详细地阅读每个操作的细节，包括每个参数的具体内容。折叠操作可以把宏操作收缩起来，不显示操作的参数，只显示操作的名称。

“显示 / 隐藏”组主要是对操作目录隐藏和显示。

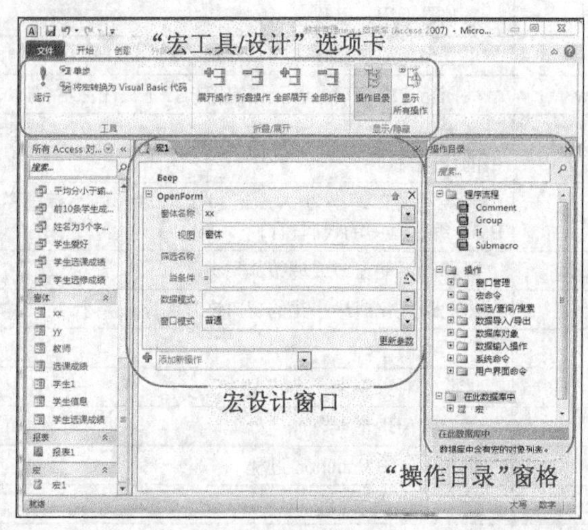

图 6.2　宏的设计界面

2.“操作目录”窗格

“操作目录”窗格分类列出了所有宏操作命令，用户可以根据需要从中选择。当选择一个宏操作命令后，在窗格下半部分会显示相应命令的说明信息。操作目录窗格由三部分组成，上方是程序流程部分，中间是操作部分，下方是此数据库中包含的宏对象。

① 程序流程：包括注释（Comment）、组（Group）、条件（If）和子宏。

② 操作：操作部分把宏操作按操作性质分成 8 组。分别是“窗口管理”、“宏命令”、“筛选 / 查询 / 搜索”、“数据导入 / 导出”、“数据库对象”、“数据输入操作”，“系统命令”和“用户界面命令”，Access 2010 以这种结构清晰的方式管理宏，使得用户创建宏更为方便和容易。当进一步展开每个组时，可以显示出该组中的所有宏操作命令。

③ 在此数据库中：在这部分列出了当前数据库中的所有宏，以便用户可以重复使用所创建的宏和事件过程代码。展开“在此数据库中”，通常显示下一级列表“报表”、“窗体”和“宏”，如果表中包含数据宏，则显示中还会包含表对象。进一步展开报表、窗体和宏后，显示出在报表、窗体和宏中的事件过程或宏。

3．宏设计窗口

Access 2010 重新设计了宏设计窗口，使得开发宏更为方便。当创建一个宏后，在宏设计窗口中，出现一个组合框，在其中可以添加宏操作并设置操作参数，组合框前面有个绿色十字，这是展开 / 折叠按钮。

添加新的宏操作有 3 种方式。

① 直接在“添加新操作”组合框中输入宏操作名称。

② 单击“添加新操作”组合框的向下箭头，在打开的列表中选择相应的宏操作。

③ 从“操作目录”窗格中把某个宏操作拖曳到组合框中或双击某个宏操作。

6.2.2 创建操作序列宏

例 6-1 在教学管理数据库中创建一个宏，宏命名为 macro1，宏中包含 4 个操作，分别是 MessageBox、OpenForm、MessageBox、ApplyFilter，这个宏的作用如下。

① MessageBox 弹出一个提示对话框，提示：下面将以只读方式打开“学生信息”窗体，发嘟嘟声提示，类型为“信息”，标题为“打开窗体”。

② OpenForm 打开“学生信息”窗体，数据模式为只读。

③ MessageBox 弹出一个提示对话框，提示“下面将从“学生信息”窗体中筛选出“电子信息工程”专业的学生，发嘟嘟声提示，类型为“重要”，标题为“应用筛选”。

④ ApplyFilter 在窗体中应用筛选，筛选条件为:[学生].[专业]= “电子信息工程”。

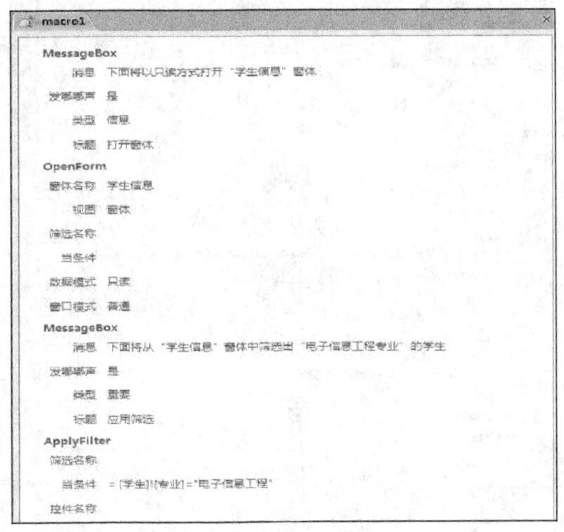

图 6.3 宏设计窗口

操作步骤如下。

① 打开教学管理数据库，单击“创建”选项卡，再在“宏与代码”命令组中单击“宏”命令按钮，在打开的宏设计窗口中，依次添加 MessageBox、OpenForm、MessageBox、ApplyFilter4 个宏操作，并按照题目要求设置各个宏操作的相关参数，如图 6.3 所示。

② 在快速访问工具栏中单击“保存”按钮，打开“另存为”对话框，在“宏名”文本框内输入宏的名称 macro1，单击“确定”按钮。

6.2.3 创建宏组

创建宏组有两种方法。

（1）对创建好的宏里的操作进行分组

在宏设计窗口中选中要分组的一个或多个宏操作（按照 Ctrl 或 Shift 来选中多个宏操作），单击鼠标右键，在弹出的右键菜单中单击“生成分组程序块”命令，即可将选中的宏操作加入到一个分组中，在生成的“Group”块顶部框中，输入宏组的名称。

（2）先创建分组，然后在分组中添加宏操作

先在宏设计窗口中添加“Group”块，在生成的“Group”块顶部框中，输入宏组的名称。然后在“Group”块中添加宏操作。

例 6-2 将例 6-1 中创建的宏里的 4 个宏操作进行分组，前两个作为一组，后两个作为一组。

操作步骤如下。

① 在宏设计窗口中选中前两个宏操作 MessageBox、OpenForm，单击鼠标右键，在弹出的右键菜单中单击“生成分组程序块”命令，即可将选中的宏操作加入到一个分组中，在生成的“Group”块顶部框中，输入宏组的名称：1。

② 同样方法将后两个操作加入到一个分组中，输入宏组的名称：2。如图 6.4 所示。

也可以先创建宏组，再将宏操作拖动到宏组中。若需要将某个宏操作退出宏组，只需要将该操作用鼠标拖动到“Group”块外面即可。

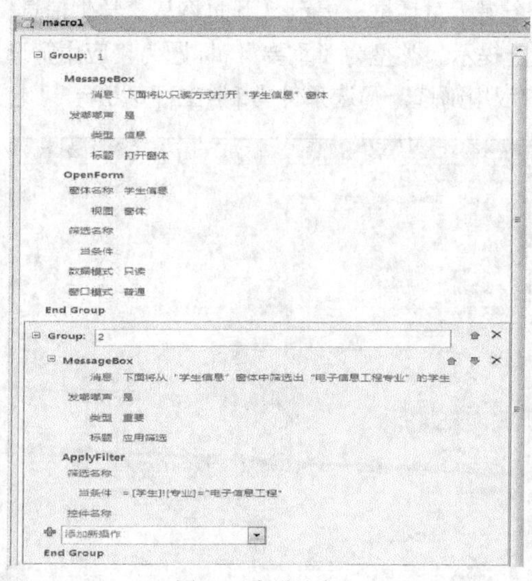

图 6.4 宏设计窗口

6.2.4 创建条件宏

如果希望当满足指定条件时才执行宏的一个或多个操作，可以使用“操作目录”窗格中的“If”流程控制，通过设置条件来控制宏的执行流程，形成条件操作宏。

这里的条件是一个逻辑表达式，返回值是真（True）或假（False）。运行时将根据条件的结果，决定是否执行对应的操作。如果条件结果为 True，则执行此行中的操作；若条件结果为 False，则不执行其后的操作。

在编辑条件表达式时，可能会引用窗体或报表上的控件值，需遵循下列语法格式：

引用窗体/报表属性：Forms![窗体名].属性名

Reports![报表名].属性名

引用窗体/报表上控件的属性：Forms![窗体名]![控件名].属性名

Reports![报表名]![控件名].属性名

其中“.属性名”有时可以省略。

创建条件宏的方法：先创建“if”程序块，设置条件表达式，然后在“if”程序块中添加宏操作。

例 6-3 在“教学管理”数据库中，创建一个“登录”窗体，在窗体上添加一个文本框控件、一个标签控件，设置文本框“名称”属性为：“密码”，设置文本框“输入掩码”属性为：“密码”，设置标签标题属性为：“请输入登录密码：”。创建一个“登录验证”宏，对用户所输入的密码进行验证，只有输入的密码为“Access2010”才能打开“教学管理系统主窗体”，否则，弹出消息框，提示用户输入的系统密码错误。然后在“登录”窗体上再添加一个命令按钮，根据“命令按钮向导”提示，设置其标题为“登录验证”，设置单击该按钮时执行的操作：运行“登录验证”宏。

操作步骤如下。

① 创建“登录”窗体。

打开数据库，在“创建”选项卡的“窗体”分组中，单击“窗体设计”按钮，创建一个新的窗体，打开该窗体的设计视图，同时打开了“设计”选项卡。

在“设计”选项卡的“控件”分组中，单击“文本框”按钮，在窗体主体节区按住鼠标左键拖动画出一个大小适当的文本框，就会在窗体的主体节区创建一个标签和一个文本框控件。

对该标签控件单击右键选择“属性”命令，打开该标签的属性表，设置标签“标题”属性值为“请输入登录密码：”。

同样打开该文本框的属性表，设置“名称”属性值为“密码”，设置“数据”属性组里的“输入掩码”属性为“密码”。

打开窗体属性表，设置窗体“标题”属性为：登录，保存窗体，名称为“登录”。窗体设计视图如图 6.5 所示。

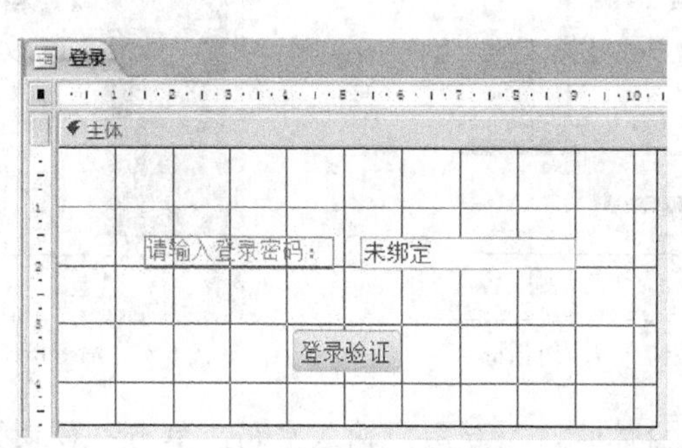

图 6.5 “登录”窗体设计视图

② 创建“登录验证”宏。

在“创建”选项卡的“宏与代码”组中，单击“宏”按钮，打开“宏设计器”。

在添加新操作组合框中，输入“IF”，单击条件表达式文本框右侧的按钮。打开“表达式生成器”对话框，在“表达式元素”窗格中，展开“教学管理 / Forms/所有窗体”，选中“登录”窗体。在“表达式类别”窗格中，单击“密码”，双击“表达式值”中的“<值>”，在表达式区显示：Forms![登录]![密码]，继续输入="Access2010"，单击“确定”按钮，返回到“宏设计器”中。

在“添加新操作”组合框中单击下拉箭头，在打开的列表中选择“CloseWindows”，并设置其参数，对象类型：窗体，对象名称：登录，保存为：否。

再添加一个新操作，选择“OpenForm”，并设置其参数，窗体名称：教学管理系统主窗体，视图：窗体，窗口模式：普通。

然后单击“添加 Else”，在“Else”下的添加新操作组合框中单击下拉箭头，选择“MessageBox”，并设置其参数，消息：“密码错误！请重新输入系统密码！”，类型：“警告！”。

保存宏，名称为“登录验证”，宏设计视图如图 6.6 所示。

```
登录验证
If [Forms]![登录]![密码]="Access2010" Then
    CloseWindow
        对象类型 窗体
        对象名称 登录
            保存 否
    OpenForm
        窗体名称 教学管理系统主窗体
            视图 窗体
        筛选名称
          当条件
        数据模式
        窗口模式 普通
Else
    MessageBox
            消息 密码错误！请重新输入系统密码！
        发嘟嘟声 是
            类型 警告!
            标题
End If
```

图 6.6 “登录验证”宏设计视图

③ 然后在“登录”窗体上再添加一个命令按钮，根据“命令按钮向导”提示，设置单击该按钮时执行的操作为杂项——运行宏；单击“下一步”按钮，选择“登录验证”；单击“下一步”按钮，设置命令按钮标题为文本——登录验证；单击“下一步”按钮，设置命令按钮名称为 command0，单击“完成”按钮。如图 6.7～图 6.10 所示。

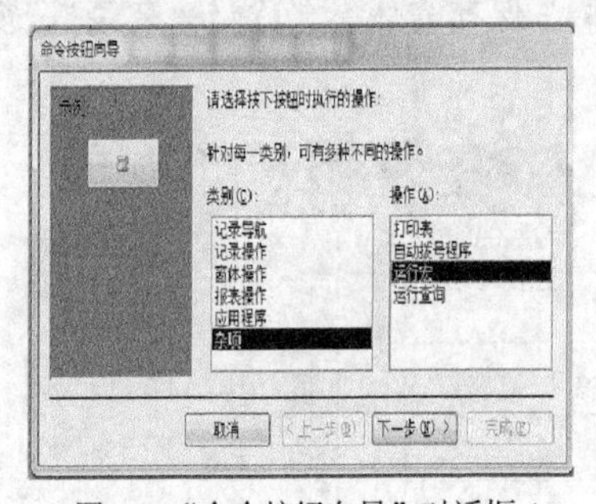

图 6.7 “命令按钮向导”对话框-1

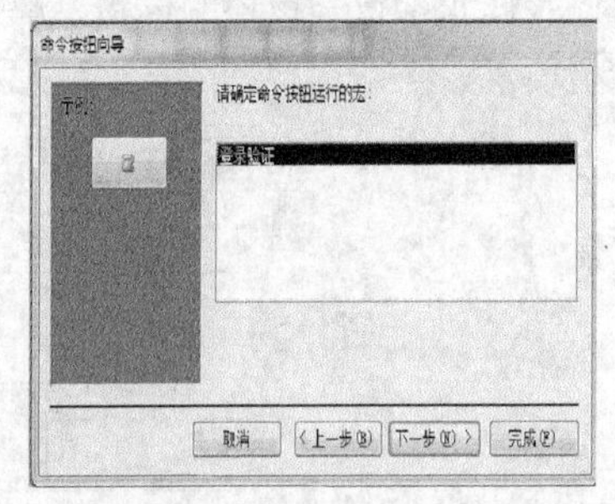

图 6.8 “命令按钮向导”对话框-2

这样在打开“登录”窗体时，需要用户输入密码，单击“登录验证”按钮，如果密码是“Access2010”，则关闭“登录”窗体，打开“教学管理系统主窗体”；如果密码不是“Access2010”，则弹出提示框，显示“密码错误！请重新输入系统密码！”。

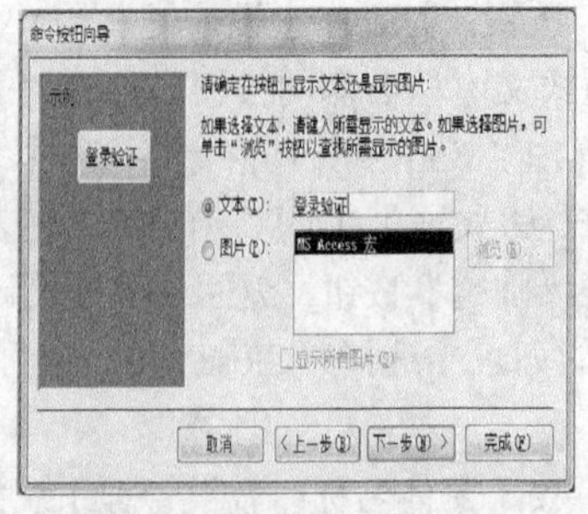

图 6.9 “命令按钮向导”对话框-3

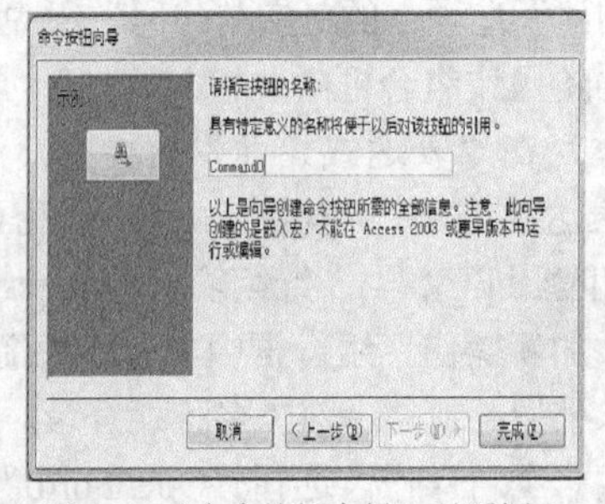

图 6.10 “命令按钮向导”对话框-4

6.2.5 创建子宏

例 6-4　在“教学管理”数据库中，创建一个“信息查询”窗体，在窗体上添加 4 个命令按钮，设置各命令按钮标题属性分别为：“打开学生信息窗体”、“运行班级平均成绩查询”、“打开教师表”、“退出系统”。创建一个“信息查询”宏，在宏中分别创建 4 个子宏：submacro1（弹出消息提示：以只读方式打开“学生信息”窗体，然后打开“学生信息”窗体）、submacro2（打开“班级平均成绩”查询，并使计算机的小喇叭发出“嘟嘟”声）、submacro3（以只读方式打开“教师”表，并弹出消息提示：是否关闭，用户单击“确定”后关闭表）、submacro4（保存所有修改后，退出系统）。

操作步骤如下。

① 创建“信息查询”窗体。

打开数据库，在“创建”选项卡的“窗体”分组中，单击“窗体设计”按钮，创建一个新的窗体，打开该窗体的设计视图，同时打开了“设计”选项卡。

在“设计”选项卡的“控件”分组中，单击“命令按钮”按钮，在窗体主体节区按住鼠标左键拖动画出一个大小适当的命令按钮控件，重复此操作，再添加 3 个命令按钮控件，分别设置各命令按钮的标题属性：“打开学生信息窗体”、“运行班级平均成绩查询”、“打开教师表”、“退出系统”。

打开窗体属性表，设置窗体“标题”属性：信息查询，保存窗体，名称为“信息查询”。窗体设计视图如图 6.11 所示。

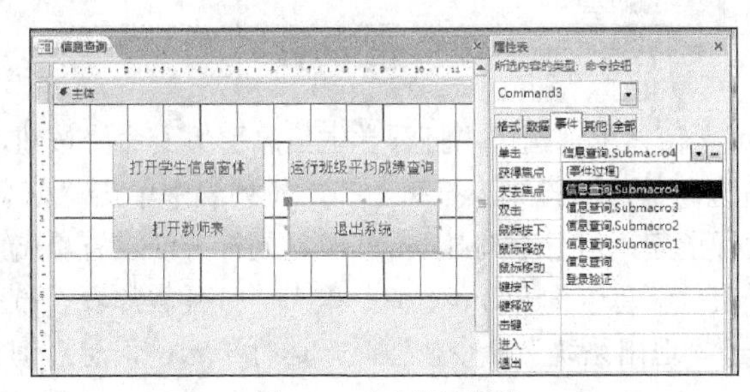

图 6.11 窗体设计视图

② 创建“信息查询”宏。

在“创建”选项卡的“宏与代码”组中，单击“宏”按钮，打开“宏设计器”。

在添加新操作组合框中，输入“Submacro”，在生成的“子宏”块顶部框中，输入子宏的名称：submacro1。然后在“子宏”块中添加宏操作。在“添加新操作”组合框中单击下拉箭头，在打开的列表中选择“MessageBox”，并设置其参数，消息：以只读方式打开“学生信息”窗体，发嘟嘟声提示，类型：“重要”，标题：“提示”；再添加一个操作“OpenForm”，并设置其参数，窗体名称：学生信息，视图：窗体，数据模式：只读，窗口模式：普通。

然后在“End Submacro”下方的添加新操作组合框中，输入“Submacro”，在生成的“子宏”块顶部框中，输入子宏的名称：submacro2。然后在“子宏”块中添加宏操作。单击下拉箭头，选择“OpenQuery”，并设置其参数，查询名称：“班级平均成绩”，视图：“数据表”，数据模式：“只读”；再添加一个操作“Beep”。

在“End Submacro”下方的添加新操作组合框中，再输入“Submacro”，在生成的“子宏”块顶部框中，输入子宏的名称：submacro3。然后在“子宏”块中添加宏操作。单击下拉箭头，选择“OpenTable”，并设置其参数，表名称：“教师”，视图：“数据表”，数据模式：“只读”；再添加一个操作“MessageBox”，并设置其参数，消息：阅览完后，是否关闭“教师”表，发嘟嘟声提示，类型：“信息”，标题：“关闭”；再添加一个操作“CloseWindows”，并设置其参数，对象类型：表，对象名称：教师，保存：否。

在“End Submacro”下方的添加新操作组合框中，再输入“Submacro”， 在生成的“子宏”块顶部框中，输入子宏的名称：submacro4。然后在“子宏”块中添加宏操作。单击下拉箭头，选择“QuitAccess”，并设置其选项参数：“全部保存”。

保存宏，名称为“信息查询”，宏设计视图如图 6.12 所示。

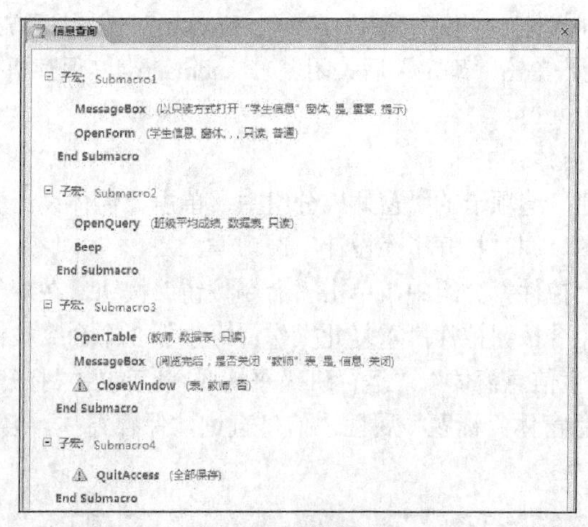

图 6.12 宏设计视图

③ 然后在“信息查询”窗体上，选中“打开学生信息窗体”命令按钮，打开其属性表，在事件属性组中的“单击”右边，单击下拉列表按钮，在下拉列表中单击“信息查询.Submacro1”，即在单击该命令按钮时，运行子宏：信息查询.Submacro1。同样方法设置单击“运行班级平均成绩查询”命令按钮时，运行子宏：信息查询.Submacro2；单击“打开教师表”命令按钮时，运行子宏：信息查询.Submacro3；单击“退出系统”命令按钮时，运行子宏：信息查询.Submacro4，如图 6.11 所示。

6.2.6 创建嵌入的宏

嵌入的宏与独立的宏的不同之处在于，嵌入的宏存储在窗体、报表或控件的事件属性中，它们并不作为对象显示在导航窗格中的“宏”对象下面，而是成为窗体、报表或控件的一部分。创建嵌入的宏与创建宏对象的方法略有不同，嵌入的宏必须先选择要嵌入的事件，然后再编辑嵌入的宏。

使用控件向导在窗体中添加命令按钮，也会自动在按钮单击事件中生成嵌入的宏。例如在例 6-3 中的“登录”窗体中，使用向导创建“登录验证”命令按钮用来检验密码是否正确，其嵌入的宏如图 6.13 所示。

嵌入的宏不仅可以应用在窗体中，也可以应用在报表中，操作方法和窗体中的嵌入的宏一样。

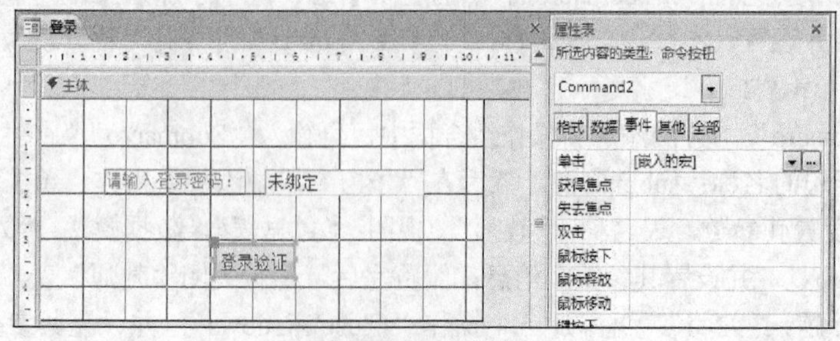

图 6.13 嵌入的宏

例 6-5 在教学管理”数据库中，为“学生信息”窗体的“加载”事件创建嵌入的宏，用于在打开“学生信息”窗体时筛选出籍贯为湖北的学生信息。

操作步骤如下。

① 打开“教学管理”数据库，打开“学生信息”窗体设计视图，打开窗体的“属性表”。在窗体属性表中，单击“事件”选项卡，再选择“加载”事件属性，并单击框右边的省略号按钮，在“选择生成器”对话框中，选择“宏生成器”选项，然后单击“确定”按钮。

② 接下来进入宏设计窗口，添加“ApplyFilter”操作，设置条件参数：[学生].[籍贯]=“湖北”。单击保存按钮，关闭宏设计窗口。

③ 进入窗体视图或布局视图，该宏将在“学生”窗体加载时触发运行，在窗体中只显示籍贯为湖北的学生信息。

6.2.7 创建数据宏

Access2010 中有两种类型的数据宏：一种是由表事件触发的数据宏（也称“事件驱动”的数据宏），另一种是为响应按名称调用而运行的数据宏（也称“已命名”的数据宏）。

1．创建事件驱动的数据宏

每当在表中添加、更新或删除数据时，都会发生表事件。数据宏是在发生这3种事件中的任何一种事件之后，或发生删除或更改事件之前运行的。数据宏是一种触发器，可以用来检验在数据表中输入的数据是否合理。当在数据表中输入的数据超出限定的范围时，数据宏则给出提示信息。

例 6-6 在教学管理数据库中，创建数据宏，当输入“学生”表的“性别”字段时，在修改前进行数据验证，并给出错误提示。

操作步骤如下。

① 打开“教学管理”数据库，打开“学生”表设计视图，在“表格工具/设计”选项卡的“字段、记录和表格事件”组中，单击“创建数据宏”按钮，单击“更改前”，如图6.14所示，就会打开宏设计窗口。

② 在添加新操作组合框中，输入“IF”，在“IF”右边的条件表达式文本框中输入“[性别]< >"男" And [性别]< >"女"”。在“IF”程序块中的“添加新操作”组合框中单击下拉箭头，在打开的列表中选择“RaiseError”，并设置其参数，错误号：1000，错误描述：“性别输入有误！”。单击“保存”按钮，再单击“关闭”按钮，如图6.15所示，返回到“学生”表设计视图。

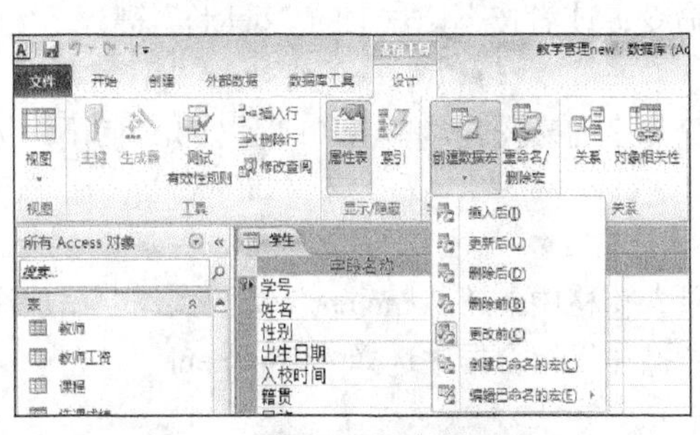

图6.14 创建数据宏

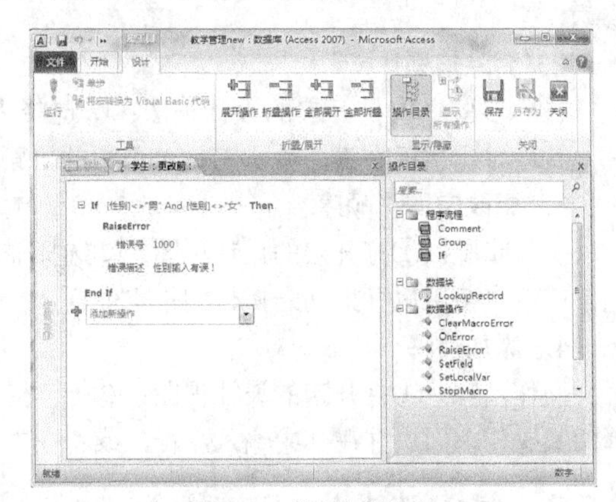

图6.15 数据宏设计窗口

这样在修改“学生”表里的性别字段的值时，就会运行该数据宏，如果性别字段的值为“男”、“女”之外的值时，就会弹出错误提示框，显示“性别输入有误！”，如图6.16所示。

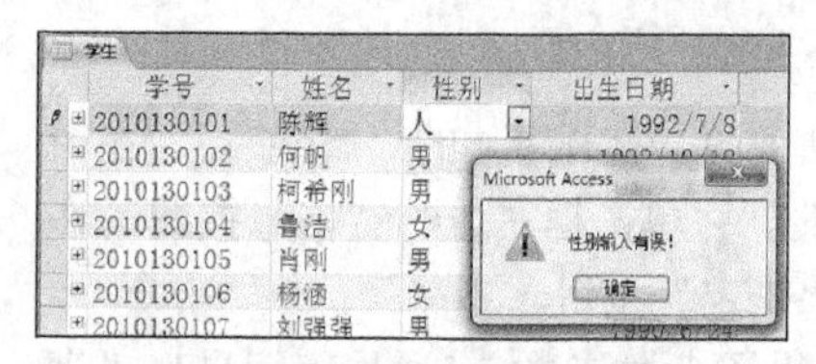

图 6.16 运行事件驱动的数据宏

2．创建已命名的数据宏

已命名的数据宏与特定表有关，但不是与特定事件相关。可以在其他数据宏或标准宏中调用已命名的数据宏。

创建已命名的数据宏的步骤：打开数据库，在导航窗格中，双击要向其中添加数据宏的表，打开表设计视图，在“表格工具/设计”选项卡的“字段、记录和表格事件”组中，单击“创建数据宏”按钮，单击“创建已命名的宏”，就会打开宏设计窗口，然后在其中添加宏操作。

要在其他数据宏或标准宏中调用已命名的数据宏，可以使用“RunDataMacro”操作。

3．管理数据宏

导航窗格的“宏”对象里不显示数据宏，必须使用表的设计视图中的功能区命令，才能创建、编辑、重命名和删除数据宏。打开表设计视图，在“表格工具/设计”选项卡的“字段、记录和表格事件”组中，单击“重命名/删除宏”按钮，就会打开“数据宏管理器”，如图 6.17 所示，可在其中重命名/删除宏。

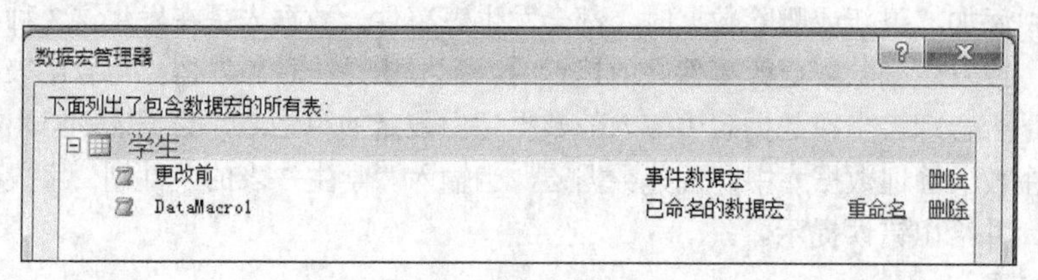

图 6.17 数据宏管理器

6.2.8 宏的编辑

宏的编辑包括：添加宏操作、删除宏操作、更改宏操作顺序、修改宏的操作和参数、添加注释等。

1．添加宏操作

操作步骤：①打开宏的设计视图；②在“添加新操作”组合框中输入宏操作命令；③设置参数。

2．删除宏操作

操作步骤：①打开宏的设计视图；②选择需要删除的宏操作；③单击宏操作右边的“×”按钮；或者单击鼠标右键，单击右键菜单中的“删除”命令；或者按下键盘上的“delete”键。

3．更改宏操作顺序

操作步骤：①打开宏的设计视图；②选择需要改变顺序的宏操作，单击“向上”或“向下”按钮，或者直接用鼠标拖动宏操作到指定位置。

4．添加注释

操作步骤：①打开宏的设计视图；②把“操作目录”窗格中的“Comment”拖放到需要添加注释的宏操作上面，并在其中输入注释，或者在“添加新操作”组合框中选择“Comment:”。

6.2.9 将宏转换为 Visual Basic 程序代码

Access 中宏的操作，都可以在模块对象中通过编写 VBA 语句来达到相同的功能。在 Access 中提供了将宏转换为等价的 VBA 事件过程或模块的功能。

将宏转换为 VBA 代码的操作步骤如下。

① 在导航窗格中，右键单击宏对象，然后单击“设计视图”。

② 在“宏工具/设计”选项卡上的“工具”组中，单击“将宏转换为 Visual Basic 代码”，弹出“转换宏”对话框，在“转换宏”对话框中，指定是否要将错误处理代码和注释添加到 VBA 模块，如图 6.18 所示，单击“转换”按钮；转换完毕后弹出提示信息框，如图 6.19 所示，单击“确定”，将打开 Visual Basic 编辑器，在“项目”窗格中双击被转换的宏，以查看和编辑模块，如图 6.20 所示。

图 6.18 “转换宏”对话框

图 6.19 转换完毕信息框

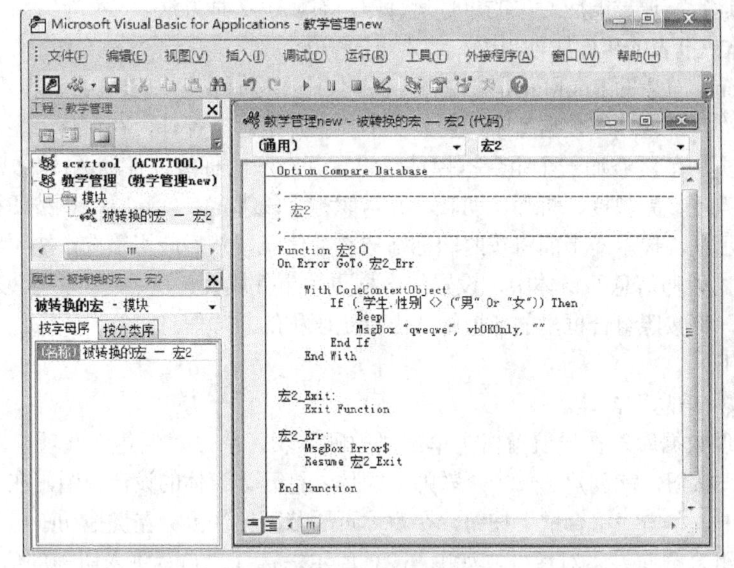

图 6.20 宏转换过来的模块

注意：嵌入的宏无法转换为 VBA 代码。

6.3 宏的运行和调试

设计完成一个宏对象或嵌入的宏后即可运行它，调试其中的各个操作是否能实现预期的功能。

6.3.1 宏的运行

宏有多种运行方式，主要有：直接运行宏、运行宏里的子宏、通过响应对象的事件运行宏、自动运行宏、在其他宏里运行宏等。

1．直接运行宏

直接运行宏有以下 3 种方法。

① 在导航窗格中选择“宏”对象，然后双击宏名。

② 在“数据库工具”选项卡的“宏”命令组中单击“运行宏”命令按钮，弹出“执行宏”对话框。在“宏名称”下拉列表中选择要执行的宏，然后单击“确定”按钮。

③ 在宏的设计视图中，单击“宏工具/设计”选项卡，再在“工具”命令组中单击“运行”命令按钮。

2．运行宏里的子宏

运行宏里的子宏有以下2种方法。

① 在“数据库工具”选项卡的“宏”命令组中单击“运行宏”命令按钮，弹出“执行宏”对话框。在“宏名称”下拉列表中选择要执行的宏里的子宏，其格式为：宏名.子宏名，然后单击“确定”按钮。

② 在导航窗格中选择“宏”对象，然后双击宏名，将运行宏里的第一个子宏。

3．通过响应对象的事件运行宏

在实际的应用系统中，设计好的宏更多的是通过窗体、报表或控件上发生的“事件”触发相应的宏，使之投入运行。通过响应对象的事件运行宏，有以下2种方法。

① 设置窗体或报表的事件属性为宏、或宏里的子宏。

② 使用Docmd对象的RunMacro方法在VBA代码中运行宏、或宏里的子宏。

例 6-7 在“教学管理”数据库中，创建一个“教师信息”窗体，在窗体上显示表里的所有字段。然后在窗体页眉节区添加一个组合框控件，设置其对应的标签控件标题：“教师职称:”，设置组合框中的值：教授、副教授、讲师、助教，并与职称字段绑定。创建一个“按职称筛选”宏，先弹出一个消息提示框，提示：下面将按照职称筛选教师信息，然后应用筛选：按照组合框中的值筛选教师信息。在“教师信息”窗体中，设置组合框更改事件属性：“按职称筛选”宏，即一旦组合框的值发生变化，将按照组合框里的新值筛选出指定职称的教师信息。

操作步骤如下。

① 创建“教师信息”窗体。

打开教学管理数据库，在导航窗格中单击“教师”表，单击“创建”选项卡，单击“窗体”分组中的“窗体”按钮，就创建了一个“教师”窗体，打开该窗体的设计视图，在“设计”选项卡的“控件”分组中，单击“组合框”按钮，在窗体页眉节区按住鼠标左键拖动画出一个大小适当的组合框，弹出“组合框向导”对话框，如图6.21所示，选择“自行键入所需的值”，单击“下一步”按钮；在弹出的对话框中输入列表中所需的列数：“1”、以及组合框中的值：教授、副教授、讲师、助教，如图6.22所示，单击“下一步”按钮；在弹出的对话框中设置保存组合框值的字段：“职称”，即组合框的控件来源，如图6.23所示，单击“下一步”按钮；在弹出的对话框中设置组合框对应的标签的标题为“教师职称:”，如图6.24所示，单击“完成”按钮，打开组合框属性表，设置组合框名称属性：combo1，保存窗体，名称为“教师信息”。窗体设计视图如图6.25所示。

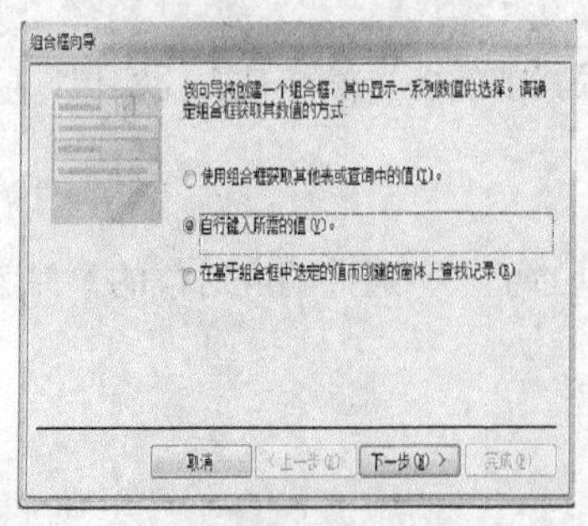

图6.21 组合框向导-1

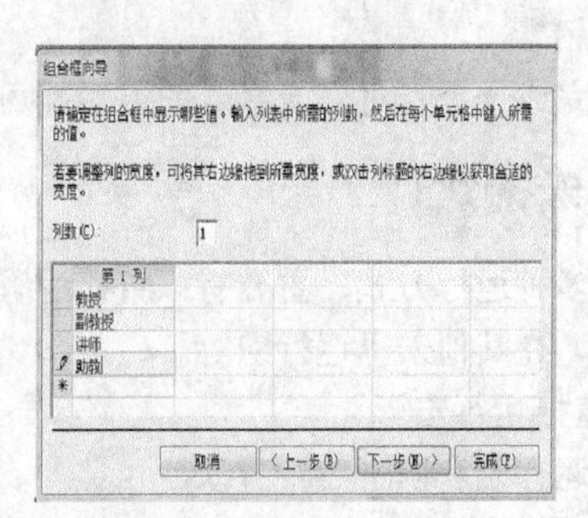

图6.22 组合框向导-2

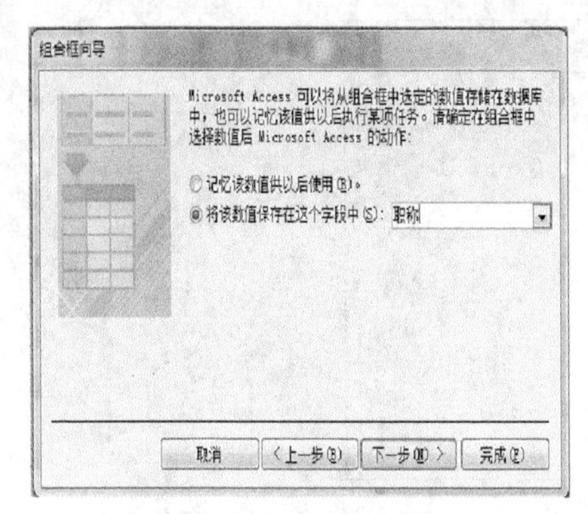

图 6.23 组合框向导-3

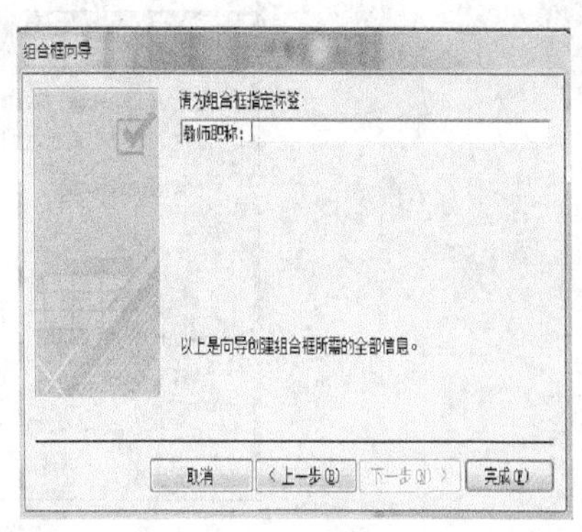

图 6.24 组合框向导-4

② 创建“按职称筛选”宏。

在“创建”选项卡的“宏与代码”组中，单击“宏”按钮，打开“宏设计器”。在添加新操作组合框中单击下拉箭头，选择“MessageBox”，并设置其参数，消息：下面将按照职称筛选教师信息，发嘟嘟声提示，类型：“重要”，标题：“提示”；单击“添加新操作”组合框中下拉箭头，再添加一个操作“ApplyFilter”，设置筛选条件：[教师].[职称]=[Forms]![教师信息]![combo1]。保存宏，名称为“按职称筛选”，宏设计视图如图 6.26 所示。

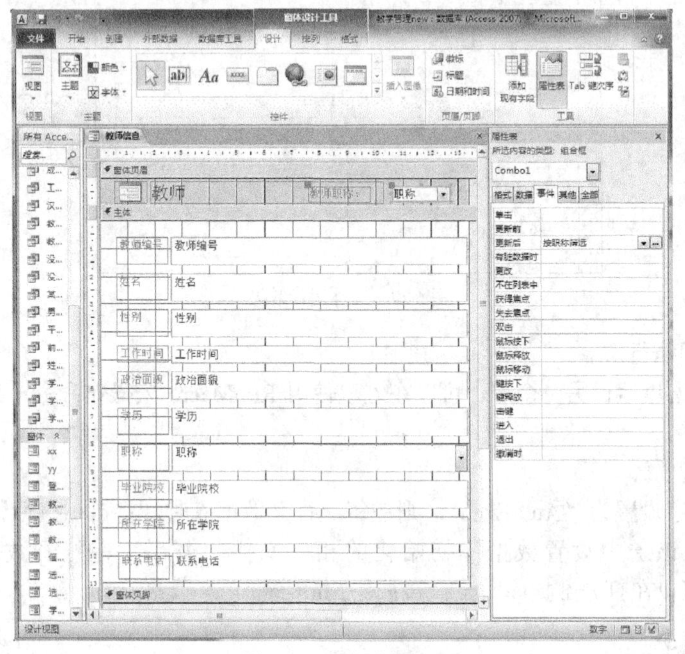

图 6.25 窗体设计视图

③ 设置通过响应对象的事件运行宏：在“教师信息”窗体设计视图中，选中窗体页眉上的组合框，打开其属性表，单击“事件属性组”中的“更新后”属性的下拉箭头按钮，选择“按职称筛选”宏，单击保存，如图 6.25 所示。

双击运行“教师信息”窗体，单击组合框下拉箭头按钮，选择当中的一个“职称”值，就会运行“按职称筛选”宏，弹出信息提示框，显示“下面将按照职称筛选教师信息”，单击确定后，在窗体中显示指定职称的教师信息，如图 6.27 所示。

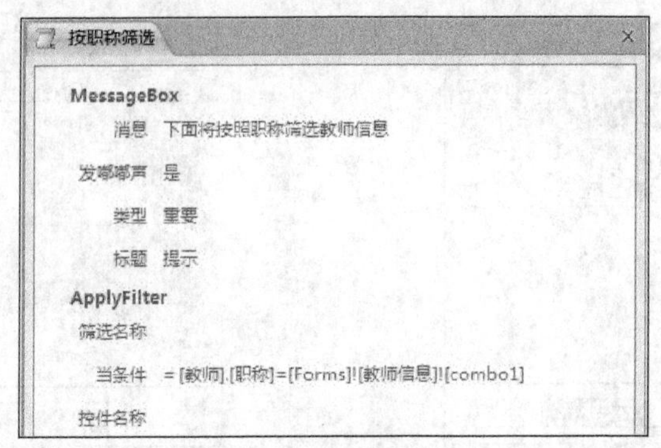

图 6.26 宏设计视图

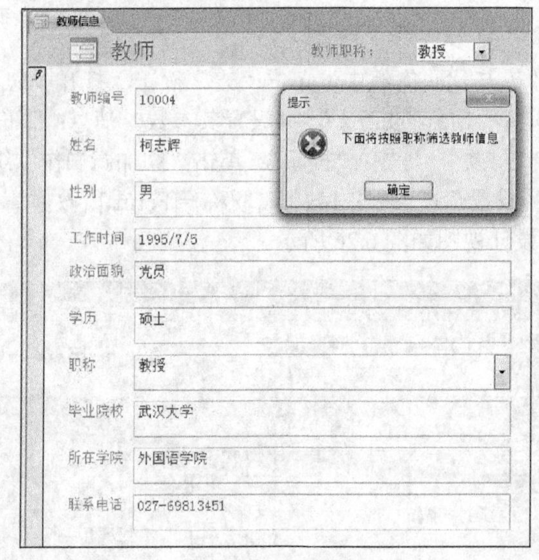

图 6.27 窗体运行效果

4．在其他宏里执行宏

如果要在其他宏里运行另一个宏，可以在宏里使用 RunMacro 宏操作命令，其操作参数为要运行的另一个宏的宏名。

5．自动执行宏

将宏对象的名字设置为“AutoExec”，则在每次打开数据库时，将自动执行该宏，称为“自动执行宏”，可以在该宏中设置数据库初始化的相关操作。若不想在打开数据库时自动执行“AutoExec”宏，可以在打开数据库时，一直按住 Shift 键。

6.3.2 宏的调试

当宏运行过程中出现错误时，在 Access 系统中提供了“单步”执行的宏调试工具，使用单步跟踪执行，可观察宏的流程和每一个操作的结果，便于从中分析和修改宏中的错误。若要在宏中的某个特定点进入单步执行模式，可以在该点添加“SingleStep”宏操作。

操作步骤如下。

① 在宏的设计视图中，单击“宏工具/设计”选项卡，再在“工具”命令组中单击“单步”命令按钮，再单击“运行”按钮。

② 弹出的“单步执行宏”对话框，如图6.28所示，并在该对话框中，显示宏里的第一个操作的相关信息：宏名称、条件、操作名称、错误号（错误号0表示没有发生错误）。单击“单步执行”，将执行当前宏操作，并在对话框中显示宏中的下一个操作的信息，每单击该按钮一次，就执行宏里的一个操作命令。单击“停止所有宏”，将停止当前正在运行的所有宏，并关闭对话框窗口。单击“继续”，将退出单步执行模式，继续运行该宏，并关闭对话框窗口。

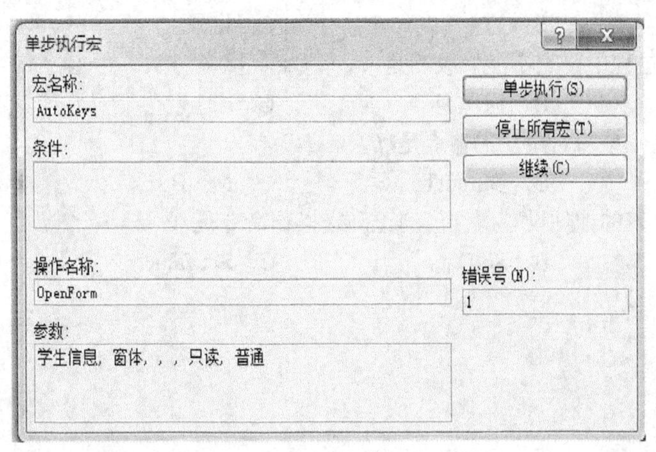

图6.28 “单步执行宏”对话框

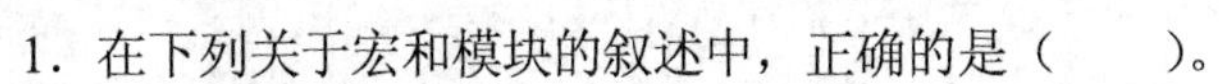

习题6

1．在下列关于宏和模块的叙述中，正确的是（　　）。

A．模块是能够被程序调用的函数

B．通过定义宏可以选择或更新数据

C．宏或模块都不能是窗体或报表上的事件代码

D．宏可以是独立的数据库对象，可以提供独立的操作动作

2．下列操作中，适宜使用宏的是（　　）。

A．修改数据表结构　　B．创建自定义过程

C．打开或关闭报表对象　　D．处理报表中错误

3．下列叙述中，错误的是（　　）。

A．宏能够一次完成多个操作　　B．可以将多个宏组成一个宏组

C．可以用编程的方法来实现宏　　D．宏命令一般由动作名和操作参数组成

4．在宏的参数中，要引用窗体F1上的Text1文本框的值，应该使用的表达式是（　　）。

A．[Forms]！[F1]！[Text1]　　B．Text1

C．[F1].[Text1]　　D．[Forms]_[F1]_[Text1]

5．在设计条件宏时，对于连续重复的条件，要代替重复条件表达式可以使用符号（　　）。

A．…　　B．:　　C．!　　D．=

6．在宏表达式中要引用Form1窗体中的txt1控件的值，正确的引用方法是（　　）。

A．Form1！txt1　　B．txt1

C．Forms！Form1！txt1　　D．Forms！txt1

7．要限制宏命令的操作范围，在创建宏时应定义的是（　　）。

A．宏操作对象　　B．宏操作目标

C．宏条件表达式　　D．窗体或报表控件属性

8．对象可以识别和响应的行为称为（　　）。

A．属性　　B．方法　　C．继承　　D．事件

9．在运行宏的过程中，宏不能修改的是（　　）。

A．窗体　　B．宏本身　　C．表　　D．数据库

10．下列属于通知或警告用户的命令是（　　）。

A．PrintOut　　B．OutputTo　　C．MsgBox　　D．RunWarnings

11．为窗体或报表的控件设置属性值的正确宏操作命令是（　　）。

A．Set　　B．SetData　　C．SetValue　　D．SetWarnings

第7章 模块与VBA程序设计

在 Access 数据库应用系统中，用户可以快速查询、创建界面漂亮的窗体、利用 SQL 语言检索数据、利用报表美化并输出数据、利用宏完成事件的响应处理。但是如果要对数据库进行复杂和灵活的控制，仅仅使用宏是不够的。为了实现在实际开发中的复杂应用，Access 提供了模块这一数据库对象。模块是将 VBA 声明和过程作为一个单元进行保存的集合体。在模块中使用 VBA 程序设计语言，可以大大提高 Access 数据库应用系统的处理能力，完成各种复杂应用。

7.1 模块基本概念

模块是由 VBA 声明和一个或多个过程组成的单元。组成模块的基础是过程，VBA 过程通常分为子过程（Sub 过程）和函数过程（Function 过程）。每个过程是一个独立的程序段，实现某个特定的功能。在 Access 中，通过模块的组织和 VBA 的代码设计可以提高 Access 数据库的应用处理能力，解决复杂问题。

模块分为标准模块和类模块两种类型。窗体和报表的特定模块一般称为窗体模块和报表模块，属于类模块。标准模块是指与窗体和报表等对象无关的程序模块，在 Access 中是一个独立的模块对象。

1．标准模块

在标准模块中，放置的是 Access 数据库对象或代码使用的公共过程，这些过程不与任何对象相关联。如果想使设计的 VBA 过程具有在多个模块中使用的通用性，就把它放在标准模块中。在标准模块中定义的变量和过程可供整个数据库使用。

2．类模块

类模块以类的形式对模块进行了封装。Access 的类模块有 3 种基本类型：窗体模块、报表模块和自定义模块。

窗体模块中包含窗体或其上控件的事件所触发的所有事件过程代码，这些过程的运行用于响应窗体中的事件。使用事件过程可以控制窗体的行为及它们对用户操作的响应。报表模块与窗体模块类似，不同之处是过程响应和控制的是报表的行为。

自定义模块允许用户自定义所需的对象、属性和方法。

7.2 VBA 编辑环境

Access 以 Visual Basic 编辑器（Visual Basic Editor，VBE）作为 VBA 的开发环境。在 VBE 中，集成了编辑、编译和调试等功能于一体。在 VBE 中可以编辑已有过程，也可以创建新过程。

1．启动 VBE

启动 VBE 的方法有很多种，常用的方法有 3 种形式。

（1）直接进入 VBE

在数据库中，单击“数据库工具”选项卡，然后在“宏”组中单击“Visual Basic”按钮，如图 7.1 所示。

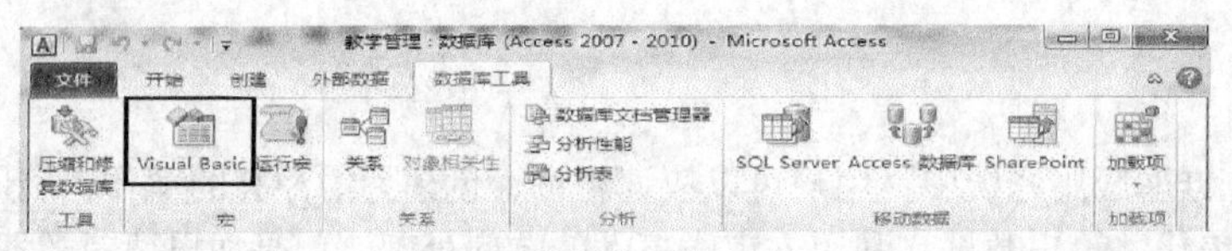

图 7.1　数据库工具选项卡

（2）创建模块进入 VBE

在数据库中，单击“创建”选项卡下“宏与代码”组中的“Visual Basic”按钮，如图 7.2 所示。

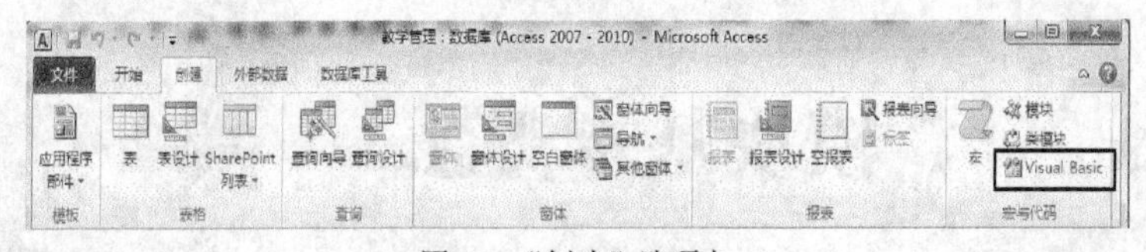

图 7.2　“创建”选项卡

（3）通过窗体或报表对象的设计进入 VBE

通过窗体或报表对象的设计进入 VBE 有两种方法。一种是通过控件的事件响应进入 VBE，如图 7.3 所示。另一种是通过窗体或报表设计试图“工具”组中的“查看代码”按钮，如图 7.4 所示。

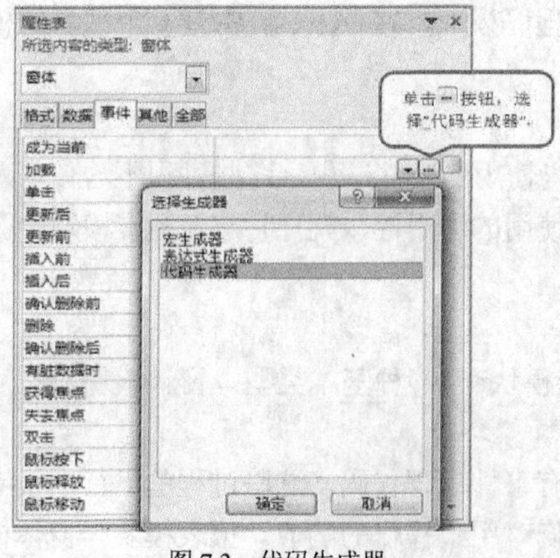

图 7.3　代码生成器

图 7.4　查看代码

启动 VBE 后，屏幕出现 VBE 窗口，这个就是 VBA 的开发环境，如图 7.5 所示。

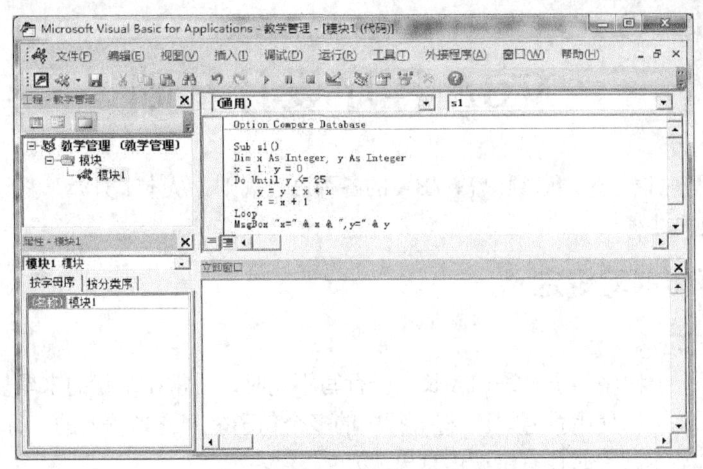

图 7.5 VBE 窗口

2. VBE 窗口组成

VBE 中的窗口主要由代码窗口、工程资源管理器窗口、属性窗口和立即窗口组成，另外还有对象窗口、对象浏览器、本地窗口和监视窗口等。可以通过 VBE 中“视图”菜单下的相应命令来控制这些窗口的显示。

（1）VBE 主窗口

VBE 主窗口有菜单栏和工具栏。VBE 的菜单栏包括文件、编辑、视图、插入、调试、运行、工具、外接程序、窗口和帮助等 10 个菜单选项，其中包括了各种操作命令。

默认情况下，VBE 窗口中显示“标准”工具栏，如需显示其他工具栏，可以通过“视图”菜单的“工具栏”选项来实现。

（2）代码窗口

在代码窗口中用于输入和编辑 VBA 程序代码。可以同时打开多个代码窗口来查看各个模块的代码，而且可以方便的在各个代码窗口之间进行复制和粘贴。

（3）立即窗口

立即窗口常用于在程序调试期间输出中间结果及帮助用户在中断模式下测试表达式的值等，可在立即窗口中直接输入 VBA 命令并按 Enter 键来执行该命令。

（4）属性窗口

属性窗口列出了所选对象的各种属性，可按字母和分类排序来查看属性。可以直接在属性窗口中对属性进行编辑，还可以在代码窗口中用 VBA 语句设置对象的属性。

（5）工程资源管理器窗口

工程资源管理器窗口列出了在应用程序中用到的模块。使用该窗口，可以在数据库中各个对象之间快速浏览。各个对象以树型图的形式显示在该窗口中，包括 Access 对象、类模块和标准模块。要查看各个模块代码，只需在窗口中双击对象即可。

（6）本地窗口

本地窗口用于查看正在运行的过程中的对象、变量、数组的信息，通常在调试代码过程中或者使用 Stop 语句中断程序运行后通过此窗口查看结果。

（7）监视窗口

监视窗口的功能有 3 个。一是监视某个变量值的变化过程，二是监视任意表达式的值，三是监视表达式的值等于某个值时的中断过程。

7.3 VBA程序设计基础

用VBA进行程序设计时，必须熟悉VBA的各种语法规则。从本节开始，将详细介绍VBA中的各个语法规则及关键字。

7.3.1 程序语句书写规定

1. 语句书写规定

通常一行书写一个程序句子。语句较长，一行写不完时，通常在本行的末尾使用续行符“_”将语句写在下一行。可以使用冒号“:”将一行中的多个句子隔开。当输入的一行语句有错误时，VBE会以红色文本显示（有时伴有错误信息出现）。

2. 注释语句

一个好的程序应该有注释语句，这对程序的维护有很大的好处。注释语句在计算机中并不执行，给程序加上注释是为了增加程序的可读性。

在VBA程序中，注释语句的书写格式有以下两种。

使用Rem关键字，格式：Rem 注释语句。

使用单引号“'”，格式：' 注释语句。

3. 采用缩进格式书写程序

采用缩进格式书写程序可以使程序结构更加清晰，增加程序的可读性，便于程序维护。可以利用“编辑”菜单下的“缩进”或“凸出”命令进行设置。

7.3.2 标准数据类型

数据类型表明了数据在内存中的存储形式以及能参与的运算。VBA 中的数据类型分为两大类：标准数据类型和用户自定义数据类型。

1. 标准数据类型

VBA支持多种数据类型，表7.1列出了各个数据类型的标识符、存储空间以及取值范围。

表7.1 数据类型

数据类型	类型标识	符号	存储空间	取值范围
整数	Integer	%	2字节	-32768～32767
长整数	Long	&	4字节	-2147483648～2147483647
单精度	Single	!	4字节	负数-3.402823E38～-1.401298E-45 正数1.401298E-45～3.402823E38
双精度	Double	#	8字节	负数-1.79769313486232E308～-4.94065645841247E-324 正数4.94065645841247E-324～1.79769313486232E308
货币	Currency	@	8字节	-922337203685477.5808～92337203685477.5807
字符串	String	$	字符串长度	0～65500个字符
布尔型	Boolean		2字节	True或False
日期型	Date		1字节	100年1月1日～9999年12月31日
变体类型	Variant		不定	日期/数字/字符串

针对部分数据类型作如下说明。

（1）布尔型数据

布尔型数据只有两个值：True 和 False。布尔型数据转换为其他数据类型时，True 转换为-1，False 转换为 0。其他类型数据转换为布尔型时，0 转换为 False，非 0 值转换为 True。

（2）日期型数据

日期/时间型数据前后必须用“#”号括起来。例如，#2014-5-27#是一个日期数据。

（3）字符串型数据

字符串型数据前后必须用双引号“”括起来。例如，“2014-5-27”是一个字符串数据，#2014-5-27#是一个日期数据；“True”是一个字符串数据，True 是一个布尔数据；“100”是一个字符串数据，100 是一个数字数据。

（4）变体类型数据

变体类型是一种特殊的数据类型，具有很大的灵活性，可以表示多种数据类型，其最终的数据类型由赋予它的值来确定。如果在变量声明时没有指定数据类型，默认为变体类型。

2．用户自定义数据类型

在实际程序设计中，VBA 允许用户自己来定义数据类型。用户自定义数据类型可包含一个或多个标准数据类型。用户自定义数据类型使用 Type…End Type 关键字定义。

例如，定义一个学生信息数据类型

```
Type StuType
    StuName As String
    StuSex As String
    StuAge As Integer
    StuBirthDay As Date
End Type
```

声明和使用变量的形式如下：

```
Dim Student AS StuType
Student. StuName="陈辉"
Student. StuSex="男"
Student. StuAge=22
Student. StuBirthDay=#1992-7-8#
```

在上述的例子中，定义了一个用户自定义数据类型 StuType，在 StuType 中定义了 4 个分量 StuName、StuSex、StuAge 和 StuBirthDay，并分别为这 4 个分量指定了标准数据类型。在声明变量后，分别对这 4 个分量进行了赋值。

7.3.3 变量与常量

常量与变量是程序运行时两种最基本的运算对象，在程序设计时要注意各种类型常量的表示形式及变量的使用方法。

1．常量

VBA 中的常量包括直接常量、符号常量和系统常量。

（1）直接常量

不同类型的常量有不同的表示方法，使用时遵循相应的语法规则。常用的常量有以下 4 种。

① 数字型常量，包括正数、负数、整数和小数等。

② 字符串常量，用双引号括起来的字符序列。

③ 日期型常量，用#号括起来的可以表示日期/时间的字符。

④ 布尔型常量，True 和 False 两个值。

（2）符号常量

符号常量用标识符来表示某个常量，用户一旦定义了符号常量，在以后的程序中不能用赋值语句来改变它们的值，否则，在程序运行时将出现错误。

标识符是用来表示用户所定义的常量、变量和过程的符号。在 VBA 中，标识符由字母、数字和下划线组成，只能以字母和下划线开头。此外，不能使用 VBA 中的关键字作为标识符，标识符区分大小写。

VBA 中声明符号常量的语法格式：

Const 符号常量名称 = 常量值

例如，
```
Const PI = 3.1415926
Const MyDate = #1992-8-6#
Const NDate = MyDate + 5
Const MyString = "How do you do!"
```

（3）系统常量

系统常量是 VBA 预先定义好的常量，在程序设计时，用户可以直接使用。VBA 中常用系统常量包括 True、False、Yes、No、On、Off 和 Null 等。可在对象浏览器窗口中查看更多的系统常量。

2．变量

变量是指程序运行时值会发生变化的数据。在 VBA 中，一个变量在内存中必须被分配一个存储空间，用来存放变量所表示数据。程序执行时，通过变量名称来访问变量所对应的存储空间。

（1）变量的命名规则

为了区别存储不同数据的变量，需要对变量进行命名。变量的命名规则同标识符的命名规则一致，只能由字母、数字和下划线组成，只能由字母和下划线开头，不能和关键字重名。

（2）变量的声明

变量声明就是定义变量的名称及其所对应的数据类型，使系统为其分配存储空间。VBA 中声明变量有两种形式：显示声明和隐含声明。

① 显示声明：在变量声明中明确指定变量名称及类型。语句格式：

Dim 变量名称 As 数据类型

例如：Dim x As Integer　'声明一个变量 x 为整数类型

　　　Dim y As Single　'声明一个变量 y 为单精度类型

变量声明中的数据类型，也可以用类型符号来表示。

例如：Dim x%　'声明一个变量 x 为整数类型

　　　Dim y!　'声明一个变量 y 为单精度类型

可以在一个声明语句中声明多个变量。

例如：Dim x As Integer , y!　'声明变量 x 为整数类型，变量 y 为单精度类型。

② 隐含声明：没有直接定义变量或通过一个值指定给变量名。在这种情况下，变量默认为变体类型。

例如：Dim x , y　'变量 x 和 y 为变体类型

　　　m=125　'变量 m 为变体类型

注意，在上例中变量 m 的值 125 可以认为是整数 125、小数 125.0 和字符串“125”。

虽然隐含声明在程序设计时很方便，但是，在程序运行时可能会产生严重的错误。因此，在程

序设计时应养成良好的习惯，对变量应先声明后使用。在 VBA 中提供了 Option Explicit 语句用于对变量强制要求作显示声明。

（3）变量的赋值

对变量进行声明后，变量就代表了内存中的某个存储空间。在程序运行时，可以在该存储空间中存入数据。这个过程称为变量的赋值。语句格式：

变量名 = 常量或表达式

例如：Dim x As Integer

x=125

程序运行时，在内存中分配一个存储空间给变量 x，然后将 125 存入到变量 x 所对应的内存空间中。如图 7.6 所示。

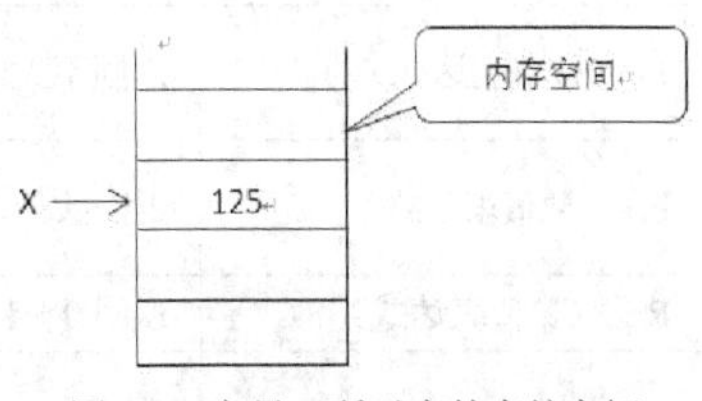

图 7.6　变量 x 所对应的存储空间

3．数组

具有相同数据类型数据的集合称为一个数组。数组中的单个数据称为数组元素。每一个数组元素也称为数组元素变量。和变量一样，数组应先声明和使用。数组声明包括定义数组名称、类型、维数和各维的大小。

数组的声明也是使用 Dim…As…语句来实现，其语句格式：

```
Dim 数组名称([下标下限 to] 下标上限[,[下标下限 to] 下标上限]…) As 数据类型
```

其中，下标表示数组元素在数组里的位置或序号。下标默认情况下从 0 开始。下标下限指数组中数组元素序号或位置的最小值，下标上限指数组中数组元素序号或位置的最大值。数组定义后，数组名代表所有数组元素，数组名加上下标表示一个数组元素，可以和普通变量等价使用。

例如：

Dim A(1 to 5) As Integer 语句定义了一个整型数组 A，数组中下标下限为 1，上限为 5，数组 A 中共有 5 个整数数据。单个数组元素表示为 A(1)、A(2)、A(3)、A(4)、A(5)。

Dim A(5) As String 语句定义了一个字符串数组 A，数组定义中没有给出下标下限，则下标下限默认为 0，则数组中共有 6 个字符串数据。

在 VBA 中也支持多维数组。在数组定义中加入多个下标，并以逗号隔开，由此来建立多维数组。多维数组最多可以定义 60 维。下面例子中定义了二维数组和三维数组。

Dim A(5,5) As Integer 语句定义了一个二维数组 A，数组 A 中共有 6×6=36 个数组元素。二维数组的单个数组元素可以表示为 A(0)(0)、A(0)(1)等。

Dim A(5,5,5) As Integer 语句定义了一个三维数组，数组 A 中共有 6×6×6=216 个数组元素。三维数组的单个数组元素可以表示为 A(0)(0)(0)、A(0)(0)(1)等。

7.3.4　函数和运算符

在 VBA 中，定义了近百个内置函数，可以方便的完成许多操作。根据内置函数的功能，可以将其分为算术函数、字符串函数、日期/时间函数、类型转换函数和验证函数等。

1．常用标准函数

（1）算术函数

算术函数完成数学计算功能，常用算术函数如表 7.2 所示。

表7.2 常用算术函数

函数名	功能说明	示例	结果
Abs（数值表达式）	返回数值表达式的绝对值	Abs(-7)	7
Cos（数值表达式）	返回数值表达式的余弦值	Cos（3.1415926)	-1
Sin（数值表达式）	返回数值表达式的正弦值	Sin(0)	0
Tan（数值表达式）	返回数值表达式的正切值	Tan(3.14/4)	1
Exp（数值表达式）	返回 $e^{数值表达式}$的值	Exp(1)	2.718
Log（数值表达式）	返回数值表达式的自然对数	Log(2.718)	1
Int（数值表达式）	返回不大于数值表达式的最大整数	Int(4.5) Int(-4.5)	3 -5
Fix（数值表达式）	返回数值表达式的整数部分	Fix(4.5) Fix(-4.5)	4 -4
Rnd（数值表达式）	返回0～1之间的随机数	Rnd	产生0～1之间的随机数
Sgn（数值表达式）	返回-1，0，1	Sgn(-6) Sgn(6) Sgn(0)	-1 1 0
Sqr（数值表达式）	返回数值表达式的平方根	Sqr(25)	5
Round（数值表达式，*n*）	对数值表达式四舍五入保留n位小数	Round(3.567,1) Round(3.567,0)	3.6 4

（2）字符串函数

VBA中常用字符串函数如表7.3所示。

表7.3 常用字符串函数

函数名	功能说明	示例	结果
InStr（字符串表达式1，字符串表达式2）	在字符串表达式1中找字符串表达式2第一次出现的位置	InStr("ABCDAB","AB")	1
InStrRev（字符串表达式1，字符串表达式2）	在字符串表达式1中找字符串表达式2最后一次出现的位置	InStrRev("ABCDAB","AB")	5
Len（字符串表达式）	计算字符串长度	Len("计算机")	3
Left（字符串表达式，*n*）	从字符串表达式左侧第一个字符开始向右边截取*n*个字符	Left("ABCDEF",2)	"AB"
Right（字符串表达式，*n*）	截取字符串表达式右侧的*n*个字符	Right("ABCDEF",2)	"EF"
Mid（字符串表达式，*m*，*n*）	从字符串表达式的第*m*个字符开始向右边截取*n*个字符	Mid("ABCDEF",2,3)	"BCD"
UCase（字符串表达式）	将字符串表达式中的所有小写字母转换成大写	UCase("aBcdeF")	"ABCDEF"
LCase（字符串表达式）	将字符串表达式中的所有大写字母转换成小写	LCase("ABCdeF")	"abcdef"
LTrim（字符串表达式）	去掉字符串表达式前导空格	LTrim("A B C")	"A B C"
RTrim（字符串表达式）	去掉字符串表达式尾部空格	RTrim("A B C")	"A B C"
Trim（字符串表达式）	去掉字符串表达式中间空格	Trim("A B C")	"A B C"
Space（*n*）	生成*n*个空格字符	Space(3)	" "

（3）日期/时间函数

常用日期/时间函数如表7.4所示。

表 7.4 常用日期/时间函数

函数名	功能说明	示例	结果
Date()	返回当前系统的日期	Date()	#2014-5-29#
Time()	返回当前系统的时间	Time()	#13:35:40#
Now()	返回当前系统的日期和时间	Now()	#2014-5-29 13:35:40#
Year（日期表达式）	返回日期表达式年的值	Year(#2014-5-29#)	2014
Month（日期表达式）	返回日期表达式月的值	Month(#2014-5-29#)	5
Day（日期表达式）	返回日期表达式日的值	Day(#2014-5-29#)	29
WeekDay(日期表达式)	返回日期表达式为星期几	WeekDay(#2014-5-29#)	3
Hour（时间表达式）	返回时间表达式小时的值	Hour(#13:35:40#)	13
Minute（时间表达式）	返回时间表达式分钟的值	Minute(#13:35:40#)	35
Second（时间表达式）	返回时间表达式秒的值	Second(#13:35:40#)	40
DateAdd（时间间隔，*n*，日期表达式）	对日期表达式增加或减少固定的时间间隔	DateAdd("yyyy",2,#2014-5-29#)	#2016-5-29#
DateDiff（时间间隔，日期表达式 1，日期表达式 2）	返回两个日期表达式的时间间隔	DateDiff("yyyy",#2013-6-7#,#2014-5-29#)	1
DatePart（间隔类型，日期表达式）	返回日期表达式中按照时间间隔类型所指定的时间部分值	DatePart("m",#2014-5-29#)	5
DateSerial（数值表达式 1，数值表达式 2，数值表达式 3）	返回包含指定年月日的日期	DateSerial(2014,5,29)	#2014-5-29#

（4）类型转换函数

常用类型转换函数如表 7.5 所示。

表 7.5 常用类型转换函数

函数名	功能说明	示例	结果
Asc（字符串表达式）	将字符串的首字符转换为对应的 ASCII 码值	Asc（"abcde"）	97
Chr（ASCII 码值）	将 ASCII 码值转换为对应的字符	Chr（70）	“F”
Str（数值表达式）	将数值转换为字符串	Str（100）	“ 100”
Val（字符串表达式）	将字符串转换为数值	Val（“100”）	100

（5）验证函数

常用验证函数如表 7.6 所示。

表 7.6 常用验证函数

函数名	功能说明	示例	结果
IsNumeric（表达式）	测试表达式的结果是否为数值	IsNumeric(7)	True
IsDate（表达式）	测试表达式的结果是否为日期	IsDate(Date())	True
IsNull（表达式）	测试表达式的结果是否为空值	IsNull(Null)	True
IsArray（表达式）	测试表达式的结果是否为数组	Dim A(5) As Integer IsArray(A)	True
IsEmpty（变量）	测试变量是已经初始化	Dim a As Integer IsEmpty(a)	True

2. 运算符

在 VBA 中提供了多种运算符来构建各种表达式。表达式用来进行运算，由常量、变量、函数和运算符构成。VBA 中的运算符包括算术运算符、关系运算符、逻辑运算符和连接运算符。

（1）算术运算符

算术运算是指传统的数学运算，例如，加、减、乘、除以及乘方等。表 7.7 列出了 VBA 中的算术运算符。

表 7.7　　算术运算符

运算符	功能	运算符	功能
^	乘方	\	整除
-	负号	Mod	求余数
*	乘法	+	加法
/	除法	-	减法

说明：算术运算符的优先级，乘方>负号>乘法和除法>整除>求余>加法和减法。对于整除（ \ ）运算。用两个数作除法，结果只保留整数部分，舍去小数部分，不做四舍五入运算。如果整除运算的被除数和除数包含小数部分，则直接舍去小数部分后再作运算。对于求余运算（ Mod ）。用两个数作除法，结果为商的余数。如果求余运算的被除数和除数包含小数部分，则四舍五入取整数后再作运算。

例如：3^2=9　3 Mod 2=1　　3/2=1.5　3\2=1

（2）关系运算符

关系运算符所组成的表达式称为关系表达式，其运算结果为布尔型数据。当关系表达式所表示的关系成立时，结果为 True，否则为 False。关系表达式通常用作程序语句跳转的条件。VBA 中关系运算符如表 7.8 所示。

表 7.8　　关系运算符

运算符	功能	运算符	功能
>	大于	<=	小于或等于
>=	大于或等于	=	等于
<	小于	<>	不等于

说明：各个关系运算符间的优先级一样，按从左至右的顺序进行运算，有括号先计算括号中的表达式。字符串数据进行关系运算时，依据字符所对应的 ASCII 码值进行比较。ASCII 码值大的字符串大，当第 1 个字符相等时，比较第 2 个字符，直到比较完所有字符为止。

例如：4*5=20　　　结果为 True
　　　"a">="A"　　　结果为 True
　　　"abcd"="ab"　　结果为 False
　　　8\2>=10　　　结果为 False

（3）逻辑运算符

逻辑运算符可以表示复杂的逻辑关系。逻辑运算符所组成的表达式结果是布尔型数据。VBA 中常见逻辑运算符如表 7.9 所示。

表 7.9 逻辑运算符

运算符	功能
Not	非运算
And	与运算
Or	或运算

说明：逻辑运算符的优先级，非运算>与运算>或运算。逻辑运算的运算规则如表 7.10 所示。

表 7.10 逻辑运算规则

A	B	A And B	A Or B	A Xor B	Not A
True	True	True	True	False	False
True	False	False	True	True	False
False	True	False	True	True	True
False	False	False	False	False	True

例如：15>=4 And 3>=4　　结果为 False
　　15>=4 Or 3>=4　　结果为 True
　　Not (3=4)　　结果为 True

（4）连接运算符

连接运算符可以将两个或多个字符串连接成一个字符串。VBA 中的连接运算符有“+”和“&”两种。“+”运算要求连接的两个数据都是字符型时，才能将两个字符串连接成一个新字符串。“&”运算可以做强制连接，连接的两个数据可以是字符型也可以不是字符型。当连接数据不是字符型时，可以将其转换成字符型再进行连接。

例如："VBA"+"程序设计"　　结果为"VBA 程序设计"
　　"Access"+"数据库"　　结果为"Access 数据库"
　　"5+5="&5+5　　结果为" 5+5=10"

7.4 VBA 的输入与输出

任何一个程序都离不开输入和输出。程序需要执行的数据一般是通过输入确定的，程序运行后的结果也需要以某种方式输出。在 VBA 中提供了图形化的输入函数 InputBox 和输出函数 MsgBox。另外，Print 方法也可以实现输出，在窗体中也可以利用文本框等控件实现输入和输出功能。

1. InputBox 函数

InputBox 函数用于显示一个输入对话框。在对话框中显示提示信息、等待用户输入信息的文本框以及可以单击的命令按钮。在用户输入信息并单击命令按钮后，函数返回一个字符串类型的数据。InputBox 的使用格式：

```
InputBox(Prompt,[Title],[Default],[XPos],[YPos])
```

相关参数说明如下。

Prompt　指定在对话框中显示的提示信息，不能省略。

Title　指定对话框标题栏显示的信息，可以省略。如果省略 Title，则把应用程序名放入标题栏中。

Default　在用户向输入文本框输入信息之前的默认信息，可以省略。如果省略 Default，则输入文本框为空。

XPos　指定对话框的左边距离屏幕左边的水平距离，可以省略。如果省略 XPos，则输入对话框水平方向居中。

YPos　指定对话框的上边距离屏幕上边的垂直距离，可以省略。如果省略 YPos，则输入对话框垂直方向居中。

在实际应用中，可以将用户输入的信息赋值给一个变量。

例如：StrName=InputBox（"请输入姓名"，"信息"）

将用户的输入信息赋值给变量 StrName，其执行结果如图 7.7 所示。

图 7.7　InputBox 对话框

2. MsgBox 函数

消息框函数 MsgBox 用于显示一个对话框，并在对话框中显示提示信息。可以将程序的运行结果作为消息框函数中的提示信息输出。在消息框中显示提示信息后，用户单击命令按钮，返回一个整型值告诉用户单击的是哪一个按钮。MsgBox 的使用格式：

```
MsgBox Prompt [,Buttons] [,title]
```

相关参数说明如下。

Prompt　指定在对话中显示的提示信息，不能省略。

Buttons　指定按钮的显示数量及类型、图标样式以及默认按钮选项，可以省略。如果省略 Buttons，默认情况下显示一个“确定”按钮。Buttons 参数各个取值如表 7.11 所示。

表 7.11　MsgBox 函数 Bottons 取值

分类	常量	值	功能说明
按钮数量及类型	VbOkOnly	0	只显示确定按钮
	VbOkCancel	1	显示确定和取消按钮
	VbAbortRetryIngore	2	显示中止、重试和忽略按钮
	VbYesNoCancel	3	显示是、否和取消按钮
	VbYesNo	4	显示是和否按钮
	VbRetryCancel	5	显示重试和取消按钮
图标类型	VbCritical	16	显示图标
	VbQuestion	32	显示图标
	VbExclamation	48	显示图标
	VbInformation	64	显示图标
默认按钮	VbDefaultButton1	0	第 1 个按钮为默认按钮
	VbDefaultButton2	256	第 2 个按钮为默认按钮
	VbDefaultButton3	512	第 3 个按钮为默认按钮
	VbDefaultButton4	768	第 4 个按钮为默认按钮

Title 指定对话框标题栏显示的信息，可以省略。如果省略 Title，则把应用程序名放入标题栏中。

在用户单击命令按钮后，消息框函数会产生一个返回值。返回值及含义如表 7.12 所示。

表 7.12 MsgBox 函数的返回值及含义

常量	值	说明
VbOk	1	确定
VbCancel	2	取消
VbAbort	3	中止
VbRetry	4	重试
VbIngore	5	忽略
VbYes	6	是
VbNo	7	否

图 7.8 所示的是消息框函数 MsgBox 的一个例子。语句：

MsgBox "数据处理中！", vbAbortRetryIgnore + vbExclamation + vbDefaultButton3, "信息"

图 7.8 MsgBox 消息框

7.5 程序流程控制结构

程序按照其语句的执行顺序，可以分为顺序结构、选择结构和循环结构。VBA 对于不同的程序结构采用不同程序控制语句来实现。

7.5.1 顺序结构

顺序结构是在程序执行时，依据程序语句的书写顺序自上向下依次执行。顺序结构的执行流程如图 7.9 所示。

在图 7.9 中，矩形表示程序语句，箭头表示程序的执行方向。在该图中先执行语句 A，语句 A 执行完后接着执行语句 B。例如：

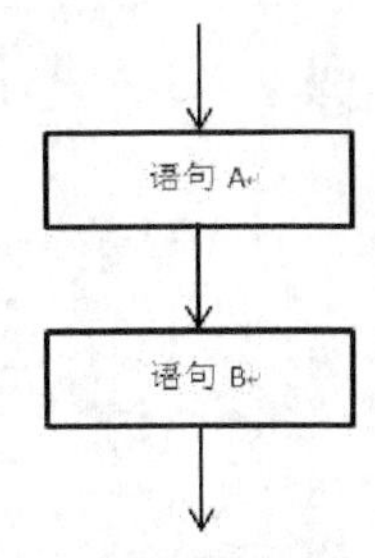

图 7.9 顺序结构流程图

```
Dim Age As Integer
Age=23
```

程序中首先定义一个整型变量 Age，然后对其赋值为 23。

例 7-1 有如下程序段：

```
Dim D1 As Date
Dim D2 As Date
D1=#2013-12-25#
D2=#2014-1-6#
MsgBox DateDiff("ww",D1,D2)
```

程序执行后，求消息框中的显示结果。

程序说明：本程序中定义了 2 个日期变量 D1 和 D2，D1 的值为#2013-12-25#，D2 的值为#2014-

1-6#，DateDiff求2个日期的时间间隔值，间隔类型为周。程序结果为在消息框中显示2。

例7-2 有如下程序段：

```
a=Instr(4,"Welcome to Beijing","e")
b=Sgn(5>=4)
c=a+b
MsgBox c
```

程序运行后，求变量c的值。

程序说明：本程序中有3个变量a、b、c。Instr(4,"Welcome to Beijing","e")的含义是从"Welcome to Beijing"字符串的第4个字符开始找字符"e"第一次出的位置，它在第7个位置出现，因此，a的值7。Sgn函数返回表达式的符号，这里5>=4结果为True，可以将其转换为-1，因此b的值为-1。c的值由a+b得到，因此，c的值为6。

7.5.2 选择结构

选择结构根据条件成立与否来判断语句是否执行。根据可选择执行的语句数量不同，选择结构又分为单选择结构、双选择结构和多选择结构。

1. 单选择结构

单选择结构中只有一个语句可供执行。语句结构：

If 条件表达式 Then
条件表达式成立时要执行的语句块
End If

执行时，先判断条件，条件成立，执行语句；条件不成立，不执行语句。单选择结构的流程图如图7.10所示。

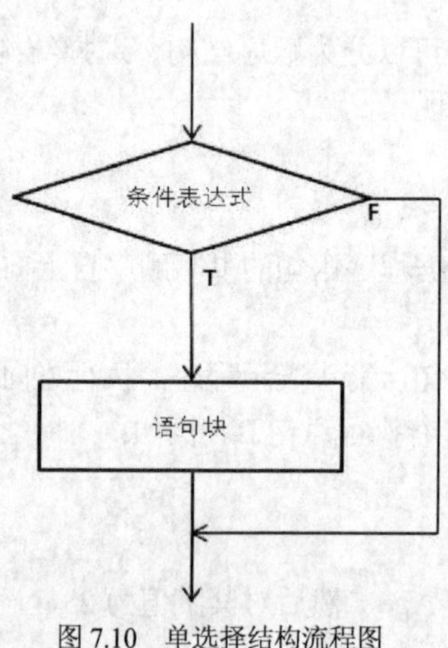

图7.10 单选择结构流程图

例7-3 根据系统当前时间，在屏幕上用消息框显示"下午好!"。程序代码如下：

```
Sub S1()
    If Hour(Time())>=12 And Hour(Time())<=18 Then
    MsgBox "下午好!"
    End If
End Sub
```

程序说明：Hour(Time())对当前计算机上的时间取小时的值，当小时的值在12到18之间时，屏幕上出现一个消息框，消息框中显示“下午好!”。

2．双选择结构

双选择结构中有两条语句可供选择执行。语句结构：

```
If 条件表达式 Then
条件表达式成立时要执行的语句块 1
Else 条件表达式不成立时要执行的语句块 2
End If
```

执行时，先判断条件，条件成立，执行语句块 1；条件不成立，执行语句块 2。双选择结构的流程图如图 7.11 所示。

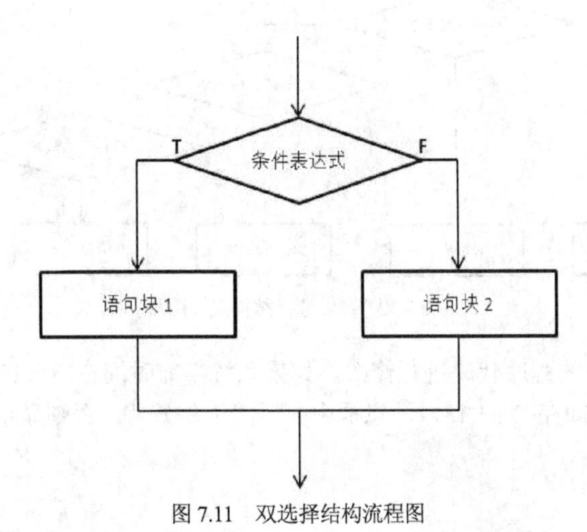

图 7.11　双选择结构流程图

例 7-4　对例 7-3 中的程序代码进行修改，如果系统当前时间在 12 到 18 之间，在屏幕上用消息框显示“下午好!”，否则，消息框中显示“欢迎下次光临!”。程序代码如下：

```
Sub S2()
      If Hour(Time())>=12 And Hour(Time())<=18 Then
      MsgBox "下午好!"
      Else MsgBox "欢迎下次光临!"
      End If
End Sub
```

程序说明：Hour(Time())对当前计算机上的时间取小时的值，当小时的值在 12 到 18 之间时，屏幕上出现一个消息框，消息框中显示“下午好!”，如果当前时间小时的值没有在 12 到 18 之间，则消息框上显示“欢迎下次光临!”。

3．多选择结构

多选择结构中有多条语句可供选择执行。其结构有两种。一种用 If 语句实现，另一种用 Select 语句实现。

（1）If 语句结构：

```
If 条件表达式 1 Then 条件表达式 1 成立时要执行的语句块 1
Else If 条件表达式 2 Then 条件表达式 2 成立时要执行的语句块 2
   Else If 条件表达式 3 Then 条件表达式 3 成立时要执行的语句块 3
```

```
    ……
        Else 语句块 n+1
    End If
```

执行时，先判断条件表达式 1，条件表达式 1 成立，执行语句块 1；条件表达式 1 不成立并且条件表达式 2 成立，执行句块 2；条件表达式 1 与条件表达式 2 都不成立并且条件表达式 3 成立，执行语句块 3……，以此类推，当前面 n 个条件表达式都不成立时，执行语句块 n+1。If 多选择结构的流程图如图 7.12 所示。

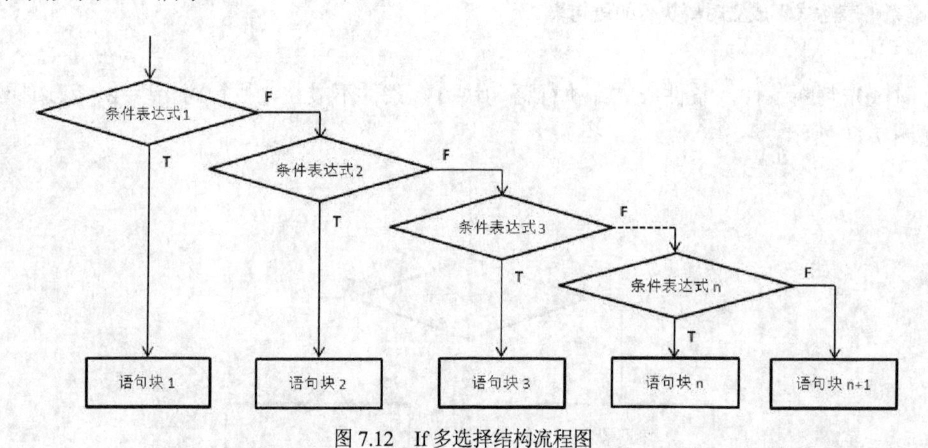

图 7.12　If 多选择结构流程图

例 7-5　对例 7-4 中的程序代码进行修改，如果系统当前时间在 8～12，在屏幕上用消息框显示“上午好!”，当系统时间在 12～18，消息框中显示“下午好!”，否则显示“欢迎下次光临!”。程序代码如下：

```
Sub S3()
    If Hour(Time())>=8 And Hour(Time())<12 Then MsgBox "上午好!"
    Else If Hour(Time())>=12 And Hour(Time())<=18 MsgBox "下午好!"
        Else MsgBox "欢迎下次光临!"
    End If
End Sub
```

程序说明：Hour(Time())对当前计算机上的时间取小时的值，当小时的值在 8～12 时，屏幕上出现一个消息框，消息框中显示“上午好!”；如果当前时间小时的值在 12～18 时，消息框显示“下午好!”；如果当前时间即没有在 8～11 之间也没有 12～18 时，则消息框显示“欢迎下次光临!”。

（2）**Select** 语句结构：

```
Select Case 表达式
    Case 表达式 1
        表达式的值与表达式 1 的值相等时执行的语句块 1
    Case 表达式 2 To 表达式 3
        表达式的值在表达式 2 的值和表达式 3 的值之间时执行的语句块 2
    Case Is 关系运算符 表达式 4
        表达式的值与表达式 4 的值之间满足关系运算为真时执行的语句块 3
    ……
    Case Else
```

```
        以上情况均不符合时执行的语句块 n+1
End Select
```

执行时，首先计算表达式的值。接下来先判断表达式的值与表达式 1 的值是否相等，如相等，执行语句块 1；如不相等，判断表达式的值是否在表达式 2 的值和表达式 3 的值之间，如匹配成功，执行语句块 2；如匹配不成功，判断表达式的值与表达式 4 的值之间是否满足关系运算，如满足关系运算，执行语句块 3；如不满足，则继续匹配下一表达式，依次类推；当表达式与 Case 后的条件匹配都不成功时，执行语句块 n+1。Select 多选择结构的流程图如图 7.13 所示。

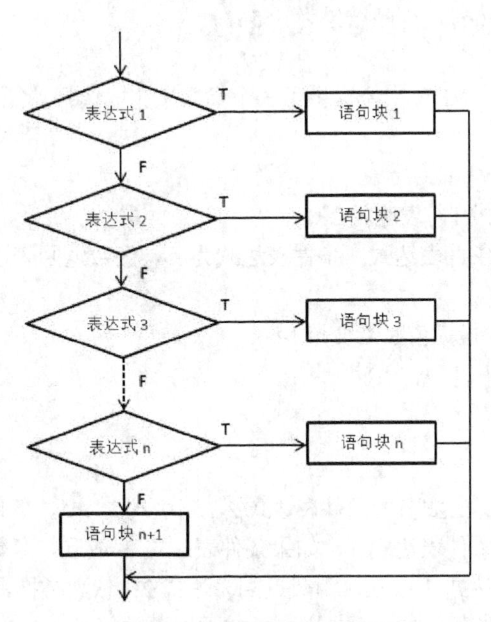

图 7.13 Select 多选择结构流程图

例 7-6 使用 Select 结构，完成例 7-3 的功能。程序代码如下：

```
Sub S4()
    Select Case Hour(Time())
      Case 8 to 11
         MsgBox "上午好!"
      Case 12 to 18
         MsgBox "下午好!"
      Case Else
         MsgBox "欢迎下次光临!"
    End Select
End Sub
```

程序说明：首先计算 Hour(Time())求出当前系统时间小时的值，当小时的值在 8～11 之间时，屏幕上出现一个消息框，消息框中显示“上午好!”；如果当前时间小时的值在 12～18 之间时，消息框显示“下午好!”；如果当前时间即没有在 8～11 也没有 12～18 时，则消息框显示“欢迎下次光临!”。

例 7-7 已知下列程序段，求变量 z 的值。

```
x=65
y=567
```

```
Select Case y\10
    Case 0
 z=x*10+y
    Case 1 to 9
  z=x*100+y
    Case 10 to 99
  z=x*1000+y
End Select
```

程序说明：首先计算出表达式 y\10 的值为 56，然后拿表达式的值和下面 Case 后的条件式进行匹配，执行语句 z=65*1000+567，程序结果为 65567。

4．选择函数

除了上述的选择结构外，VBA 中还提供了 3 个函数来完成选择功能。

（1）IIf 函数

函数格式：

IIf（条件表达式，表达式 1，表达式 2）

函数执行时，首先判断条件表达式，条件表达式为真，函数返回表达式 1；条件表达式为假，函数返回表达式 2。

例如：将变量 x，y 中的最大值赋给变量 Max。

```
Max=IIf(x>y,x,y)
```

（2）Switch 函数

函数格式：

Switch（条件表达式 1，表达式 1，条件表达式 2，表达式 2……，条件表达式 n，表达式 n）

函数执行时，首先判断条件表达式 1，如果条件表达式 1 成立，函数返回表达式 1；如果条件表达式 1 不成立并且条件表达式 2 成立，函数返回表达式 2；依次类推，如果条件表达式 n 成立，函数返回表达式 n。如果条件表达式 n 不成立，函数返回无效值（Null）。

例如，根据变量 x 的值来给变量 y 赋值。

```
y=Switch(x>0,1,x=0,0,x<0,-1)
```

（3）Choose 函数

函数格式：

Choose（索引式，选项 1，选项 2，选项 3，……，选项 n）

函数执行时，首先计算索引式的值。索引式的值为 1，函数返回选项 1；索引式的值为 2，函数返回选项 2；依此类推，索引式的值为 n，函数返回选项 n。如果索引式的值为 n+1，函数返回无效值（Null）。

例如，根据变量 x 的值来给变量 y 赋值。

```
y=Choose(x,z,z+5,z-5)
```

7.5.3 循环结构

循环结构可以将程序中的一个语句或多个语句重复执行有限次。要使程序中的语句重复执行有限次，可以通过条件来进行限制。VBA 中提供了 6 种常用的循环结构，分别是 For……Next 结构、Do While……Loop 结构、Do Until……Loop 结构、Do……Loop While 结构、Do……Loop Until 结构、While……Wend 结构。

1. For语句实现循环

For语句能够事先确定程序语句的循环次数，属于计数型循环。其语句格式：

```
For 循环变量 = 初值 to 终值 [Step 步长值]
   循环体
Next 循环变量
```

For语句的执行过程根据步长值分成3种情况：步长值>0、步长值<0、步长值=0。

（1）步长值>0时

执行步骤如下。

① 循环变量取初值。

② 循环变量值和终值进行比较，确定循环是否进行；若循环变量值小于或等于终值，循环继续，执行步骤③；若循环变量值大于终值，循环结束，退出循环。

③ 执行循环体。

④ 循环变量值增加步长值（循环变量=循环变量+步长值），程序跳转至②。

For语句步长值>0时流程图如图7.14所示。

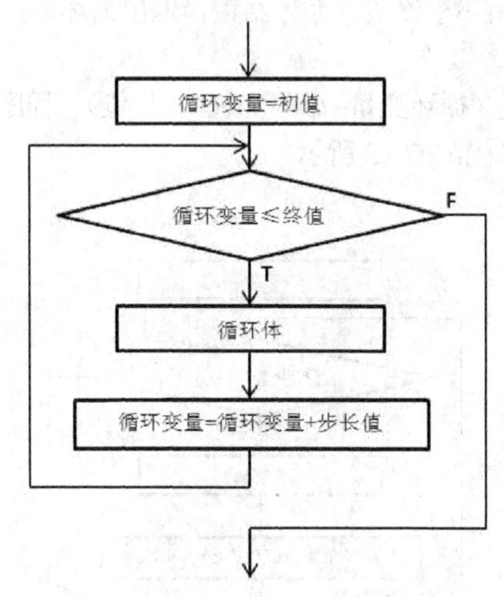

图7.14 For循环步长值大于0流程图

例7-8 分析下列程序段中循环结构的运行过程。

程序段1：

```
  x=0
For a = 1 to 3 Step 1
  x=x+1
Next a
```

程序说明：本程序循环结构中循环变量为a，初值为1，终值为3，步长值为1；循环体只有一个句子x=x+1。其执行过程如下所示：

① a=1，a<=3成立，执行循环体x=0+1=1，循环变量增加步长值a=1+1=2；

② a=2，a<=3成立，执行循环体x=1+1=2，循环变量增加步长值a=1+2=3；

③ a=3，a<=3成立，执行循环体x=2+1=3，循环变量增加步长值a=3+1=4；

④ a=4，a<=3不成立，循环结束。

分析：在该程序段中，最后变量x的值为3，循环变量a的值为4。循环语句x=x+1重复执行了3次。需要注意的是，只有当循环变量a的值为4时，循环变量值大于终值，循环结束。

程序段2：

```
  x=0
For a = 3 to 1 Step 1
  x=x+1
Next a
```

执行过程如下。

a=3，a<=1不成立，循环不执行既结束。

分析：在该程序段中，由于循环变量a的值为3大于终值1，循环语句x=x+1没有执行。最后变量x的值为0，循环变量a的值为3。

（2）步长值<0时

执行步骤如下。

① 循环变量取初值。

② 循环变量值和终值进行比较，确定循环是否进行；若循环变量值大于或等于终值，循环继续，执行步骤③；若循环变量值小于终值，循环结束，退出循环。

③ 执行循环体。

④ 循环变量值增加步长值（循环变量=循环变量+步长值），程序跳转至②。

For语句步长值>0时流程图如图7.15所示。

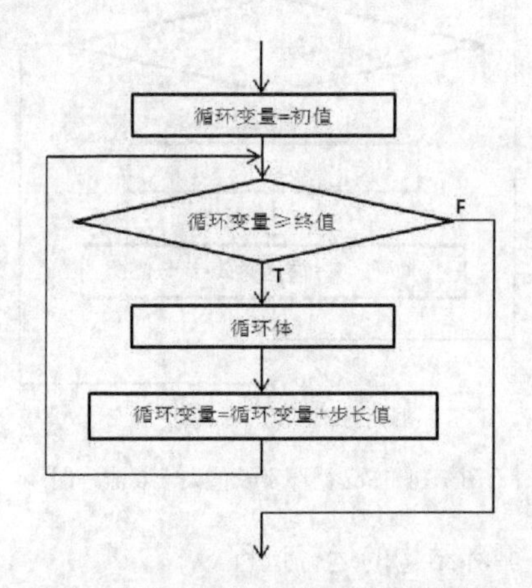

图7.15 For循环步长值小于0流程图

例7-9 分析下列程序段中循环结构的运行过程。

程序段1：

```
  x=0
For a = 3 to 1 Step -1
  x=x+1
Next a
```

程序说明：本循环结构中循环变量为a，初值为3，终值为1，步长值为-1；循环体只有一个句子x=x+1。其执行过程如下所示：

① a=3，a>=1成立，执行循环体x=0+1=1，循环变量增加步长值a=3+(-1)=2；

② a=2，a>=1成立，执行循环体x=1+1=2，循环变量增加步长值a=2+(-1)=1；

③ a=1，a>=1 成立，执行循环体 x=2+1=3，循环变量增加步长值 a=1+(-1)=0；

④ a=0，a>=1 不成立，循环结束。

分析：在该程序段中，最后变量 x 的值为 3，循环变量 a 的值为 0。循环语句 x=x+1 重复执行了 3 次。只有当循环变量 a 的值为 0 时，循环变量值小于终值，循环结束。

程序段 2：

```
  x=0
For a = 1 to 3 Step -1
  x=x+1
Next a
```

执行过程如下。

a=1，a>=3 不成立，循环不执行既结束。

分析：在该程序段中，由于循环变量 a 的值为 1 小于终值 3，循环语句 x=x+1 没有执行。最后变量 x 的值为 0，循环变量 a 的值为 1。

（3）步长值=0 时

执行步骤如下。

若循环变量值小于或等于终值，循环语句执行无限次（死循环）；若循环变量值大于终值，循环语句一次也不执行。

例 7-10　分析下列程序段中循环结构的运行过程。

程序段 1：

```
  x=0
For a = 1 to 3 Step 0
  x=x+1
Next a
```

程序说明：本循环结构中循环变量为 a，初值为 1，终值为 3，步长值为 0；循环体只有一个句子 x=x+1。其执行过程如下所示：

① a=1，a<=3 成立，执行循环体 x=0+1=1，循环变量增加步长值 a=1+0=1；

② a=1，a<=3 成立，执行循环体 x=1+1=2，循环变量增加步长值 a=1+0=1；

③ a=1，a<=3 成立，执行循环体 x=2+1=3，循环变量增加步长值 a=1+0=1；

……

分析：在该程序段中，循环变量 a 的值为 1，步长值为 0。在每一次循环语句执行完之后，循环变量 a 都要加上步长值 0，循环变量 a 的值永远为 1，a 的值永远小于 3，循环语句 x=x+1 会重复执行无限次，程序进入死循环。

程序段 2：

```
  x=0
For a = 3 to 1 Step 0
  x=x+1
Next a
```

执行过程如下：

a=3，a<=1 不成立，循环不执行既结束。

分析：在该程序段中，由于循环变量 a 的值为 3 大于终值 1，循环语句 x=x+1 一次也没有执行。最后变量 x 的值为 0，循环变量 a 的值为 3。

需要注意的是，步长值可以省略，默认情况下，步长值为 1。

例 7-11 已知程序段：

```
    s=0
For a=1 to 15 Step 2
    s=s+1
    a=a*2
Next a
```

当循环结束后，变量 a 和变量 s 的值分别为多少？

程序说明：本程序中循环变量为 a，初值为 1，终值为 15，步长值为 2。循环体中有 2 个程序语句需要重复执行。

执行过程如下。

① a=1，a<=15 成立，执行循环体 s=0+1=1，a=1*2=2，循环变量增加步长值 a=2+2=4;

② a=4，a<=15 成立，执行循环体 s=1+1=2，a=4*2=8，循环变量增加步长值 a=8+2=10;

③ a=10，a<=15 成立，执行循环体 s=2+1=3，a=10*2=20，循环变量增加步长值 a=20+2=22;

④ a=22，a<=15 不成立，循环结束。

最后，变量 s 的值为 3，变量 a 的值为 22。

例 7-12 有如下 VBA 程序段，求变量 sum 的值。

```
sum=0
n=0
For a=1 to 5
   x=n/a
   n=n+1
sum=sum+x
Next a
```

程序说明：本程序中循环变量为 a，初值为 1，终值为 5，步长值默认为 1。循环体中有 3 个程序语句需要重复执行。

执行过程如下：

① a=1，a<=5 成立，执行循环体 x=0/1=o，n=0+1=1，sum=0+0=0，循环变量增加步长值 a=1+1=2;

② a=2，a<=5 成立，执行循环体 x=1/2，n=1+1=2，sum=0+1/2=1/2 循环变量增加步长值 a=2+1=3;

③ a=3，a<=5 成立，执行循环体 x=2/3，n=2+1=3，sum=1/2+2/3，循环变量增加步长值 a=3+1=4;

④ a=4，a<=5 成立，执行循环体 x=3/4，n=3+1=4，sum=1/2+2/3+3/4，循环变量增加步长值 a=4+1=5;

⑤ a=5，a<=5 成立，执行循环体 x=4/5，n=4+1=5，sum=1/2+2/3+3/4+4/5，循环变量增加步长值 a=5+1=6;

⑥ a=6，a<=5 不成立，循环结束。

最后，变量 sum 的值为 1/2+2/3+3/4+4/5。

（4）两层循环结构

在一个循环结构中嵌套一个循环结构就构成了两层循环结构。For 语句的两层循环结构格式为：

```
For 循环变量 1 = 初值 1 to 终值 1 [Step 步长值 1]
    For 循环变量 2= 初值 2 to 终值 2 [Step 步长值 2]
```

```
        循环体
    Next 循环变量 2
Next 循环变量 1
```

在两层循环的执行过程中，外层循环每执行一次，内层循环就要从头至尾执行一遍。例如：

```
  x=0
For a=1 to 3 Step 1
  For b= 1 to 3 Step1
    x=x+1
  Next b
Next a
```

在以上的两层循环中，外层循环变量 a=1 时，内层循环变量 b 的取值分别为 1，2，3，内层循环需要执行 3 次；外层循环变量 a=2 时，内层循环同样要执行 3 次……，以此类推，直到整个两层循环执行完成，循环体 x=x+1 共执行了 3×3=9 次。其执行过程如下。

① a=1 ，a<=3 成立，b=1，b<=3 成立，执行循环体 x=0+1=1，循环变量 b 增加步长值 b=1+1=2；
b=2，b<=3 成立，执行循环体 x=1+1=2，循环变量 b 增加步长值 b=1+2=3；
b=3，b<=3 成立，执行循环体 x=2+1=3，循环变量 b 增加步长值 b=3+1=4；
b=4，b<=3 不成立，内层循环结束；
循环变量 a 增加步长值 a=1+1=2。

② a=2，a<=3 成立，b=1，b<=3 成立，执行循环体 x=3+1=4，循环变量 b 增加步长值 b=1+1=2；
b=2，b<=3 成立，执行循环体 x=4+1=5，循环变量 b 增加步长值 b=1+2=3；
b=3，b<=3 成立，执行循环体 x=5+1=6，循环变量 b 增加步长值 b=3+1=4；
b=4，b<=3 不成立，内层循环结束；
循环变量 a 增加步长值 a=2+1=3。

③ a=3，a<=3 成立，b=1，b<=3 成立，执行循环体 x=6+1=7，循环变量 b 增加步长值 b=1+1=2；
b=2，b<=3 成立，执行循环体 x=7+1=8，循环变量 b 增加步长值 b=1+2=3；
b=3，b<=3 成立，执行循环体 x=8+1=9，循环变量 b 增加步长值 b=3+1=4；
b=4，b<=3 不成立，内层循环结束；
循环变量 a 增加步长值 a=3+1=4。

④ a=4，a<=3 不成立，外层循环结束。

程序运行结束后，变量 x 的值为 9，变量 a 的值为 4，变量 b 的值为 4。

例 7-13 有如下程序段，求变量 c 的值。

```
Dim a,b,c As Integer
For a=1 to 3
```

```
    For b=3 to 1 Step -1
      c=a*b
    Next b
Next a
```

程序说明：本程序为两层循环结构，外层循环变量为 a，初值为 1，终值为 3，步长值默认为 1；内层循环变量为 b，初值为 3，终值为 1，步长值为-1；循环体只有一个句子 c=a*b。执行过程如下。

① a=1 ，a<=3 成立， b=3，b>=1 成立，执行循环体 c=1*3=3，循环变量 b 增加步长值 b=3+(-1)=2；
b=2，b>=1 成立，执行循环体 c=1*2=2，循环变量 b 增加步长值 b=2+(−1)=1；
b=1，b>=1 成立，执行循环体 c=1*1=1，循环变量 b 增加步长值 b=1+(−1)=0；
b=0，b>=1 不成立，内层循环结束；
循环变量 a 增加步长值 a=1+1=2。

② a=2，a<=3 成立， b=3，b>=1 成立，执行循环体 c=2*3=6，循环变量 b 增加步长值 b=3+(-1)=2；
b=2，b>=1 成立，执行循环体 c=2*2=4，循环变量 b 增加步长值 b=2+(−1)=1；
b=1，b>=1 成立，执行循环体 c=2*1=2，循环变量 b 增加步长值 b=1+(−1)=0；
b=0，b>=1 不成立，内层循环结束；
循环变量 a 增加步长值 a=2+1=3。

③ a=3，a<=3 成立， b=3，b>=1 成立，执行循环体 c=3*3=9，循环变量 b 增加步长值 b=3+(-1)=2；
b=2，b>=1 成立，执行循环体 c=3*2=6，循环变量 b 增加步长值 b=2+(−1)=1；
b=1，b>=1 成立，执行循环体 c=3*1=3，循环变量 b 增加步长值 b=1+(−1)=0；
b=0，b>=1 不成立，内层循环结束；
循环变量 a 增加步长值 a=3+1=4。

④ a=4，a<=3 不成立，外层循环结束。

程序运行结束后，变量 c 的值为 3。

例 7-14 有如下 VBA 程序段，求变量 x 的值。

```
Dim a,b,c As Integer
For a=1 to 20 Step 3
   x=0
   For b=a to 20 Step 3
     x=x+1
   Next b
Next a
```

程序说明：本程序为两层循环结构，外层循环变量为 a，初值为 1，终值为 20，步长值为 2；内层循环变量为 b，初值为变量 a 的值，终值为 20，步长值为 3；循环体有两个句子 x=0， x=x+1。需要注意的是 x=0 重复执行的次数。

执行过程如下。

① a=1，a<=20 成立，执行循环体 x=0，b=1，b<=20 成立，执行循环体 x=0+1=1，循环变量 b 增加步长值 b=1+3=4；

b=4，b<=20 成立，执行循环体 x=1+1=2，循环变量 b 增加步长值 b=4+3=7；

b=7，b<=20 成立，执行循环体 x=2+1=3，循环变量 b 增加步长值 b=7+3=10；

b=10，b<=20 成立，执行循环体 x=3+1=4，循环变量 b 增加步长值 b=10+3=13；

b=13，b<=20 成立，执行循环体 x=4+1=5，循环变量 b 增加步长值 b=13+3=16；

b=16，b<=20 成立，执行循环体 x=5+1=6，循环变量 b 增加步长值 b=16+3=19；

b=19，b<=20 成立，执行循环体 x=6+1=7，循环变量 b 增加步长值 b=19+3=22；

b=22，b<=20 不成立，内层循环结束；

循环变量 a 增加步长值 a=1+3=4。

② a=4 ，a<=20 成立，执行循环体 x=0，b=4，b<=20 成立，执行循环体 x=0+1=1，循环变量 b 增加步长值 b=4+3=7；

b=7，b<=20 成立，执行循环体 x=1+1=2，循环变量 b 增加步长值 b=7+3=10；

b=10，b<=20 成立，执行循环体 x=2+1=3，循环变量 b 增加步长值 b=10+3=13；

b=13，b<=20 成立，执行循环体 x=3+1=4，循环变量 b 增加步长值 b=13+3=16；

b=16，b<=20 成立，执行循环体 x=4+1=5，循环变量 b 增加步长值 b=16+3=19；

b=19，b<=20 成立，执行循环体 x=5+1=6，循环变量 b 增加步长值 b=19+3=22；

b=22，b<=20 不成立，内层循环结束；

循环变量 a 增加步长值 a=4+3=7。

③ a=7 ，a<=20 成立，执行循环体 x=0，b=7，b<=20 成立，执行循环体 x=0+1=1，循环变量 b 增加步长值 b=7+3=10；

b=10，b<=20 成立，执行循环体 x=1+1=2，循环变量 b 增加步长值 b=10+3=13；

b=13，b<=20 成立，执行循环体 x=2+1=3，循环变量 b 增加步长值 b=13+3=16；

b=16，b<=20 成立，执行循环体 x=3+1=4，循环变量 b 增加步长值 b=16+3=19；

b=19，b<=20 成立，执行循环体 x=4+1=5，循环变量 b 增加步长值

b=19+3=22；

b=22，b<=20 不成立，内层循环结束；

循环变量 a 增加步长值 a=7+3=10。

④ a=10 ，a<=20 成立，执行循环体 x=0，b=10，b<=20 成立，执行循环体 x=0+1=1，循环变量 b 增加步长值 b=10+3=13；

b=13，b<=20 成立，执行循环体 x=1+1=2，循环变量 b 增加步长值 b=13+3=16；

b=16，b<=20 成立，执行循环体 x=2+1=3，循环变量 b 增加步长值 b=16+3=19；

b=19，b<=20 成立，执行循环体 x=3+1=4，循环变量 b 增加步长值 b=19+3=22；

b=22，b<=20 不成立，内层循环结束；

循环变量 a 增加步长值 a=10+3=13。

……

⑤ a=19 ，a<=20 成立，执行循环体 x=0，b=19，b<=20 成立，执行循环体 x=0+1=1，循环变量 b 增加步长值 b=19+3=22；

b=22，b<=20 不成立，内层循环结束；

循环变量 a 增加步长值 a=19+3=22。

⑥ a=22，a<=20 不成立，外层循环结束。

程序运行结束后，变量 x 的值为 1。

在该程序中，每次次内层循环开始执行前，循环语句 x=0 都要执行一次，变量 x 的值都置为 0。所以，只需计算外层循环变量 a 最后一次取值时的内层循环执行。

（5）三层循环结构

在两层循环结构中再嵌套一个循环结构就构成了三层循环结构。For 语句的三层循环结构格式为：

```
For 循环变量 1 = 初值 1 to 终值 1 [Step 步长值 1]
    For 循环变量 2= 初值 2 to 终值 2 [Step 步长值 2]
        For 循环变量 3= 初值 3 to 终值 3 [Step 步长值 3]
            循环体
       Next 循环变量 3
    Next 循环变量 2
Next 循环变量 1
```

在三层循环的执行过程中，外层循环每执行一次，内部的两层循环就要从头至尾执行一遍。例如：

```
   x=0
For a=1 to 3 Step 1
   For b= 1 to 3 Step1
     For c=1 to 3 Step 1
       x=x+1
    Next c
  Next b
Next a
```

在以上的三层循环中，第一层循环变量 a=1 时，第二层循环变量 b 的取值分别为 1，2，3，第二层循环执行 3 次；第二层循环变量 b 的取值为 1 时，第三层循环变量 c 的取值分别为 1，2，3，第三层循环执行 3 次；第二层循环变量 b 的取值为 2 时，第三层循环执行 3 次；第二层循环变量 b 的取值为 3 时，第三层循环执行 3 次。第一层循环变量 a=2 时，第二层循环同样要执行 3 次……，以此类推，直到整个三层循环执行完成，循环体 x=x+1 共执行了 3×3×3=27 次。其执行过程如下。

① a=1 ，a<=3，b=1，b<=3，c=1，c<=3，x=0+1=1，c=1+1=2；
c=2，c<=3，x=1+1=2，c=2+1=3；
c=3，c<=3，x=2+1=3，c=3+1=4；
c=4，c<=3 不成立，第三层循环结束。
b=2，b<=3，c=1，c<=3，x=3+1=4，c=1+1=2；
c=2，c<=3，x=4+1=5，c=2+1=3；
c=3，c<=3，x=5+1=6，c=3+1=4；
c=4，c<=3 不成立，第三层循环结束。
b=3，b<=3，c=1，c<=3，x=6+1=7，c=1+1=2；
c=2，c<=3，x=7+1=8，c=2+1=3；
c=3，c<=3，x=8+1=9，c=3+1=4；
c=4，c<=3 不成立，第三层循环结束。
b=4，b<=3 不成立，第二层循环结束。

② a=2 ，a<=3，b=1，b<=3，c=1，c<=3，x=9+1=10，c=1+1=2；
c=2，c<=3，x=10+1=11，c=2+1=3；
c=3，c<=3，x=11+1=12，c=3+1=4；
c=4，c<=3 不成立，第三层循环结束。
b=2，b<=3，c=1，c<=3，x=12+1=13，c=1+1=2；
c=2，c<=3，x=13+1=14，c=2+1=3；
c=3，c<=3，x=14+1=15，c=3+1=4；
c=4，c<=3 不成立，第三层循环结束。
b=3，b<=3，c=1，c<=3，x=15+1=16，c=1+1=2；
c=2，c<=3，x=16+1=17，c=2+1=3；
c=3，c<=3，x=17+1=18，c=3+1=4；
c=4，c<=3 不成立，第三层循环结束。
b=4，b<=3 不成立，第二层循环结束。

③ a=3 ，a<=3，b=1，b<=3，c=1，c<=3，x=18+1=19，c=1+1=2；
c=2，c<=3，x=19+1=20，c=2+1=3；
c=3，c<=3，x=20+1=21，c=3+1=4；
c=4，c<=3 不成立，第三层循环结束。
b=2，b<=3，c=1，c<=3，x=21+1=22，c=1+1=2；
c=2，c<=3，x=22+1=23，c=2+1=3；
c=3，c<=3，x=23+1=24，c=3+1=4；
c=4，c<=3 不成立，第三层循环结束。
b=3，b<=3，c=1，c<=3，x=24+1=25，c=1+1=2；

c=2，c<=3，x=25+1=26，c=2+1=3；

c=3，c<=3，x=26+1=27，c=3+1=4；

c=4，c<=3 不成立，第三层循环结束。

b=4，b<=3 不成立，第二层循环结束。

④ a=4，a<=3 不成立，第一层循环结束。

程序运行结束后，变量 x 的值为 27，变量 a 的值为 4，变量 b 的值为 4，变量 c 的值为 4。

需要注意的是，For 语句实现循环，步长值大于 0、小于 0、等于 0 时，其循环执行的条件是不同的。步长值大于 0，循环变量值小于或等于终值，循环执行；循环变量值大于终值，循环结束。步长值小于 0，循环变量值大于或等于终值，循环执行；循环变量值小于终值，循环结束。步长值等于 0，循环变量值小于或等于终值，死循环；循环变量值大于终值，循环一次也不执行。

2．Do 语句实现循环

对于循环次数确定的循环问题可以使用 For 语句来实现，但是，有些循环问题事先无法确定循环次数，只能通过条件来判断循环是否进行，这时可以用 Do 语句来实现。

（1）Do While……Loop 结构

语句格式：

```
Do While 条件表达式
    循环体
Loop
```

执行步骤如下。

① 判断条件表达式，决定循环语句是否执行；条件表达式成立时，执行循环；条件表达式不成立时，结束循环。

② 执行循环体，回到步骤①。

Do While……Loop 结构的流程图如图 7.16 所示。

例 7-15 已知斐波那契数列的定义如下：

```
f(0)=1, f(1)=1
当 n≥2 时，f(n)=f(n-1)+f(n-2)
```

有如下程序段，求变量 f 的值。

```
f0=1:f1=1:k=1
Do While k<=5
   f=f0+f1
   f0=f1
   f1=f
   k=k+1
Loop
MsgBox "f = "& f
```

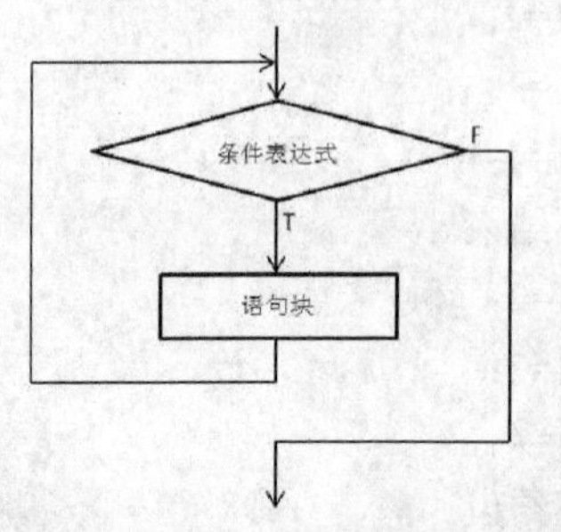

图 7.16 Do While……Loop 循环语句流程图

程序说明：斐波那契数列从第 3 项数据开始（含第 3 项数据），数据的值等于相邻的前两项数据之和。本程序为 Do While……Loop 结构，先判断条件表达式；条件表达式成立时，执行循环体；条件表达式不成立时，结束循环。循环体中包括 4 个句子。其执行过程如下：

① k=1，k<=5 成立，执行循环体 f=1+1=2，f0=1，f1=2，k=1+1=2；

② k=2，k<=5 成立，执行循环体 f=1+2=3，f0=2，f1=3，k=2+1=3；

③ k=3，k<=5 成立，执行循环体 f=2+3=5，f0=3，f1=5，k=3+1=4；

④ k=4，k<=5 成立，执行循环体 f=3+5=8，f0=5，f1=8，k=4+1=5；

⑤ k=5，k<=5 成立，执行循环体 f=5+8=13，f0=8，f1=13，k=5+1=6；

⑥ k=6，k<=5 不成立，循环结束。

程序运行后，变量 f 的值为 13。

（2）Do Until……Loop 结构

语句格式：

```
Do Until 条件表达式
     循环体
    Loop
```

执行步骤如下。

① 判断条件表达式，决定循环语句是否执行；条件表达式不成立时，执行循环；条件表达式成立时，结束循环。

② 执行循环体，回到步骤①。

Do Until……Loop 结构的流程图如图 7.17 所示。

例 7-16 有如下 VBA 程序段，运行该程序后输出结果是______。

```
Dim a As Integer
Dim b As Integer
a=2:b=3
Do Until a<=30
   b=b+a^2
   a=a+2
Loop
MsgBox "a=" & a & ", b=" & b
```

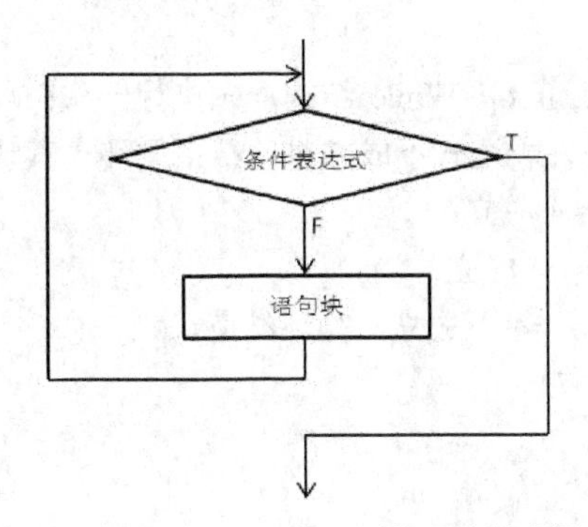

图 7.17 Do While……Loop 循环语句流程图

程序说明：本程序为 Do Until……Loop 结构，先判断条件表达式；条件表达式不成立时，执行循环体；条件表达式成立时，结束循环。循环体中包括 2 个句子。其执行过程如下。

a=2，a<=30 成立，循环不执行既结束。

程序运行后，消息框上显示 a=2，b=3

（3）Do……Loop While 结构

语句格式为：

```
Do
    循环体
Loop While 条件表达式
```

执行步骤如下。

① 执行一次循环体。

② 判断条件表达式，决定循环语句是否执行；条件表达式成立时，执行循环，回到步骤①；条件表达式不成立时，结束循环。

Do……Loop While 结构的流程图如图 7.18 所示。

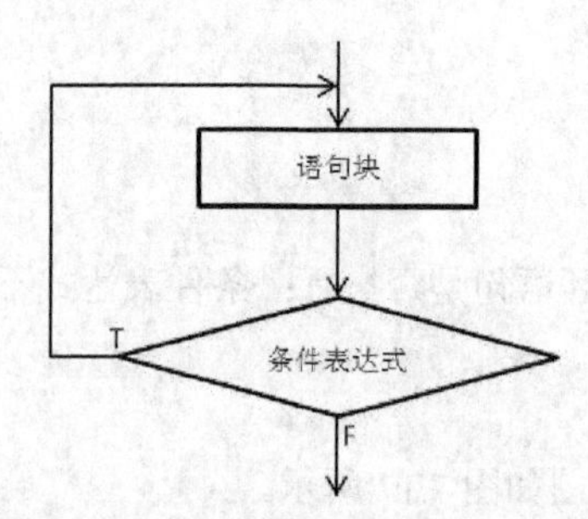

图 7.18 Do……Loop While 循环语句流程图

例 7-17 下列程序段运行后，变量 a 的值为______。

```
Dim a As Integer
Dim b As Integer
a=3
b=2
Do
   a=a*b
   b=b+1
Loop While b<=4
```

程序说明：本程序为 Do……Loop While 结构，先执行一次循环体，再判断条件表达式；条件表达式成立时，执行循环体；条件表达式不成立时，结束循环。其执行过程如下：

① a=3*2=6，b=2+1=3，b<=4 成立；

② a=6*3=18，b=3+1=4，b<=4 成立；

③ a=18*4=72，b=4+1=5，b<=4 不成立，循环结束。

程序运行后，变量 a 的值为 72。

（4）Do……Loop Until 结构

语句格式为：

```
Do
    循环体
Loop Until 条件表达式
```

执行步骤如下。

① 执行一次循环体。

② 判断条件表达式，决定循环语句是否执行；条件表达式不成立时，执行循环，回到步骤①；条件表达式成立时，结束循环。

Do……Loop Until 结构的流程图如图 7.19 所示。

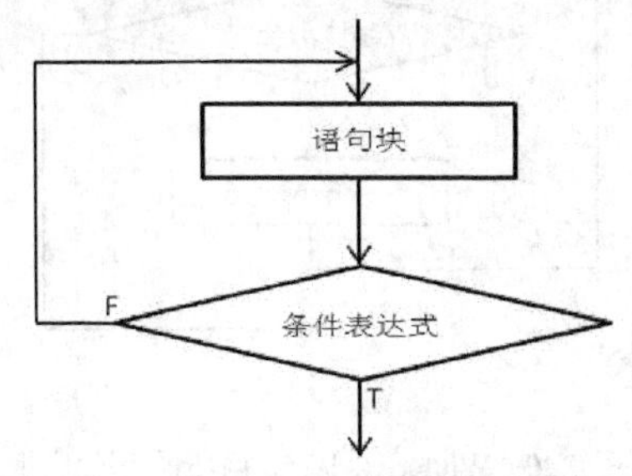

图 7.19 Do……Loop Until 循环语句流程图

例 7-18 运行下列程序，输入 5，4，3，2，1，0 后，消息框上显示结果为______。

```
Dim sum As Integer
Dim m As Integer
Sum=0
Do
   m=InputBox("请输入m的值：")
   sum=sum+m
Loop Until m=0
MsgBox sum
```

程序说明：程序说明：本程序为 Do……Loop Until 结构，先执行一次循环体，再判断条件表达式；条件表达式不成立时，执行循环体；条件表达式成立时，结束循环。循环体中有一个输入框函数赋值语句，将输入的值赋给变量 m。其执行过程如下：

① m=5，sum=0+5=5，m=0 不成立；

② m=4，sum=5+4=9，m=0 不成立；

③ m=3，sum=9+3=12，m=0 不成立；

④ m=2，sum=12+2=14，m=0 不成立；

⑤ m=1，sum=14+1=15，m=0 不成立；

⑥ m=0，sum=15+0=15，m=0 成立，循环结束。

程序运行后，消息框上显示 15。

需要注意的是，使用 Do 语句实现循环时，关键字 While 表示条件成立时，循环执行；条件不成立时，循环结束。关键字 UntiL 表示条件不成立时，循环执行；条件成立时，循环结束。

3. While……Wend 结构

While……Wend 结构与 Do While……Loop 结构的执行顺序类似。其语句格式为：

```
While 条件表达式
     循环体
Wend
```

执行步骤如下。

① 判断条件表达式，决定循环语句是否执行；条件表达式成立时，执行循环；条件表达式不成立时，结束循环。

② 执行循环体，回到步骤①。

While……Wend 结构的流程图如图 7.20 所示。

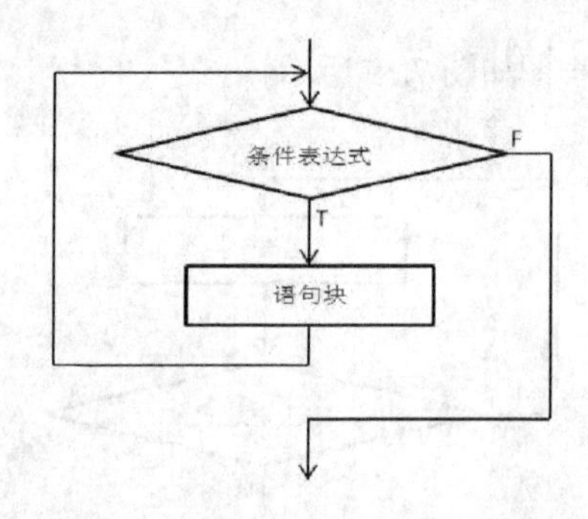

图 7.20 While……Wend 循环语句流程图

7.5.4 标号和 GoTo 语句

GoTo 语句用于实现程序的无条件转移。其语句格式为：

GoTo 标号

其中，标号可以是任意字符的组合。程序运行到此结构，会无条件的转移到标号所指位置执行。GoTo 语句使用时，标号必须事先在程序中定义好，否则无法实现跳转。

例如：

```
GoTo ErrHandler    '跳转到 ErrHandler 所指位置执行
……
ErrHandler:        '定义 ErrHandler 所指位置
……
```

在程序的编写过程中，应尽量避免使用 GoTo 语句。如果大量使用该语句，会造成程序语句之间的频繁跳转，不利于程序的维护和调试。

7.6 面向对象程序设计的基本概念

1．对象

在自然界中，一个对象就是一个实体。如一辆汽车就是一个对象。每个对象都有一些属性可以相互区分，如汽车的颜色、重量等。在 VBA 数据库程序设计中，对象代表应用程序中的元素，如表、查询、报表、窗体及控件等。

2．属性

属性是对象的特征，用来描述一个对象。如汽车的颜色属性和重量属性可以从一定角度描述汽车。窗体中的命令按钮的标题属性和名称属性可以描述一个命令按钮。对象的类别不同，属性会有所不同。同类型对象的不同实例，属性也会有差异。例如，同是命令按钮，名称属性不允许相同。

引用对象属性的语句格式：

对象名.属性名

设置属性值的语句格式：

对象名.属性名=属性值

3．事件

事件是对象能够识别的操作。如命令按钮可以识别单击事件、双击事件；窗体可以识别打开事件、关闭事件等。在类模块中，每一个过程开始执行，都显示对象名和事件名，例如：Private Sub Command1_Click()。

4．方法

方法是对象能够执行的操作，决定了对象能完成什么操作，不同的对象有不同的方法。引用方法的语句格式：

对象名.方法名（参数 1，参数 2，……）

7.7 过程调用和参数传递

模块是用 VBA 语言编写的过程的集合，而过程是 VBA 代码的集合。每个过程都是一个可执行的代码片段，包含一系列的语句和语法。在 VBA 中，过程主要分为两类：Sub 子过程和 Function 函数过程。

7.7.1 过程的定义和调用

在 VBA 中，过程必须先声明后调用。子过程和函数过程使用不同的声明方式和调用格式。

1．Sub 子过程的定义和调用

可以使用 Sub 语句声明一个子过程、参数和子过程代码。Sub 语句以 Sub 开始，End Sub 结束。其语句格式：

```
[Public|private] Sub 子过程名([形式参数列表])
    子过程语句序列
End Sub
```

说明：

① Public 关键字表示这个子过程使用于所有模块中的所有过程，所有模块的所有过程都可以调用它。Private 关键字表示这个子过程使用于同一模块中的其他过程，只有同一模块中的其他过程可以调用它。这两个关键字是可以省略的。

② 子过程名称用来标识一个子过程。

③ 形式参数简称为形参，形参要参与子过程的执行。在形参的定义中只给出了形参数量及其数据类型，并没有给出具体的值。形式参数列表格式为：

```
变量名 1 As 数据类型 1，变量名 2 As 数据类型 2，……
```

④ 形参不是必须的，如果子过程没有形参，子过程名后面必须跟一对空的小括号。

子过程的调用形式有两种：

```
Call 子过程名([实参])或子过程名([实参])
```

实际参数简称为实参，在子过程的调用中，实参的数量、位置、数据类型必须和形参一一对应。在过程调用时，将实参的值传递给形参。子过程可以执行各种操作，但是子过程没有返回值。实参在过程调用时可以省略。

2．Function 函数过程的定义和调用

可以使用 Function 语句声明一个函数过程、参数和函数过程代码。Function 语句以 Function 开始，End Function 结束。其语句格式为：

```
[Public|private] Function 函数过程名([形式参数列表]) [As 数据类型]
    函数程语句序列
End Function
```

说明：

① Public 关键字表示这个函数过程使用于所有模块中的所有过程，所有模块的所有过程都可以调用它。Private 关键字表示这个函数过程使用于同一模块中的其他过程，只有同一模块中的其他过程可以调用它。这两个关键字也是可以省略的。

② 函数过程名称用来标识一个函数过程。

③ 形式参数简称为形参，形参要参与子过程的执行。在形参的定义中只给出了形参数量及其数据类型，并没有给出具体的值。形式参数列表格式为：

```
变量名1 As 数据类型1，变量名2 As 数据类型2，……
```

④ 函数过程有返回值。在函数过程名的末尾使用“As 数据类型”来声明这个函数过程的返回值类型。如果没有对返回值类型进行声明，VBA 将自动给函数过程赋予一个最合适的数据类型。

函数程的调用形式只有一种：

```
函数过程名（[实参]）
```

由于函数过程会返回一个数据，实际上，函数过程的调用形式主要有两种用途：一是将函数过程返回值赋值给一个变量，其格式为：

```
变量=函数过程（[实参]）
```

二是将函数过程的返回值作为某个过程的实参使用。实参在过程调用时可以省略。

7.7.2 参数传递

在过程调用中，主调过程中的过程调用语句必须提供相应的实参，并通过实参向形参传递的方式完成操作。这种将实参传递给形参的过程称为参数传递。在参数传递过程中，还需要注意以下两点。

① 实参可以是常量、变量或表达式。

② 实参的数量、位置和类型应该和形参的数量、位置和类型相匹配。

参数传递的方式有两种形式：传值调用和传址调用。

1. 传值调用

在形参前面加上关键字 ByVal 表示参数传递方式是按值传递。按值传递是一种“单向”传递方式，即调用时将实参的值“单向”传递给形参处理，被调用过程内部对参数的任何操作引起的形参值的变化均不会反馈、影响实参。

例 7-19 阅读下面的程序，分析程序的运行结果。

```
Sub S1()
    Dim a As Integer,b As Integer
    a=5
    b=10
    Debug.print "1, a=" & a & ", b=" & b
    Call Add(a,b)
    Debug.print "2, a=" & a & ", b=" & b
End Sub
Sub Add(ByVal m As Integer, ByVal n As Integer)
    m=20
```

```
    n=10
    m=m+n
    n=3*n+m
End Sub
```

程序说明：本程序包含两个子过程。S1 为主调过程，Add 为被调用过程。实参为 a，b；形参为 m，n。在被调用过程执行时，实参 a，b 的值传递给形参 m，n。在被调用过程 Add 的定义中，形参前面出现了 ByVal 关键字，说明参数传递方式为按值传递（单向传递）。

其执行过程如下。

① 执行过程 S1，输出 1，a=5，b=10。变量 a，b 在内存中的状态如图 7.21 所示。

② 过程 S1 执行到语句 Call Add(a,b)时，调用过程 Add。在过程 Add 执行时首先进行参数传递，变量 a 的值传递给变量 m，变量 b 的值传递给变量 n。传递后内存中各变量的状态如图 7.22 所示。

③ 执行过程 Add。m=20，n=10，m=10+20=30，n=3*10+30=60。执行完成后内存中各变量状态如图 7.23 所示。

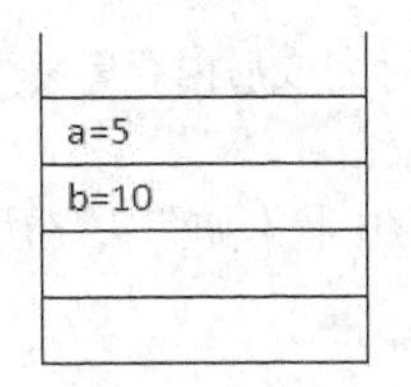

图 7.21 变量 a，b 在内存中的状态

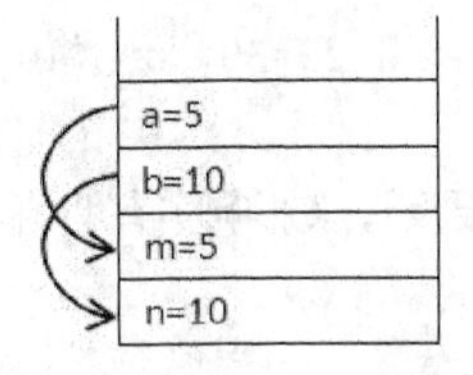

图 7.22 参数专递后内存中各变量状态

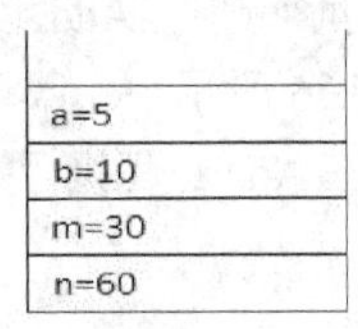

图 7.23 Add 过程执行完后内存中各变量状态

④ 执行过程 S1 中剩余语句，输出 2，a=5，b=10。

2．传址调用

在形参前面加上关键字 ByRef 表示参数传递方式是按地址传递。按地址传递是一种“双向”传递方式，即调用时将实参的地址传递给形参处理，被调用过程内部对形参的任何操作引起的形参值的变化又会反向影响实参的值。在这个过程中，数据的传递具有“双向性”，故称为“传址调用”的“双向”作用。

例 7-20 对比例 7-19，阅读下面的程序代码，分析程序的运行结果。

```
Sub S1()
    Dim a As Integer,b As Integer
    a=5
    b=10
    Debug.print "1, a=" & a & ", b=" & b
    Call Add(a,b)
    Debug.print "2, a=" & a & ", b=" & b
End Sub
Sub Add(ByRef m As Integer, ByRef n As Integer)
    m=20
    n=10
    m=m+n
    n=3*n+m
End Sub
```

程序说明：本程序包含两个子过程。S1 为主调过程，Add 为被调用过程。实参为 a，b；形参为 m，n。在被调用过程 Add 的定义中，形参前面出现了 ByRef 关键字，说明参数传递方式为按地址传递（双向传递）。

其执行过程如下。

① 执行过程S1，输出1，a=5，b=10。变量a，b在内存中的状态如图7.24所示。

② 过程S1执行到语句Call Add(a,b)时，调用过程Add。在过程Add执行时首先进行参数传递，变量a的地址传递给变量m，变量b的地址传递给变量n。传递后内存中各变量的状态如图7.25所示。

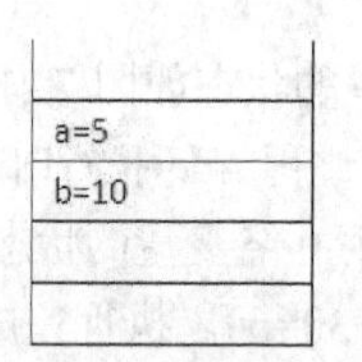

图7.24 变量a，b在内存中的状态

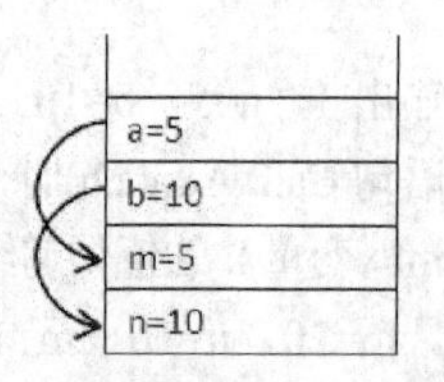

图7.25 参数专递后内存中各变量状态

③ 执行过程Add。m=20，n=10，m=10+20=30，n=3*10+30=60。执行完成后内存中各变量状态如图7.26所示。

④ 在Add过程执行完后，形参的值要反过来影响实参的值。各变量内存中状态如图7.27所示。

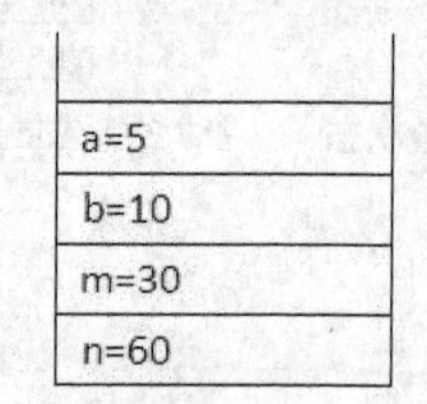

图7.26 Add过程执行完后内存中各变量状态

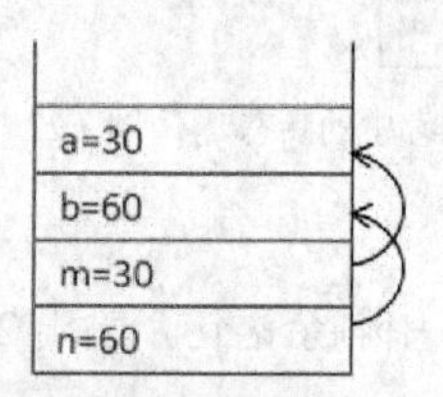

图7.27 按地址传递的反向作用

⑤ 执行过程S1中剩余语句，输出2，a=30，b=60。

7.8 变量的作用域和生存周期

在VBA程序设计中，变量定义的位置和方式不同，则它起作用的范围和在内存中的存在时间也各不相同。

7.8.1 变量的作用域

变量可以被访问的范围称为变量的作用范围，也称为变量的作用域。VBA中变量的作用范围包括3个层次：局部范围、模块范围、全局范围。

1．局部范围

变量定义在过程的内部，称为过程级变量，其作用域是该整个过程。在子过程或函数过程内部使用Dim……As……语句说明的变量就是局部范围的变量，也称为局部变量。

2．模块范围

变量定义在模块中所有过程之外的起始位置，称为模块级变量。模块级变量在该模块的所有过程中都可使用。在模块的声明区域，用Dim……As……语句声明的变量就是模块范围的变量，也称为模块变量。

3. 全局范围

变量定义在标准模块的所有过程之外的起始位置，运行时在所有的类模块和标准模块的所有子过程中都可使用。用Public……As……语句声明的变量就是全局范围的变量，也称为全局变量。

例7-21 阅读如下程序段，分析程序的运行结果。

```
Public x As Integer
Sub S1()
   x=10
   x=x+20
   MsgBox x
   Call S2()
End Sub
Sub S2()
   Dim x As Integer
x=x+20
   MsgBox x
End Sub
```

程序说明：本程序段由两个子过程 S1 和 S2 组成，在两个过程的之外的起始位置用Public……As……定义了全局变量x。在过程S1中调用了过程S2。其执行过程如下。

① 执行过程S1，x为全局变量，x=10，x=10+20=30，在消息框中显示30。

② 过程S1执行到过程调用语句Call S2()，执行过程S2，在S2中用Dim……As……语句定义了一个局部变量，这时，局部变量和全局变量的名称一样，但是在内存中要分别为这两个变量各分配一块存储空间，并且，当全局变量和局部变量重名时，起作用的是局部变量，因此，过程 S2 中的局部变量x的值为x=0+20=20。过程S2执行完后在消息框中显示20。本程序段中各变量在内存中的状态如图7.28所示。

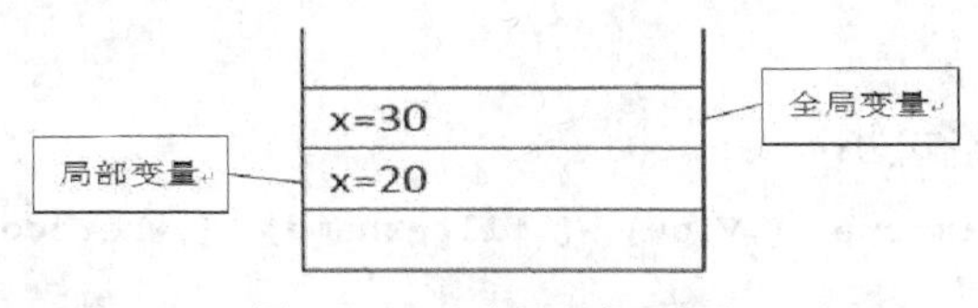

图7.28 局部变量和全局变量

7.8.2 变量的生存周期

变量的生存周期是指变量从声明并且内存分配存储空间开始到过程结束后内存收回分配给变量的存储空间这一段时间。变量可以分为动态变量和静态变量。

1. 动态变量

在过程中，用 Dim……As……语句声明的变量属于动态变量。动态变量的生存周期是从过程开始执行到过程执行完毕。在这个时间段内，变量存在于内存中并可以访问，过程执行完后，内存将释放变量所占用的存储空间。

2. 静态变量

在过程中，用 Static……As……语句声明的变量属于静态变量。静态变量在过程执行完后可以保留变量的值，即每次调用过程时，静态变量将保留上一次过程执行的结果。

例7-22 窗体上有名称为Command1的命令按钮，并为命令按钮编写如下单击事件过程：

```
Private Sub Command1_Click()
```

```
    Static a As Integer
    a=a+1
    MsgBox a
End Sub
```

连续单击命令按钮3次，消息框上显示的值为1, 2, 3。这是因为a是静态变量，单击3次命令按钮，过程Command1_Click连续执行了3次，每次执行完后变量a的值是保留的。

例7-23 对例7-22的程序做如下修改，分析程序运行结果。

```
Private Sub Command1_Click()
    Dim a As Integer
    a=a+1
    MsgBox a
End Sub
```

连续单击命令按钮3次，消息框上显示的值为1, 1, 1。这是因为a是动态变量，单击3次命令按钮，过程Command1_Click连续执行了3次，每次执行完后变量a的值默认为0，所以每次结果均为1。

7.9 VBA常用操作

在VBA程序中经常会用到一些操作，例如打开和关闭操作、运行宏、运行SQL语句和数据文件的读写等。

7.9.1 Docmd对象方法

（1）打开窗体操作

打开窗体操作的语句格式为：

```
Docmd.OpenForm formname [,View] [,filtername] [,wherecondition] [,datamode]
[,windowmode]
```

有关参数说明如下。

① formname 窗体名称，是一个字符串表达式。

② view 可选项，窗体的打开模式。具体取值如表7.13所示。

表7.13 view取值

常量	值	说明
acNomal	0	默认值，窗体视图打开
acDesign	1	设计视图打开
acPreview	2	预览视图打开
acFormDS	3	数据表视图打开

③ filtername 可选项，字符串表达式，查询的名称，主要对窗体数据源数据进行过滤和筛选。

④ wherecondition 可选项，字符串表达式，不含Where关键字的有效SQL Where子句。

⑤ datamode 可选项，窗体的数据输入模式。具体取值如表7.14所示。

表 7.14 datamode 取值

常量	值	说明
acFormAdd	0	可以追加，但不能编辑
acFormEdit	1	可以追加和编辑
acFormReadOnly	2	只读
acFormPropertySettings	3	默认值

⑥ windowmode 可选项，打开窗体时所采用的窗口模式。具体取值如表 7.15 所示。

表 7.15 windowmode 取值

常量	值	说明
acWindowNormal	0	默认值，正常窗口模式
acHidden	1	隐藏窗口模式
acIcon	2	只读
acDialog	3	对话框模式

注意，参数可以省略，但是分隔符“,”不能省略。

例 7-24 在窗体视图中打开“学生”窗体，并只显示姓名字段为“陈辉”的记录，可以编辑显示的记录，也可以添加新记录。

程序语句如下：

```
Docmd.OpenForm "学生", , ,姓名="陈辉", acFormEdit
```

（2）打开报表操作

打开报表操作的语句格式：

Docmd.OpenReport reportname [,View] [,filtername] [,wherecondition]

有关参数说明如下：

① reportname 报表名称，是一个字符串表达式。

② view 可选项，报表的打开模式。具体取值如表 7.16 所示。

表 7.16 view 取值

常量	值	说明
acViewNormal	0	默认值，打印模式
acViewDesign	1	设计视图打开
acViewPreview	2	打印预览视图打开

③ filtername 可选项，字符串表达式，查询的名称，主要对报表数据源数据进行过滤和筛选。

④ wherecondition 可选项，字符串表达式，不含 Where 关键字的有效 SQL Where 子句。

例 7-25 以打印预览方式打开“学生”报表。

程序语句如下：

```
Docmd.OpenReport "学生", acViewPreview
```

（3）关闭操作

关闭操作的语句格式：

Docmd.Close [objecttype] [,objectname] [,save]

有关参数说明如下：

① objecttype 可选项，关闭对象的类型。具体取值如表 7.17 所示。

表 7.17 objecttype 取值

常量	值	说明
acDefault	-1	默认值
acTable	0	表
acQuery	1	查询
acForm	2	窗体
acReport	3	报表
acMacro	4	宏
acModule	5	模块
acDataAccessPage	6	数据访问页
acServerView	7	视图
acDiagram	8	图表
acStoredProcedure	9	存储过程
acFunctiom	10	函数

② objectname 可选项，字符串表达式，代表有效的对象名称。

③ save 可选项，对象关闭时的保存性质。具体取值如表 7.18 所示。

表 7.18 save 取值

常量	值	说明
acSavePrompt	0	默认值，提示保存
acSaveYes	1	保存
acSaveNo	2	不保存

例 7-26 关闭“学生”窗体。

程序语句如下：

```
Docmd.Close acForm, "学生"
```

7.9.2 运行宏

在 VBA 中运行宏的语句格式：

Docmd.RunMacro macroname [,repeatcount] [,repeatexpression]

有关参数说明如下：

① macroname 宏名称，是一个字符串表达式。

② repeatcount 可选项，是一个数值表达式，表明宏的运行次数。

③ repeatexpression 可选项，是一个数值表达式，在宏每次运行时计算一次。当结果为 False (0) 时，宏停止运行。

例 7-27 在 VBA 中运行宏"m1"。

程序语句如下：

```
Docmd.RunMacro "m1"
```

7.9.3 运行 SQL 语句

在 VBA 中运行宏的语句格式：

```
Docmd.RunSQL  sqlstatement [,usetransaction]
```

有关参数说明如下：

① sqlstatement 字符串表达式，有效的 SQL 语句。

② usetransaction 可选项，使用 True (-1)可以在事务中包含该查询。如果不想使用事务，则应将该参数设为 False (0)。如果将该参数保留为空，将采用默认值（True）。

例 7-28 编程实现学生表中学生年龄值加 1。

程序语句如下：

```
Dim strsql As String
strsql="Update 学生 Set 年龄=年龄+1"
Docmd.RunSQL  strsql
```

程序说明：在本程序段中定义了一个字符串型变量 strsql，将 SQL 语句"Update 学生 Set 年龄=年龄+1"作为字符串数据赋值给变量 strsql，最后使用 Docmd.RunSQL 语句运行该 SQL 语句。

7.9.4 数据文件读写

数据文件的读写是指文件的输入和输出功能。在 VBA 中，使用 Open 语句打开文件，Input 语句提取文件内容，Write 语句向指定文件写入内容，Print 语句将数据写入新的打印文件。

1．打开文件

Open 语句用于打开文件。其语句格式：

```
Open pathname For mode [access] [lock] As [#]filenumber [Len=reclength]
```

参数说明：

① pathname 所要打开的文件路径。

② mode 文件打开方式。具体值如表 7.19 所示。

表 7.19 具体值功能描述

值	功能描述
Input	以输入方式打开，即读取方式
Output	以输出方式打开，即写入方式
Append	以追加方式打开，即添加内容到文件末尾
Binary	以二进制方式打开
Random	以随机方式打开，如果未指定打开模式，则 Random 方式打开

③ access 可选项，说明打开的文件可以进行的操作。取值为 Read、Write 和 ReadWrite。

④ lock 可选项，说明限定于其他进程打开的文件的操作，有 Shared、Lock Read、Lock Write、和 Lock Read Write 操作。

⑤ filenumber 用来标识处理的文件，范围在 1～511。可以指定，也可使用 FreeFile 函数可得到下一个可用的文件号。

⑥ reclength 可选项，对于用随机访问方式打开的文件，该值就是记录长度。对于顺序文件，该值就是缓冲字符数。

例如：Open "D:\Test.txt" For Input As #1 '以输入方式打开 Text.txt 文件

Open "D:\Test.xls" For Binary As #1 '以二进制方式打开 Test.xls 文件

2．读取文件内容

在 VBA 中，使用 Input#语句和 Line Input#语句提取文件内容。

（1）Input#语句

从已打开的顺序文件中读取数据并将数据分配给变量。其语句格式分别为：

```
Input #filenumber, varlist
```

参数说明：

① filenumber 有效的文件号。

② varname 用逗号分界的变量列表，将文件中读出的值分配给这些变量。

例如：Input #1, MyString,MyNumber　　'将数据读入两个变量 MyString 和 MyNumber

（2）Line Input#语句

从已打开的顺序文件中读取数据并将它分配给变量，但是读取时是一次一行的读取。其语句格式为：

```
Line Input #filenumber, varname
```

① filenumber 有效的文件号。

② varname　有效的 Variant 或 String 变量名，将文件中读出的值分配给变量。

例如：Line Input #1,TextLine　　'读入一行数据并将其赋给变量 TextLine

3．写入文件

写入文件的过程就是将值添加到相关文件的过程。文件打开时，Write#语句和 Print#语句都可以向其写入数据。

（1）Write#语句

将数据写入到指定文件中。其语句格式为：

```
Write #filenumber[,outputlist]
```

参数说明：

① filenumber 有效的文件号。

② outputlist 可选项，要写入文件的数值表达式或字符串表达式，用一个或多个逗号将这些表达式分界。

例如：Write #1,a,b,c　　'将变量 a，b，c 的值写入文件中

（2）Print#语句

将格式化显示的数据写入顺序文件中。其语句格式为：

```
Print #filenumber[,outputlist]
```

参数说明：

① filenumber 有效的文件号。

② outputlist 可选项，表达式或是要打印的表达式列表。

例如：Print #1,a,b,c　　'将变量 a，b，c 的值写入要打印的文件中

7.10 VBA 事件处理

在 VBA 程序的交互式操作过程中，常用事件有鼠标事件、键盘事件、焦点事件、窗体或报表事件和控件事件等。在 VBA 中创建事件过程有两种方法：一是在窗体或控件属性中单击相应事件属性后的…按钮，然后选择“代码生成器”，进入 VBE 环境编写事件过程。二是直接进入 VBE

环境进行事件过程代码设计。通过窗体或控件属性进入 VBE 环境如图 7.29 和图 7.30 所示。

属性表
所选内容的类型：窗体
窗体
格式 数据 事件 其他 全部

成为当前	
加载	
单击	[事件过程]
更新后	
更新前	
插入前	
插入后	
确认删除前	
删除	
确认删除后	
有脏数据时	
获得焦点	
失去焦点	
双击	[事件过程]
鼠标按下	
鼠标释放	

图 7.29　为窗体的“单击”和“双击”事件编写了事件过程

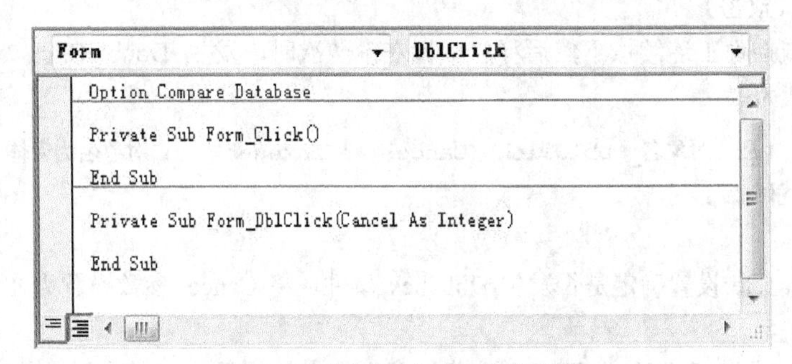

图 7.30　从窗体进入 VBE 编辑环境

7.10.1　鼠标事件

鼠标事件主要包括 Click（单击）事件、DblClick（双击）事件、MouseDown（鼠标按下）事件、MouseMove（鼠标移动）事件和 MouseUp（鼠标释放）事件等。

1．Click（单击）

用户在窗体或控件上按下然后释放鼠标左键时，发生 Click（单击）事件。其事件过程语句格式为：

```
Private Sub 对象名_Click ()  '对象名为窗体（Form）或控件名
    事件过程代码
End Sub
```

例 7-29　在“测试”窗体上单击“预览报表”命令按钮后，以打印预览方式打开“学生成绩”报表。事件过程代码如下：

```
Private Sub Command0_Click()
    DoCmd.OpenReport"学生成绩", acViewPreview
End Sub
```

程序说明：本例中“测试”窗体如图 7.31 所示。事件过程代码设计完成后，单击“测试”窗体上“预览报表”按钮，打开“学生成绩”报表，执行结果如图 7.32 所示。

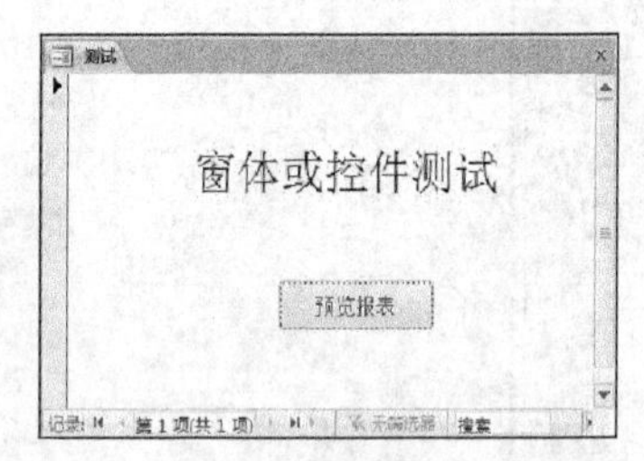

图 7.31　测试窗体

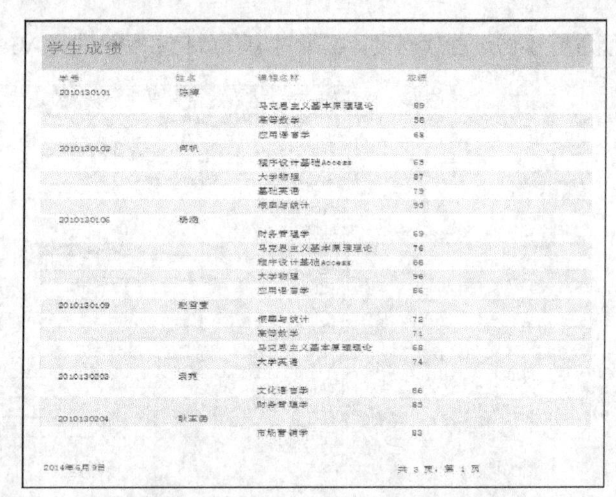

学生成绩

学号	姓名	课程名称	成绩
2010130101	陈婷		
		马克思主义基本原理理论	89
		高等数学	58
		应用语言学	68
2010130102	何帆		
		程序设计基础Access	65
		大学物理	87
		基础英语	79
		概率与统计	95
2010130106	[illegible]		
		财务管理学	69
		马克思主义基本原理理论	76
		程序设计基础Access	66
		大学物理	96
		应用语言学	86
2010130109	[illegible]		
		概率与统计	72
		高等数学	71
		马克思主义基本原理理论	68
		大学英语	74
2010130203	[illegible]		
		文化语言学	86
		财务管理学	85
2010130204	[illegible]		
		市场营销学	83

2014年6月9日　　共 3 页，第 1 页

图 7.32　“学生成绩”报表的“打印预览”视图

2．DblClick（双击）

用户在窗体或控件上连续按下然后释放鼠标左键两次时，发生 DoubleClick（双击）事件。其事件过程语句格式为：

```
Private Sub Form对象名_ DblClick (Cancel As Integer)      '对象名为窗体（Form）或控件名
    事件过程代码
End Sub
```

参数说明：Cancle 设置确定是否发生 DblClick 事件。将 Cancel 参数设置为 True（-1）可以取消 DblClick 事件。

例 7-30　在“测试”窗体上双击“预览报表”命令按钮后，以打印预览方式打开“学生成绩”报表。事件过程代码如下：

```
Private Sub Command2_DblClick(Cancel As Integer)
    DoCmd.OpenReport "学生成绩", acViewPreview
End Sub
```

程序说明：本例中“测试”窗体如图 7.31 所示。事件过程代码设计完成后，双击“测试”窗体上“预览报表”按钮，打开“学生成绩”报表，执行结果如图 7.32 所示。

3．MouseDown（鼠标按下）、MouseMove（鼠标移动）、MouseUp（鼠标释放）

用户在窗体或控件上按下鼠标键时，发生 MouseDown（鼠标按下）事件；用户在窗体或控件上移动鼠标时，发生 MouseMove（鼠标移动）事件；用户在窗体或控件上释放鼠标键时，发生 MouseUp（鼠标抬起）事件。

（1）MouseDown（鼠标按下）

事件过程语句格式：

```
Private Sub 对象名_MouseDown(Button As Integer,Shift As Integer,X As Single,Y
As Single)
    事件过程代码      '对象名为窗体（Form）或控件名
End Sub
```

（2）MouseMove（鼠标移动）

事件过程语句格式：

```
Private Sub 对象名_MouseMove(Button As Integer,Shift As Integer,X As Single,Y
As Single)
    事件过程代码    '对象名为窗体（Form）或控件名
End Sub
```

（3）MouseUp（鼠标释放）

事件过程格语句式：

```
Private Sub 对象名_MouseUp(Button As Integer, Shift As Integer, X As Single, Y
As Single)          '对象名为窗体（Form）或控件名
    事件过程代码
End Sub
```

有关参数说明如下：

① Button 用于判断鼠标操作是左中右哪个键，具体取值如表 7.20 所示。

表 7.20　Button 取值

常量	值	描述
acLeftButton	1	左键按下
acRightButton	2	右键按下
acMiddleButton	4	中间键按下

② Shift 参数用于判断鼠标操作的同时，键盘控制键的操作，具体取值如表 7.21 所示。

表 7.21　Shift 取值

常量	值	描述
acShiftMask	1	Shift 键按下
acCtrlMask	2	Ctrl 键按下
acAltMask	4	Alt 键按下

③ X 和 Y 参数用于返回鼠标操作的坐标位置。

例 7-31　在“测试”窗体中，测试鼠标 MouseDown 事件。事件过程代码如下。

```
Private Sub Form_MouseDown(Button As Integer, Shift As Integer, X As Single,
Y As Single)
        If Button = acLeftButton Then
            MsgBox "您按下的是鼠标左键!"
End If
If Button = acRightButton Then
    MsgBox "您按下的是鼠标右键!"
End If
End Sub
```

程序说明：在“测试”窗体中，鼠标左键单击“记录选择器”，消息框显示“您按下的是鼠标左键!”，如图 7.33 所示；鼠标右键单击“记录选择器”，消息框显示“您按下的是鼠标右键!”，如图 7.34 所示。

图 7.33　按下鼠标左键

图 7.34　按下鼠标右键

7.10.2 键盘事件

键盘事件主要包括 KeyDown（键按下）事件、KeyPress（键按下）事件和 KeyUp（键释放事件）等。

1. KeyDown（键按下）

用户在键盘上按下任意键时，发生 KeyDown（键按下）事件。其事件过程语句格式：

```
Private Sub 对象名_KeyDown(KeyCode As Integer, Shift As Integer)
    事件过程代码
End Sub
```

2. KeyPress（键按下）

用户按下键盘上可以产生标准 ANSI 字符的键时，发生 KeyPress（键按下）事件。其事件过程语句格式：

```
Private Sub 对象名_ KeyPress (KeyAscii As Intege)
    事件过程代码
End Sub
```

3. KeyUp（键释放）

用户释放一个按下的键时，发生 KeyUp（键释放）事件。其事件过程语句格式：

```
Private Sub 对象名_KeyUp(KeyCode As Integer, Shift As Integer)
    事件过程代码
End Sub
```

有关参数说明如下：

① KeyCode 用于返回键盘操作的 Ascii 码值。该参数用于识别扩展字符键（F1～F12）、定位键（Home、End、PageUp、PageDown、上箭头、下箭头、左箭头、右箭头及 Tab）、数字键盘及控制键等。

② KeyAscii 用于识别大小写英文字母、数字及换行符和取消符等。

③ Shift 参数用于判断鼠标操作的同时，键盘控制键的操作。

例 7-32　编写程序，找出引发窗体 KeyPress 事件的按键。事件过程代码如下：

```
Private Sub Form_KeyPress(KeyAscii As Integer)
    MsgBox Chr(KeyAscii)    '在消息框中显示按下的键
End Sub
```

程序说明：根据在键盘上按下的 ANSI 标准编码，在消息框中显示该按键所表示的 ANSI 字符。例如，按下大写字母 A，在消息框中显示大写字母 A。如图 7.35 所示。

图 7.35　消息框显示字母 A

7.10.3 焦点事件

焦点事件包括 GotFocus（获得焦点）、LostFocus（失去焦点）两种事件。GotFocus 事件就是当一个控件获得输入焦点时发生，而 LostFocus 事件是当输入焦点离开控件转入另一个控件时发生。

例 7-33　编写程序，当窗体上名称为 Command1 的命令按钮获得焦点时，标签 Label1 标题显示“获得焦点！”。当窗体上名称为 Command1 的命令按钮失去焦点时，标签 Label1 标题显示“失去焦点！”。事件过程代码如下：

```
Private Sub Command1_GotFocus()
    Me!Label1.Caption = "获得焦点! "
End Sub
Private Sub Command1_LostFocus()
    Me!Label1.Caption = "失去焦点! "
End Sub
```

程序说明："Me"表示当前窗体，Label1 是窗体上标签的名称，Caption 是标题属性。"!"表示引用窗体中的控件，"."表示引用窗体或控件的属性。单击"Tab"键，在两个命令按钮之间进行切换。切换到 Command1 命令按钮，程序运行结果如图 7.36 所示；切换到 Command2 命令按钮，程序运行结果图 7.37 所示。

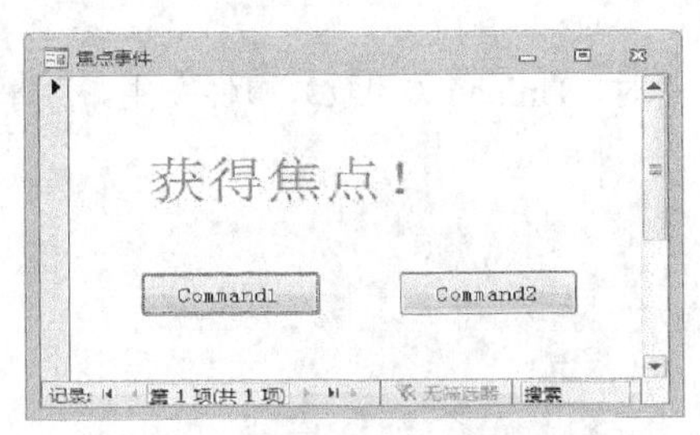

图 7.36　Command1 命令按钮获得焦点

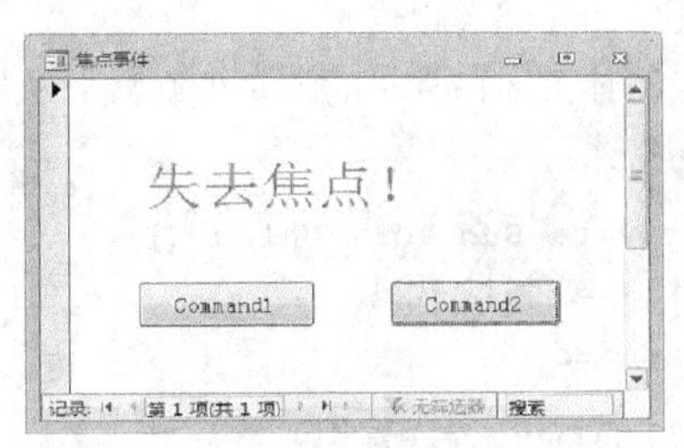

图 7.37　Command1 命令按钮失去焦点

7.10.4　窗体或报表事件

在窗体或报表上，除了上述的鼠标事件、键盘事件、焦点事件外，还有许多其他事件。常见的事件有 Open（打开）事件、Load（加载）事件、Resize（调整大小）事件、Activate（激活）事件、Current（成为当前）、Unload（卸载）事件、Deactivate（停用）事件和 Close（关闭）事件等。

（1）Open（打开）

当窗体或报表打开，第一条记录尚未显示时，Open（打开）事件发生。其事件过程语句格式：

```
Private Sub Form_Open()
    事件过程代码
End Sub
```

（2）Load（加载）

窗体或报表打开并显示其中记录时，Load（加载）事件发生。其事件过程语句格式：

```
Private Sub Form_Load()
    事件过程代码
End Sub
```

（3）Resize（调整大小）

当窗体的大小发生变化或窗体第一次显示时，Resize（调整大小）事件发生。其事件过程语句格式：

```
Private Sub Form_Resize()
    事件过程代码
End Sub
```

（4）Activate（激活）

当窗体或报表成为激活窗口时，Activate（激活）事件发生。其事件过程语句格式：

```
Private Sub Form_Activate()
     事件过程代码
End Sub
```

（5）Current（成为当前）

当窗体第一次打开、刷新窗体或重新查询窗体的数据来源时，Current（成为当前）事件发生。其事件过程语句格式：

```
    Private Sub Form_Current()
         事件过程代码
End Sub
```

（6）Unload（卸载）

当窗体关闭，且它的记录被卸载，从屏幕上消失之前时，Unload（卸载）事件发生。其事件过程语句格式：

```
Private Sub Form_Unload()
     事件过程代码
End Sub
```

（7）Deactivate（停用）

当窗体或报表不再是激活窗口时，Deactivate（停用）事件发生。其事件过程语句格式：

```
Private Sub Form_Deactivate()
     事件过程代码
End Sub
```

（8）Close（关闭）

当窗体或报表被关闭，并从屏幕上消失时，Close（关闭）事件发生。其事件过程语句格式：

```
Private Sub Form_Close()
     事件过程代码
End Sub
```

例 7-34 在测试窗体“加载”时，将窗体标题改为“测试窗体加载事件”。事件过程代码如下：

```
Private Sub Form_Load()
     Me.Caption = "测试窗体加载事件"
End Sub
```

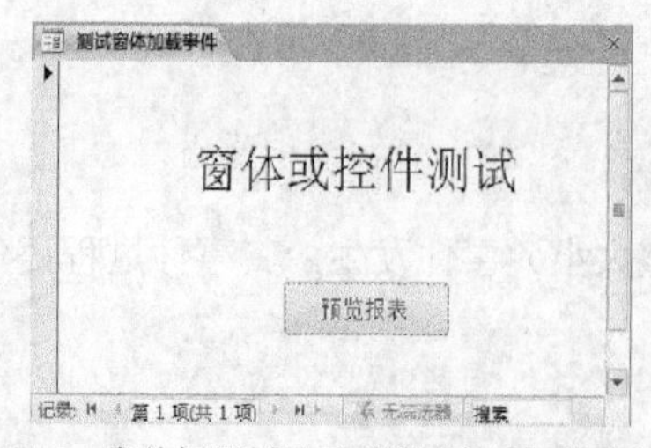

图 7.38 窗体标题栏显示“测试窗体加载事件”

程序说明：Me.Caption 表示窗体的标题属性。窗体每次运行后，在标题栏上显示“测试窗体加载事件”。程序运行结果图 7.38 所示。

需要注意的是，窗体打开和关闭时的事件顺序。在窗体打开时，将按照下列顺序发生相应的事件：

Open（打开）→Load（加载）→Resize（调整大小）→Activate（激活）→Current（成为当前）

在关闭窗体时，将按照下列顺序发生相应的事件：

Unload（卸载）→Deactivate（停用）→Close（关闭）

7.10.5 控件事件

在大多数可编辑内容的控件，如文本框控件、组合框控件、选项组控件等，可发生 BeforeUpdate（更新前）事件、AfterUpdate（更新后）事件和 Change（更改）事件等。

1．BeforeUpdate（更新前）

在控件中的数据被改变之前时，发生 BeforeUpdate（更新前）事件。其事件过程语句格式：

```
Private Sub 控件名称_BeforeUpdate(Cancel As Integer)
        事件过程代码
End Sub
```

参数说明：Cancle 设置确定是否发生 BeforeUpdate 事件。将 Cancel 参数设置为 True（-1）可以取消 BeforeUpdate 事件。

2．AfterUpdate（更新后）

在控件中的数据被改变之后时，发生 AfterUpdate（更新后）事件。其事件过程语句格式：

```
Private Sub 控件名称_AfterUpdate()
        事件过程代码
End Sub
```

3．Change（更改）

当文本框或组合框部分的内容发生更改时，或选项卡从某一页移到另一页时，发生 Change（更改）事件。其事件过程语句格式：

```
Private Sub 控件名称_Change()
        事件过程代码
End Sub
```

例 7-35 当“测试”窗体上“学号”文本框中的数据发生改变时，弹出消息框询问是否修改数据。

事件过程代码如下：

```
Private Sub 学号_Change()
      MsgBox "是否修改数据!", vbYesNo, "提示"
End Sub
```

程序说明：在“测试”窗体中“学号”文本输入、修改、删除数据时，会弹出一个消息框对本次操作进行确认。程序运行结果如图 7.39 所示。

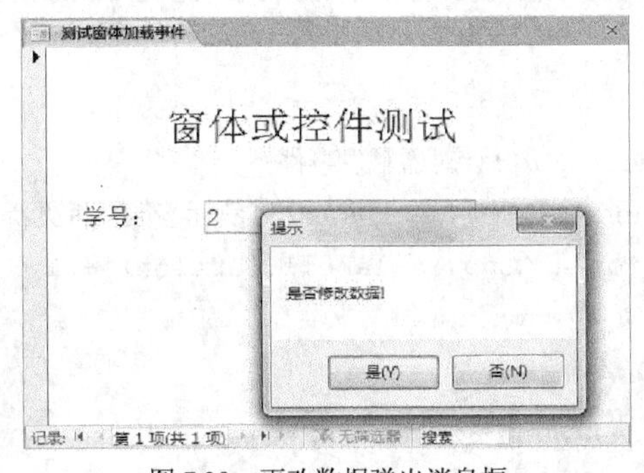

图 7.39　更改数据弹出消息框

7.10.6 计时事件

在 VBA 中没有直接提供时间控件，而是通过设置窗体的“计时器间隔（TimerInterval）”属性与“计时器触发（Timer）”事件来完成类似的“定时”功能。其事件过程语句格式：

```
Private Sub Form_Timer()
    事件过程代码
End Sub
```

计时事件处理过程是，Timer 事件每隔 TimerInterval 时间间隔就会被自动触发一次，并运行 Timer 事件过程来响应。这样不断重复，即实现“计时”处理功能。

注意，“计时器间隔（TimerInterval）”属性值是以“毫秒（ms）”为计量单位，1 秒等于 1000 毫秒。

例 7-36 在窗体中编写一个秒表计时器，要求窗体打开时开始计时，单击其上按钮，则停止计时，再单击一次按钮，继续计时。

（1）创建窗体“计时”，在其上添加“label1”标签和按钮“bOK”。

（2）打开“窗体”属性窗口，设计“计时器间隔”属性值为 1000，选择“计时器触发”属性为“事件过程”，如图 7.40 所示。进入“计时器触发”事件过程编写事件代码。

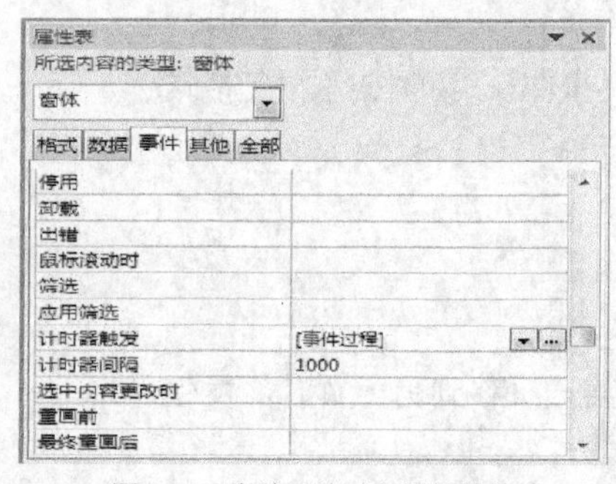

图 7.40 窗体“计时”属性设置

（3）设计窗体“计时器触发”事件，窗体“打开”事件和“bOK”按钮单击事件代码如下所示：

```
Option Compare Database
Dim flag As Boolean      '标志变量，用于存储按钮的单击动作
Dim second As Integer    '计时器变量

Private Sub bOK_Click()  '按钮单击事件
    flag = Not flag
End Sub

Private Sub Form_open(Cancel As Integer)    '窗体打开事件
    second = 0      '计时器变量清 0
    Me.label1.Caption = second    '标签 label1 初始值为 0
    flag = True     '设置窗体打开时标志变量初始状态为 True

End Sub

Private Sub Form_Timer()    '计时器触发事件
  If flag = True Then     '根据标志变量的值判断标签值是否更新
    Me!label1.Caption = CLng(Me!label1.Caption) + 1     '标签更新
  End If
End Sub
```

窗体运行如图 7.41 所示：

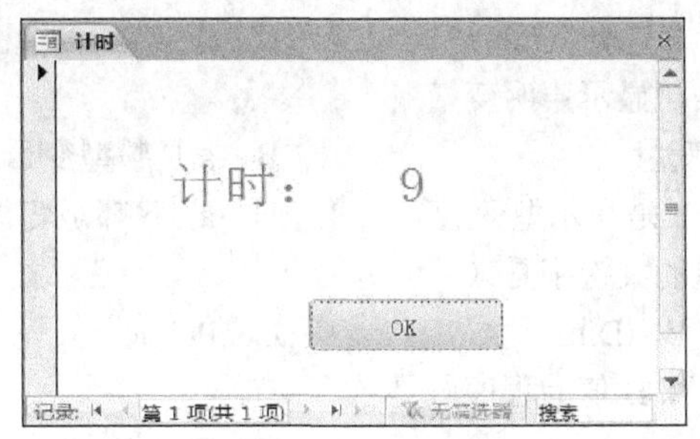

图7.41 "计时"窗体

7.11 VBA程序运行错误处理

在程序设计完成后，无论怎样测试和排错，程序错误仍可能出现。在VBA中提供了On Error GoTo语句来进行错误处理。On Error GoTo语句的格式如下：

① On Error GoTo 标号

② On Error Resum Next

③ On Error GoTo 0

（1）On Error GoTo 标号

On Error GoTo 标号语句在遇到错误发生时程序跳转到标号所指位置代码执行。例如：

```
On Error GoTo ErrHandler
  ......
ErrHandler:
  ......
```

在本例中，On Error GoTo语句会使程序流程转移到ErrHandler标号位置。一般来说，错误处理程序代码会放在程序的最后。

（2）On Error Resum Next

On Error Resum Next语句在遇到错误发生时不会考虑错误，继续执行下一条语句。

（3）On Error GoTo 0

On Error GoTo 0语句用于关闭错误处理。

如果没有使用On Error GoTo语句进行错误处理，或者用On Error GoTo 0语句关闭了错误处理，则在错误发生后会出现一个对话框，显示相应的出错信息。

习题7

1．在VBA程序设计中，一行上写多条语句，应使用的分隔符是（　　）。

A．分号　　B．逗号　　C．冒号　　D．空格

2．下列给出的选项中，非法的变量名是（　　）。

A．Sum　　B．Rem　　C．Integer_1　　D．Form1

3．如果A为布尔型数据，则下列赋值语句正确的是（　　）。

A．A=“True” B．A=.True C．A=#True D．A=3<=4

4．Dim a,b As Boolean 语句显示声明变量（　　）。

A．a，b 都是布尔型变量 B．a 是整型变量，b 是布尔型变量

C．a 是变体型变量，b 是布尔型变量 D．a，b 都是变体型变量

5．VBA 中定义符号常量的关键字是（　　）。

A．Private B．Dim C．Public D．Const

6．下列能够交换变量 A 和 B 值的程序段是（　　）。

A．B=A:A=B B．C=A:B=C:A=B

C．C=A:A=B:B=C D．C=A:D=B:B=C:A=B

7．在模块的声明部分使用“Option Base 1”语句，然后定义二维数组 a（3 to 5,4），则该数组中的元素个数为（　　）。

A．20 B．12 C．25 D．15

8．定义了二维数组 a（2 to 5,5），则该数组中的元素个数为（　　）。

A．25 B．36 C．15 D．24

9．下列选项中，不是 VBA 条件函数的是（　　）。

A．IIf B．If C．Choose D．Switch

10．将一个数字字符串转换为其对应的数值，应使用的函数是（　　）。

A．Asc B．Chr C．Str D．Val

11．Rnd 函数不能产生的值是（　　）。

A．0 B．1 C．0.23456 D．0.000001

12．删除字符串前导空格和尾部空格的函数是（　　）。

A．Trim() B．RTrim() C．LTrim D．LCase

13．如果 x 是一个正实数，保留两位小时，将千分位四舍五入的表达式是（　　）。

A．0.01*Int(x+0.05) B．0.01*Int(100*(x+0.005))

C．0.01*Int(x+0.005) D．0.01*Int(100*(x+0.05))

14．表达式 A=Int(B+0.5)的功能是（　　）。

A．将变量 B 保留小数点后 1 位 B．将变量 B 保留小数点后 5 位

C．将变量 B 四舍五入取整 D．舍去变量 B 的小数部分

15．随机产生[15,65]之间整数的正确表达式是（　　）。

A．Round(Rnd*66) B．Int(Rnd*51+15)

C．Round(Rnd*65) D．15+Int(Rnd*51)

16．下列表达式的计算结果为日期型的是（　　）。

A．#2014-6-26#-#2014-3-1# B．year(#2014-6-26#)

C．len(“2014-6-26”) D．DateValue("2014-6-26")

17．下列表达式计算结果为数值类型的是（　　）。

A．#2014-6-5#-#2014-5-1# B．"102">"11"

C．102=98+4 D．#2014-6-1#+10

18．表达式 4 + 5 \ 6 * 7 / 8 Mod 9 的值是（　　）。

A．4 B．5 C．6 D．7

19．下列逻辑运算结果为 True 的表达式是（　　）。

A．True or Not True B．False or not True

C．False and Not True　　　D．True and not True

20．由 For a=1 to 9 Step -1 决定的循环结构，其循环体的执行次数为（　　）。

A．0 次　　B．9 次　　C．4 次　　D．6 次

21．运行下列程序段，结果是（　　）。

```
For m=10 to 1 Step 0
K=k+3
Next m
```

A．形成死循环　　　B．循环体执行一次后结束循环

C．出现语法错误　　　D．循环不执行即结束循环

22．由 For i=1 to 16 Step 3 决定的循环结构被执行（　　）。

A．4 次　　B．5 次　　C．6 次　　D．7 次

23．Sub 过程和 Function 过程最根本的区别是（　　）。

A．Sub 过程没有返回值，Function 过程有返回值

B．Sub 过程调用可以使用 Call 语句或直接使用过程名，而 Function 过程不能

C．Sub 过程和 Function 过程的参数传递方式不同

D．Function 过程可以有参数，Sub 过程不能有参数

24．在 VBA 中，下列关于过程的描述正确的是（　　）。

A．过程的定义不可以嵌套，过程的调用可以嵌套

B．过程的定义和过程的调用均可以嵌套

C．过程的定义可以嵌套，过程的调用用不能嵌套

D．过程的定义和过程的调用均不能嵌套

25．如果在被调用过程中改变了形参变量的值，但又不影响实参变量本身，这种参数传递方式称为（　　）。

A．按地址传递　　B．ByRef 传递　　C．按值传递　　D．按形参传递

26．用一个对象来表示“一个白色的足球被踢进球门”，那么“白色”、“足球”、“踢”、“进球门”分别对应的是（　　）。

A．属性、对象、事件、方法　　　B．属性、对象、方法、事件

C．对象、属性、方法、事件　　　D．对象、属性、事件、方法

27．在 VBA 中，能自动检查出来的错误是（　　）。

A．语法错误　　B．注释错误　　C．逻辑错误　　D．运行错误

28．在 VBA 中要打开名为“学生登录”的窗体，应使用的语句是（　　）。

A．Docmd.OpenForm“学生登录”　　　B．OpenForm“学生登录”

C．Docmd.OpenWindow“学生登录”　　　D．OpenWindow“学生登录”

29．下列属于通知或警告用户的命令是（　　）。

A．printOut　　B．MsgBox　　C．RunWarrings　　D．OutputTo

30．InputBox 函数的返回值类型是（　　）。

A．数值　　　B．字符串

C．变体类型　　　D．根据输入的数据而定

31．MsgBox 函数返回值的类型是（　　）。

A．数值　　B．变体类型　　C．数值或字符串　　D．字符串

32．可以用 InputBox 函数产生“输入框”。执行语句为：

s=InputBox("请输入数据","输入对话框","aaaa")

当用户输入字符串“bbbb”，单击“确定”按钮，变量s的值是（　　）。

A．aaaa　　B．请输入数据　　C．bbbb　　D．输入对话框

33．MsgBox函数的正确使用格式是（　　）。

A．MsgBox（提示信息[，标题][，按钮类型]）

B．MsgBox（标题[，按钮类型][，提示信息]）

C．MsgBox（标题 [，提示信息][，按钮类型]）

D．MsgBox（提示信息[，按钮类型][，标题]）

34．下列只能读不能写的文件打开方式是（　　）。

A．Input　　B．Output　　C．Random　　D．Append

35．在打开窗体时，依次发生的事件是（　　）。

A．打开（Open）→加载（Load）→调整大小（Resize）→激活（Activate）

B．打开（Open）→激活（Activate）→加载（Load）→调整大小（Resize）

C．打开（Open）→调整大小（Resize）→加载（Load）→激活（Activate）

D．打开（Open）→激活（Activate）→调整大小（Resize）→加载（Load）

36．为使窗体每0.5秒激发一次计时器事件（Timer事件），应将其计时器间隔属性值设置为（　　）。

A．5000　　B．500　　C．50　　D．5

37．VBA中不能实现错误处理的语句是（　　）。

A．On Error GoTo 标号　　B．On Error Then 标号

C．On Error Resum Next　　D．On Error GoTo 0

38．下列程序段运行结束后，消息框中的输出结果是（　　）。

```
Dim z As Boolean
x=Sqr(3)
y=Sqr(2)
z=x>y
MsgBox z
```

A．True　　B．False　　C．0　　D．-1

39．在窗体上有一个文本框Text1，编写事件代码如下：

```
Private Sub Form_Click()
    x=Val(InputBox("请输入x的值："))
    y=1
    If x<>0 Then y=2
    Text1.Value=y
End Sub
```

打开窗体后，在输入框中输入整数7，文本框Text1中输出的结果是（　　）。

A．1　　B．2　　C．3　　D．4

40．下列程序段结束后，变量z的值是（　　）。

```
x=24
y=238
Select Case y\10
```

```
    Case 0
      z=x*10+y
    Case 1 to 9
      z=x*100+y
    Case 10 to 99
      Z=x*1000+y
End Select
```

A. 240238　　B. 24238　　C. 2427　　D. 537

41. 在窗体中有一个命令按钮 Command1 和一个文本框 Text1，编写事件代码如下：

```
Private Sub Command1_Click()
    For i=1 to 4
        a=3
        For j=1 to 3
            For k=1 to 2
                a=a+3
            Next k
        Next j
    Next i
End Sub
```

打开窗体运行后，单击命令按钮，文本框 Text1 输出结果是（　　）。

A. 21　　B. 18　　C. 12　　D. 6

42. 在窗体上有一个命令按钮 Command1 和一个文本框 Text1，编写事件代码如下：

```
Private Sub Command1_Click()
    Dim a As Integer,b As Integer,c As Integer
    For a=1 to 20 Step 2
      c=0
      For b=a to 20 Step 3
        c=c+1
      Next b
    Next a
    Text1.Value = Str(c)
End Sub
```

打开窗体后，单击命令按钮，文本框显示的结果是（　　）。

A. 1　　B. 7　　C. 18　　D. 400

43. 窗体中有命令按钮 Command1，对应的事件代码如下：

```
Private Sub Command1_Click()
    Dim num As Integer,a As Integer,b As Integer,n As Integer
    For n=1 to 10
        Num=Val(InputBox("请输入数据：","输入"))
        If Int(num/2)=num/2 Then
            a=a+1
```

```
            Else
                b=b+1
            End If
        Next i
        MsgBox "运行结果：a=" & a & "b=" & b
    End Sub
```

打开窗体，单击命令按钮Command1，运行以上事件过程，所完成的功能是（　　）。

A．对输入的10个数累加求和

B．对输入的10个数分别统计整数和非整数的个数

C．对输入的10个数分别统计奇数和偶数的个数

D．对输入的10个数求各自的余数，然后再进行累加

44．设有如下窗体单击过程：

```
Private Sub Form_Click()
    x=1
    For x=1 to 3
        Select Case x
            Case 1,3
                x=x+1
            Case 2,4
                x=x+2
            End Select
        Next x
        MsgBox x
End Sub
```

打开窗体运行后，单击窗体，则消息框上显示的结果是（　　）。

A．3　　B．4　　C．5　　D．6

45．运行下列程序，显示的结果是

```
n=0
For i=1 to 5
   For j=1 to i
       For k =j to 4
           n=n+1
       Next k
   Next j
Next i
MsgBox n
```

A．40　　B．35　　C．5　　D．4

46．运行下列程序，结果是（　　）。

```
Private Sub Command1_Click()
    f0=1:f1=1:n=1
    Do While n<=5
```

```
        f=f0+f1
        f0=f1
        f1=f
        n=n+1
    Loop
    MsgBox "f = " & f
End Sub
```

A. f=5　　B. f=8　　C. f=13　　D. f=21

47. 下列程序段运行结束后，变量 a 的值是（　　）。

```
a=2
b=2
Do
    a=a*b
    b=b+1
Loop While b<4
```

A. 192　　B. 48　　C. 12　　D. 4

48. 设有如下程序代码：

```
a=1
Do
   a=a+2
Loop Until
```

运行程序，要求循环执行 3 次后结束，请在下列选项中选择合适的条件表达式填入程序空白处。

A. a>=7　　B. a<=7　　C. a<7　　D. a>7

49. 运行下列程序，输入数据 8，9，3，0 后，窗体中显示的结果是（　　）。

```
Private Sub Form_Load()
    Dim sun As Integer,m As Integer
    Sum=0
    Do
       m=Val(InputBox("请输入 m 的值："))
       sum=sum+m
    Loop Until m=0
    MsgBox sum
End Sub
```

A. 0　　B. 21　　C. 17　　D. 20

50. 在窗体上有一个命令按钮 Command1，编写事件代码如下：

```
Private Sub Command1_Click()
    Dim a As Integer,b As Integer
    a=12:b=32
    Call Prom(a,b)
    MsgBox a & Chr(32) & b
```

```
    End Sub
    Public Sub Prom(x As Integer,ByVal y As Integer)
        y=y mod 10
        x=x mod 10
    End Sub
```

打开窗体运行后，单击命令按钮，消息框上显示结果是（　　）。

A. 2 32　　B. 12 3　　C. 2 2　　D. 12 32

51. 在窗体中有一个命令按钮Command1，编写事件代码如下：

```
Private Sub Command1_Click()
    Dim s As Integer
    s=P(1)+P(2)+P(3)+P(4)
    MsgBox s
End Sub
Public Function P(n As Integer) As Integer
    Dim sum As Integer
    Sum=0
    For i =1 to n
        sum=sum+i
    Next i
    P=sum
End Function
```

打开窗体运行后，单击命令按钮，消息框上显示结果为（　　）。

A. 35　　B. 25　　C. 20　　D. 15

52. 在窗体中添加一个名称为Command1的命令按钮，然后编写如下事件代码：

```
Private Sub Command1_Click()
MsgBox(24,18)
End Sub
Public Function(a As Integer,b As Integer) As Integer
    Do While a<>b
        Do While a>b
           a=a-b
        Loop
        Do While a<b
           b=b-a
        Loop
    Loop
    f=m
End Function
```

窗体打开运行后，单击命令按钮，则消息框输上显示的结果是（　　）。

A. 2　　B. 6　　C. 4　　D. 8

53. 假设有以下两个过程：

```
Sub S1(ByVal x As Integer,ByVal y As Integer)
    Dim t As Integer
    t=x
    x=y
    y=t
End Sub
Sub S2(x As Integer, l y As Integer)
    Dim t As Integer
    t=x
    x=y
    y=t
End Sub
```

下列说法正确的是（　　）。

A. 过程S1和S2都不能实现两个变量值的交换

B. 过程S1和S2都可以实现两个变量值的交换

C. 过程S1可以实现两个变量值的交换，S2不能实现

D. 过程S2可以实现两个变量值的交换，S1不能实现

54. 窗体中有命令按钮Command1，事件过程代码如下：

```
Public Function f(x As Integer) As Integer
    Dim y As Integer
    x=20
    y=2
    f=x*y
End Function
Private Sub Command1_Click()
    Dim y As Integer
    Static x As Integer
    x=10
    y=5
    y=f(x)
    Debug.Print x;y
End Sub
```

运行程序，单击命令按钮，则立即窗口中显示的结果是（　　）。

A. 10 5　　B. 20 40　　C. 10 40　　D. 20 5

55. 窗体中有命令按钮Command1和文本框Text1，事件过程如下：

```
Function result(ByVal x As Integer) As Boolean
    If x Mod 2=0 Then
result=True
    Else
result=False
    End If
```

```
End Function
Private Sub Command1_Click()
    x=Val(InputBox("请输入一个整数："))
    If    Then
        Text1=Str(x) & "S 是偶数"
    Else
        Text1=Str(x) & "S 是奇数"
    End If
End Sub
```

运行程序，单击命令按钮，输入 11，在 Text1 中会显示 11 是奇数。那么在程序的空白处应填写（　　）。

A．Not result(x)　　B．result(x)="奇数"　C．result(x)　　D．result(x)="偶数"

56．数据库中有“Emp”表，包括“Eno”、“Ename”、“Eage”、“Esex”、“Edate”、“Eparty”等字段。下面程序段的功能是：在窗体文本框“tValue”内输入年龄条件，单击“删除”按钮完成对该年龄职工记录信息的删除。

```
Private Sub ButtonDelete_Click()      '单击删除按钮
    Dim StrSQL As String          '定义字符串变量 StrSQL
    StrSQL="Delete from Emp"      '给字符串变量 StrSQL 进行赋值
    '判断窗体年龄条件值无效（空值或非数值）处理
    If IsNull(Me!tValue)=True Or IsNumeric(Me!tValue)=False Then
        MsgBox "年龄值为空或非有效数值!",vbCritical,"Error"
  '窗体输入焦点移回年龄输入的文本框"tValue"控件内
        Me!tValue.SetFocus
Else
  '构造条件删除查询表达式
        StrSQL=StrSQL & "Where Eage=" & Me!tValue
  '消息框提示"确认删除?(Yes/No)",选择"Yes"实施删除操作
        If    Then
  '执行删除查询
            Docmd.RunSQL StrSQL
            MsgBox "completed!",vbInformation,"Msg"
        End If
    End If
End Sub
```

按照功能要求，横线空白处应填写的是（　　）。

A．MsgBox("确认删除?(Yes/No)",vbQuestion+vbYesNo,"确认")=vbOK

B．MsgBox("确认删除?(Yes/No)",vbQuestion+vbYesNo,"确认")=vbYes

C．MsgBox("确认",vbQuestion+vbYesNo, "确认删除?(Yes/No)")=vbOK

D．MsgBox("确认",vbQuestion+vbYesNo, "确认删除?(Yes/No)")=vbYes

第8章

数据库编程

在第 7 章中介绍了 Access 数据库编程基础，在实际应用开发中，要设计功能强大，操作灵活的数据库应用系统，还必须学习和掌握相关的数据库编程知识。本章主要介绍两种数据库编程接口技术 DAO 和 ADO，以及访问数据库和数据处理时的常用函数。

8.1 常用数据库访问接口技术

目前，直接编程通过本地数据库接口与底层数据进行交互是非常困难的，对数据库的访问一般是通过数据库引擎工具来实现。所谓数据库引擎，实际上是一组动态链接库（Dynamic Link Library,DLL），当程序运行时被连接到程序而实现对数据库的数据访问功能。数据库引擎是应用程序与物理数据库之间的桥梁，它以一种通用接口（数据库访问接口）的形式，使各种类型物理数据库对用户而言都具有统一的形式和相同的数据访问和处理方法。数据库访问接口技术可以通过编写相对简单的程序来实现非常复杂的任务。常用的数据库访问接口技术包括 ODBC、DAO 和 ADO。

1．开放数据库互连（Open Database Connectivity，ODBC）

开放数据库互连（Open Database Connectivity，ODBC）是微软公司开放服务结构（WOSA，Windows Open Services Architecture）中有关数据库的一个组成部分，它建立了一组规范，并提供了一组对数据库访问的标准应用程序编程接口（Application Programming Interface，API）。这些 API 独立于不同厂商的 DBMS，也独立于具体的编程语言。一个基于 ODBC 的应用程序对数据库的操作不依赖任何数据库管理系统，不直接与数据库管理系统进行交互，所有的数据库操作由对应的数据库管理系统的 ODBC 驱动程序完成。也就是说，无论是 Aceess 和 Visual FoxPro，还是 SQL Server 和 Oracle 数据库，均可用 ODBC API 进行访问。由此可见，ODBC 的最大优点是能以统一的方式访问所有的数据库。

但是，在 Access 数据库应用中，直接使用 ODBC API 需要大量的 VBA 函数原型声明（Declare）和一些繁琐、低级的编程。因此，实际编程中很少直接 ODBC 访问。

2．数据访问对象（Data Access Objects，DAO）

DAO（Data Access Objects）即数据访问对象，最初为 Access 开发人员的专用数据访问方法。它普遍使用 Microsoft Jet 数据库引擎（由 Microsoft Access 所使用），并允许 Visual Basic 开发者像通过 ODBC 对像直接连接到其他数据库一样，直接连接到 Access 表。DAO 最适用于单系统应用程序或小范围本地分布使用，它内部已经对数据库的访问进行了加速优化，而且使用起来也很方便。因此，如果数据库是Access数据库且是本地使用的话，可以使用这种访问方式。

3．ActiveX数据对象（ActiveX Data Objects）

ADO（ActiveX Data Objects）又称为ActiveX数据对象，是Microsoft公司开发数据库应用程序新接口。与Microsoft的其他系统接口一样，ADO是面向对象的。ADO扩展了DAO所使用的对象模型，具有更加简单、更加灵活的操作性能。ADO的一个重要特征是远程数据服务，在Internet方案中使用最少的网络流量，并在前端和数据源之间使用最少的层数，提供了轻量、高性能的数据访问接口。

目前，ADO已经成为数据库应用开发的主流技术。ODBC和DAO是早期的数据库访问技术，正在逐步被淘汰。

8.2 数据访问对象DAO

DAO提供了一个访问数据库的对象模型，利用其中定义的一系列数据访问的对象（如Database、QueryDef、RecordSet等）、方法、属性，可以实现对数据库的各种操作。需要注意的是，要想在Access数据库程序设计时使用DAO的各个数据访问对象，首先应该确认系统安装有ACE（集成和改进的Microsoft Access数据库引擎）并增加一个库的引用。Access的引用库设置方式为：打开VBE编辑环境，单击“工具”菜单并选择“引用（R）…”选项，打开“引用”对话框，如图8.1所示。从“可使用的引用”列表框中选中“MicroSoft Office 14.0 Access Database Engine Object Library”选项并单击“确定”按钮。

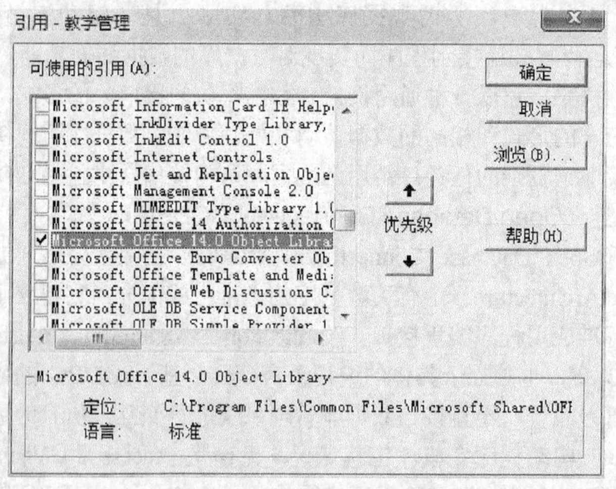

图8.1 DAO对象库引用对话框

8.2.1 DAO模型结构

DAO包含了一个复杂的可编程数据关联对象的层次。其中，DBEngine对象处去最顶层，它是模型中唯一不被其他对象所包含的数据库引擎本身。层次低一些的对象，如Workspace（s）、Database（s）、QueryDef（s）和RecordSet（s）是DBEngine下的对象层，其下的各种对象分别对应被访问的数据库的不同部分。DAO模型的层次结构如图8.2所示。

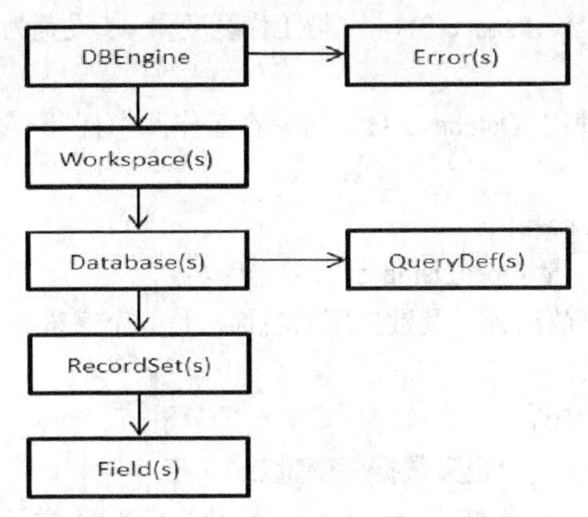

图 8.2 DAO 模型层次结构图

DAO 中各个对象及其说明如表 8.1 所示。

表 8.1 DAO 对象说明

对象名	说明
DBEngine	相当于 Jet 数据库引擎，位于 DAO 对象的顶层，它是不需要创建就已经存在的对象，可创建多个工作区
Workspace	工作区对象，一个工作区可打开数据库
Database	数据库对象，一个数据库可打开多个表或查询
RecordSet	记录集对象，一个记录集包含多个字段对象，它提供了许多能实现记录常规操作的方法
Field	表示记录中的字段数据信息
QueryDef	查询对象，其功能与记录集对象相似
Error	错误对象，表示程序出错时的错误信息

8.2.2 利用 DAO 访问数据库

利用 DAO 访问数据库，需要在程序中设置对象变量，并通过对象变量来调用访问对象的方法、设置访问对象属性，这样就实现了对数据库的各项访问操作。在 VBA 中，访问数据库的基本步骤如下。

（1）使用 Workspace（s）对象打开一个工作区。

（2）使用 Database（s）对象在工作区中打开数据库。

（3）使用 RecordSet（s）对象打开记录集，使用 Field（s）对象获得记录集中的数据。

（4）使用 RecordSet（s）对象浏览和操作记录。

（5）关闭记录集和数据库。

1．打开工作区

在 VBA 中，利用 DAO 访问数据的第一步是使用 Workspace（s）对象打开一个工作区。其声明和使用的语句格式为：

Dim 工作区变量 As Workspace

Set 工作区变量=DBEngine.Workspace（序号） ‘此步可省略，若省略则默认为打开 0 号工作区

例如：Dim ws As Workspace ‘定义工作区变量 ws

Set ws=DBEngine.Workspace(0) ‘把工作区变量 ws 设置为 0 号工作空间

2．打开数据库

在定义工作区变量后，使用 Database（s）对象在工作区中打开一个数据库。其声明和使用的语句格式为：

Dim 数据库变量 As Database

Set 数据库变量=工作区变量.OpenDatabase（数据库名）

数据库名包括数据库的存放路径以及数据库的名称，是一个字符串。若打开当前数据库，则以上两个句子可用以下语句替代：

Set 数据库变量=CurrentDB()

例如：Dim db As Database ‘定义数据库变量 db

Set db=ws.OpenDatabase("D:\Access 程序设计与应用\教学管理.accdb") ‘在工作区中打开"教学管理"数据库

3．打开记录集

打开数据库后，可以使用 RecordSet（s）对象打开指定的记录集。其声明和使用的语句格式为：

Dim 记录集变量 As RecordSet

Set 记录集变量=数据库变量.OpenRecordSet（表名|查询名|SQL 语句）

例如：Dim rs As RecordSet ‘定义记录集变量 rs

Set rs=db. OpenRecordSet("教师") ‘返回教师表的记录集

4．浏览记录

在打开记录集后，可以使用 RecordSet（s）对象的相关方法对记录集进行浏览。记录的浏览主要包括字段数据的访问、记录的定位、记录的状态等操作。

（1）访问字段

访问字段就是获取某个字段数据，其语句格式为：

rs.Fields（字段名|字段编号）

注意：字段编号从 0 开始，第一字段编号为 0，以此类推。

例如：rs.Fields("年龄") ‘获取"教师"表中"年龄"字段数据

（2）记录定位

记录定位的包括前移记录、后移记录、移动到第一条记录和移动到最后一条记录等操作。其语句格式分别为：

① 前移记录：rs.MovePrevious

② 后移记录：rs.MoveNext

③ 移动到第一条记录：rs.MoveFirst

④ 移动到最后一条记录：rs.MoveLast

（3）记录状态

在 RecordSet 对象中记录集的状态有两种：BOF 和 EOF。其中 BOF 表示记录集首部，EOF 表示记录集尾部。

如果当前记录位于记录集第一个记录之前，BOF 属性取值为 True。如果当前记录为第一个记录或其后记录，BOF 属性取值为 False。如果当前记录位于记录集最后一个记录之后，EOF 属性取值为 True。如果当前记录为最后一个记录或之前记录，EOF 属性取值为 False。如果 BOF 和 EOF 取值均为 True，则没有当前记录。

例如：rs.EOF　　'表示当前记录位于记录集最后一条记录之后
　　Not rs.EOF　'表示当前记录位于记录集最后一条记录之前

5．操作记录

通过 RecordSet（s）对象的相关方法可以实现对记录的操作。记录的操作主要包括编辑、添加、更新、删除等操作。

（1）记录编辑（Edit）

Edit 方法使记录进入可编辑状态，之后可通过 Field（s）字段属性编辑数据。

例如：rs.Edit　　'记录集设置为编辑状态

（2）添加记录（AddNew）

AddNew 方法使记录进入追加状态，之后可将数据写入记录的对应字段属性中。

例如：rs.AddNew　　'记录集设置为追加状态

（3）更新记录（Update）

编辑和添加的数据只是临时存放在缓冲区中，在接到 Update 命令后，才将数据的修改存储在数据库中。

例如：rs.Update　　'将数据的改动存储到数据库中

（4）删除记录（Delete）

使用 Delete 方法删除记录集中的记录。

例如：rs.Delete　　'删除当前记录

6．关闭记录集和数据库（Close）

在应用程序结束之前，应关闭并释放分配给 DAO 对象（一般为 Database 对象和 RecordSet）的资源，操作系统回收这些资源并可以再分配给其他应用程序。其语句格式为：

记录集或数据库对象名.Close

Set 记录集或数据库对象名=Nothing

例如：rs.Close　　'关闭记录集
　　db.Close　'关闭数据库
　　Set rs=Nothing　　'回收记录集对象所占用的内存空间
　　Set db=Nothing　　'回收数据库对象所占用的内存空间

使用 DAO 访问数据库的一般程序：

```
......
'定义 DAO 对象变量
Dim ws As DAO.Workspace         '工作区对象
Dim db As DAO.Database          '数据库对象
Dim rs As DAO.Recordset          '记录集对象
'通过 Set 语句设置各个 DAO 对象变量
Set ws=DBEngine.Workspace(0)     '打开默认工作空间
Set db=ws.OpenDatabase(数据库名称)      '打开数据库文件
Set rs=db.OpenRecordSet(表名|查询名|SQL 语句)      '打开记录集
Do While Not rs.EOF     '利用循环结构一次一行读取记录集中的记录
......                 '对记录集执行的各种操作
rs.MoveNext        '读取下一条记录
Loop
rs.Close      '关闭记录集
```

```
db.Close      '关闭数据库
Set rs=Nothing      '回收记录集对象所占用的内存空间
Set db=Nothing      '回收数据库对象所占用的内存空间
......
```

例 8-1 试编写子过程用 DAO 来完成对“教学管理.accdb”文件中“学生”表的学生年龄都加 1 的操作，假设文件存放在 D 盘“Access 程序设计与应用”文件夹中。程序代码如下：

```
Sub SetAgeUpdate1()
'定义 DAO 对象变量
Dim ws As DAO.Workspace          '定义工作区对象变量 ws
Dim db As DAO.Database           '定义数据库对象变量 db
Dim rs As DAO.Recordset          '定义记录集对象变量 rs
Dim fd As DAO.Field              '定义字段对象变量 fd
'注意：如果操作当前数据库，可用 Set db=CurrentDb()来替换下面两条语句！
Set ws=DBEngine.Workspaces(0)          '打开 0 号工作区
Set db=ws.OpenDatabase("D:\Access 程序设计与应用\教学管理.accdb")  '打开数据库
Set rs=db.OpenRecordset("教师")                 '返回"教师"表记录集
Set fd=rs.Fields("年龄")          '设置字段变量 fd 的值为"年龄"字段的数据
'对记录集使用循环结构进行遍历
Do While Not rs.EOF
     rs.Edit
     fd=fd+1
     rs.Update
     rs.MoveNext
Loop
'关闭并回收对象变量所占用内存空间
rs.Close
db.Close
Set rs=Nothing
Set db=Nothing
End Sub
```

程序运行前教师表中年龄字段值如图 8.3 所示。

程序运行后教师表中年龄字段值如图 8.4 所示。

教师

教师编号	姓名	性别	年龄	工作时间	政治面貌	学历
10001	董森	男	35	2005/6/26	党员	硕士
10002	涂利平	男	45	1990/9/4	党员	大学本科
10003	雷保林	男	46	1989/7/14	党员	大学本科
10004	柯志辉	男	36	1995/7/5	党员	硕士
10005	朱志强	男	42	1998/6/25	民盟	硕士
10006	赵亚楠	女	40	2000/8/9	党员	硕士
10007	苏道芳	女	43	2003/9/6	民盟	博士
10008	曾娇	女	31	2008/6/13	党员	硕士
10009	施洪云	女	43	1993/7/5	党员	大学本科
10010	吴艳	女	39	2006/9/3	党员	博士
10011	王兰	女	41	2005/6/27	党员	博士
10012	王业伟	男	47	1992/6/8	民盟	大学本科
10013	周青山	男	51	1985/7/3	党员	大学本科
10014	蔡朝阳	男	49	1987/8/10	民盟	大学本科
10015	张晚霞	女	56	1980/6/4	党员	大学本科

记录: 1 无筛选器 搜索

图 8.3 程序运行前的“教师”表“年龄”字段

教师

教师编号	姓名	性别	年龄	工作时间	政治面貌	学历
10001	董森	男	36	2005/6/26	党员	硕士
10002	涂利平	男	46	1990/9/4	党员	大学本科
10003	雷保林	男	47	1989/7/14	党员	大学本科
10004	柯志辉	男	37	1995/7/5	党员	硕士
10005	朱志强	男	43	1998/6/25	民盟	硕士
10006	赵亚楠	女	41	2000/8/9	党员	硕士
10007	苏道芳	女	44	2003/9/6	民盟	博士
10008	曾娇	女	32	2008/6/13	党员	硕士
10009	施洪云	女	44	1993/7/5	党员	大学本科
10010	吴艳	女	40	2006/9/3	党员	博士
10011	王兰	女	42	2005/6/27	党员	博士
10012	王业伟	男	48	1992/6/8	民盟	大学本科
10013	周青山	男	52	1985/7/3	党员	大学本科
10014	蔡朝阳	男	50	1987/8/10	民盟	大学本科
10015	张晓霞	女	57	1980/6/4	党员	大学本科

图 8.4 程序运行后的“教师”表“年龄”字段

8.3 ActiveX 数据对象（ADO）

ADO（ActiveX Data Objects，ActiveX 数据对象）是 Microsoft 提出的应用程序接口（API）用以实现访问关系或非关系数据库中的数据。与 Microsoft 的其他系统接口一样，ADO 也是面向对象的。在 ADO 中包括一系列数据对象（如 Connection、Command、RecordSet 等）、方法、属性，可以实现对数据库的各种操作。

在 Access 数据库程序设计时要想使用 ADO 的各个组件对象，应该增加对 ADO 库的引用。Access2010 的可选 ADO 引用库有 2.0、2.1、2.5、2.6、2.7、2.8 及 6.1 版本，其引用设置方式为：进入 VBE 编辑环境，单击“工具”菜单并选择“引用（R）…”选项，打开“引用”对话框，如图 8.5 所示。从“可使用的引用”列表框中选择“Microsoft ActiveX Data Objects 6.0 Library”选项或其他版本的选项，单击“确定”按钮。

当打开一个新的 Access2010 数据库时，Access 会自动增加对 Microsoft Office 14.0 Access Database Engine Object Library 库和 Microsoft ActiveX Data Objects 2.1 库的引用，即同时支持 DAO 和 ADO 的数据库操作。由于两者之间存在一些同名对象（如 RecordSet、Field），使用起来会产生歧义和错误。因此，ADO 类库引用必须加“ADODB”短语前缀，用于明确区分与 DAO 同名的 ADO 对象。例如，Dim rs As New ADODB.RecordSet，显示声明一个 ADO 类型库的 RecordSet 对象变量 rs。

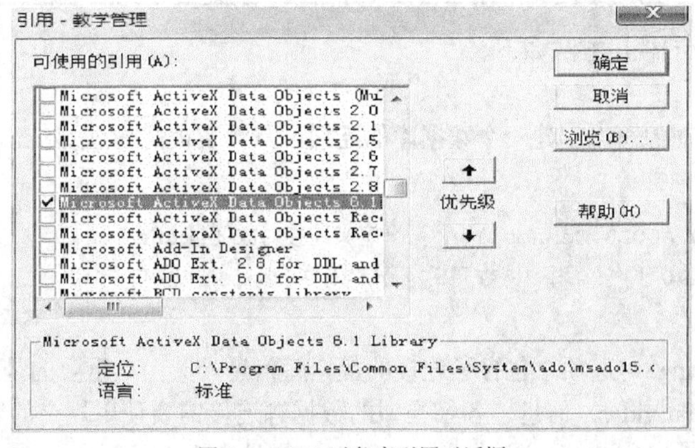

图 8.5 ADO 对象库引用对话框

8.3.1 ADO 对象模型

ADO 提供了一系列组件对象供程序设计者使用。与 DAO 不同，ADO 对象无须派生，大部分对象都可以直接创建（Field 和 Error 除外），而且没有对象的分级结构。使用时，只需在程序中创建对象变量，并通过对象变量来调用对象方法，设置对象属性，这样就可以实现对数据库的各项操作。ADO 对象模型结构如图 8.6 所示。

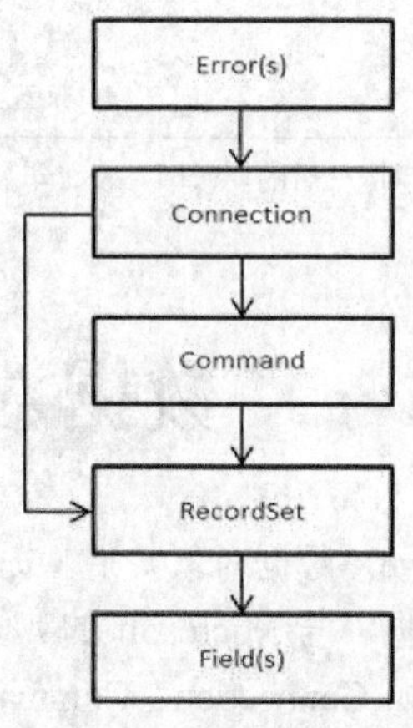

图 8.6 ADO 模型结构图

ADO 中各个对象及其说明如表 8.2 所示。

表 8.2 ADO 对象说明

对象名	说明
Connection	用于建立与数据库的连接。通过连接可以从应用程序访问数据源，对数据库进行访问和操作
Command	在建立数据库连接后，可以发出命令操作数据源。一般情况下，Command 对象可以在数据库中添加、删除或更新数据，或者在表中进行数据查询
RecordSet	表示数据操作返回的记录集。这个记录集是一个连接的数据库中的表，或者是 Command 对象的执行结果返回的记录集。几乎所有对数据的操作（如指定行、移动行、添加、修改和删除操作等）都是在 RecordSet 对象中完成的
Field	表示记录中的字段数据信息
Error	错误对象，表示程序出错时的错误信息

ADO 各主要对象的使用方法如下。

1. 连接数据源

利用 Connection 对象可以创建一个数据库的连接，具体实现是通过 Connection 对象的 Open 方法。语法格式：

```
Dim cnn As new ADODB.Connection    '定义连接对象变量 cnn
Open [ConnectionString][,UserID][,PassWord][,OpenOptions]
```

参数说明如下。

① ConnectionString 可选项，包含了连接的数据库信息，其中最重要的是体现 OLE DB 主要环节的数据提供者（Provider）信息。各种类型的数据源连接需要使用规定的数据提供者。数据提供者信息也可以在连接对象 Open 方法之前的 Provider 属性中设置。例如：

Dim cnn As new ADODB.Connection　　'定义连接对象变量 cnn

cnn.Provider="Microsoft.ACE.OLEDB.12.0"

② UserID 可选项，包含建立连接的用户名。

③ PassWord 可选项，包含建立连接的用户密码。

④ OpenOptions 可选项，如果设置为 adConnectAsync，则连接将异步打开。

此外，利用 Connection 对象打开连接之前，还需考虑记录集游标位置。它是通过 CursorLocation 属性来设置的，其语法格式：

cnn.CursorLocation=Location

其中，Location 指定了记录集的存放位置，它的取值如表 8.3 所示。

表 8.3　Location 取值及说明

常量	值	说明
adUserServer	2	默认值。使用数据提供者或驱动程序提供的服务器端游标
adUserClient	3	使用本地游标库提供的客户端游标

CursorLocation 属性用来设置记录集的保存位置。对于客户端游标，记录集将会被下载到本地数据缓冲区，这样对于大数据量查询会导致网络资源的严重占用，而服务器端游标直接将记录集保存到服务器数据缓冲区上，可以大大提高页面的处理速度。

服务器端游标对数据的变化有很强的敏感性。客户端游标在处理记录集的速度上有优势。如果取得记录集后，修改数据库中的数据，那么使用服务器端游标加上动态游标就可以得到最新的数据。而客户端游标就无法察觉到数据的变化。使用服务器端游标可以调用存储过程，但无法返回记录数量（RecordCount）。

2．打开记录集

记录集是一个从数据库取回的查询结果集。语法格式：

```
Dim rs As ADODB.RecordSet      '定义记录集对象变量 rs
Open [Source][,ActiveConnection][,CursorType][,LockType][,Options]
```

参数说明如下。

① Source 可选项，指定打开的记录源信息，可以是 SQL 语句、表名、存储过程调用或保存记录集的文件名。

② ActiveConnection 可选项，合法的已打开的 Connection 对象变量名，或者是包含 ConnectionString 参数的字符串。该字符串内要提供连接对象的数据提供者信息。

③ CursorType 可选项，确定以打开的记录集对象使用的游标类型。具体取值如表 8.4 所示。

表 8.4　CursorType 取值及说明

常量	值	说明
adOpenForwardOnly	0	默认值。除在记录中只能向前滚动外，与静态游标相同
adOpenKeyset	1	键集游标。尽管不能访问其他用户删除的记录，但除无法查看其他用户添加的记录外，与动态游标类似
adOpenDynamic	2	动态游标。其他用户所做的添加、更改或删除操作均可见，而且允许 Recordset 中的所有移动类型
adOpenStatic	3	静态游标。可用于查找数据。其他用户的操作不可见
adOpenUnspecified	-1	不能指定游标类型

需要注意的是，游标类型对打开的记录集操作有很大影响，决定了记录集对象支持和使用的属性和方法。

④ LockType 可选项，确定打开记录集对象使用的锁定类型。具体取值如表 8.5 所示。

表 8.5 LockType 取值及说明

常量	值	说明
adLockReadOnly	1	指示只读记录。无法运行增、删、改等操作
adLockPessimistic	2	当数据源数据正在更新时，系统会锁定其他用户的动作，以保数据一致性
adLockOptimistic	3	当数据源数据正在更新时，系统不会锁定其他用户的动作，其他用户可以对数据进行增、删、改操作
adLockBatchOptimistic	4	用于批处理修改，其他用户必须将 CursorLocation 改为 adUdeClientBatch 才能对数据进行增、删、改的操作
adLockUnspecified	-1	不能指定锁定类型

⑤ Options 可选项，Long 值，指示提供者计算 Source 参数的方式。具体取值如表 8.6 所示。

表 8.6 Option 取值及说明

常量	值	说明
adCmdText	1	按命令或存储过程调用的文本计算 CommandText
adCmdTable	2	按表名计算 CommandText
adCmdStoreProc	4	按存储过程名计算 CommandText
adCmdUnknown	8	默认值。指示 CommandText 属性中命令的类型未知
adCmdFile	256	按持久存储 Recordset 的文件名计算 CommandText
adCmdTableDirect	512	按表名计算 CommandText，该表的列全部返回
adCmdUnspecified	-1	不指定命令类型的参数

3. 执行查询

执行查询是对数据库目标表直接实施追加、更新和删除记录的操作。一般有 2 中处理方法：第一种是使用 Connection 对象的 Execute 方法，第二种是使用 Command 对象的 Execute 方法。

（1）Connection 对象的 Execute 方法

语法格式：

```
Dim cnn As new ADODB.Connection       '定义连接对象变量 cnn
......                                '打开数据库连接
Dim rs As new ADODB.RecordSet         '定义记录集对象变量 rs
Set rs=cnn.Execute(CommandText [,RecordAffected][,Options])    '对于按行返回记录集的命令字符串
cnn.Execute CommandText [,RecordAffected][,Options]   '对于不按行返回记录集的命令字符串
```

参数说明：

① CommandText 一个字符串，返回要执行的 SQL 语句、表名、存储过程或指定文本。

② RecordAffected 可选项，Long 类型的值，返回操作影响的记录数。

③ Options 可选项，Long 类型的值，指明如何处理 CommandText 参数。

（2）Command 对象的 Execute 方法

语法格式：

```
Dim cnn As new ADODB.Connection        '定义连接对象变量cnn
Dim cmm As new ADDODB.Command          '定义命令对象变量cmm
……                                     '打开数据库连接
Dim rs As new ADODB.RecordSet          '定义记录集对象变量rs
Set rs=cmm.Execute([RecordAffected][,Parameters][,Options])    '对于按行返回记录集的命令字符串
cnn.Execute [RecordAffected][,Parameters][,Options]  '对于不按行返回记录集的命令字符串
```

参数说明：

① RecordAffected 可选项，Long 类型的值，返回操作影响的记录数。

② Parameters 可选项，Variant 数组，用 SQL 语句传递的参数值。

③ Options 可选项，Long 类型的值，指明如何处理 CommandText 参数。

4．操作记录集

在获得记录集后，可以进行记录指针定位、检索、追加、更新和删除等操作。

（1）定位记录

ADO 提供了多种定位和移动记录指针的方法，其语法格式：

```
rs.Move NumRecord[,Start]
```

参数说明：

① NumRecord 带符号的 Long 表达式，指定当前记录位置移动的记录数。如果 NumRecords 参数大于零，则当前记录位置将向前移动（向记录集的末尾）。如果 NumRecords 小于零，则当前记录位置向后移动（向记录集的开始）。

② Start 可选项，String 值或 Variant 值，计算书签。表示从哪条记录开始移动。还可使用 BookmarkEnum 值。BookmarkEnum 具体取值如表 8.7 所示。

表 8.7　　BookmarkEnum 取值及说明

常量	常量	说明
AdBookmarkCurrent	0	默认。从当前记录开始
AdBookmarkFirst	1	从首记录开始
AdBookmarkLast	2	从尾记录开始

在 ADO 中移动记录位置还可以使用 rs.Move××××方法来实现，其语法格式：

```
rs.MoveFirst|MoveLast|MoveNext|MovePrevious
```

参数说明：

① MovePrevious 方法将当前记录位置向前移动一个记录。

② MoveNext 方法将当前记录位置向后移动一个记录。

③ MoveFirst 方法将当前记录位置移动到记录集的第一个记录。

④ MoveLast 方法将当前记录位置移动到记录集的最后一个记录。

在 ADO 中同样提供了两种记录状态的标识属性：BOF 和 EOF。其中 BOF 表示记录集首部，EOF 表示记录集尾部。如果当前记录位于记录集第一个记录之前，BOF 属性取值为 True。如果当前记录为第一个记录或其后记录，BOF 属性取值为 False。如果当前记录位于记录集最后一个记录之后，EOF 属性取值为 True。如果当前记录为最后一个记录或之前记录，EOF 属性取值为 False。如果 BOF 和 EOF 取值均为 True，则没有当前记录。

例如：rs.BOF　　'表示当前记录位于记录集第一条记录之前

Not rs.BOF　　'表示当前记录位于记录集第一条记录之后

（2）检索记录

在 ADO 中，在记录集内实现数据的快速检索主要有两种方法：Find 和 Seek。语法格式为：

```
rs.Find Criteria[,SkipRows][,SearchDirection][,Start]
```

参数说明：

① Criteria 为 String 值，包含指定用于检索的列名、比较操作符和值的语句。Criteria 中只能指定单列名称，不支持多列检索。比较操作符可以是>、<、>=、<=、=、<>或 Like（模式匹配）。Criteria 中的值可以是字符串、数字或日期。字符串值用单引号或#号分隔，日期值用#号分隔。

② SkipRows 可选项，Long 值，默认值为 0，它指定当前行或 Start 值所表示的行偏移量开始检索。默认情况下，从当前行开始检索。

③ SearchDirection 可选项，指定检索是从当前行开始，还是从检索方向的下一行开始。如果该值为 adSearchForward（值 1），那么不成功的检索将在 Recordset 结尾处停止，如果该值为 adSearchBackward（值-1），那么不成功的检索将在 Recordset 的开始处停止。

④ Start 可选项，Variant 类型值，用于指定检索的开始位置。

例如：rs.Find "课程名称 Like '*计算机*'" 是查找记录集中课程名称包括"计算机"三个字的信息，检索成功纪录指针会定位到第一条包含"计算机"的记录。

Seek 方法搜索 Recordset 的索引，快速定位与指定值相匹配的行，并将当前行改为该行。语法格式：

```
rs.Seek KeyValues,SeekOption
```

参数说明：

① KeyValues 为 Variant 类型数组。索引由一个或多个列组成，并且该数组包含与每个对应列作比较的值。

② SeekOption 指定在索引的列中与 KeyValues 之间进行的比较类型。具体取值如表 8.8 所示。

表 8.8　　SeekOption 取值及说明

常量	常量	说明
AdSeekFirstEQ	1	查找等于 KeyValues 的关键字，记录指针定位在第一条匹配的记录处，如果没有任何匹配记录则指向数据库的未记录
AdSeekLastEQ	2	查找等于 KeyValues 的关键字，记录指针定位在最后一条匹配的记录处，如果没有任何匹配记录则指向数据库的未记录
AdSeekAfterEQ	4	查找等于 KeyValues 的关键字，或仅在已经匹配过的位置之后进行查找
AdSeekAfter	8	仅在已经有过与 KeyValues 匹配的位置之后进行查找
AdSeekBeforeEQ	16	查找等于 KeyValues 的关键字，或仅在已经匹配过的位置之前进行查找
AdSeekBefore	32	仅在已经有过与 KeyValues 匹配的位置之前进行查找

需要注意的是，Seek 方法的检索效率很高，但使用条件也更严。一是必须通过 adCmdTableDirect 方式打开记录集；二是必须提供支持 Recordset 对象上的索引，即 Seek 方法和 Index 属性要结合使用。

（3）添加新记录

在 ADO 中添加新记录的方法为 AddNew。语法格式：

rs.AddNew [FieldList][,Values]

参数说明：

① FieldList 可选项，为一个字段名或一个字段数组，指定要添加数据的字段。

② Values 可选项，指定要添加到字段的数据。如果 FieldList 为一个字段名，那么 Values 应为一个数据；如果 FieldList 为一个字段数组，那么 Values 中的数据必须和 FieldList 中的字段数和数据类型一一对应。

注意，使用 AddNew 方法为记录集添加新的记录后，应使用 Update 方法将添加的记录存储到数据库中。

（4）更新记录

更新记录于记录的赋值没有太大的区别，只要用 SQL 语句将要修改的记录字段数据找出来重新赋值。注意，更新记录后，应使用 Update 方法将所更新的记录数据存储到数据库中。

（5）删除记录

在 ADO 中删除记录的方法是 Delete。这与 DAO 中的方法相同，但是在 ADO 中，Delete 方法可以删除一组记录。语法格式：

```
rs.Delete [AffectRecords]
```

参数说明：AffectRecord 可选项，指定是删除一条记录还是删除一组记录。具体取值如表 8.9 所示。

表 8.9　AffectRecord 取值及说明

常量	常量	说明
AdAffectCurrent	1	只删除当前记录
AdAffectGroup	2	删除符合 Filter 属性设置的一组记录

需要说明的是，上述一些操作涉及记录集字段的引用。访问 Recordset 对象中的字段，可以使用字段名称，也可以使用字段编号。使用字段编号时，字段编号从 0 开始。

例如，Recordset 对象 rs 的第一个字段为“教师编号”，则引用该字段可使用下列多种方法：

```
rs.Fields("教师编号")
rs.Fields(0)
rs.Fields.Item("教师编号")
rs.Fields.Item(0)
```

5. 关闭连接或记录集

在 Access 数据库应用程序结束之前，应该关闭并释放分配给 ADO 对象（一般为 Connection 对象和 Recordset 对象）的资源，操作系统回收这些资源可以再分配给其他应用程序使用。

关闭连接或记录集使用 Close 方法。语法格式：

```
ADO 对象.Close        '关闭 ADO 对象
Set ADO 对象=Nothing        '回收资源
```

8.3.2 利用 ADO 访问数据库

利用 ADO 访问数据库的一般步骤如下。

（1）定义和创建 ADO 对象实例变量。

（2）设置数据库连接参数并打开连接。

（3）设置命令参数并执行命令。

（4）设置查询参数并打开记录集。

（5）对记录集进行操作（检索、追加、更新、删除）。

（6）关闭所有对象，回收内存空间。

使用 ADO 访问数据库的一般程序如下。

（1）程序段 1：在 Connection 对象上打开 RecordSet

```
......
'创建或定义 ADO 对象变量
Dim cn As New ADODB.Connection        '定义连接对象变量
Dim rs New ADODB.Recordset            '定义记录集对象变量
......
cn.Open 连接串等参数          '打开一个连接
rs.Open 查询串等参数          '打开一个记录集
Do While Not rs.EOF           '利用循环结构访问整个记录集直至末尾
......                    '对记录集执行的各种操作
 rs.MoveNext          '读取下一条记录
 Loop
rs.Close              '关闭记录集
cn.Close              '关闭连接
Set rs=Nothing         '回收记录集对象变量所占用的内存空间
Set cn=Nothint         '回收连接对象变量所占用的内存空间
```

（2）程序段 2：在 Command 对象上 RecordSet

```
......
'创建 ADO 对象变量
Dim cm As New ADODB.Command        '定义连接对象变量
Dim rs New ADODB.Recordset          '定义记录集对象变量
......
'设置 Command 对象的活动连接、类型、查询等属性
With cm
    .ActiveConnection=连接串
    .CommandType=命令类型参数
    .CommandText1=查询命令串
End With
rs.Open  cm 其他参数   '设置 rs 的 ActiveConnection 属性
Do While Not rs.EOF        '利用循环结构访问整个记录集直至末尾
......                    '对记录集执行的各种操作
 rs.MoveNext          '读取下一条记录
 Loop
rs.Close              '关闭记录集
Set rs=Nothing         '回收记录集对象变量所占用的内存空间
......
```

例 8-2 试编写子过程用 ADO 来完成对“教学管理.accdb”文件中“学生”表的学生年龄都加 1 的操作，假设文件存放在 D 盘“Access 程序设计与应用”文件夹中。程序代码如下：

```
Sub SetAgeUpdate2()
```

```
        '创建或定义 ADO 对象变量
        Dim cn As New ADODB.Connection          '定义连接对象变量 cn
        Dim rs New ADODB.Recordset              '定义记录集对象变量 rs
        Dim fd As ADODB.Field                   '定义字段对象变量 fd
        Dim strConnect As String                '定义连接字符串变量 strConnect
        Dim strSQL As String                    '查询字符串变量 strSQL
    '注意：操作当前数据库，用 Set cn=CurrentProject.Connection 替换下面 3 条语句
    strConnect="D:\Access 程序设计与应用\教学管理.accdb"      '设置连接字符串变量值为"教学管理"数据库存储路径
        cn.Provider="Microsoft.ACE.OLEDB.12.0 "       '设置 OLE DB 数据提供者
        cn.Open strConnect                        '打开与数据源的连接
    strSQL="Select 年龄 from 教师"          '设置字符串变量值为 Select 查询语句
    rs.Open strSQL,cn,adOpenDynamic,adLockOpetimistic,adCmdText    '打开记录集
    Set fd = rs.Fields("年龄")          '设置字段对象变量 fd 的值为"年龄"字段数据
    '对记录集是用循环结构进行遍历
    Do While Not rs.EOF
    fd = fd +1               '年龄字段值加 1
            rs.Update                '更新记录集，保存年龄值
            rs.MoveNext              '读取下一条记录
    Loop
    '关闭并回收对象变量所占用内存空间
    rs.Close
    cn.Close
    Set rs=Nothing
    Set cn=Nothing
    End Sub
```

程序运行结果如图 8.4 所示。

8.4 数据库访问和处理常用函数

在 ADO 和 DAO 中，还提供了若干个数据访问和处理时所使用的特殊域聚合函数。

（1）Nz 函数

Nz 函数可以将 Null 值转换为 0、空字符串（" "）或者其他指定值。

函数格式：

Nz（表达式或字段属性值[，规定值]）

当“规定值”参数省略时，如果“表达式或字段属性值”为数值型且值为 Null，Nz 函数返回 0；如果“表达式或字段属性值”为字符型且值为 Null，Nz 函数返回空字符串（" "）。当“规定值”参数存在时，如果“表达式或字段属性值”为 Null，Nz 函数返回“规定值”。

例 8-3 对窗体 Test 上的一个控件 Text1 进行判断，并返回基于控件值的两个字符串之一。如果控件值为 Null，则使用 Nz 函数将 Null 值转换为空字符串。程序代码如下：

```
Private Sub CheckValue()
    Dim fm As Form,ctl As Control
    Dim StrResult
```

```
    Set fm=Forms!Test
    Set ctl=fm!Text1
    StrResult=IIf(Nz(ctl.Value)="","值不存在! ","值为" & ctl.Value)
    MsgBox StrResult
End Sub
```

程序说明：当“Test”窗体上“Text1”的值为 Null 时，消息框上显示“值不存在!”。

如果文本框“Text1”的值为 Null 时，窗体及程序运行结果如图 8.7 和图 8.8 所示。

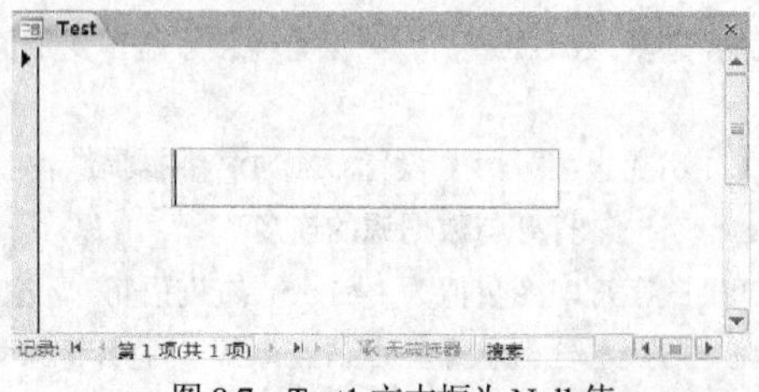

图 8.7　Text1 文本框为 Null 值

图 8.8　MsgBox 显示结果

如果在 Text1 文本框中输入文本型数据“10001”，窗体及程序运行结果如图 8.9 和图 8.10 所示。

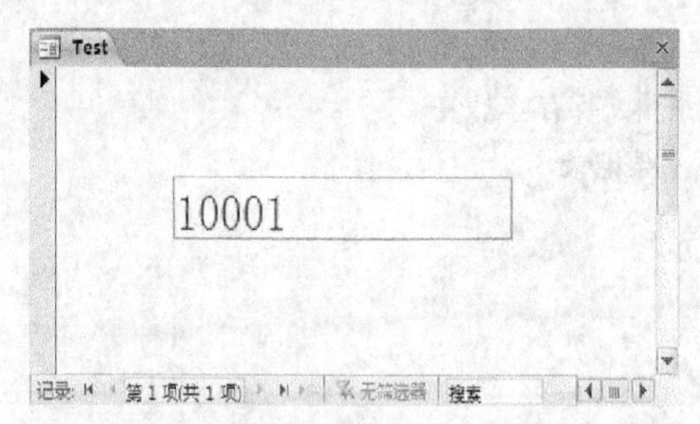

图 8.9　Text1 文本框值为 10001

图 8.10　MsgBox 显示结果

（2）DCount 函数、DAvg 函数、DSum 函数

DCount 函数用于返回指定记录集中的记录数量；DAvg 函数用于返回指定记录集中某个字段列数据的平均值；DSum 函数用于返回指定记录集中某个字段列数据的和。

函数格式：

DCount（表达式，记录集，[，条件式]）

DAvg（表达式，记录集，[，条件式]）

DSum（表达式，记录集，[，条件式]）

参数说明：

① 表达式　用于标识要进行统计计算的字段。

② 记录集　字符串表达式，用于表示表或查询的名称。

③ 条件式可选项，用于限定函数执行的数据范围。条件式要组成 SQL 语句中的 Where 子句，但是不包括 Where 关键字。如果省略条件式，则函数在整个记录集范围内计算。

例 8-4　在窗体“Test”中的文本框（名称为 Text1）中显示“教师”表中“男“教师的人数。

设置 Text1 文本框的“控件来源”属性为以下表达式：

```
=DCount("教师编号","教师","性别='男'")
```

打开窗体，Text1 文本框显示结果如图 8.11 所示。

图 8.11 Text1 文本框显示女教师人数

例 8-5 在窗体“Test”中的文本框（名称为 Text1）中显示“教师”表中教师年龄的平均值。

设置 Text1 文本框的“控件来源”属性为以下表达式：

```
= DAvg("年龄","教师")
```

打开窗体，Text1 文本框显示结果如图 8.12 所示。

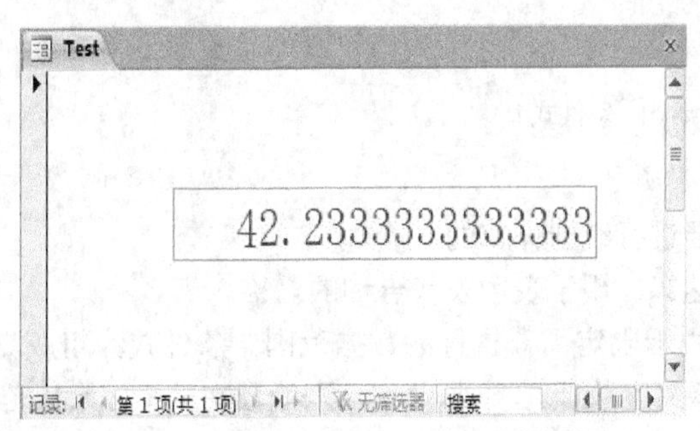

图 8.12 Text1 文本框显示教师平均年龄

（3）DMax 函数和 DMin 函数

DMax 函数用于返回指定记录集中某个字段列数据的最大值。DMin 函数用于返回指定记录集中某个字段列数据的最小值。

函数格式：

```
DMax(表达式,记录集,[,条件式])
DMin(表达式,记录集,[,条件式])
```

参数说明：

① 表达式 用于标识要进行统计计算的字段。

② 记录集 字符串表达式，用于表示表或查询的名称。

③ 条件式 可选项，用于限定函数执行的数据范围。条件式要组成 SQL 语句中的 Where 子句，但是不包括 Where 关键字。如果省略条件式，则函数在整个记录集范围内计算。

例 8-6 在窗体“Test”中的文本框（名称为 Text1）中显示“教师”表中“女”教师的最大年龄。

设置 Text1 文本框的“控件来源”属性为以下表达式：

```
= DMax("年龄","教师","性别='女'")
```

打开窗体，Text1 文本框显示结果如图 8.13 所示。

图 8.13　Text1 文本框显示女教师的最大年龄

（4）DLookup 函数

DLookup 函数是从指定记录集里检索特定字段的值，主要用于检索其他表（而非数据源表）字段中的数据。

函数格式：

```
DLookup（表达式,记录集,[,条件式]）
```

参数说明：

① 表达式 用于标识要进行统计计算的字段。

② 记录集 字符串表达式，用于表示表或查询的名称。

③ 条件式 可选项，用于限定函数执行的数据范围。条件式为组成 SQL 语句中的 Where 子句，但是不包括 Where 关键字。如果省略条件式，则函数在整个记录集范围内计算。

如果有多个字段满足条件式，那么 DLookup 函数将返回第一个匹配字段所对应的检索字段值。

例 8-7　根据 Test 窗体上文本框控件（名为 CourseNum）中输入的课程编号，将“课程”表中对应的课程名称显示在另一个文本框控件（名为 CourseName）中。事件过程代码如下：

```
Private Sub CourseNum_AfterUpdate()
    Me!CourseName.value=DLookup("课程名称","课程","课程编号='" &
Me!CourseNum.value & "'")
End Sub
```

在 CourseNum 本文框中输入课程编号“102”，在 CourseName 文本框中显示对应的课程名称，如图 8.14 所示。

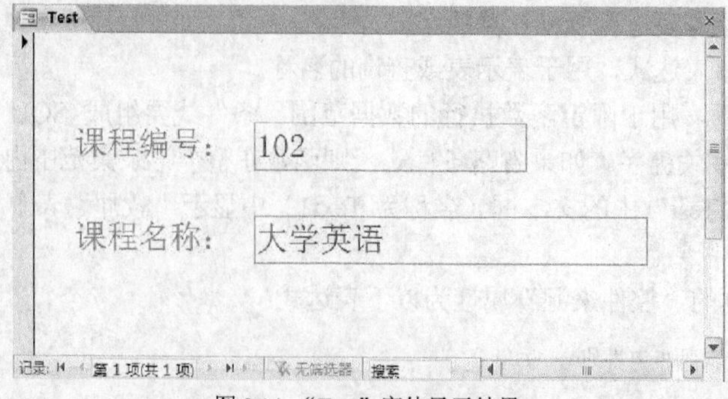

图 8.14　“Test”窗体显示结果

习题 8

1．能够实现从指定记录集里检索特定字段值的函数是（　　）。

A．Nz　　B．Lookup　　C．DLookup　　D．Find

2．DAO 模型中处在最顶层的对象是（　　）。

A．DBEngine　　B．Workspace　　C．Database　　D．RecordSet

3．ADO 的含义是（　　）。

A．开放数据库互连应用编程接口　　B．数据库访问对象

C．动态链接库　　D．ActiveX 数据对象

4．ADO 对象模型中可以打开并返回 Recordset 对象的是（　　）。

A．只能是 Connection 对象　　B．只能是 Command 对象

C．可以是 Connection 和 Command 对象　　D．Field 对象

5．下列程序的功能是返回当前窗体的记录集：

```
Sub GetRecordNum()
    Dim rs As Object
    Set rs=
    MsgBox rs.RecordCount
End Sub
```

为保证程序输出记录集的记录数量，横线处应填入的语句是（　　）。

A．Me.Recordset　　B．Me.RecordLocks

C．Me.RecordSource　　D．Me.RecordSelectors

6．在已建窗体中有一个命令按钮（名为 Command1），该按钮的单击事件代码为：

```
Private Sub Command1_Click()
    SubT.Form.RecordSource="Select * from 学生"
End Sub
```

单击该按钮实现的功能是（　　）。

A．使用 Select 语句查找“学生”表中的所有记录

B．使用 Select 语句查找并显示“学生”表中的所有记录

C．将 SubT 窗体的数据来源设置为一个字符串

D．将 SubT 窗体的数据来源设置为“学生”表

7．下列程序功能是：通过对象变量返回当前窗体的 Recordset 属性记录集引用，消息框中输出记录集的记录（即窗体记录源）数量。

```
Sub GetRecordNum()
    Dim rs As Object
    Set rs=Me.Recordset
    MsgBox
End Sub
```

程序横线处应填入的语句是（　　）。

A．rs.Count　　B．Count　　C．RecordCount　　D．rs.RecordCount

8．数据库中有"Emp"表，包括"Eno"、"Ename"、"Eage"、"Esex"、"Edate"、"Eparty"等字段。下面程序段的功能是：在窗体文本框"tValue"内输入年龄条件，单击"删除"按钮完成对该年龄职工记录信息的删除。

```
Private Sub ButtonDelete_Click()    '单击删除按钮
    Dim StrSQL As String        '定义字符串变量StrSQL
    StrSQL="Delete from Emp"    '给字符串变量StrSQL进行赋值
    '判断窗体年龄条件值无效（空值或非数值）处理
    If IsNull(Me!tValue)=True Or IsNumeric(Me!tValue)=False Then
        MsgBox "年龄值为空或非有效数值!",vbCritical,"Error"
        '窗体输入焦点移回年龄输入的文本框"tValue"控件内
        Me!tValue.SetFocus
     Else
        '构造条件删除查询表达式
        StrSQL=StrSQL & "Where Eage=" & Me!tValue
        '消息框提示"确认删除?(Yes/No)",选择"Yes"实施删除操作
        If MsgBox("确认删除?(Yes/No)",vbQuestion+vbYesNo,"确认")=vbYes
         Then
        '执行删除查询
            Docmd. StrSQL
            MsgBox "completed!",vbInformation,"Msg"
        End If
    End If
End Sub
```

按照功能要求，横线空白处应填写的是（　　）。

A．Execute　　　B．RunSQL　　　C．Run　　　D．SQL

9．教师管理数据库中有数据表"teacher"，包括"编号"、"姓名"、"性别"和"职称"四个字段。下面程序段的功能：通过窗体向"teacher"表中添加教师记录。对应"编号"、"姓名"、"性别"和"职称"的4个文本框的名称分别：tNo、tName、tSex 和 tTitle。当单击窗体上的"增加"命令按钮（名称为Command1）时，首先判断编号是否重复，如果不重复，则向"teacher"表中添加教师记录；如果编号重复，则给出提示信息。

```
Private ADOcn As New ADODB.Connection
Private Sub Form_Load()
    '打开窗口时，连接Access本地数据库
    Set ADOcn=CurrentProject.Connection
End Sub
Private Sub Command0_Click()
    '追加教师记录
    Dim StrSQL As String
    Dim ADOcmd As New ADODB.Command
    Dim ADOrs New ADODB.Recordset
    Set ADOrs.ActiveConnection=ADOcn
```

```
    ADOrs.Open "Select 编号 From teacher Where 编号='" + tNo + "'"
    If Not ADOrs.EOF Then
  MsgBox "你输入的编号已存在，不能新增加!"
    Else
  ADOcmd.ActiveConnection=ADOcn
  StrSQL="Insert Into teacher(编号,姓名,性别,职称)"
  StrSQL=StrSQL + "Values('" + tNo + "','" + tname + "','" +
tsex + "','" + titles + "')"
  ADOcmd.CommandText=StrSQL
  ADOcmd. ___________
  MsgBox "添加成功，请继续!"
      End If
  ADOrs.Close
      Set ADOrs=Nothing
  End Sub
```

按照功能要求，在横线空白处上应填写的是（　　）。

A．Execute　　B．RunSQL　　C．Run　　D．SQL

10．教师管理数据库中有数据表"teacher"，包括"编号"、"姓名"、"性别"和"职称"四个字段。下面程序段的功能：通过窗体向"eacher"表中添加教师记录。对应"编号"、"姓名"、"性别"和"职称"的 4 个文本框的名称分别：tNo、tName、tSex 和 tTitle。当单击窗体上的"增加"命令按钮（名称为 Command1）时，首先判断编号是否重复，如果不重复，则向"teacher"表中添加教师记录；如果编号重复，则给出提示信息。

```
  Private ADOcn As New ADODB.Connection
  Private Sub Form_Load()
    '打开窗口时，连接 Access 本地数据库
    Set ADOcn=___________
  End Sub
  Private Sub Command0_Click()
    '追加教师记录
    Dim StrSQL As String
    Dim ADOcmd As New ADODB.Command
    Dim ADOrs New ADODB.Recordset
    Set ADOrs.ActiveConnection=ADOcn
    ADOrs.Open "Select 编号 From teacher Where 编号='" + tNo + "'"
    If Not ADOrs.EOF Then
    MsgBox "你输入的编号已存在，不能新增加!"
    Else
      ADOcmd.ActiveConnection=ADOcn
      StrSQL="Insert Into teacher(编号,姓名,性别,职称)"
  StrSQL=StrSQL + "Values('" + tNo + "','" + tname + "','" +
tsex + "','"+ titles + "')"
```

```
ADOcmd.CommandText=StrSQL
ADOcmd. Execute
MsgBox "添加成功，请继续!"
        End If
ADOrs.Close
        Set ADOrs=Nothing
End Sub
```

按照功能要求，在横线空白处上应填写的是（　　）。

A．CurrentProject　　B．CurrentDB

C．CurrentDB.Connection　　D．CurrentProject.Connection

附录1 常用函数

类型	函数名	函数格式	说明
算术函数	绝对值	Abs（数值表达式）	返回数值表达式的绝对值
	取整	Int（数值表达式）	返回数值表达式的整数部分值，参数为负值时返回小于或等于参数值的第一个负数
		Fix（数值表达式）	返回数值表达式的整数部分值，参数为负值时返回大于或等于参数值的第一个负数
		Round（数值表达式，表达式）	按照指定的小数位数进行四舍五入运算。表达式是进行四舍五入运算小数点右边应保留的位数
	开平方	Sqr（数值表达式）	返回数值表达式值的平方根
	符号	Sgn（数值表达式）	返回数值表达式值的符号值。当数值表达式值大于0，返回值为1；当数值表达式值小于0，返回值为-1；当数值表达式值等于0，返回值为0
	随机数	Rnd（数值表达式）	产生一个0到1之间的随机数，为单精度类型。如果数值表达式值小于0，每次产生相同的随机数；如果数值表达式值大于0，每次产生新的随机数；如果数值表达式值等于0，产生最近生成的随机数，且生成的随机数序列形同；如果省略数值表达式参数，则默认参数值大于0
	三角正弦	Sin（数值表达式）	返回数值表达式的正弦值
	三角余弦	Cos（数值表达式）	返回数值表达式的余弦值
	三角正切	Tan（数值表达式）	返回数值表达式的正切值
	自然指数	Exp（数值表达式）	计算e的N次方，返回一个双精度类型值
	自然对数	Log（数值表达式）	计算以e为底的数值表达式的值的对数
文本函数	生成空格字符	Space（数值表达式）	返回由数值表达式的值确定的空格个数组成的空字符串
	字符重复	String（数值表达式，字符串表达式）	返回一个由字符串表达式的第1个字符重复组成的指定长度为数值表达式值的字符串
	字符串截取	Left（字符串表达式，数值表达式）	返回一个值，该值是从字符串表达式左侧第1个字符开始，向右截取的若干字符。其中，字符个数是数值表达式的值。当字符表达式是Null时，返回Null值；当数值表达式值为0时，返回一个空字符串；当数值表达式值大于或等于字符表达式的字符个数时，返回字符串表达式
	字符串截取	Right（字符串表达式，数值表达式）	返回一个值，该值是从字符串表达式右侧第1个字符开始，向左截取的若干字符。其中，字符个数是数值表达式的值。当字符表达式是Null时，返回Null值；当数值表达式值为0时，返回一个空字符串；当数值表达式值大于或等于字符表达式的字符个数时，返回字符串表达式
		Mid（字符串表达式，数值表达式1[，数值表达式2]）	返回一个值，该值是从字符串表达式左侧某个字符开始，向右截取到某个字符为止的若干个字符。其中，数值表达式1的值是开始的字符位置，数值表达式2的值是终止的字符位置。数值表达式2可以省略，若省略了数值表达式2，则返回的值是：从字符串表达式左侧某个字符开始，向右截取到最后一个字符为止的若干个字符

续表

类型	函数名	函数格式	说明
文本函数	字符串长度	Len（字符串表达式）	返回字符串表达式的字符个数，当字符串表达式是Null值时，返回Null值
	删除空格	Ltrim（字符串表达式）	返回去掉字符串表达式前导空格的字符串
		Rtrim（字符串表达式）	返回去掉字符串表达式尾部空格的字符串
		Trim（字符串表达式）	返回去掉字符串表达式前导空格和尾部空格的字符串
	字符串检索	Instr（[数值表达式，]字符串表达式1，字符串表达式2[，比较方法]）	返回一个值，该值是检索字符串表达式2在字符串表达式1中第一次出现的位置。其中，数值表达式为可选项，是检索的起始位置，若省略，从第一个字符开始检索。比较方法为可选项，指定字符串的比较方法。值可以为 1、2或0，值为0（缺省）做二进制比较，值为1做不区分大小写的比较，值为2做基于数据库中包含信息的比较。若指定比较方法，则必须指定数据表达式值
		InstrRev（[数值表达式，]字符串表达式1，字符串表达式2[，比较方法]）	返回一个值，该值是检索字符串表达式2在字符串表达式1中最后一次出现的位置。其中，数值表达式为可选项，是检索的起始位置，若省略，从第一个字符开始检索。比较方法为可选项，指定字符串的比较方法。值可以为1、2或0，值为0（缺省）做二进制比较，值为1做不区分大小写的比较，值为2做基于数据库中包含信息的比较。若指定比较方法，则必须指定数据表达式值
	大小写转换	Ucase（字符串表达式）	将字符串表达式中小写字母转换成大写字母
		Lcase（字符串表达式）	将字符串表达式中大写字母转换成小写字母
日期/时间函数	获取系统日期和系统时间	Date()	返回当前系统日期
		Time()	返回当前系统时间
		Now()	返回当前系统日期和时间
	时间间隔	DateAdd（间隔类型，间隔值，日期表达式）	对表达式表示的日期按照间隔类型加上或减去指定的时间间隔值
		DateDiff（间隔类型，日期表达式1，日期表达式2[，W1][，W2]）	返回日期表达式1和日期表达式2之间按照间隔类型所指定的时间间隔值
		DatePart（间隔类型，日期表达式[，W1][，W2]）	返回日期表达式中按照间隔类型所指定的时间部分值
	返回包含指定年月日的日期	DateSerial（，表达式1，表达式2，表达式3）	返回由表达式1值为年、表达式2值为月、表达式3值为日组成的日期值
	字符串转换日期	DateValue（字符串表达式）	返回字符串表达式对应的日期
统计函数	合计	Sum（字符表达式）	返回字符表达式中值的总和。字符表达式可以是一个字段名，也可以是一个含有字段名的表达式，但是所含字段应该是数字类型的字段
	平均值	Avg（字符表达式）	返回字符表达式中值的平均值。字符表达式可以是一个字段名，也可以是一个含有字段名的表达式，但是所含字段应该是数字类型的字段
	计数	Count（字符表达式）	返回字符表达式中值的个数，即统计记录个数。字符表达式可以是一个字段名，也可以是一个含有字段名的表达式
	最大值	Max（字符表达式）	返回字符表达式中值的最大值。字符表达式可以是一个字段名，也可以是一个含有字段名的表达式，但是所含字段应该是数字类型的字段
	最小值	Min（字符表达式）	返回字符表达式中值的最小值。字符表达式可以是一个字段名，也可以是一个含有字段名的表达式，但是所含字段应该是数字类型的字段

续表

类型	函数名	函数格式	说明
转换函数	字符串转换字符代码	Asc（字符串表达式）	返回字符串表达式首字符的 ASCII 码值
	字符代码转换字符	Chr（字符代码）	返回字符代码对应的字符
	数字转换成字符串	Str（数值表达式）	将数值表达式转换成字符串
	字符串转换成数字	Val（字符串表达式）	将数值字符串转换成数值型数据
选择函数	选择	Choose（索引式，表达式 1[，表达式 2]……[，表达式 n]）	根据索引式的值来返回表达式列表中的某个值。索引式的值为 1，返回表达式 1 的值，索引式的值为 2，返回表达式 2 的值，以此类推。当索引式的值小于 1 或大于列出的表达式数目时，返回无效值（Null）
	条件	IIf（条件表达式，表达式 1，表达式 2）	根据条件表达式的值决定函数的返回值，当条件表达式值为真，函数返回值为表达式 1 的值，条件表达式为假，函数返回值为表达式 2 的值
	开关	Switch（条件表达式 1，表达式 1[，条件表达式 2][，表达式 2]……[，条件表达式 n][，表达式 n]）	根据条件表达式的值决定函数的返回值，当条件表达式 1 的值为真，函数返回值为表达式 1 的值；当条件表达式 2 的值为真，函数返回值为表达式 2 的值，以此类推。当所有的条件表达式值都为假时，返回无效值（Null）
输入/输出函数	输入框	InputBox（提示信息[，标题][，默认值]）	在对话框中显示提示信息，等待用户输入正文并按下按钮，并返回文本框中输入的内容（String 型）
	消息框	MsgBox（提示信息[，按钮类型、图标和默认值][，标题]）	在对话框中显示消息，等待用户单击按钮，并返回一个 Intger 型数值，告诉用户单击的是哪一个按钮
特殊域聚合函数	Nz 函数	Nz（表达式[，规定值]）	如果表达式为 Null，Nz 函数返回 0；对零长度的空字符串可以自定义一个返回值（规定值）
	计数	DCount（表达式，记录集[，条件式]）	返回指定记录集中的记录数量。表达式表示用于计算的字段，记录集包含表达式所指定的字段，条件式表示对满足条件的记录进行计数
	平均值	DAvg（表达式，记录集[，条件式]）	返回指定记录集中某个字段的平均值。表达式表示用于计算的字段，记录集包含表达式所指定的字段，条件式表示对满足条件的记录进行平均值计算
	合计	DSum（表达式，记录集[，条件式]）	返回指定记录集中某个字段列数据的和。表达式表用于计算的字段，记录集包含表达式所指定的字段，条件式表示对满足条件的记录进行求和计算
	最大值	DMax（表达式，记录集[，条件式]）	返回指定记录集中某个字段列数据的最大值。表达式表示用于计算的字段，记录集包含表达式所指定的字段，条件式表示对满足条件的记录进行最大值计算
	最小值	DMin（表达式，记录集[，条件式]）	返回指定记录集中某个字段列数据的最小值。表达式表示用于计算的字段，记录集包含表达式所指定的字段，条件式表示对满足条件的记录进行最小值计算
	检索	DLookup（表达式，记录集[，条件式]）	返回指定记录集里满足条件的记录。表达式表示用于检索的字段，记录集包含表达式所指定的字段，条件式表示检索的条件

附录 2　窗体属性及其含义

类型	属性名称	属性标识	功能
格式属性	标题	Caption	窗体标题栏上显示的文字信息
	默认视图	DefaultView	窗体的显示形式，需在“连续窗体”、“单一窗体”、和“数据表”3 个选项中选取
	滚动条	ScrollBars	窗体显示时是否具有窗体滚动条，该属性值有“两者均无”、“水平”、“垂直”和“两者都有”4 个选项，可以选择其一
	允许“窗体”视图	AllowFormView	属性值有 2 个值：“是”和“否”，表明是否可以在“窗体”视图中查看指定的窗体
	记录选择器	RecordSelectors	属性有 2 个值：“是”和“否”，它决定窗体显示是否有记录选定器，即数据表最左端是否有标志块
	导航按钮	NavigationButtons	属性有 2 个值：“是”和“否”，它决定窗体运行时是否有导航条，即数据表最下端是否有导航按钮组。一般如果不需要浏览数据或在窗体本身用户自己设置了数据浏览按钮时，该属性值应设为“否”，这样可以增加窗体的可读性
	分割线	DividingLines	属性有 2 个值：“是”和“否”，它决定窗体显示时是否显示窗体各节之间的分割现
	自动调整	AutoResize	属性有 2 个值：“是”和“否”，表示在打开“窗体”窗口时，是否自动调整“窗体”窗口大小显示整条记录
	自动居中	AutoCenter	属性有 2 个值：“是”和“否”，它决定窗体显示时是否自动居于桌面中间
	边框样式	BorderStyle	决定用于窗体的边框和边框元素（标题栏、“控制”菜单、“最小化”和“最大化”按钮或“关闭”按钮）的类型。包括可调边框、细边框、对话框边框和无。一般情况下，对于窗体、弹出式窗体和自定义对话框需要使用不同的边框样式
	控制框	ControlBox	属性有 2 个值：“是”和“否”，决定了在“窗体”、“视图”和“数据表视图”中是否具有“控制”菜单
	最大化最小化按钮	MinMaxButtons	决定是否使用 Windows 标准的最大化和最小化按钮
	图片	Picture	决定显示在命令按钮、图像控件、切换按钮、选项卡空间的页上，或当做窗体或报表的背景图片的位图或其他类型的图形
	图片类型	PictureType	决定对对象的图片存储为链接对象还是嵌入对象
	图片缩放模式	PictureSizeMode	决定对窗体或报表中的图片调整大小的方式
数据属性	记录源	RecordSource	当前数据库中一个数据表对象名称或查询对象名称，它指明了窗体的数据来源
	筛选	Filter	对窗体、报表查询或表应用筛选时，制定要显示的记录子集
	排序数据	OrderBy	其属性值是一个字符串表达式，由字段名或字段名表达式组成，指定排序的规则
	允许编辑 允许添加 允许删除	AllowEdits AllowAdditions AllowDeletions	属性值有两种：“是”和“否”，它决定了窗体运行时是否允许对数据进行编辑修改、添加或删除等操作
	数据输入	DataEntry	属性值有两种：“是”和“否”，取值为“是”，则在窗体打开时，只显示一个空记录，否则显示已有记录

续表

类型	属性名称	属性标识	功能
数据属性	记录锁定	RecordLocks	其属性值需在“不锁定”、“所有记录”、“已编辑的记录”3 个选项中选取。取值为“不锁定”，则在窗体中允许两个或更多用户能够同时编辑通一个记录；取值为所有记录，则当在窗体视图打开窗体时，所有基本表和基础查询中的记录都将锁定，用户可以读取记录，但在关闭窗体前不能编辑、添加或删除任何记录；取值为“已编辑的记录”，则当用户开始编辑某个记录中的任一字符时，即锁定该条记录，直到用户移动到其他记录
其他属性	弹出方式	PopUp	属性值有两种：“是”和“否”，它决定了窗体或报表是否作为弹出式窗口打开
	模式	Modal	属性值有两种：“是”和“否”，它决定了窗体或报表是否可以作为模式窗口打开。当窗体或报表作为模式窗口打开时，在焦点移到另一个对象之前，必须先关闭该窗口
	循环	Cycle	属性值可以选择“所有记录”、“当前记录”和“当前页”，表示当移动控制点时按何种规律移动
	功能区名称	RibbonName	获取或设置在加载指定的窗体时要显示的自定义功能区的名称
	工具栏	Toolbar	决定了要为窗体显示的自定义工具栏
	快捷菜单	ShortcutMenu	属性值有两种：“是”和“否”，它决定了当用鼠标右键单击窗体上对象时是否显示快捷菜单
	菜单栏	MenuBar	指定要为窗体显示的自定义菜单
	快捷菜单栏	ShortcutMenuBar	指定当右键单击指定的对象时将会出现的快捷菜单

附录 3　控件属性及其含义

类型	属性名称	属性标识	功能
格式属性	标题	Caption	属性值为控件中显示的标题信息
	格式	Format	用于自定义数字、日期、时间和文本的显示方式
	可见性	Visible	属性值为“是”和“否”，它决定是否显示窗体上的控件
	边框样式	BorderStyle	用于设定控件边框的显示方式
	左边距	Left	用于设定控件在窗体、报表中的显示位置，即左边的距离
	背景样式	BackStyle	用于设定控件是否透明，属性值为“常规”或“透明”
	特殊效果	SpecialEffect	用于设定控件的显示效果。例如“平面”、“凸起”、“凹陷”、“蚀刻”、“阴影”或“凿痕”等，用户可任选一种
	字体名称	FontName	用于设定控件中显示的数据或控件中显示的文字的字体
	字号	FontSize	用于设定控件中显示的数据或控件中显示的文字的字体大小
	字体粗细	FontWeight	用于设定控件中显示的数据或控件中显示的文字的字体粗细
	倾斜字体	FontItalic	用于设定控件中显示的数据或控件中显示的文字的字体是否倾斜。选择“是”，字体倾斜；选择“否”，字体不倾斜
	背景色	BackColor	用于设定控件中显示的数据或控件中显示的文字的背景色
	前景色	ForeColor	用于设定控件中显示的数据或控件中显示的文字的颜色
数据属性	控件来源	ControlSource	用于设定控件中显示的数据的来源。如果控件来源包含一个字段名称，则在控件中显示的是数据表中该字段的值，对窗体中的数据所进行的任何修改都将被写入字段中；如果该属性值设置为空，除非编写一个程序，否则在控件中显示的数据不会写入到数据表中。如果该属性含有一个计算表达式，那么该控件显示计算的结果
	输入掩码	InputMask	用于设定控件的输入格式，仅对文本型或日期型数据有效
	默认值	DefaultValue	用于设定一个计算型控件或非绑定型控件的初始值，可以使用表达式生成器向导来确定默认值
	有效性规则	ValidationRule	用于设定在控件中输入数据的合法性检查表达式，可以使用表达式生成器向导来建立合法性检查表达式
	有效性文本	ValidationText	用于指定违反了有效性规则时，将显示给用户的提示信息
	是否锁定	Locked	用于指定是否可以在“窗体”视图中编辑数据
	可用	Enable	用于决定鼠标是否能够单击该控件。如果设置该属性为“否”，这个控件虽然一直在“窗体”视图中显示，但不能用 Tab 键选中它或使用鼠标单击它，同时在窗体中控件显示为灰色
其他属性	名称	Name	用于标识控件，控件名称必须是唯一的
	状态栏文字	StatusBarText	用于设定状态栏上的显示文字
	允许自动校正	AllowAutoCorrect	用于更正控件中的拼写错误，选择“是”允许自动更正，否则不允许自动更正
	自动 Tab 键	AutoTab	属性值为“是”和“否”。用以指定当输入文本框控件的输入掩码所允许的最后一个字符时，是否发生自动 Tab 键切换。自动 Tab 键切换会按窗体的 Tab 键次序将焦点移到下一个控件上
	Tab 键索引	TabIndex	用于 Tab 键的索引顺序
	控件提示文本框	ControlTipText	用于设定用户在将鼠标放在一个对象上后是否显示提示文本，以及显示的提示文本信息内容

附录 4　常用宏操作命令

类型	命令	功能描述	参数说明
筛选/查询/搜索	ApplyFilter	在表、窗体或报表应用筛选、查询或 SQL 的 Where 子句，可限制或排序来自表、窗体以及报表的记录	筛选名称：筛选或查询的名称 当条件：有效的 Where 子句或表达式，用以限制表、窗体或报表中的记录 控件名称：为父窗体输入与要筛选的子窗体或子报表对应的控件的名称或将其保留为空
	FindNextRecod	根据符合最近的 FindRecord 操作，或“查找”对话框中指定条件的下一条记录。使用此操作可反复查找符合条件的记录	此操作没有参数
	FindRecord	查找符合指定条件的第一条或下一条记录	查找内容：要查找的数据，包括文本、数字、日期或表达式 匹配：要查找的字段范围。包括字段的任何部分、整个字段或字段开头 区分大小写：选择“是”，搜索时区分大小写，否则不区分 搜索：搜索的方向，包括向下、向上或全部搜索 格式化搜索：选择“是”，则按数据在格式化字段中的格式搜索，否则按数据在数据表中保存的形式搜索 只搜索当前字段：选择“是”，仅搜索每条记录的当前字段 查找第一个：选择“是”，则从第一条记录搜索，否则从当前记录搜索
	OpenQuery	在“数据表视图”、“设计视图”或“打印预览视图”中打开选择查询或交叉表查询	查询名称：要打开的查询的名称 视图：打开查询的视图 数据模式：查询的数据输入方式，包括“增加”、“编辑”和“只读”
	Refresh	刷新视图中的记录	此操作没有参数
	RefreshRecord	刷新当前记录	此操作没有参数
	Requery	通过在查询控件的数据源来更新活动对象中的特定控件的数据	控件名称：要更新的控件名称
	ShowAllRecord	从激活的表、查询或窗体中删除所有已应用的筛选。可显示表或结果集中的所有记录，或显示窗体基本表或查询中的所有记录	此操作没有参数
系统命令	CloseDatabase	关闭当前数据库	此操作没有参数
	DisplayHourglassPointer	当执行宏时，将正常光标变为沙漏形状（或选择的其他图标）。宏执行完成后恢复正常光标	显示沙漏：“是”为显示，“否”为不显示
	QuitAccess	退出 Access 时选择一种保存方式	选项：提示、全部保存、退出

续表

类型	命令	功能描述	参数说明
系统命令	Beep	使计算机发出"嘟嘟"声。使用此操作可表示错误情况或重要的可视性变化	此操作没有参数
数据库对象	GoToRecord	使指定的记录成为打开的表、窗体或查询结果数据集中的当前记录	对象类型：当前记录的对象类型 对象名称：当前记录的对象名称 记录：当前记录 偏移量：整型数或整型表达式
	GotoControl	将焦点移到被激活的数据表或窗体的指定字段或控件上	控件名称：将要获得焦点的字段或控件名称
	OpenForm	在"窗体视图"、"设计视图"、"打印预览"或"数据表视图"中打开一个窗体，并通过选择窗体的数据输入与窗体方式，限制窗体所显示的记录	窗体名称：打开窗体的名称 视图：打开窗体的视图 筛选名称：限制窗体中记录的筛选 当条件：有效的 Where 子句或 Access 用来从窗体的基本表或基础查询中选择记录的表达式 数据模式：窗体的数据输入模式 窗口模式：打开窗体的窗口模式
	OpenReport	在"设计视图"或"打印预览"中打开报表或立即打印报表，也可以限制需要在报表中打印的记录	报表名称：打开报表的名称 视图：打开报表的视图 筛选名称：查询的名称或另存为查询的筛选的名称 当条件：有效的 Where 子句或 Access 用来从窗体的基本表或基础查询中选择记录的表达式 窗口模式：打开报表的窗口模式
	OpenTable	在"数据表视图"、"设计视图"或"打印预览"中打开表，也可以选择表的数据输入方式	表名：打开表的名称 视图：打开表的视图 数据模式：表的数据输入模式
	OpenQuery	在"数据表视图"、"设计视图"或"打印预览"中打开查询，也可以选择表的数据输入方式	查询名称：打开查询的名称 视图：打开查询的视图 数据模式：查询的数据输入模式
	PrintObject	打印当前对象	此操作没有参数
宏命令	StopMacro	停止正在运行的宏	此操作没有参数
	StopAllMacro	中止所有运行的宏	此操作没有参数
	RunDataMacro	运行数据宏	宏名称：要运行的数据宏名称
	RunMacro	运行宏	宏名称：要运行的宏名称 重复次数：运行宏的次数上限 重复表达式：重复运行宏的条件
	SingleStep	暂停宏的执行并打开"单步执行宏"对话框	宏名称：要运行的宏名称
	RunCode	运行 Visual Basic 的函数过程	函数名称：要执行的"Function"过程名
	RunMenuCommand	运行一个 Access 菜单命令	命令：输入或选择要执行的命令
	CencelEvent	中止一个事件	此操作没有参数
	SetLocalVar	将本地变量设置为给定值	名称：本地变量的名称 表达式：用于设定此本地变量的表达式
窗口管理	MaximizeWindow	活动窗口最大化	此操作没有参数
	MinimizeWindow	活动窗口最小化	此操作没有参数

续表

类型	命令	功能描述	参数说明
窗口管理	RestoreWindow	窗口还原	此操作没有参数
	MoveAndSizeWindow	移动并调整活动窗口	右：窗口左上角新的水平位置 向下：窗口左上角新的垂直位置 宽度：窗口的新宽度 高度：窗口的新高度
	CloseWindow	关闭指定的 Access 窗口。如果没有指定窗口，则关闭活动窗口	对象类型：要关闭的窗口中的对像类型 对象名称：要关闭的对象名称 保存：关闭时是否保存对对象的更改
数据输入操作	SaveRecord	保存当前记录	此操作没有参数
	DeleteRecord	删除当前记录	此操作没有参数
	EditListItems	编辑查询列表中的项	此操作没有参数
用户界面命令	MessageBox	显示包含警告信息或其他信息的消息框	消息：消息框中的文本 发嘟嘟声：是否在显示信息时发出嘟嘟声 类型：消息框的类型 标题：消息框标题栏中显示的文本
	AddMenu	可将自定义菜单、自定义快捷菜单替换窗体或报表的内置菜单或内置的快捷菜单，也可以替换所有 Microsoft Access 窗口的内置菜单栏	菜单名称：所建菜单名称 菜单宏名称：已建菜单宏名称 状态栏文字：状态栏上显示的文字
	SetMAenuItem	为激活窗口设置自定义菜单（包括全局菜单）上菜单栏的状态	菜单索引：指定菜单索引 命令索引：指定命令索引 子命令索引：指定子命令索引 标志：菜单项显示方式
	UndoRecord	撤销最近用户的操作	此操作没有参数
	SetDisplayedCategories	用于指定要在导航窗格中显示的类别	显示：选择“是”可显示一个或多个类别。选择“否”可隐藏这些类别 类别：显示或隐藏类别的名称
	Redo	重复最近用户的操作	此操作没有参数

附录 5　常用事件

事件	名称	适用对象	发生时间
AfterDelConfiem	确认删除后	窗体	发生在确认删除记录，并且记录实际上已经删除，或在取消删除之后
BeforeDelConfiem	确认删除前	窗体	在删除一条或多条记录时，Access 显示一个对话框，提示确认或取消删除之前。此事件在 Delete 事件之后发生
AfterInsert	插入后	窗体	在一条新记录添加到数据库时
BeforeInsert	插入前	窗体	在新记录键入第一个字符但记录未添加到数据库时发生
AfterUpdate	更新后	窗体或控件	在控件或记录用更改了的数据更新之后发生
BeforeUpdate	更新前	窗体或控件	在控件或记录用更改了的数据更新之前发生
Current	成为当前	窗体	当焦点移动到一个记录，使它成为当前记录时，或重新查询窗体的数据来源时。此事件发生在窗体第一次打开，以及焦点从一条记录移动到另一条记录时，它在重新查询窗体的数据来源时发生
Change	更改	窗体或控件	当文本框或组合框文本部分的内容发生更改时，事件发生。在选项卡控件中从某一项移到另一页时该事件也会发生
Delete	删除	窗体	当一条记录被删除但未确认和执行删除时发生
Click	单击	窗体或控件	对于控件，此事件在单击鼠标左键时发生。对于窗体，在单击记录选择器、节或控件之外的区域时发生
DblClick	双击	窗体或控件	当在控件或它的标签上双击鼠标左键时发生。对于窗体，在双击空白区域或窗体上的记录选择器时发生
MouseUp	鼠标释放	窗体或控件	当鼠标指针位于窗体或控件上时，释放一个按下的鼠标键时发生
MouseDown	鼠标按下	窗体或控件	当鼠标指针位于窗体或控件上时，按下鼠标键时发生
MouseMove	鼠标移动	窗体或控件	当鼠标指针在窗体、窗体选择内容或控件上移动时发生
KeyPress	击键	窗体或控件	当控件或窗体有焦点时，按下并释放一个产生标准 ASNI 字符的键或键组合后发生
KeyDown	键按下	窗体或控件	当控件或窗体有焦点时，并在键盘上按下任意键时发生
KeyUp	键释放	窗体或控件	当控件或窗体有焦点时，释放一个按下键时发生
Error	出错	窗体或报表	当 Access 产生一个运行时间错误，而这时正处在窗体和报表中时发生
Timer	计时器	窗体	当窗体的 TimerInterval 属性所指定的时间间隔已到时发生，通过指定的时间间隔重新查询或重新刷新数据保持多用户环境下的数据同步
ApplyFilter	应用筛选	窗体	当单击“记录”菜单中的“应用筛选”命令，或单击命令栏上的“应用筛选”按钮时发生。在指向“记录”菜单中的“筛选”后，并单击“按选定内容筛选”命令，或单击命令栏上的“按选定内容筛选”按钮时发生。当单击“记录”菜单上的“取消筛选/排序”命令，或单击命令栏上的“取消筛选”按钮时发生

续表

事件	名称	适用对象	发生时间
Filter	筛选	窗体	指向“记录”菜单中的“筛选”后，单击“按窗体筛选”命令，或单击命令栏中的“按窗体筛选”按钮时发生。指向“记录”菜单中的“筛选”后，并单击“高级筛选/排序”命令时发生
Activate	激活	窗体或报表	当窗体或报表成为激活窗口时发生
Deactivate	停用	窗体或报表	当窗体或报表不再是激活窗口时发生
Enter	进入	控件	发生在控件实际接收焦点之前。此事件在 GotFocus 事件之前发生
Exit	退出	控件	正好在焦点从一个控件移动到同一窗体上的另一个控件之前发生。此事件发生在 LostFocus 事件之前
GotFocus	获得焦点	窗体或控件	当一个控件、一个没有激活的控件或有效控件的窗体接收焦点时发生
LostFocus	失去焦点	窗体或控件	当窗体或控件失去焦点时发生
Open	打开	窗体或报表	当窗体或报表打开时发生
Close	关闭	窗体或报表	当关闭窗体或报表，从屏幕上消失时发生
Load	加载	窗体或报表	当打开窗体且显示了它的记录时发生。此事件发生在 Current 事件之前，Open 事件之后
Unload	卸载	窗体	当窗体关闭，并且它的记录被卸载，从屏幕上消失之前发生。此事件在 Close 事件之前发生
Resize	调整大小	窗体	当窗体的大小发生变化或窗体第一次显示时发生

附录 6　全国计算机等级考试二级 Access 数据库程序设计考试大纲（2013 年版）

基本要求：

1．具有数据库系统的基础知识。

2．基本了解面向对象的概念。

3．掌握关系数据库的基本原理。

4．掌握数据库程序设计方法。

5．能使用 Access 建立一个小型数据库应用系统。

考试内容：

一、数据库基础知识

1．基本概念：

数据库，数据模型，数据库管理系统，类和对象，事件。

2．关系数据库基本概念：

关系模型（实体的完整性，参照的完整性，用户定义的完整性），关系模式，关系，元组，属性，字段，域，值，主关键字等。

3．关系运算基本概念：

选择运算，投影运算，连接运算。

4．SQL 基本命令：

查询命令，操作命令。

5．Access 系统简介：

（1）Access 系统的基本特点。

（2）基本对象：表，查询，窗体，报表，页，宏，模块。

二、数据库和表的基本操作

1．创建数据库：

（1）创建空数据库。

（2）使用向导创建数据库。

2．表的建立：

（1）建立表结构：使用向导，使用表设计器，使用数据表。

（2）设置字段属性。

（3）输入数据：直接输入数据，获取外部数据。

3．表间关系的建立与修改：

（1）表间关系的概念：一对一，一对多。

（2）建立表间关系。

（3）设置参照完整性。

4．表的维护：

（1）修改表结构：添加字段，修改字段，删除字段，重新设置主关键字。

（2）编辑表内容：添加记录，修改记录，删除记录，复制记录。

（3）调整表外观。

5．表的其他操作：

（1）查找数据。

（2）替换数据。

（3）排序记录。

（4）筛选记录。

三、查询的基本操作

1．查询分类：

（1）选择查询。

（2）参数查询。

（3）交叉表查询。

（4）操作查询。

（5）SQL 查询。

2．查询准则：

（1）运算符。

（2）函数。

（3）表达式。

3．创建查询：

（1）使用向导创建查询。

（2）使用设计器创建查询。

（3）在查询中计算。

4．操作已创建的查询：

（1）运行已创建的查询。

（2）编辑查询中的字段。

（3）编辑查询中的数据源。

（4）排序查询的结果。

四、窗体的基本操作

1．窗体分类：

（1）纵栏式窗体。

（2）表格式窗体。

（3）主/子窗体。
（4）数据表窗体。
（5）图表窗体。
（6）数据透视表窗体。
2．创建窗体：
（1）使用向导创建窗体。
（2）使用设计器创建窗体:控件的含义及种类，在窗体中添加和修改控件，设置控件的常见属性。

五、报表的基本操作

1．报表分类：
（1）纵栏式报表。
（2）表格式报表。
（3）图表报表。
（4）标签报表。
2．使用向导创建报表。
3．使用设计器编辑报表。
4．在报表中计算和汇总。

六、页的基本操作

1．数据访问页的概念。
2．创建数据访问页：
（1）自动创建数据访问页。
（2）使用向导数据访问页。

七、宏

1．宏的基本概念。
2．宏的基本操作：
（1）创建宏：创建一个宏，创建宏组。
（2）运行宏。
（3）在宏中使用条件。
（4）设置宏操作参数。
（5）常用的宏操作。

八、模块

1．模块的基本概念：
（1）类模块。
（2）标准模块。
（3）将宏转换为模块。
2．创建模块：
（1）创建 VBA 模块：在模块中加入过程，在模块中执行宏。
（2）编写事件过程：键盘事件，鼠标事件，窗口事件，操作事件和其他事件。

3．调用和参数传递。

4．VBA 程序设计基础：

（1）面向对象程序设计的基本概念。

（2）VBA 编程环境：进入 VBE，VBE 界面。

（3）VBA 编程基础：常量，变量，表达式。

（4）VBA 程序流程控制：顺序控制，选择控制，循环控制。

（5）VBA 程序的调试：设置断点，单步跟踪，设置监视点。

考试方式

上机考试，考试时长 120 分钟，满分 100 分。

1．题型及分值

单项选择题 40 分（含公共基础知识部分 10 分）、操作题 60 分（包括基本操作题、简单应用题及综合应用题）。

2．考试环境

Microsoft Office Access 2010

参考文献

[1] 教育部高等学校文科计算机基础教学指导委员会．大学计算机教学要求（第 6 版）．北京：高等教育出版社，2011.

[2] 刘卫国．Access 数据库基础与应用（第 2 版）．北京：北京邮电大学出版社，2013.

[3] 陈雷，陈塑鹰．Access 数据库程序设计（2013 年版）．北京：高等教育出版社，2013.

[4] 陈薇薇，巫张英．Access 基础与应用教程（2010 版）．北京：人民邮电出版社，2013.

[5] 姜增如．Access 2010 数据库技术及应用．北京：北京理工大学出版社，2012.

[6] 苏林萍．Access 数据库教程（2010 版）．北京：人民邮电出版社，2014.